常用办公软件
快速入门与提高

Photoshop CC 2018 中文版 入门与提高

职场无忧工作室◎编著

清华大学出版社
北京

内 容 简 介

Photoshop CC 2018是著名影像处理软件公司Adobe最新推出的完美的图形图像制作软件。本书以理论与实践相结合的方式，循序渐进地讲解使用Photoshop CC 2018进行图形图像制作和处理的方法与技巧。

全书共分为12章，书中全面、详细地介绍了Photoshop CC 2018的特点、功能、使用方法和技巧。具体内容如下：Photoshop CC 2018功能介绍、图像处理的相关知识、Photoshop CC 2018的基本操作、选区的创建与编辑方法、图像操作与编辑、绘画工具、路径与形状工具、文字艺术、滤镜、通道、图层的概念及应用、Photoshop CC 2018的网络应用。

本书实例丰富、内容翔实、操作方法简单易学，不仅适合对图形图像制作感兴趣的初、中级读者学习使用，也可供相关专业人士参考。

本书特别增加了二维码，内容既有书中所有实例图片素材资源以及实例操作过程录屏动画，也有大量新补充的实例素材，供读者在学习中使用。

图书在版编目（CIP）数据

Photoshop CC 2018中文版入门与提高 / 职场无忧工作室编著 . — 北京：清华大学出版社，2019

（常用办公软件快速入门与提高）

ISBN 978-7-302-49423-2

Ⅰ. ①P…　Ⅱ. ①职…　Ⅲ. ①图象处理软件　Ⅳ. ① TP391.413

中国版本图书馆CIP数据核字（2018）第014234号

责任编辑：赵益鹏　赵从棉
封面设计：李召霞
责任校对：王淑云
责任印制：李红英

出版发行：清华大学出版社
网　　址：http://www.tup.com.cn，http://www.wpbook.com
地　　址：北京清华大学学研大厦A座　　**邮　　编：**100084
社 总 机：010-62770175　　**邮　　购：**010-62786544
投稿与读者服务：010-62776969，c-service@tup.tsinghua.edu.cn
质量反馈：010-62772015，zhiliang@tup.tsinghua.edu.cn
印 装 者：三河市龙大印装有限公司
经　　销：全国新华书店
开　　本：210mm×285mm　　**印　　张：**18.75　　**字　　数：**573千字
版　　次：2019年8月第1版　　**印　　次：**2019年8月第1次印刷
定　　价：99.80元

产品编号：074418-01

前言

Photoshop 是 Adobe 公司目前推出的最优秀的平面设计软件，其可操作性和功能的多样化给人留下了深刻印象，受到广大平面设计爱好者的广泛赞誉。Photoshop CC 2018 作为 Photoshop 家族中的最新成员，工作界面采用清新典雅的现代化用户界面，提供了更加顺畅、一致的编辑体验，功能比 Photoshop CC 2017 更加强大。

一、本书特点

☑ 实用性强

本书的编者都是高校从事计算机图形图像教学研究多年的一线人员，具有丰富的教学实践经验与教材编写经验，有一些执笔者是国内 Photoshop 图书出版界知名的作者，前期出版的一些相关书籍经过市场检验很受读者欢迎。多年的教学工作使他们能够准确地把握学生的心理与实际需求，本书是作者总结多年的设计经验以及教学的心得体会，历时多年的精心准备，力求全面、细致地展现 Photoshop 软件在图形图像制作应用领域的各种功能和使用方法。

☑ 实例丰富

本书的实例无论是数量还是种类，内容都非常丰富。特别是在数量上，本书结合大量的图形图像制作实例，详细讲解了 Photoshop 知识要点，让读者在学习案例的过程中潜移默化地掌握 Photoshop 软件操作技巧。

☑ 突出提升技能

本书从全面提升 Photoshop 实际应用能力的角度出发，结合大量的案例来讲解如何利用 Photoshop 软件制作和编辑图形图像，使读者了解 Photoshop，并能够独立地完成各种图形图像的设计与制作。

本书中有很多实例，其本身就是图形图像制作项目案例，经过作者精心提炼和改编，不仅保证了读者能够学好知识点，更重要的是能够帮助读者掌握实际的操作技能，同时培养图形图像制作和处理的实践能力。

二、本书内容

本书共分为 12 章，全面、详细地介绍了 Photoshop CC 2018 的特点、功能、使用方法和技巧。具体内容包括：Photoshop CC 2018 功能介绍、图像处理的相关知识、Photoshop CC 2018 的基本操作、选区的创建与编辑方法、图像操作与编辑、绘画工具、路径与形状工具、文字艺术、滤镜、通道、图层的概念及应用、Photoshop CC 2018 的网络应用等知识。

三、本书服务

☑ 本书的技术问题或有关本书信息的发布

读者如果遇到有关本书的技术问题，可以登录网站 www.sjzswsw.com 或将问题发到邮箱 win760520@126.com，我们将及时回复。也欢迎加入图书学习交流群（QQ 群：512809405）交流探讨。

☑ 安装软件的获取

按照本书上的实例进行操作练习，以及使用 Photoshop 进行图形图像设计与制作时，需要事先在计算机上安装相应的软件。读者可从 Internet 中下载相应软件，或者从软件经销商处购买。QQ 交流群也会提供下载地址和安装方法的教学视频。

☑ 手机在线学习

为了配合各学校师生利用本书进行教学的需要，随书附有二维码，其中既有书中所有实例图片素材资源以及实例操作过程录屏动画，也有大量新补充的实例素材，供读者在学习中使用。

四、关于作者

本书主要由职场无忧工作室编写，具体参与本书编写的人员有胡仁喜、吴秋彦、刘昌丽、康士廷、王敏、闫聪聪、杨雪静、李亚莉、李兵、甘勤涛、王培合、王艳池、王玮、孟培、张亭、王佩楷、孙立明、王玉秋、王义发、解江坤、秦志霞、井晓翠等。本书的编写和出版得到很多朋友的大力支持，值此图书出版发行之际，向他们表示衷心的感谢。同时，也深深感谢支持和关心本书出版的所有朋友。

书中主要内容来自作者多年来使用 Photoshop 的经验总结，也有部分内容取自国内外有关文献资料。虽然笔者几易其稿，但由于水平有限，加之时间仓促，书中纰漏与失误在所难免，恳请广大读者批评指正。

作　者

2018 年 10 月

PS 实例源文件

目录

第1章　初识 Photoshop CC 2018 ……001
1.1　Photoshop CC 2018 的应用领域 ……002
1.1.1　在平面广告设计中的应用 ……002
1.1.2　在照片后期处理中的应用 ……002
1.1.3　在图像特效合成中的应用 ……003
1.1.4　在插画设计中的应用 ……003
1.1.5　在网页设计中的应用 ……004
1.2　Photoshop CC 2018 的新增功能 ……004
1.3　Photoshop CC 2018 的工作环境 ……007
1.3.1　启动和关闭 Photoshop CC 2018 ……007
1.3.2　安装与卸载 Photoshop CC 2018 ……008

第2章　图像处理的相关知识 ……010
2.1　图像处理基础 ……011
2.1.1　像素 ……011
2.1.2　位图与矢量图 ……011
2.1.3　图像大小与分辨率 ……011
2.2　熟悉 Photoshop CC 2018 ……011
2.2.1　Photoshop CC 2018 文件的管理 ……011
2.2.2　Photoshop CC 2018 的工作界面 ……015
2.2.3　菜单栏 ……015
2.2.4　工具属性栏 ……017
2.2.5　工具栏 ……017
2.2.6　图像窗口 ……017
2.2.7　调板窗 ……017
2.2.8　属性栏 ……019
2.3　如何优化设置 Photoshop ……020
2.4　综合运用——第一幅作品 ……027
2.5　答疑解惑 ……030
2.6　学习效果自测 ……031

第3章　Photoshop CC 2018 的基本操作 ……032
3.1　调整图像的显示 ……033
3.1.1　改变窗口的位置和尺寸 ……033
3.1.2　调整图像的显示比例 ……034

3.1.3 调整窗口排列和切换当前窗口……037
3.1.4 切换屏幕显示模式……038
3.1.5 在图像窗口中移动显示区域……039
3.2 基本图像编辑……041
3.2.1 调整图像大小……041
3.2.2 调整画布大小……043
3.2.3 裁剪工具……044
3.2.4 旋转画布……046
3.2.5 复制图像文件……047
3.3 综合运用——自制像框……048
3.4 答疑解惑……053
3.5 学习效果自测……054

第4章 选区的创建与编辑方法……055
4.1 选择工具……056
4.1.1 选框工具组……056
4.1.2 套索工具组……059
4.1.3 魔棒工具组……063
4.2 灵活编辑选区……064
4.2.1 基本选区编辑命令……064
4.2.2 “变换选区”命令……065
4.2.3 “修改”命令……065
4.2.4 “扩大选取”与“选取相似”命令……070
4.2.5 “色彩范围”命令……070
4.2.6 存储与载入选区……072
4.2.7 其他创建选区的方法……073
4.3 移动工具……076
4.3.1 属性栏中的选项说明……076
4.3.2 移动与复制图像……076
4.3.3 图层对齐选区……077
4.4 综合运用——广告海报……078
4.5 答疑解惑……080
4.6 学习效果自测……080

第5章 图像操作与编辑……082
5.1 图像的编辑……083
5.1.1 修复类工具……083
5.1.2 颜色类修饰工具……085
5.1.3 效果修饰工具……086
5.1.4 擦除工具……087
5.2 图像的调整……091
5.2.1 “色阶”命令……091

5.2.2 “自动色阶”命令 092
5.2.3 “自动对比度”命令 093
5.2.4 “自动颜色”命令 094
5.2.5 “曲线”命令 094
5.2.6 “色彩平衡”命令 096
5.2.7 “亮度 / 对比度”命令 096
5.2.8 “色相 / 饱和度”命令 096
5.2.9 “反相”调整 098
5.2.10 “阈值”命令 098
5.2.11 “色调分离”命令 099
5.2.12 “色调均化”命令 099
5.2.13 “去色”命令 100
5.2.14 “可选颜色”命令 100
5.2.15 “匹配颜色”命令 100
5.2.16 “阴影 / 高光”命令 101
5.2.17 “曝光度”命令 102
5.3 综合实例——人物照片换头术 103
5.4 答疑解惑 105
5.5 学习效果自测 106

第 6 章 绘画工具 107
6.1 设置颜色 108
6.1.1 在工具箱内设置颜色 108
6.1.2 利用拾色器对话框设置颜色 108
6.1.3 利用“颜色”调板设置颜色 108
6.1.4 利用“色板”调板选择颜色 109
6.1.5 使用吸管工具从图像中获取颜色 109
6.1.6 使用“颜色取样器”从图像中获取颜色 110
6.2 画笔工具 111
6.2.1 使用“画笔工具” 111
6.2.2 “画笔”调板 111
6.3 铅笔工具 114
6.4 颜色替换工具 115
6.5 历史记录画笔工具和历史记录艺术画笔工具 115
6.6 渐变工具 117
6.6.1 使用“渐变工具” 117
6.6.2 创建自定义渐变填充方式 119
6.7 油漆桶工具 121
6.8 3D 材质拖放工具 122
6.9 自定义图案 124
6.10 吸管工具组 126
6.10.1 吸管工具 126

6.10.2 3D 材质吸管工具 ······127
6.10.3 颜色取样器工具 ······128
6.10.4 标尺工具 ······128
6.10.5 计数工具 ······129
6.11 综合运用——绘制云彩图案 ······129
6.12 答疑解惑 ······132
6.13 学习效果自测 ······132

第 7 章 路径与形状工具 ······134
7.1 认识路径 ······135
7.1.1 认识路径面板 ······135
7.1.2 路径面板的基本元素 ······135
7.2 路径的绘制和调整 ······135
7.2.1 路径的绘制 ······135
7.2.2 为路径添加锚点 ······138
7.2.3 删除多余的锚点 ······138
7.2.4 路径编辑工具 ······139
7.2.5 路径的复制 ······139
7.2.6 路径的描边与填充 ······140
7.3 路径和选区的转换 ······141
7.3.1 路径转化为选区 ······141
7.3.2 选区转化为路径 ······142
7.4 创建路径形状 ······142
7.4.1 矩形工具 ······142
7.4.2 圆角矩形工具 ······143
7.4.3 椭圆工具 ······143
7.4.4 多边形工具 ······144
7.4.5 直线工具 ······144
7.4.6 自定形状工具 ······144
7.5 综合实例——海螺纹理效果制作 ······145
7.6 答疑解惑 ······147
7.7 学习效果自测 ······148

第 8 章 文字艺术 ······149
8.1 文字工具介绍 ······150
8.2 特效字 ······152
8.2.1 金属质感字 ······152
8.2.2 玉雕文字 ······153
8.2.3 冰雪字 ······157
8.2.4 光芒字 ······158
8.2.5 锈斑字 ······160
8.2.6 石刻字 ······161

8.2.7 立体字 …… 163
8.3 答疑解惑 …… 164
8.4 学习效果自测 …… 165

第9章 滤镜 …… 166
9.1 滤镜介绍 …… 167
9.1.1 “滤镜库”命令、“液化”命令和“消失点”命令 …… 167
9.1.2 Photoshop 自带滤镜介绍 …… 171
9.2 综合实例 …… 203
9.2.1 彩色贝壳 …… 203
9.2.2 绚丽多彩的背景 …… 206
9.3 答疑解惑 …… 209
9.4 学习效果自测 …… 210

第10章 通道 …… 211
10.1 通道概述 …… 212
10.1.1 通道的作用 …… 212
10.1.2 通道的分类 …… 212
10.1.3 通道的编辑 …… 214
10.2 通道控制面板 …… 214
10.3 通道的操作 …… 215
10.3.1 创建 Alpha 通道 …… 215
10.3.2 创建专色通道 …… 217
10.3.3 复制和删除通道 …… 218
10.3.4 分离和合并通道 …… 219
10.3.5 图像合成 …… 219
10.4 通道的应用 …… 223
10.4.1 通道的简单应用 …… 223
10.4.2 通道的高级应用 …… 227
10.5 答疑解惑 …… 232
10.6 学习效果自测 …… 233

第11章 图层的概念及应用 …… 234
11.1 认识图层 …… 235
11.1.1 图层的概念 …… 235
11.1.2 图层的类型 …… 235
11.1.3 图层的特点 …… 237
11.2 图层的编辑 …… 237
11.2.1 背景层的解锁 …… 237
11.2.2 新建图层和组以及图层组的编辑 …… 237
11.2.3 图层的填充 …… 239
11.2.4 图层的选择和移动 …… 240
11.2.5 复制图层和删除图层 …… 240

11.2.6 合并图层 ······240
11.2.7 链接图层 ······241
11.2.8 对齐和分布图层 ······241
11.2.9 锁定图层 ······242
11.2.10 图层的不透明度 ······243
11.3 图层的高级应用 ······243
11.3.1 图层的混合模式 ······243
11.3.2 图层样式 ······244
11.3.3 图层蒙版 ······248
11.3.4 剪贴蒙版 ······251
11.4 综合实例——制作喷溅女性脸谱照片 ······252
11.5 答疑解惑 ······257
11.6 学习效果自测 ······258

第 12 章 Photoshop CC 2018 的网络应用 ······260
12.1 用 Photoshop CC 2018 制作 Web 图像 ······261
12.1.1 制作切片 ······261
12.1.2 制作按钮 ······263
12.1.3 制作动画 ······265
12.1.4 优化图像 ······269
12.2 在 Photoshop CC 2018 中实现网页的制作 ······272
12.3 答疑解惑 ······283
12.4 学习效果自测 ······284

二维码目录

PS实例源文件 ………… II

2-1　人物摄影 ………… 027

3-1　猫咪相框 ………… 048

4-1　广告海报 ………… 078

5-1　人物照片换头术 ………… 103

6-11　云彩图案 ………… 129

7-1　海螺纹理 ………… 145

9-1　彩色贝壳 ………… 203
9-2　炫彩背景 ………… 206

10-1　利用通道抠图 ………… 223
10-2　利用通道移除色斑 ………… 225
10-3　中国印象 ………… 227

11-1　喷溅女性脸谱 ………… 252

12-1　网页 ………… 272

第 1 章

初识Photoshop CC 2018

学习要点

本章主要介绍Photoshop的概念、新版本的新增功能以及Photoshop的应用领域，让大家更好地去了解和学习这款软件。

学习提要

- 认识 Photoshop
- 新增功能
- Photoshop 的应用领域

在了解 Photoshop CC 2018 的功能之前，先向读者介绍一下 Photoshop CC 2018，让大家更好地认识和了解这款软件，以便今后更深层次地学习。

1. Photoshop CC 2018 是什么?

Photoshop CC 2018 是一款功能强大的图像处理软件，它可以制作出完美的、不可思议的合成图像，也可以对照片进行修复，还可以制作出精美的图案设计、专业印刷设计、网页设计、包装设计等，可谓无所不能，因此，Photoshop CC 2018 常用于平面设计、广告制作、数码照片处理、插画设计，以及最新的三维效果制作等领域。

2. 如何能学好 Photoshop CC 2018 软件?

在学习 Photoshop CC 2018 软件进行平面设计之前，首先应熟悉 Photoshop CC 2018 的安装与卸载，了解 Photoshop CC 2018 工作界面，这对以后的软件操作具有很大的帮助。

1.1 Photoshop CC 2018 的应用领域

Photoshop 自从 1990 年问世以来，经过不断地升级，功能不断得到完善，到如今的 Photoshop CC 2018，已经成为集图像编辑和网络功能于一身的出色的图像处理软件。Photoshop 强大的功能使其在许多领域得到广泛的应用。

1.1.1 在平面广告设计中的应用

平面设计是 Photoshop 应用最为广泛的领域，无论是书籍画册还是海报招贴，这些与印刷相关的平面印刷品，基本上都采用 Photoshop 软件进行图像的编辑处理。Photoshop 在实际中的应用如图 1-1 和图 1-2 所示。

图 1-1 封面设计

图 1-2 海报设计

1.1.2 在照片后期处理中的应用

Photoshop 具有强大的图像修饰功能，利用这些功能，可以快速修复一张破损的老照片，也可以修复人脸上的斑点等缺陷，常用于摄影照片的后期处理，可调整照片的光影、色调、修复等，如图 1-3 和图 1-4 所示。

图 1-3 照片的后期处理 1

图 1-4 照片的后期处理 2

1.1.3 在图像特效合成中的应用

Photoshop 具有强大的图像合成功能，常用于图像特效合成。此类设计在视觉上具有强烈的冲击力，能在第一时间吸引人们的视线，如图 1-5 和图 1-6 所示。

图 1-5 图像的特效合成 1

图 1-6 图像的特效合成 2

1.1.4 在插画设计中的应用

Photoshop 软件不仅可以进行图像处理与合成，也可以用 Photoshop 中的画笔工具、图层混合模式、色阶命令、色相饱和度命令等多种功能进行插画作品绘制，如图 1-7 和图 1-8 所示。

图 1-7 插画设计 1

图 1-8 插画设计 2

1.1.5 在网页设计中的应用

Photoshop 软件不仅可以制作平面印刷作品，在网页设计中，它也是必不可少的图像处理软件，如图 1-9 和图 1-10 所示。

图 1-9 网页设计 1

图 1-10 网页设计 2

1.2 Photoshop CC 2018 的新增功能

1. 程序内搜索

综合性地应用内搜索，不仅可以用关键词搜索不太常用的功能，还能直接搜 Adobe Stock 图库里的照片。单击搜索图标或按 Ctrl+F 快捷键，弹出如图 1-11 所示的对话框，可以直接查找菜单、面板、工具、资源、模板、教程，甚至是图库照片等。这只是新版便捷使用的一部分，还可以直接访问预设（获取免费模板）、直接应用 Adobe Stock 市场模板和素材，并且能分享到公共云上。

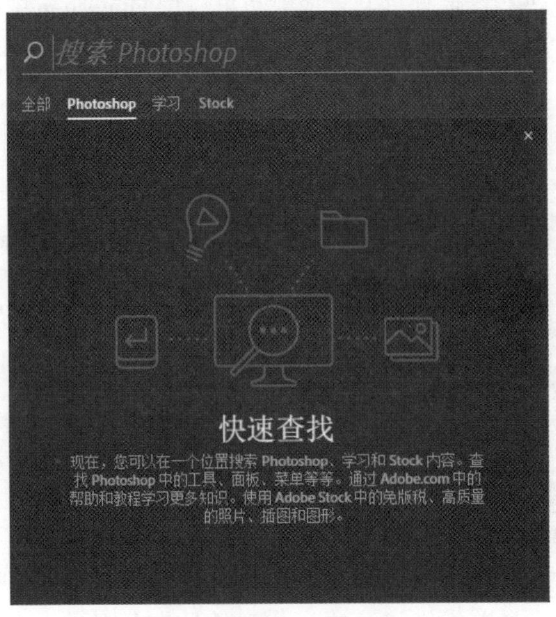

图 1-11 “搜索”对话框

2. 更强大的抠图和液化功能

作为 Photoshop 软件的传统绝技，相比 Photoshop CC 2017 版本，2018 版本的抠图和液化功能更加强大，可以更高效快捷地抠出复杂的图片，对付各种毛发边缘也很轻松，而液化的时候甚至可以智能识别自动处理人的两只眼睛。更高效的抽出抠图功能还有面部感知液化。

此次主要有以下更新：

（1）加入“套索工具”；

（2）鼠标向下滚动可提供高品质预览；

（3）找回一些“调整边缘”的操作体验。

3. 无缝衔接 Adobe XD

现在可以将 Photoshop 中的 SVG 格式更便捷地导入 Adobe XD 中。在图层中，通过右键快捷菜单可以复制 SVG 格式，如图 1-12 所示。同时，Photoshop CC 2018 对 SVG 格式字体的支持也更好，包括多种颜色和渐变，栅格或矢量格式。

4. 增强的属性面板

在这次的更新中，Photoshop CC 2018 的属性面板也得到了一些更人性化的增强，它已经被加入了“基本工作区”，默认安装后，打开 Photoshop CC 2018，就能看到它跟“调整”面板在一起了。

实用的新功能如下：如果当前选中的是文字，属性面板就是文字属性层，能做基本的调整；如果是图，就显示像素属性；如果是形状，就显示形状属性。一言以蔽之，就是属性是更多元素的属性，是动态的。如果什么都没选择的话，则属性面板显示当前文档的属性，如图 1-13 所示。

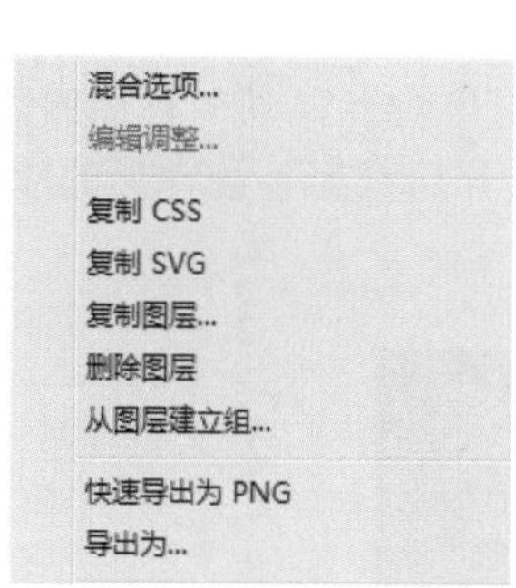

图 1-12　快捷菜单

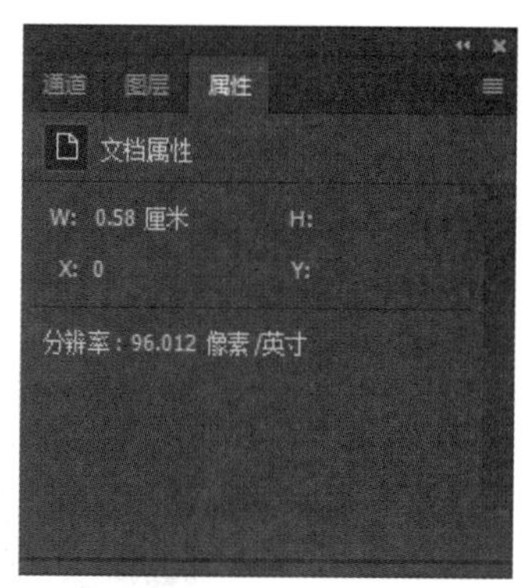

图 1-13　文档属性

5. 匹配字体的加强和可变字体

匹配字体的搜索结果，加入了对计算机安装的字体的搜索，也就是说如果忘了所制作的图是用什么字体，也找不到 PSD 文件，那么匹配字体可以帮忙搜索出所用的是什么字体。

“可变字体”简单来说就是通过滑竿自定义字体的属性，操作直观，是一种新的 OpenType 字体格式，支持直线宽度、宽度、倾斜度等自定义属性。

6. 重磅：新建文档功能大更新

最后要重点提一下的是，Photoshop CC 2018 对“新建文档”这个最常用的功能做了很多更新。

Photoshop CC 2018 启动后，会出现新的启动界面。其实这个风格在之前版本的 Pr、Ai、AE 中都已采用。通过这个界面可以直接看到近期使用过的作品，可以新建或打开文档，当然也可以单击右上角的“设置”按钮隐藏该界面，而单击“开始新任务”按钮同样会激活“新建文档”功能。

7. 新增工具提示窗口

Photoshop CC 2018 中有更为直观的工具提示。在以往版本中，当鼠标悬停在左侧工具栏的工具上时，只会显示该工具的名称，而现在则会出现动态演示，来告诉软件使用者这个工具的用法，如图 1-14 所示。

图 1-14 工具提示窗口

8. 新增“学习”面板

Photoshop CC 2018 中的“学习”面板，可以通过“窗口”菜单打开，其中直接内置了摄影、修饰、合并图像、图形设计四个主题的教程，如图 1-15 所示，每一个点开后都有各种常见的应用场景，选择后会有文字提示手把手地引导如何实现该操作。

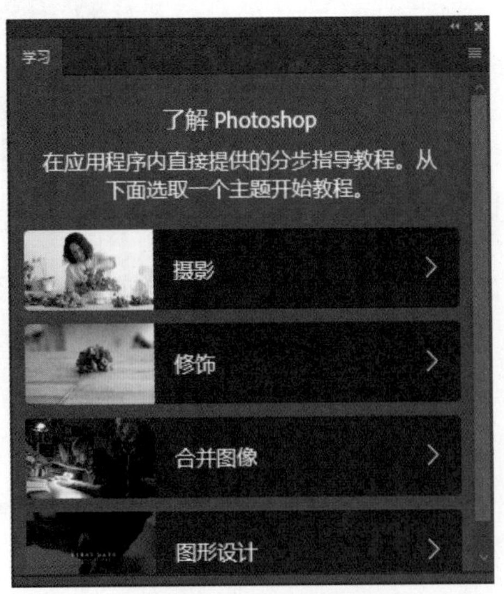

图 1-15 “学习”面板

9. 强化云时代体验，照片云获取和无缝分享到社交网站

通过电子邮件、文本、社交网络等方式共享您作品的拼合副本。此功能会使用原生操作系统共享机制，

包括已经过身份验证的服务。除去技术性和艺术性的创作之外，提高效率的则是图片获取端和图片分享端，而 Photoshop CC 2018 都做出了优化。

10. 增强云获取的途径，访问所有云同步的 Lightroom 图片

在打开的“开始”界面中，选择 LR 照片选项，可以直接在 Photoshop 中从云端获取 Lightroom CC 照片。借助所有 Adobe Creative Cloud 摄影桌面和移动应用程序之间更加深入的集成，所有的照片均会进行同步，并且可供从任何位置进行访问。

11. 绘制功能增强，画笔多项优化和钢笔新工具

在 Photoshop CC 2018 的钢笔工具中新增加了“弯度钢笔工具”，这个工具可以同样轻松的方式绘制平滑曲线和直线段。可以在设计中创建自定义形状，或定义精确的路径，以便毫不费力地优化图像。使得更快、更直观、更精准地创建路径成为可能。无须修改贝塞尔手柄，即可直接推拉各个部分。只需双击，即可在各个点类型之间进行切换。

其次是画笔多项优化，比较直观的首先是画笔的管理模式，改变为类似于计算机中文件夹的模式，更为直观，支持新建和删除，如图 1-16 所示。

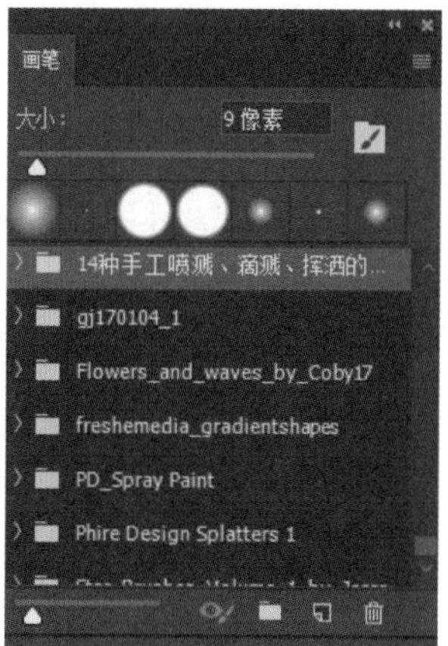

图 1-16 “画笔”面板

1.3 Photoshop CC 2018 的工作环境

1.3.1 启动和关闭 Photoshop CC 2018

1. 启动 Photoshop CC 2018

Photoshop CC 2018 启动后，会出现新的启动界面，如图 1-17 所示。

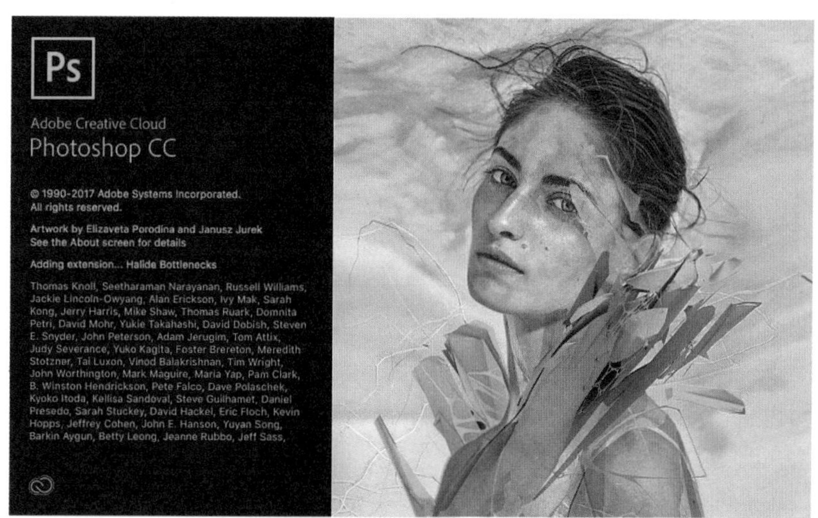

图 1-17 Photoshop CC 2018 启动界面

常见的启动 Photoshop CC 2018 的方法是双击桌面的 Photoshop CC 2018 快捷方式图标，这里介绍另外两种启动 Photoshop CC 2018 软件的方法。

- 方法 1：在桌面左下角单击“开始”按钮，在弹出的“开始”菜单中执行“所有程序→ Adobe Photoshop CC 2018”命令，即可启动 Photoshop CC 2018。
- 方法 2：双击关联 Photoshop CC 2018 的图像文件的图标，同样可以启动 Photoshop CC 2018。

2. 关闭 Photoshop CC 2018

- 方法 1：执行“文件→退出”命令。
- 方法 2：单击界面右上角的“关闭”按钮。
- 方法 3：按快捷键 Ctrl+Q。

1.3.2 安装与卸载 Photoshop CC 2018

1. 安装 Photoshop CC 2018

Creative Cloud（创意云）是 Adobe 提供的云服务之一，它将创意设计需要的所有元素整合到一个平台，简化了整个创意过程。自 Adobe Photoshop CC 起，安装不再提供光盘、独立安装包等，应使用 Adobe ID 登录 Creative Cloud 客户端在线安装、激活。

本节简要介绍下载、安装 Creative Cloud 应用程序，并使用 Creative Cloud 客户端管理、更新 Photoshop 应用程序的方法。

（1）打开浏览器，在地址栏中输入 https://www.adobe.com/，进入 Adobe 的官网。在页面导航中单击“支持与下载”，在弹出的快捷菜单中选择“下载和安装立即试用 CC 2018”，如图 1-18 所示。

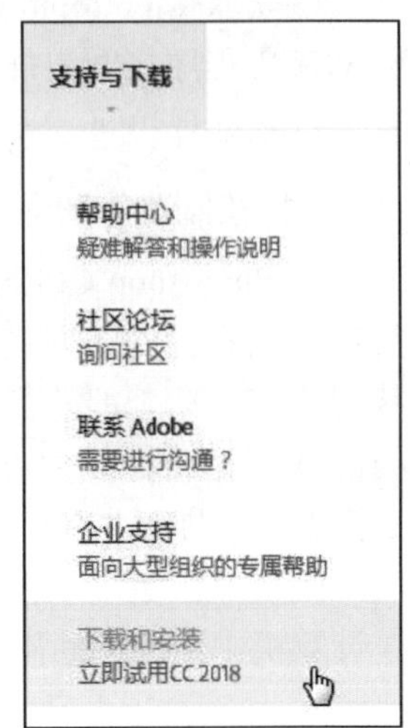

图 1-18 选择下载和安装

（2）在刷新的页面中选择要下载的软件，然后单击下载免费试用版，如图 1-19 所示。

图 1-19 选择要下载的软件

之后会弹出一个页面，要求登录或者注册 Adobe ID，此时如果已有 Adobe ID 就可以直接登录，如果没有则需要单击“注册 Adobe ID”按钮，在弹出的页面中填写相关的个人资料。填写完成后，单击“登录”按钮，使用 Adobe ID 登录，就可以开始下载。下载完成后，单击下载的软件进行安装。安装完成后，就可以在“开始”菜单中看到安装的应用程序，在桌面上可以看到 Adobe Creative Cloud 的图标。

（3）双击 Adobe Creative Cloud 的图标，打开如图 1-20 所示的 Creative Cloud 客户端界面。

在这里，用户可以查看已安装的 Adobe 应用程序是否有更新。如果有，单击“更新”按钮可自动下载更新并安装。如果在图 1-19 中选择下载的软件不是 Photoshop，可以在如图 1-21 所示的界面中单击“试用”按钮，自动安装选择的软件。

这种方法安装的软件只是试用版，若要使用完整版，可从经销商处购买。

2. 卸载 Photoshop CC 2018

（1）双击 Adobe Creative Cloud 的图标，打开 Creative Cloud 客户端界面。

（2）将鼠标指针移到 Photoshop CC 2018 上，右侧将显示“设置”按钮，单击该按钮，在弹出的下拉菜单中选择“卸载”命令，即可卸载该软件，如图 1-21 所示。

图 1-20 Creative Cloud 客户端

图 1-21 选择“卸载”命令

第 2 章

图像处理的相关知识

学习要点

在了解 Photoshop CC 2018 的功能之前，本书将向读者介绍 Photoshop 中有关图像处理的基础知识。本章主要介绍位图与矢量图的区别，图像大小、分辨率以及工作界面等，以便读者今后更深层次地学习。

学习提要

- ❖ 图像处理基础
- ❖ 熟悉 Photoshop CC 2018
- ❖ 如何优化设置 Photoshop

2.1 图像处理基础

本节将介绍几个有关图像处理的基本概念和术语。

2.1.1 像素

像素是构成图像的最小单位，它的形态为单色的矩形，多个像素组合在一起便构成了一幅图像。

2.1.2 位图与矢量图

绘制的图形或处理的图像根据储存方式的不同，可分为位图与矢量图两大类。

1. 位图

位图又称为栅格图像，是由一个个像素点组合生成的图像，不同的像素点将以不同的颜色构成完整的图像。用户可通过位图表达出色彩丰富、过渡自然的图像效果。但是，在保存位图时，由于计算机需要记录每一个像素点的位置与颜色，所以图像的像素点越多，图像就会越清晰，而图像所占的硬盘的空间也随之越大，在处理图像时计算机的运行速度也就越慢。

在位图中，所包含的图像像素数目是一定的。当将图像放大时，其相应的像素点也将会被放大，当像素点放大到一定程度后，就会出现锯齿一样的边缘，图像会变得模糊，并出现失真的现象。

2. 矢量图

矢量图又称为向量图，是由一系列线条所构成的图形，而这些线条的“颜色”“位置”“曲率”“粗细”等属性都是通过多种复杂的数学公式来表达的，因此对象的线条极为光滑、流畅，无论用户对其放大或缩小多少，图像的质量都不会受到影响，依旧保持原有的清晰度。

矢量图的一个优点是它们所占据的硬盘空间较小，其文件尺寸取决于图形中所包含的对象的数量及复杂程度。但是，由于矢量图是用数学公式来定义线条与形状的，且它的颜色表示都是以面来计算的，因此，它并不像位图那样可以表现丰富多彩的颜色，在制作过程中也不能像位图一样随心所欲地绘制及擦除图像。

2.1.3 图像大小与分辨率

Photoshop 软件中创建的图像文件都是矩形的（或者是正方形的），这就需要根据要求提前在相关的对话框（“新建”对话框）中设置好文件的“宽度”和“高度”尺寸，如果对已经设置好的图像尺寸不满意，可以通过在“图像大小”对话框中设置“宽度”和“高度”尺寸来进行修改，在设置和修改图像尺寸时系统提供了“像素”“英寸”“厘米”“毫米”“点”“派卡”“列”等单位供读者选择使用。

分辨率是描述图像文件的信息量术语，指单位区域内包含的像素数量。其单位通常用“像素 / 英寸”“像素 / 厘米”表示。

分辨率的高低直接影响到图像的输出质量和清晰程度。分辨率越高，图像输出越清晰，而图像文件所占用的存储空间和内存相应变大。当提高低分辨率所创建的图像的分辨率时，提高的只是单位面积内像素的数量，并不能提高图像的输出品质。

2.2 熟悉 Photoshop CC 2018

本节将介绍Photoshop CC 2018文件基本管理方法，并简要介绍Photoshop CC 2018界面和各种工具栏。

2.2.1 Photoshop CC 2018 文件的管理

Photoshop CC 2018 软件启动完毕后，会出现新的工作界面，如图 2-1 所示。在这个界面中可以选择最近打开的文件，新建和打开文件，如果有近期的作品，也将显示在这个界面中。也可以通过自己所做的设置创建新内容。

图 2-1　Photoshop CC 2018 启动后的界面

1. 新建文件

Photoshop CC 2018 启动完成后的界面中不会出现工具栏和浮动面板。当新建或者打开文件后，才会出现如图 2-2 所示“新建文档”对话框。这个对话框中有最近使用项、已保存、照片、打印、图稿和插图、Web、移动设备、胶片和视频几个选项，可以根据您的需求来选择对应的选项。

此处以打印这个选项为例，选择其中一个 A4 的尺寸。在这个对话框的右侧“预设详细信息”里，还可以更改文件的名称（系统默认新建的文件名称为“未标题 -1”）、尺寸的大小、单位、分辨率、颜色模式，以及背景内容，然后单击“创建”按钮。

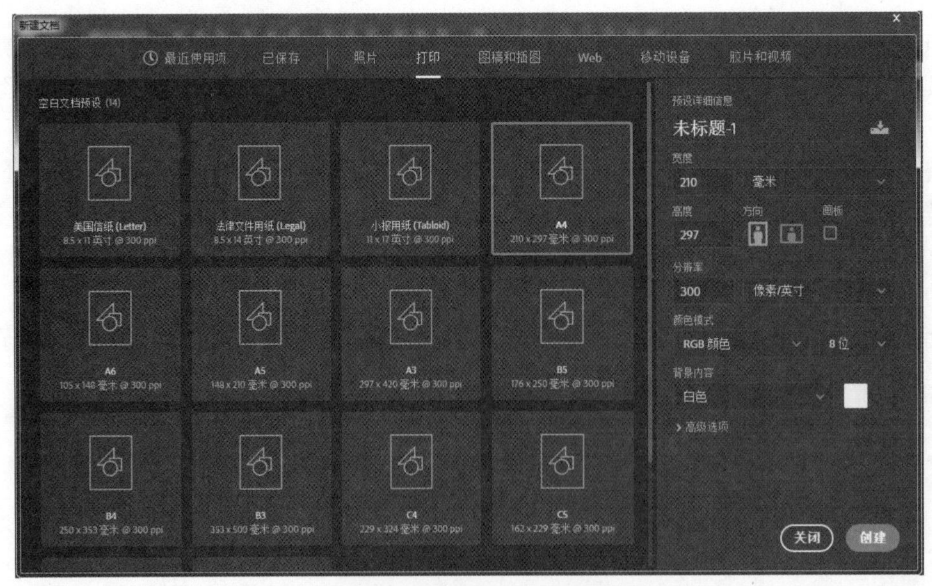

图 2-2　“新建文档”对话框

➢ “宽度”和“高度”：分别用于设置图像文件的宽和高尺寸，在右侧的下拉列表中可以选择尺寸的单位。

- “分辨率”：用于设置图像的显示分辨率数值，在右侧的下拉列表中可以选择分辨率数值的单位（像素/英寸或像素/厘米）。
- “颜色模式”：在其下拉列表中可以选择图像的颜色模式，默认状态下为 RGB 模式。
- “背景内容”：用于设置新建文件的背景层的颜色，默认状态下为白色。但是，若在“背景内容”下拉列表中选择“背景色”，则系统将以当前使用的背景色填充新图像；若选择“透明”，则系统将创建一个没有颜色值的单层图像。

需要注意到，要制作一个产品包装或者绘制其他作品时，还需要知道要留有一个出血尺寸。所谓出血，就是四周边留 3mm 的位置，在印刷过程中需要被裁切的。所以，作图的时候就要注意，重要的内容不能太靠边。要留出出血位置，就要设置参考线。执行菜单上的“视图”→“新建参考线”命令，如图 2-3 所示。然后在弹出的如图 2-4 所示的“新建参考线”对话框中，设置垂直位置为“0.3 厘米”。

这时候可以看到先前建立的空白文件左边多出了一条蓝色的参考线，参考线外就是出血的位置，如图 2-5 所示。利用上述方法设置其余三条边的参考线。设置好四条参考线后，作图的时候就在参考线内作图，不要把重要内容留到线外。

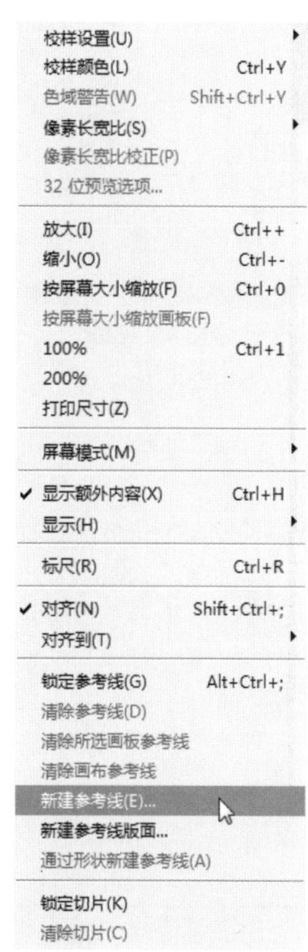

图 2-3　快捷菜单

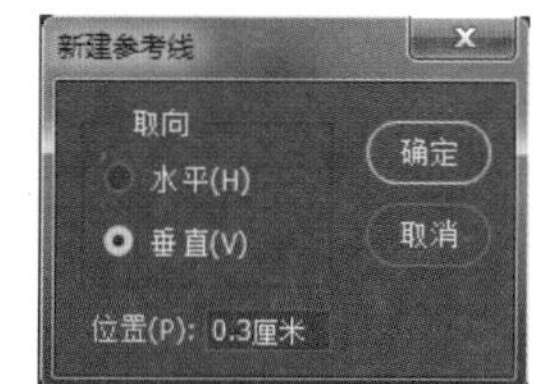

图 2-4　“新建参考线”对话框

图 2-5　参考线

2. 存储文件

要保存图像，可选择“文件”→“存储”菜单命令（快捷键为 Ctrl+S）。如果该图像为新图像，此时系统将打开如图 2-6 所示的“另存为”对话框。用户可通过该对话框设置文件名、文件格式，创建新文件夹，切换文件夹，以及决定以何种方式列表文件。“另存为”对话框中各选项的意义如下：

- “文件名”：在该编辑框中可以输入要保存文件的名称。
- “保存类型”：在该下拉列表中可以选取适当格式进行保存。
- 作为副本：为文件保存一份拷贝，但不影响原文件，例如，对于一幅名为 Temp.psd 的图像文件，用户可用 Temp Copy.psd 的名称保存之。以拷贝方式保存图像文件后，用户仍可继续编辑原文件。

- 注释：决定是否保存注释文字或注释声音。如果图像中没有注释，该项将以灰色显示。
- Alpha 通道：决定是否在保存图像的同时保存 Alpha 通道。如果图像中没有 Alpha 通道，该项以灰色显示。
- 专色：决定是否在保存图像时保存专色通道。如果图像中没有专色通道，该项以灰色显示。
- 图层：选中该项，图像将分层保存。不选中该项，对话框的底部将显示警告信息，并将所有的层进行合并保存。
- “使用校样设置：工作中的 CMYK”：决定是否使用检测 CMYK 图像溢色功能。仅当选定 EPS 和 PDF 格式时，该设置项有效。
- “ICC 配置文件：sRGB IEC61966-2.1”：设置是否保存 ICC Profile（ICC 概貌）信息，以使图像在不同显示器中所显示的颜色一致。不过，该设置对 PSD、PSB、EPS、JPS、PNS、PDF、JPEG、TIFF、MPO 等格式有效。

此外，用户还可通过是否选中“缩览图”复选框来确定是否保存预览缩览图，这决定着在打开图像时能否在打开对话框中预览图像。

图 2-6 “另存为”对话框

一般情况下，如果是对已有文件进行编辑，则选择“文件”→“存储”菜单命令时，系统将不打开“另存为”对话框。但是，如果对文件进行了某些特殊操作，例如，为一 TIFF 格式的图像文件创建了图层等，由于只有 Photoshop 的 PSD 格式图像文件才能保存这些特性，因此，此时系统将打开“另存为”对话框，且图像格式下拉列表中只能选择 PSD 格式。

此外，用户还可方便地在该对话框或“打开”对话框中删除、复制、发送、打印、重命名文件。方法是利用鼠标右键单击选定文件名，然后从打开的快捷菜单中选择适当的选项。

在编辑图像时，如果不希望对源图像文件进行更改，则可选择“文件”→“存储为”菜单命令，将编辑后的图像文件以其他名称保存。

下面解释一下图片的格式。Photoshop 默认保存的图片格式是 PSD，这个格式可以保存所有的图层和相关设置，建议大家作图时都要保留 PSD 文件，以后修改起来就很方便。BMP 文件是一种无压缩的图片格式，一般都比较大，不建议使用。JPG 文件是很常见的图片格式，一般在网上看到的彩色图片都是这样的格式。JPG 文件是有损压缩的，其压缩技术十分先进，它用有损压缩方式去除冗余的图像和彩色数据，在获得极高的压缩率的同时能展现十分丰富生动的图像。换句话说，就是可以用最少的磁盘空间得到较好的图像质量。同样的图片，JPG 文件的大小几乎是 BMP 文件的 1/10。GIF 文件最多只能呈现 256 色，所以它并不适合色彩丰富的照片和具有渐变效果的图片，它比较适合色彩比较少的图片。另外，GIF 文件可以保存成背景透明的格式，也可以做成多帧的动画，这些都是 JPG 文件无法做到的。PNG 格式是目前保证最不失真的格式，它吸取了 GIF 和 JPG 二者的优点，存储形式丰富，兼有 GIF 和 JPG 的色彩模式；它的另一个特点是能把图像文件压缩到极限以利于网络传输，但又能保留所有与图像品质有关的信息。

3. 打开或关闭文件

在 Photoshop 中要打开一幅已经存在的图像，可在如图 2-1 所示的界面中选择“打开”按钮，打开“打开”对话框，也可选择“文件”→“打开”菜单命令，或者按快捷键 Ctrl+O。在对话框中单击要打开的图像文件名，然后单击“打开”按钮或直接双击要打开的图像文件名即可打开选定的图像。要一次打开多个图像文件，可配合 Ctrl 键和 Shift 键。其中，要打开一组连续的文件，可在单击选定第一个文件后，按住 Shift 键的同时单击最后一个要打开的图像文件；要打开一组不连续的文件，可在单击选定第一个图像文件后，按住 Ctrl 键的同时，单击选定其他图像文件。最后单击“打开”按钮。

如果用户不想再继续编辑某个图像，可选择“文件”→“关闭”或“关闭全部”菜单、按 Ctrl+W 或 Ctrl+F4 组合键、单击图像窗口右上角的 × 按钮来关闭图像窗口。

2.2.2 Photoshop CC 2018 的工作界面

启动 Photoshop CC 2018 后新建一个文件，将会显示如图 2-7 所示的工作界面，其中包括菜单栏、工具栏、工具属性栏、调板窗、工作区及图像窗口。

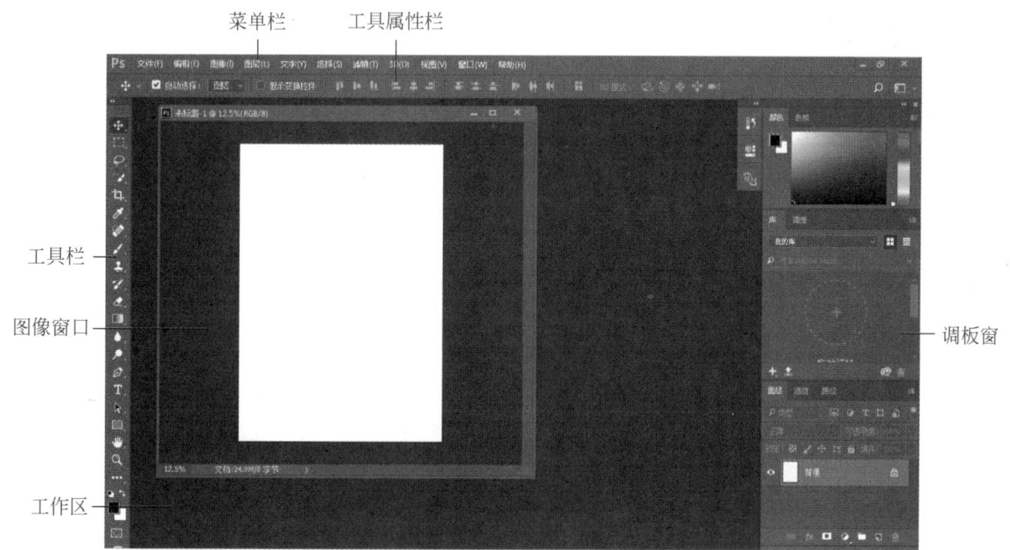

图 2-7 Photoshop CC 2018 工作界面显示

2.2.3 菜单栏

菜单栏主要包括 11 个菜单命令，如图 2-8 所示。其中 3D（D）是新增加的一个菜单命令。利用这些命令可对图像进行调整及处理，使图像具有更完美的效果。

文件(F) 编辑(E) 图像(I) 图层(L) 文字(Y) 选择(S) 滤镜(T) 3D(D) 视图(V) 窗口(W) 帮助(H)

图 2-8 菜单栏

用户可以单击菜单命令，此时将弹出相应的下拉菜单。如选择“滤镜”→“像素化”→“晶格化”菜单命令，如图 2-9 所示，弹出“晶格化”对话框，如图 2-10 所示。在对话框中设置一定的数量，或者调动幅度条，效果如图 2-11 所示。

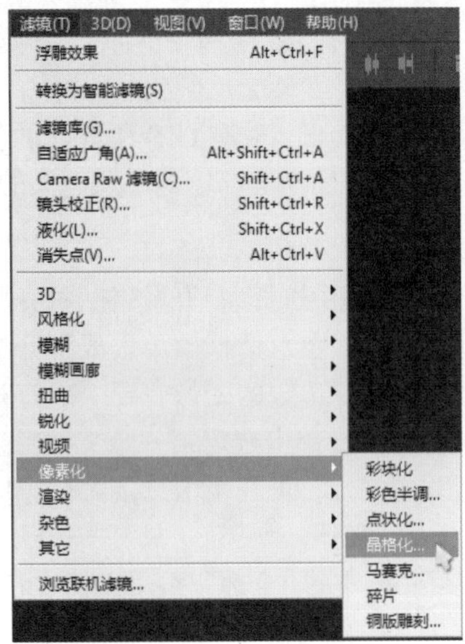

图 2-9 “晶格化”菜单命令

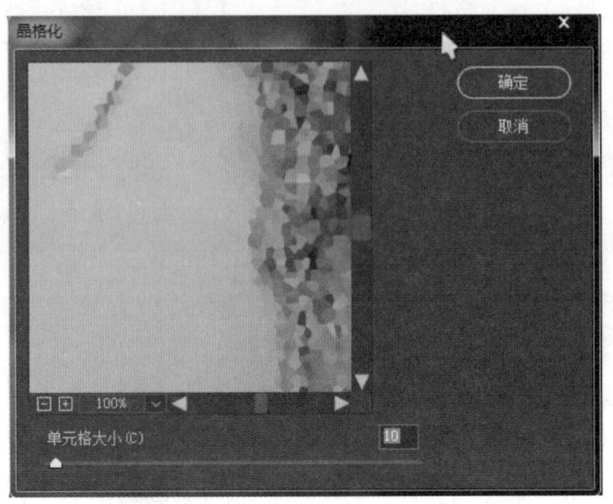

图 2-10 “晶格化”对话框

(a) 原图像

(b) 执行后效果

图 2-11 执行“晶格化”菜单命令的前后效果

用户除了用鼠标单击选择命令，还可以利用快捷键进行操作。例如：执行“文件”→“打开”菜单命令，可通过按 Ctrl+O 组合键来完成。此外，用户也可以通过按 Alt 键和菜单名中带下划线的字母键完成操作命令。例如，当要打开“图像”菜单时，可按 Alt+I 组合键完成操作命令。

2.2.4 工具属性栏

工具属性栏位于菜单栏的下方，在工具箱中选择某一个工具后，系统将在工具属性栏中显示该工具的相应参数，用户可在该工具属性栏中进行参数的调整。如果希望保存当前工具参数设置状态，可单击如图 2-12 中的下拉按钮，打开参数预置面板，如图 2-12 所示，并选中“仅限当前工具”复选框，在参数预置面板中单击“创建新的工具预设”按钮，在弹出的对话框中为新预设的工具参数命名即可，如图 2-13 所示。

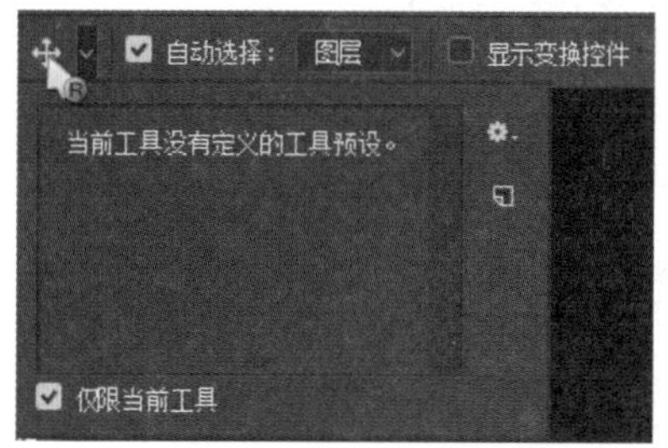

图 2-12 参数预置面板

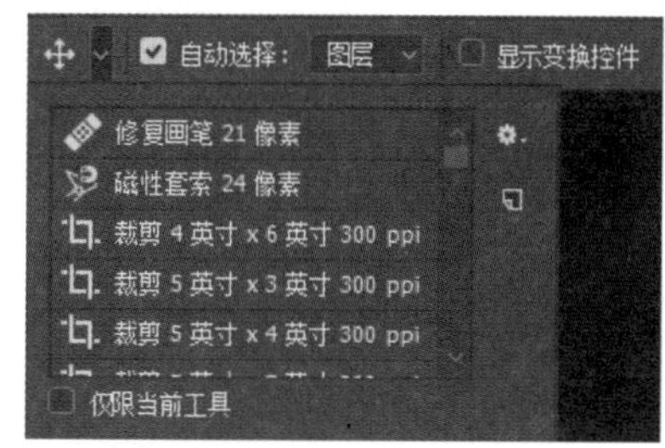

图 2-13 将当前工具参数设置存储为工具预设

2.2.5 工具栏

工具栏是学习 Photoshop 软件的重点，它主要包括选区制作工具、绘图修图工具、颜色设置工具及控制工作模式和画面显示模式工具等。用户可以使用工具栏内的工具对图形进行绘制，对图像进行修改等。另外，Photoshop CC 2018 的工具栏以长单条显示，这样就增大了工作区的面积。当单击工具栏上方的按钮时，便可以恢复为短双条显示。

在工具栏中的某种工具右下角有一个小三角符号，这表示在该工具位置上存在一个工具组，其中包括了若干相关工具。若要在工具组中选择其他的工具，可单击该工具图标并按住鼠标左键不放，然后在打开的相应子工具弹出框中选择相应的工具即可。图 2-14 显示了工具栏内的所有工具。

Photoshop CC 2018 中，在工具栏底部新增加了编辑工具栏选项，单击打开后弹出如图 2-15 所示的对话框，在该对话框中可以自行设置工具栏。

2.2.6 图像窗口

用户打开的所有图像都将在图像窗口中显示。同时，用户还可分别对程序窗口和图像窗口的状态进行调整（即最小化、最大化、还原或关闭）。然而软件的程序窗口是父窗口，因此，程序窗口将会控制图像窗口所显示的状态。

图像窗口的最上方是图像的标题栏。在标题栏的最左侧显示的是 Photoshop 软件的图标，其后是当前所显示图像文件的名称及类型。紧贴 @ 符号右侧所显示的是当前图像显示的百分比。括号内所显示的是当前图像的颜色模式。若当前图像是由多个文件组成的，在该括号内部以“,”形式将当前图层的名称与其颜色模式分隔开。

2.2.7 调板窗

调板窗位于界面右侧，主要用于存放 Photoshop 软件所提供的各种调板。Photoshop CC 2018 中共提

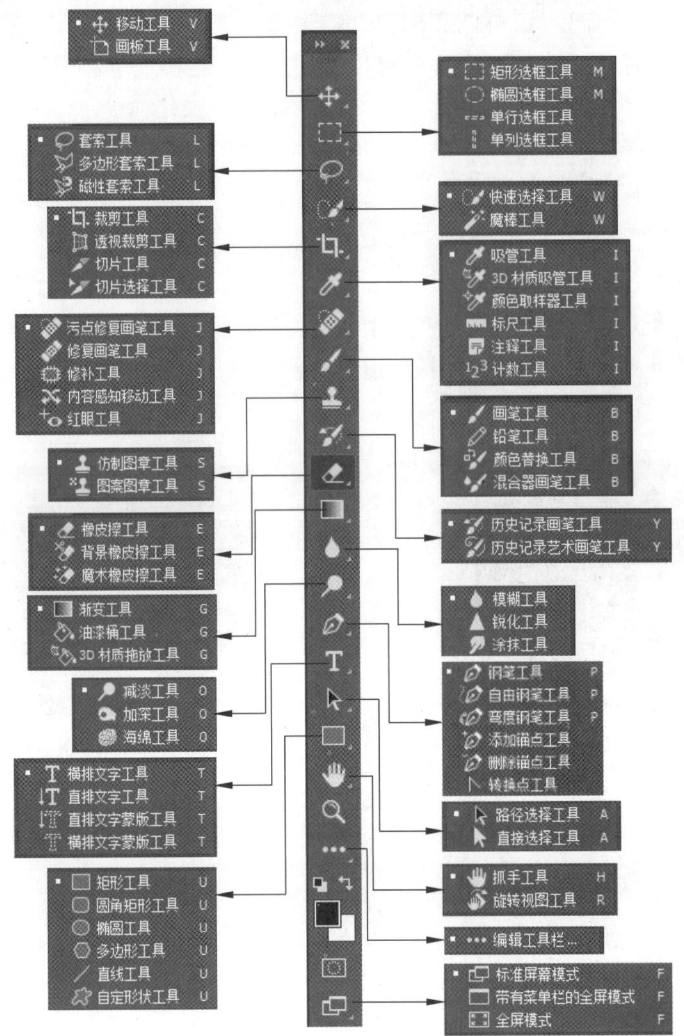

图 2-14　工具栏

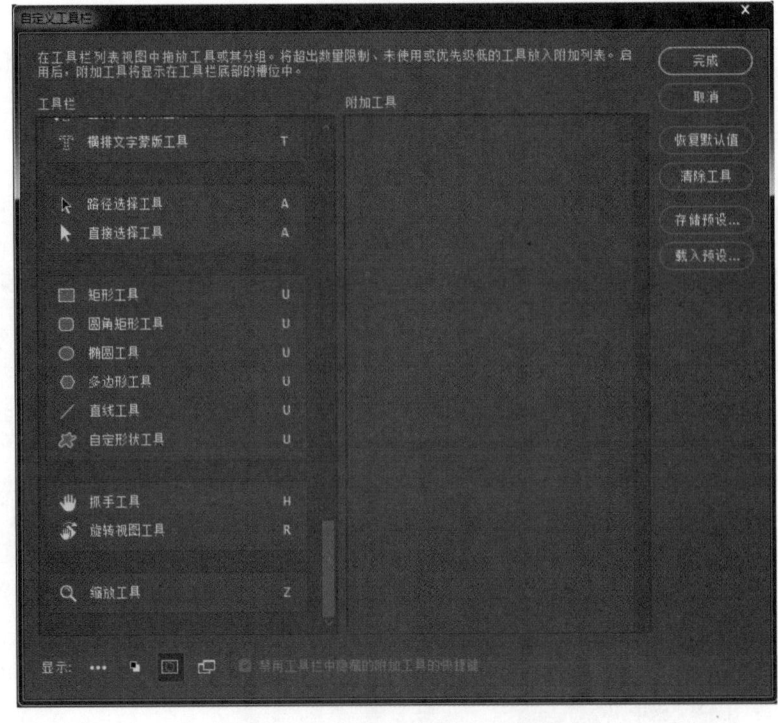

图 2-15 “自定义工具栏”对话框

供了 29 种调板，用户可以利用这些调板对编辑信息、颜色、图层、通道、路径、历史记录和动作等进行观察、选择及控制。

调板窗的显示与隐藏操作可在“窗口”菜单命令内完成。当用户在菜单中选择不带“√”的选项时，则可显示被隐藏的调板窗（即打开调板窗）；当用户在菜单中选择带“√”的选项时（或单击调板右上方的“关闭”按钮 ）时，则可隐藏调板窗。用户还可以对调板窗进行移动、拆分、组合等操作。如图 2-16 所示为“窗口”菜单命令，图 2-17 所示为“调板窗”。

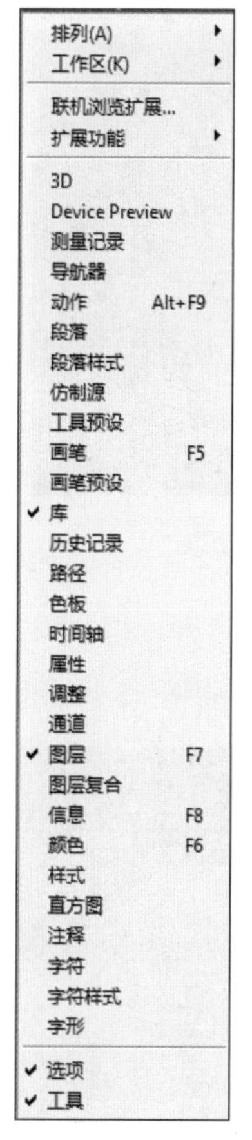

图 2-16 “窗口”菜单命令

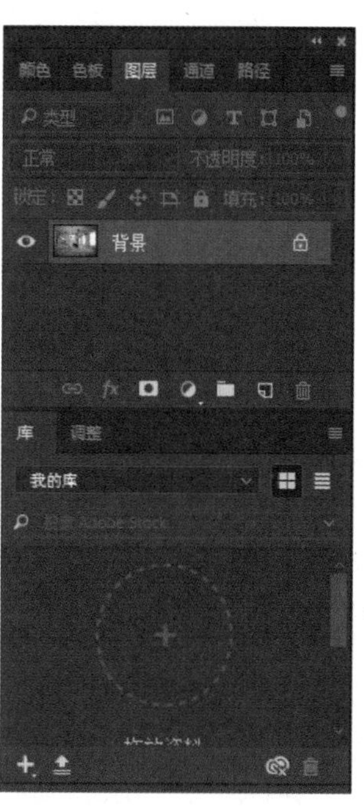

图 2-17 调板窗

按 Shift+Tab 组合键可在保留工具箱的情况下，显示或隐藏所有调板。

2.2.8 属性栏

工具属性栏位于 Photoshop CC 2018 菜单栏的下方，它主要显示对图像进行各种操作的信息。用户如果选择的工具为“矩形选框工具”，此工具属性栏中将会出现如图 2-18 所示的信息。

图 2-18 在工具属性栏中显示的信息

2.3 如何优化设置 Photoshop

Photoshop 的用户都知道使用 Photoshop 有时必须调整首选项参数设置，这样会更加适合自己的操作习惯，工作效率也会提高。下面来了解一下如何更好地优化设置 Photoshop。

（1）单击“帮助”菜单下对应命令，可查看相应的一些官方对应说明和下载、安装一些所需程序，如系统信息，查看安装的组件、增效工具、拓展功能、一些设置等参数，如图 2-19 所示。

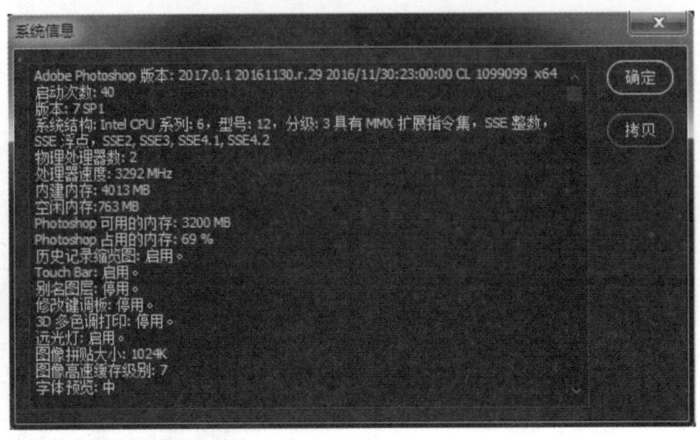

图 2-19 “系统信息”对话框

（2）单击“编辑”菜单下的“首选项”，选择“常规”命令，打开设置窗口，或者在主界面直接按快捷键 Ctrl+K 迅速打开界面，弹出如图 2-20 所示的对话框。

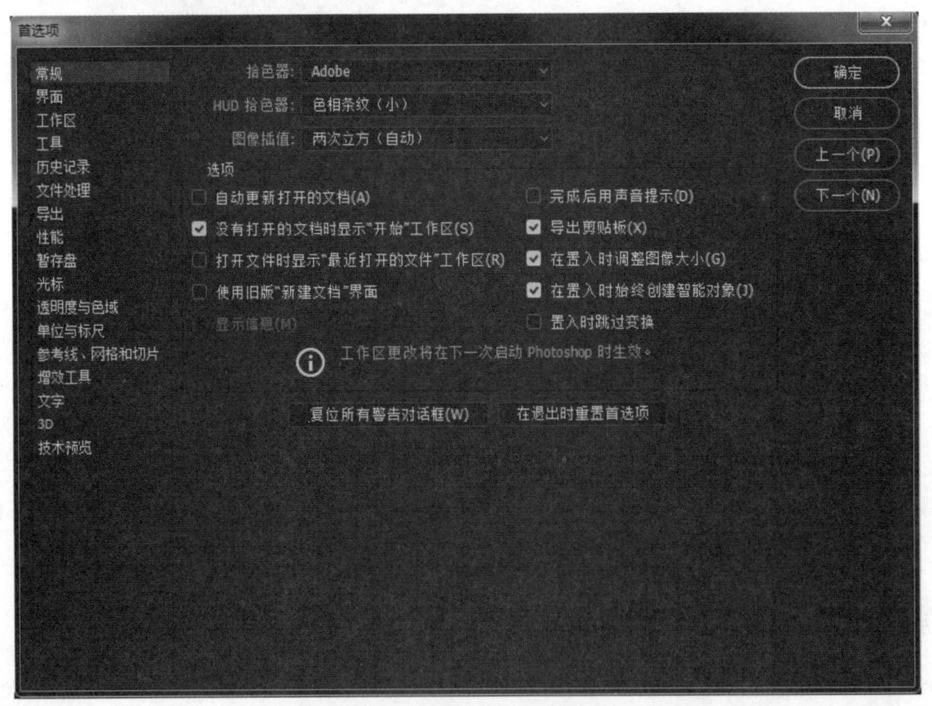

图 2-20 “首选项”对话框

（3）下面逐一介绍其中的各个选项：

➢ “常规”。“拾色器”和“图像插值”一般保持默认不作改动，如图 2-20 所示，下方的选项框中可以按照自己的需求单击选中或者取消，Photoshop 就会执行相应的操作。

➢ “界面”。此选项分为“外观”“文本”“选项”三项，如图 2-21 所示。在“外观”中可以改变整个工作区域的颜色，其中有 4 种颜色方案。在颜色和边界下拉选项中，可以设置三种模式屏幕的显示效果。在“文本”选项中，可以设置 Photoshop 显示的语言和字体大小。“选项”中包括三个选项：“用彩色显示通道”，在默认情况下 Photoshop 打开的图像包括 RGB、CMYK、Lab，其通道都以灰度显示，选中该选项后，通道将以彩色模式显示；“动态颜色滑块”，在打开 Photoshop 拾色器时，可以使用滑块来调整颜色选择框所显示的颜色范围，选择动态颜色滑块选项后，取色滑块就会提供颜色预见功能；“显示菜单颜色”，选中该选项后，将工作区更改为“Photoshop CC 2018 新功能”，此时菜单中的某些命令显示为彩色。

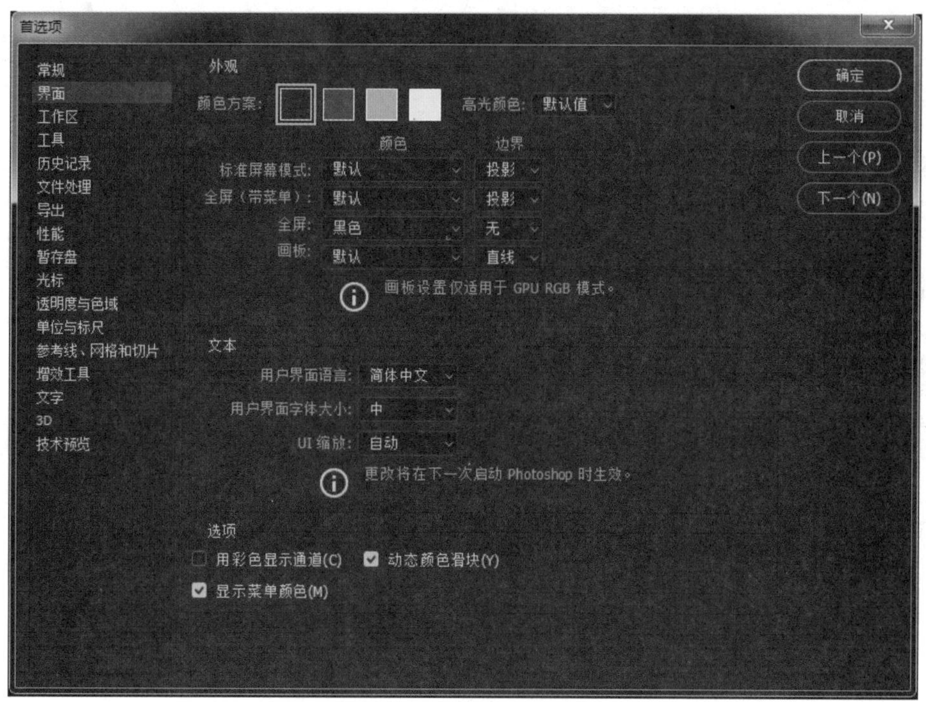

图 2-21 “界面”选项

➢ “工作区”。此选项分为“选项”和“紧缩”两项，如图 2-22 所示。可以根据自己的需求单击选中或取消，Photoshop 就会执行相应的操作。

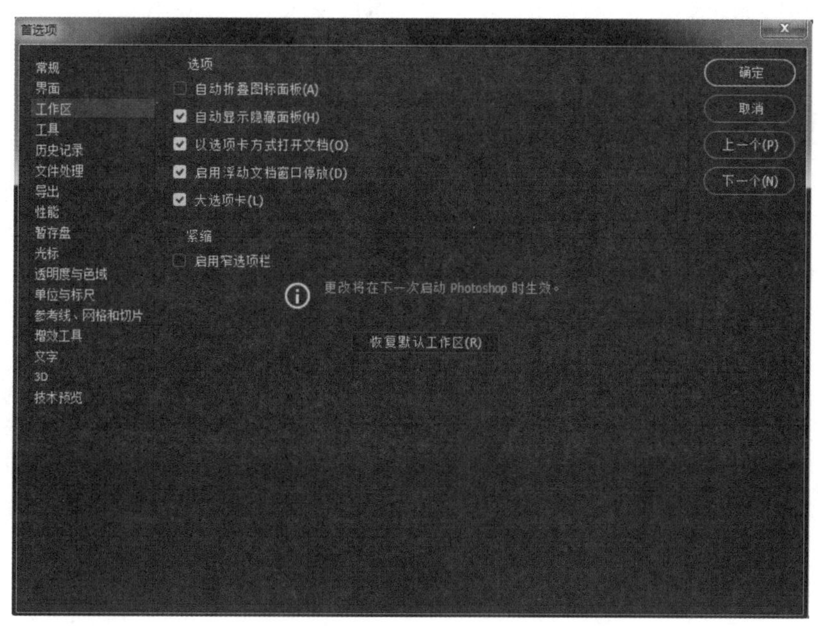

图 2-22 “工作区”选项

➢ “工具”。选中“用滚轮缩放”，可以更加快捷地缩放图像，如图 2-23 所示。其余选项可以根据需求进行选择。

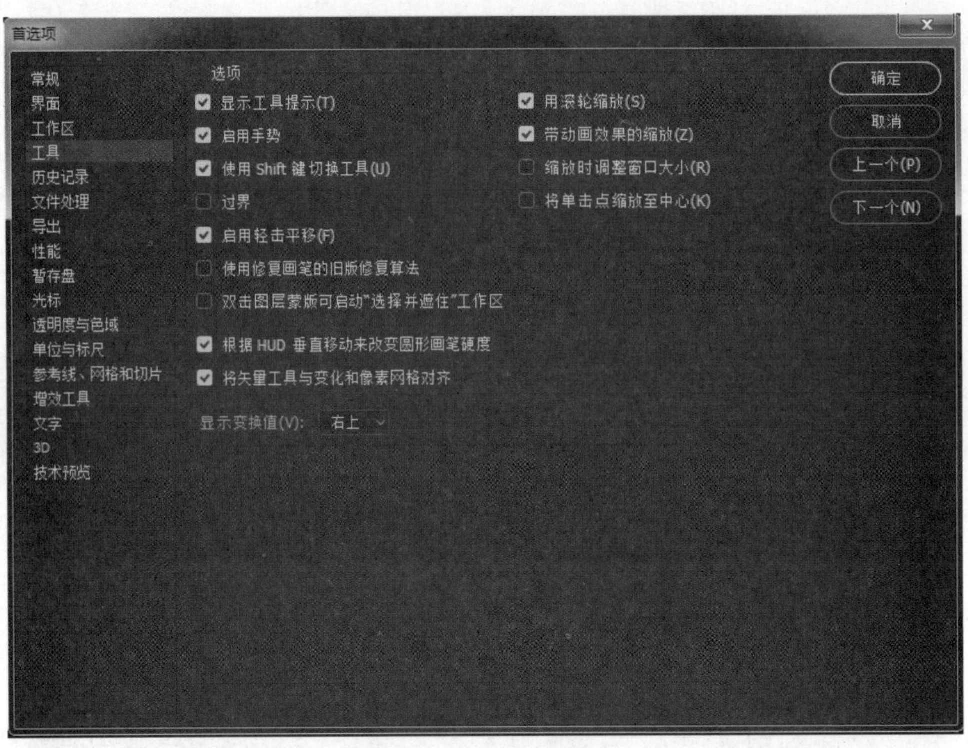

图 2-23 “工具”选项

➢ “历史记录”。在默认状态下是不选中“历史记录”复选框，当选中“历史记录”复选框后，可以将记录项目存储到其中一个状态模式下，如图 2-24 所示。

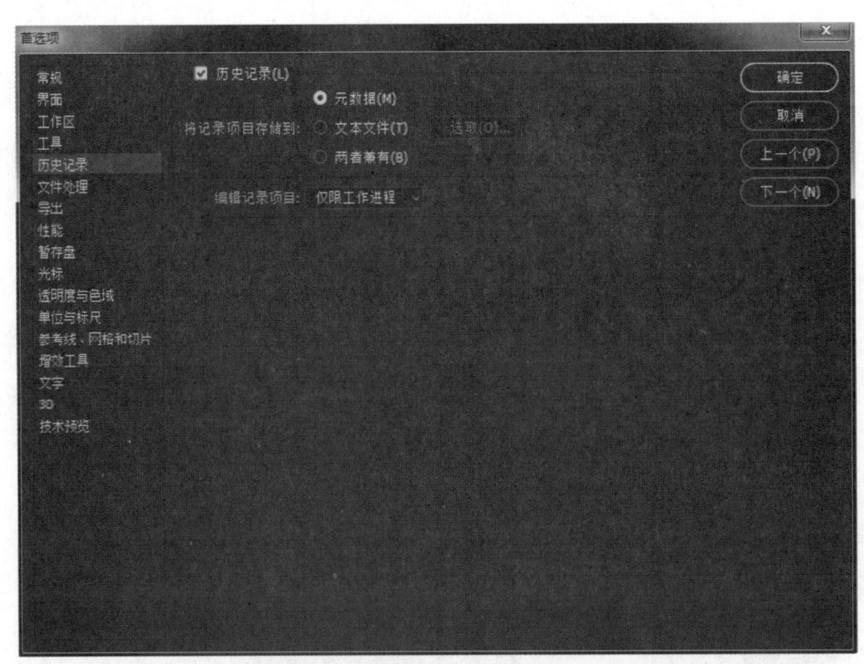

图 2-24 “历史记录”选项

➢ “文件处理”。为防止停电、软件崩溃等异常，Photoshop 选择的存储时间有 5 分钟、10 分钟、15 分钟、30 分钟和 1 小时 5 个选项，可以根据自己的需要选择存储时间。因异常 Photoshop 关闭的操作步骤可以通过备份找回，这个时候是很有必要使用的，如图 2-25 所示。

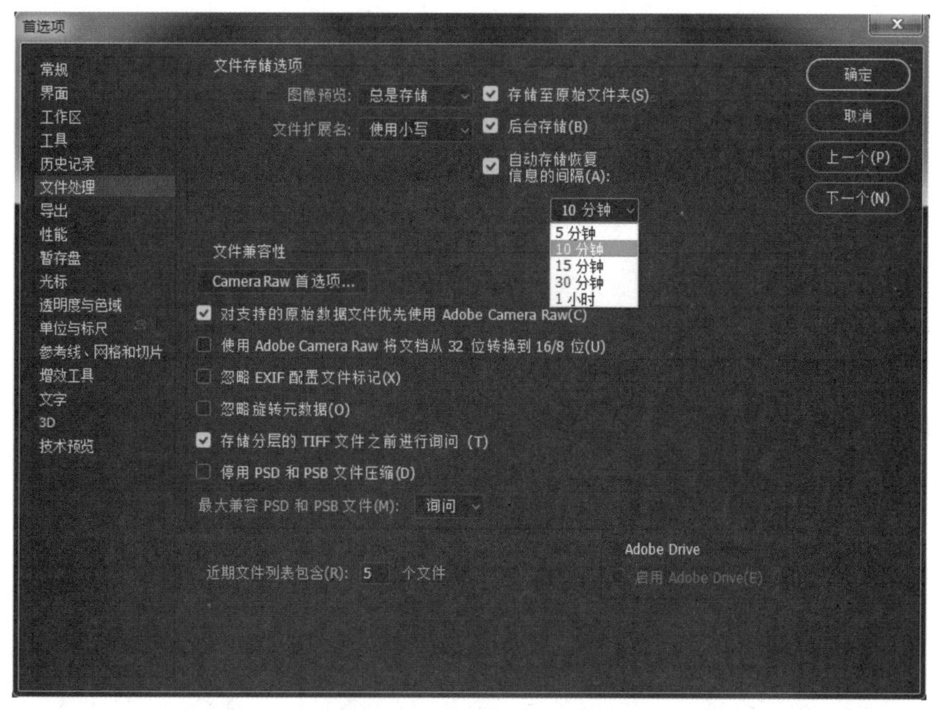

图 2-25 “文件处理”选项

“近期文件列表包含”的文件数可以自己设置，用于快捷打开近期操作或浏览过的文件以进行处理。

➢ “导出”。在默认状态下快速导出模式为 PNG 格式，如图 2-26 所示，也可以根据平时的需要更改其他格式。其中包含 PNG、JPG、GIF、SVG 四种格式。

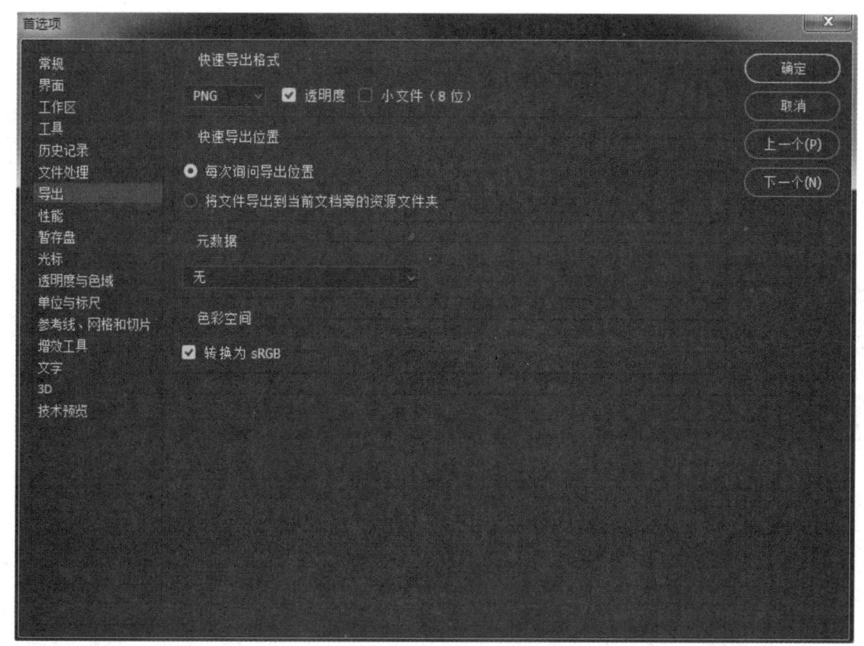

图 2-26 “导出”选项

➢ “性能”。此选项分为两部分：内存使用情况、历史记录与高速缓存。在内存使用中，可以根据自己计算机的配置高低，左右调节滑块到一个适合值，达到 Photoshop 和计算机系统负载均衡运行；

历史记录项的设置可以改变在图片处理过程中撤销操作的次数；将“高速缓存级别”设置为 2 或者更高以获得最佳 CPU 性能；在“高速缓存拼贴大小”中有 4 个选项，可以根据自己计算机的内存进行合理的设置，如图 2-27 所示。

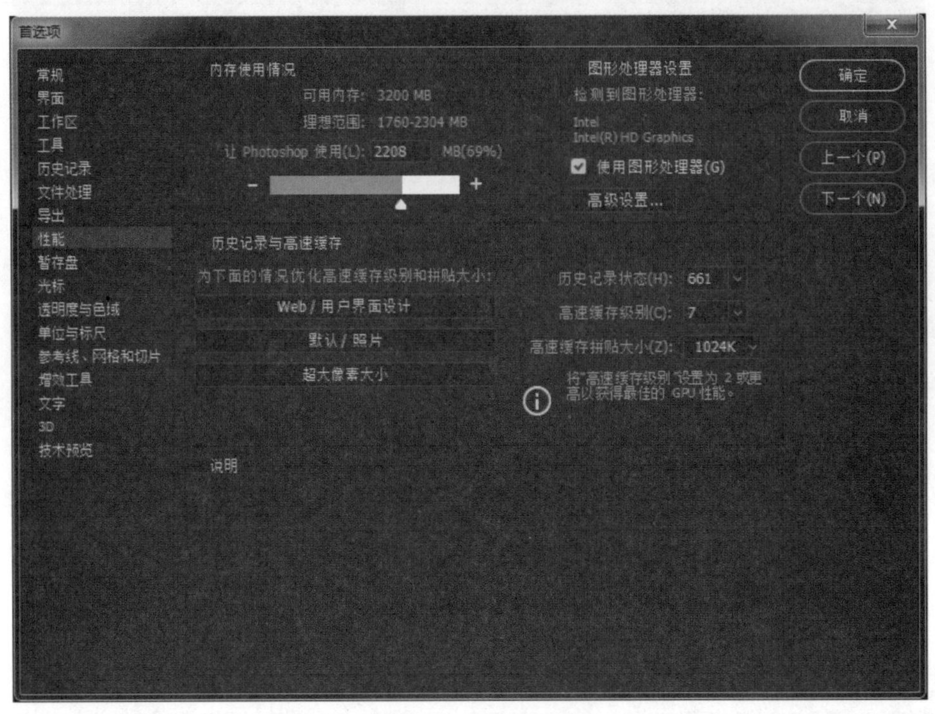

图 2-27 “性能”选项

➢ “暂存盘”。此选项用来设置制作文件的暂存位置，一般默认设置为 C 盘，如图 2-28 所示。因为 C 盘为启动盘，如果暂存文件较大会影响软件的运行速度，所以建议暂存盘选择其他盘。

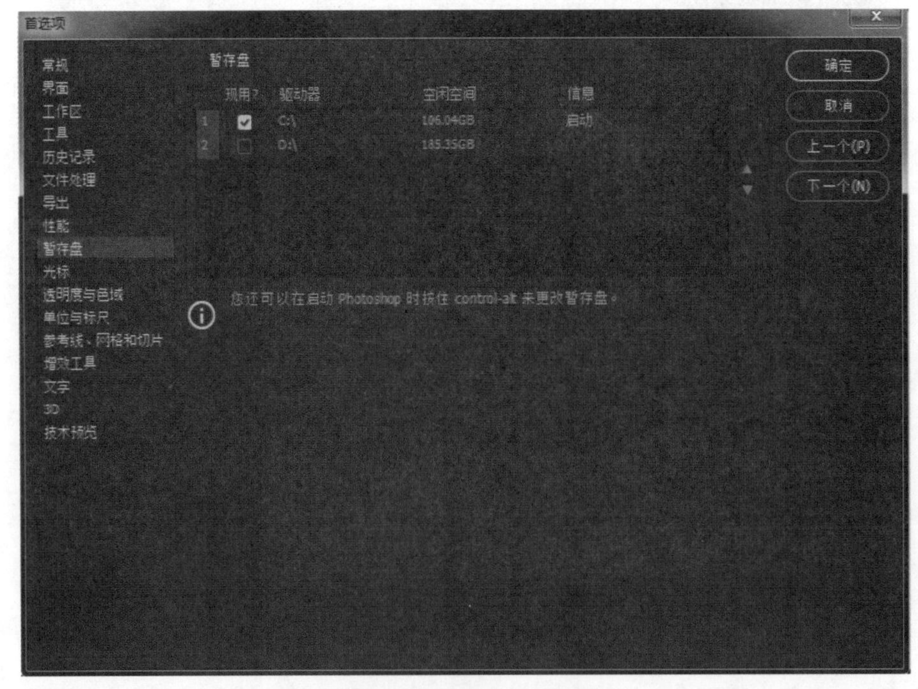

图 2-28 “暂存盘”选项

➢ “光标”。此选项设置左侧工具栏中画笔的显示光标形状、模式，让用户选择更加适合自己的图形操作，同时，可以改变画笔预览颜色为自己喜欢的色彩，如图 2-29 所示。

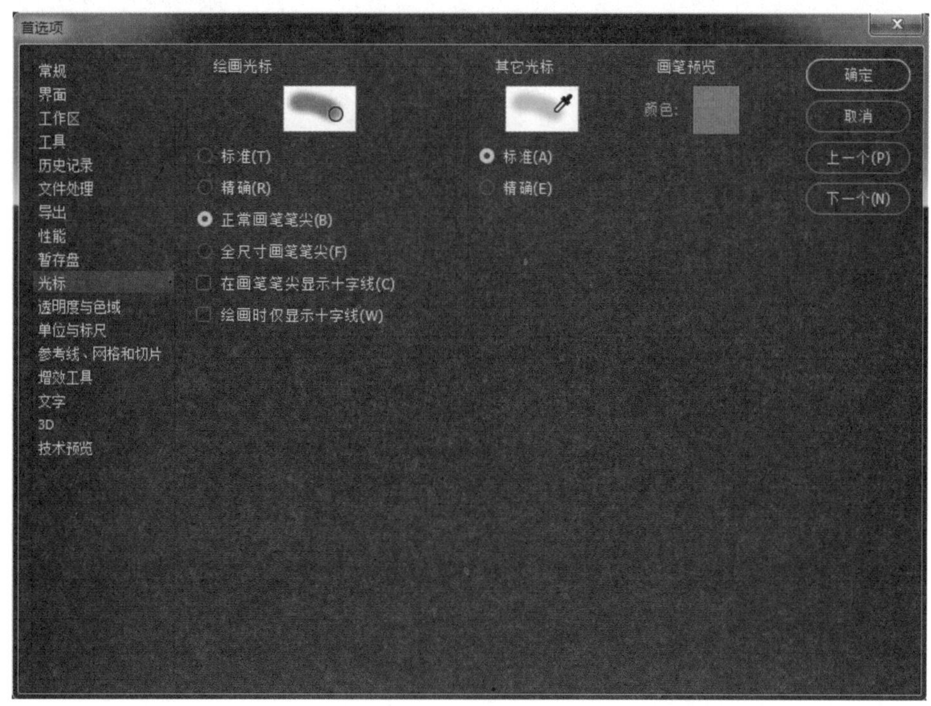

图 2-29 “光标”选项

➢ “透明度与色域”。可以在这里设置工作区画布无填充透明背景的方格样式模式，单击下拉箭头选择，如图 2-30 所示。

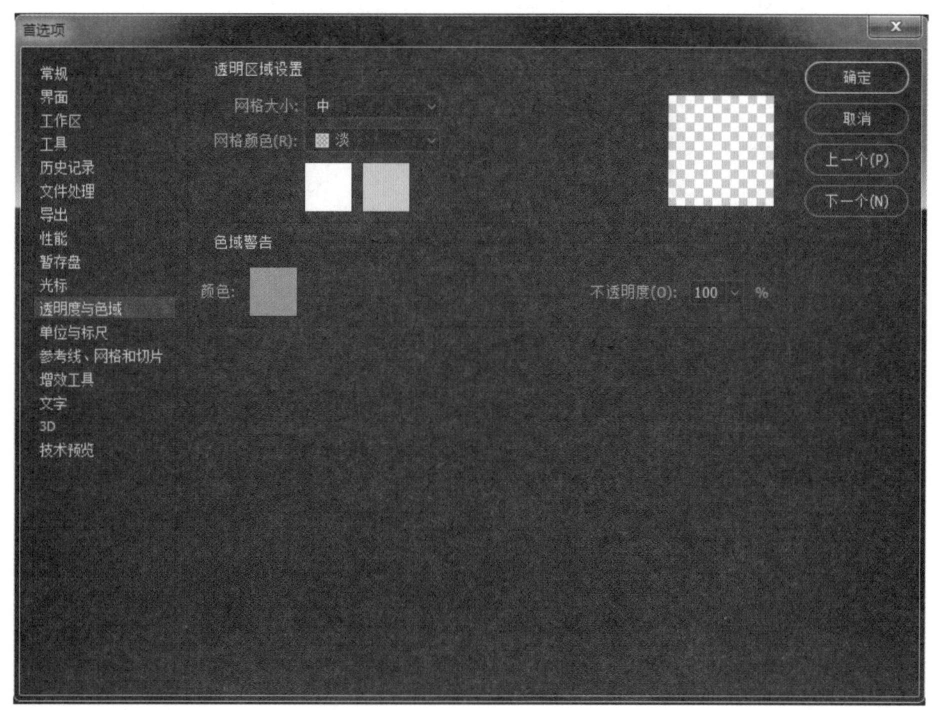

图 2-30 “透明度与色域”选项

➢ “单位与标尺”。这里可以设置数值单位和文字单位，并且设置新建文档的默认分辨率值，还可以更改点的运算模式选择，如图 2-31 所示。

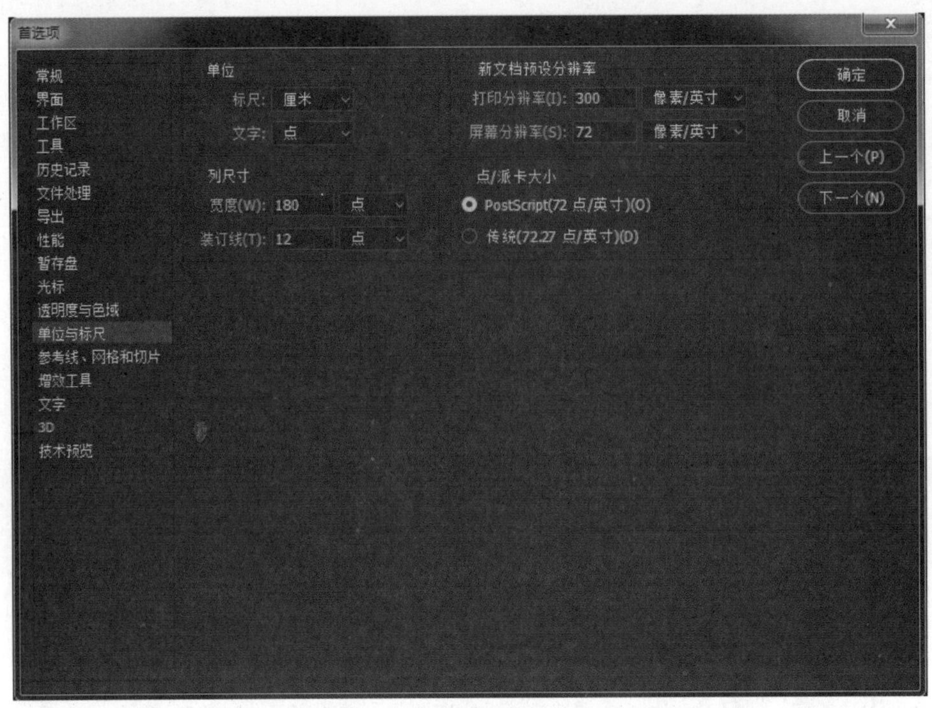

图 2-31 “单位与标尺”选项

➢ “参考线、网格和切片”。在这里可以改变文档中添加的参考线颜色，选择样式是直线还是虚线，修改网格的颜色、样式、间距参数以及切片的颜色，如图 2-32 所示。

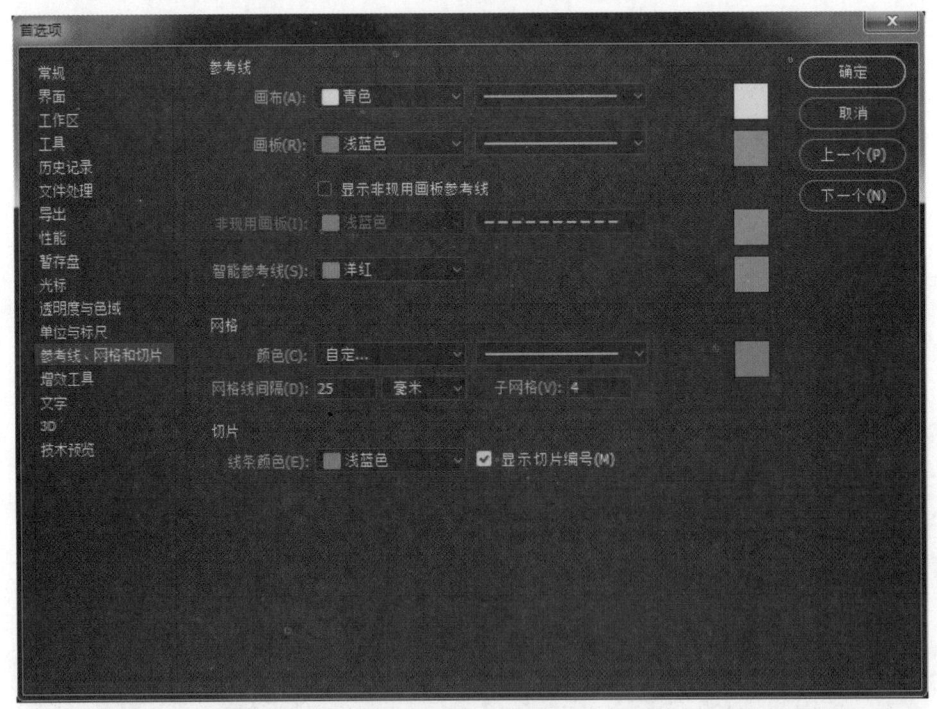

图 2-32 “参考线、网格和切片”选项

➢ “增效工具”和“文字”。这两个选项保持默认不做修改即可。

➢ “3D”。该选项中包括“可用于 3D 的 VRAM”“3D 叠加”“丰富光标”“交互式渲染”“光线跟踪”“3D 文件载入”“轴控件”“说明”8 个选项。当鼠标移动到某个选项区域内时，“说明”选项中就会显示被选定某个项的详细说明，如图 2-33 所示。

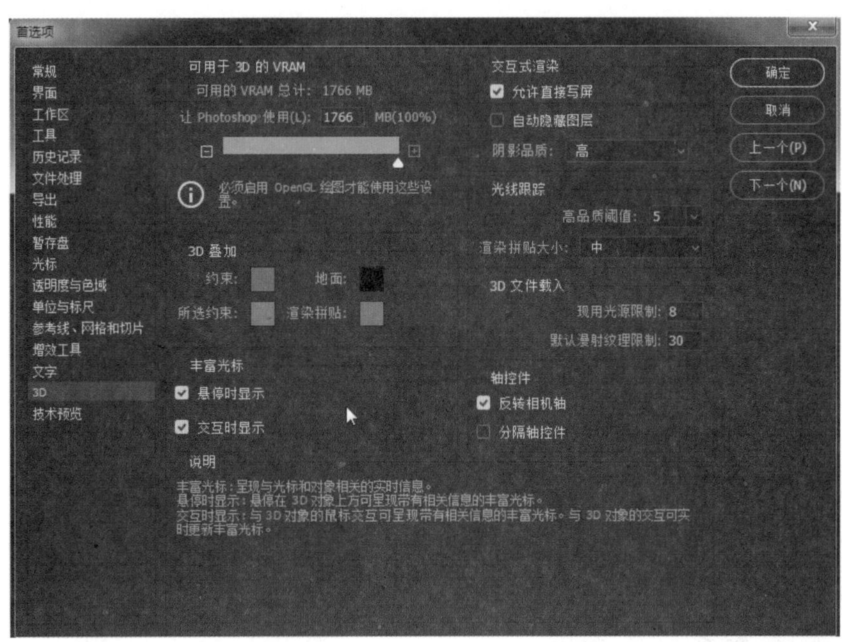

图 2-33 “3D”选项

- “技术预览”。该选项包括“启用多色调 3D 打印”和“启用 CC 3D 动画（预览）”两项，可以根据需求来选择对应的选项，如图 2-34 所示。

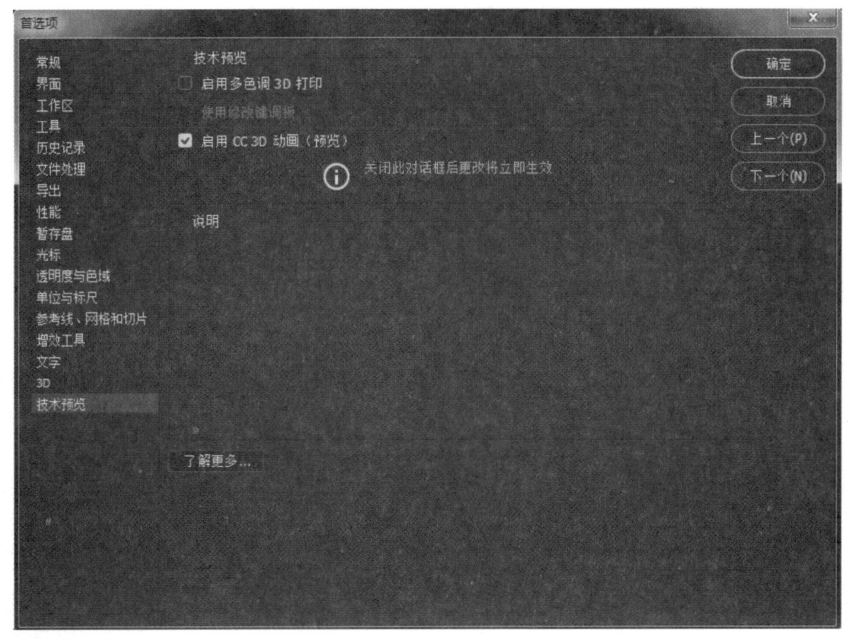

图 2-34 “技术预览”选项

2.4 综合运用——第一幅作品

下面讲解如何使用 Photoshop 软件来制作一幅摄影图像，具体操作方法如下：

（1）在菜单栏中选择“文件”→“打开”命令，也可以使用快捷命令（Ctrl+O）。打开下载的源文件中的图像“女孩”，如图 2-35 所示。

（2）在“图层”调板中将“背景”图层拖动到下方的“创建新的图层”按钮上释

放，将其进行复制得到“背景拷贝”图层，然后在“工具栏”中选择“磁性套索工具”，将“背景拷贝”置于工作区，将光标移动到图像人物边缘，按下鼠标左键并拖动，将整个人物定义为要选择的区域，释放鼠标后，系统会自动用直线将起点和终点连接起来，形成一个封闭的选区，如图 2-36 所示。

图 2-35　打开的素材图像

图 2-36　用磁性套索工具定义的选区

（3）按 Shift+F6 组合键，此时将会弹出“羽化选区”对话框，可以选择“选择”→“修改”→“羽化”命令打开“羽化选区”对话框，如图 2-37 所示，也可以在图像选区内右击选择“羽化”。在该对话框中进行适当的参数设置，然后单击对话框中的“确定”按钮，如图 2-38 所示。然后在菜单栏中选择“文件”→“打开”命令，在弹出的“打开”对话框中选择一张适合的背景图像，并单击“打开”按钮，然后选择“工具箱”中的移动工具，将选区内的图像移动复制到新文件中，得到“图层 1”。在“图层 1”中按 Ctrl+T 组合键，然后按 Shift 键适当调节“位置”和“大小”（按 Shift 键是等比例缩放），最后按 Enter 键确定，效果如图 2-39 所示。

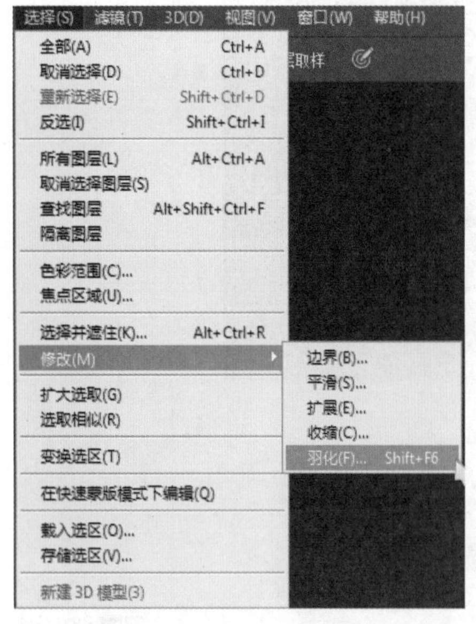

图 2-37　“羽化”菜单命令

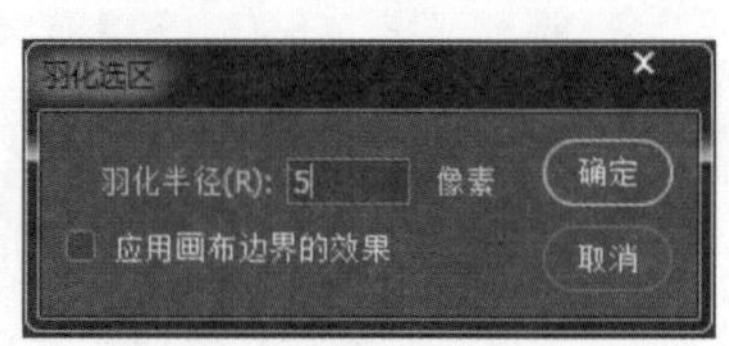

图 2-38　“羽化选区”对话框

图 2-39　移动并适当调整图像的大小

（4）在菜单栏中选择“滤镜”→“渲染”→“镜头光晕”命令，如图 2-40 所示，此时将会弹出“镜头光晕”对话框，然后在对话框中对其进行适当的参数设置，如图 2-41 所示。设置完成后，单击右上角的“确定”按钮，效果如图 2-42 所示。

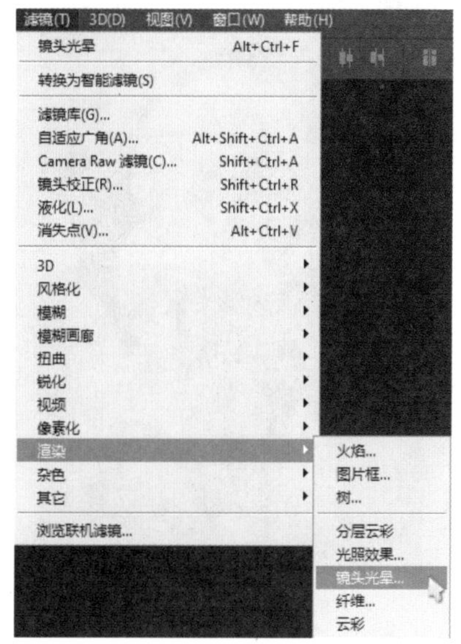

图 2-40 “镜头光晕”菜单命令

图 2-41 “镜头光晕”对话框

图 2-42 添加镜头光晕后的效果

（5）在菜单栏中选择“图像”→“调整”→“曲线”命令，如图 2-43 所示。或者按快捷键 Ctrl+M，出现“曲线”对话框，如图 2-44 所示。如果对话框看起来和图 2-44 不太一样，按住 Alt 键在网格内单击，可在大、小网格之间切换，网格的大小对曲线功能没有丝毫影响，但较小的网格可以帮助更好地观察。还要注意在灰度条中间的两个小三角形，RGB 图像默认的是左黑右白，即从图像的暗部区到亮部区，而 CMYK 图像默认的正好相反。为了避免混淆，建议在调整前将其设置到自己熟悉的模式。标准的曲线会带来更多的直观认识。现在进行曲线最基本的操作，即提亮图像的显示，将曲线向上提拉，如图 2-45 所示。最终效果如图 2-46 所示。

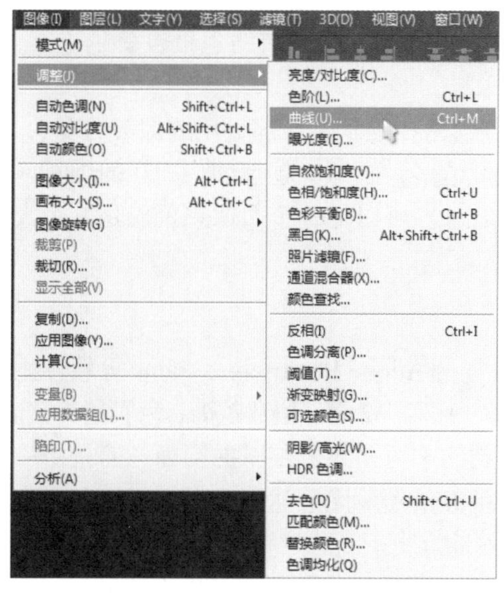

图 2-43 “曲线”菜单命令

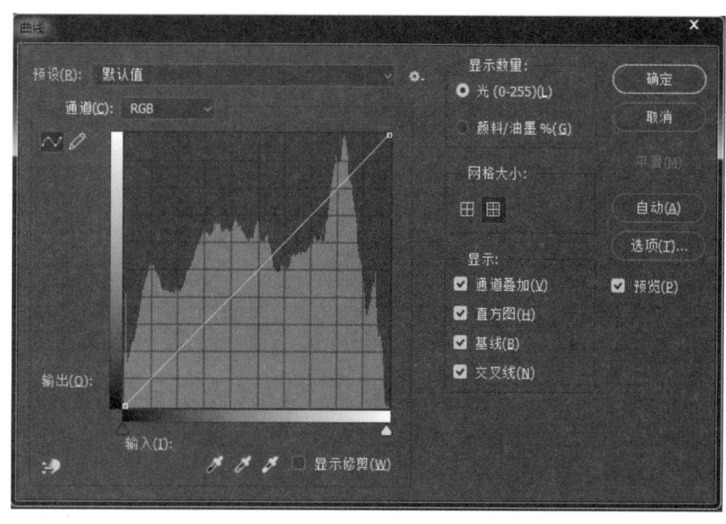

图 2-44 “曲线”对话框

（6）至此，人物摄影制作完毕，其最终效果如图 2-46 所示。执行菜单栏中的“文件”→“存储为”命令，也可以执行快捷命令（Shift+Ctrl+S）将此文件命名为“人物摄影 .psd”进行保存。

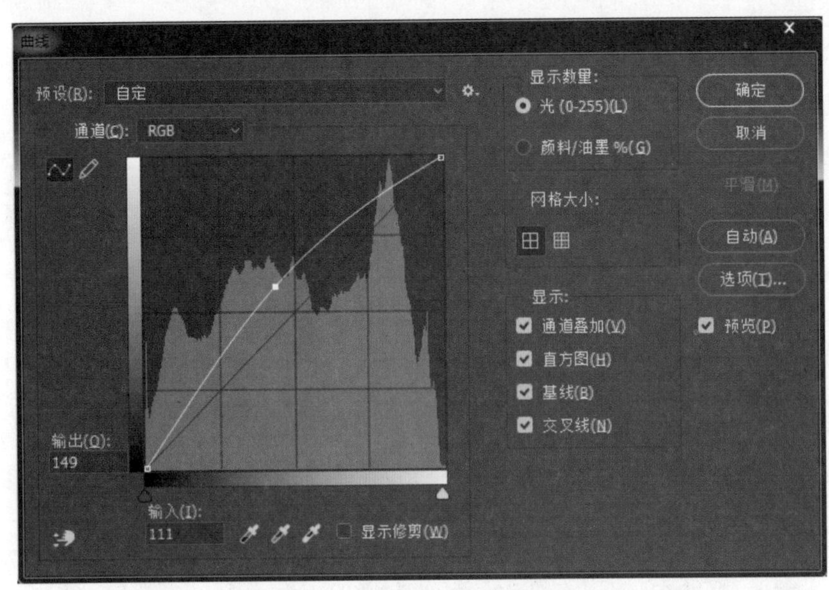

图 2-45　调整后的“曲线”对话框

图 2-46　最终效果图

2.5 答疑解惑

1. Photoshop 中图片的分辨率与像素有什么关系？

答：像素、分辨率、尺寸三者的关系如下：像素 = 分辨率 × 尺寸，即分辨率越高，像素就越高；分辨率越低，像素也会减少，两者之间是成正比关系。

Pixel（像素）是由 Picture（图像）和 Element（元素）两个单词的字母所组成的，是用来计算数码影像的一种单位，如同摄影的相片一样，数码影像也具有连续性的浓淡阶调，若把影像放大数倍，会发现这些连续色调其实是由许多色彩相近的小方点组成，这些小方点就是构成影像的最小单位——“像素”。这种最小的图形单元在屏幕上通常是以单个的染色画显示。越高位的像素，其拥有的色板也就越丰富，越能表达颜色的真实感。一个像素通常被视为图像的最小的完整采样。

分辨率（resolution，港台称之为解析度）就是屏幕图像的精密度，是指显示器所能显示的像素的多少。由于屏幕上的点、线和面都是由像素组成的，显示器可显示的像素越多，画面就越精细，同样的屏幕区域内能显示的信息也越多，所以分辨率是个非常重要的性能指标之一。可以把整个图像想象成是一个大型的棋盘，而分辨率的表示方式就是所有经线和纬线交叉点的数目。

2. 位图和矢量图的区别在哪里？

答：位图又称点阵图像，是由多个独立的像素拼合而成，通常由 Adobe Photoshop、Paint 等软件生成的图像都是位图。位图根据颜色信息所需的数据位数，分为 2、8、16 和 32 等，位数越高，色彩越丰富。用户不能任意调整位图的大小，当放大到一定的显示比例后，看到的不再是精彩细腻的画面，而是由一块块方格拼成的图形，这就是位图的缺点所在。而位图的优点则是矢量图所无法达到的，它能表现丰富的色彩、真实的画面。位图的分辨率越高，图像质量越好。矢量图是由线条或通过路径绘制而成的图形，其基本组成单位是锚点和路径。通常如 CorelDRAW、Adobe Illustrator 等生成的图形都是矢量图。矢量图具有无级缩放特征，并且放大后的图像不会产生锯齿或变得模糊，矢量图不论被放大或缩小多少，都不会使画面失真或变得不清晰。与位图相比，矢量图绘制的物体不如照片表现得逼真，无法达到像照片一样丰富的画面效果，因此矢量图常用于制作标志、插图、图案等色块与线条特征比较明显的图形。

2.6 学习效果自测

1. Photoshop 的当前状态为全屏显示，而且未显示工具箱及任何调板，在此情况下，按什么键，能够使其恢复为显示工具箱、调板及标题条的正常工作显示状态？（　　）

A. 先按 F 键，再按 Tab 键

B. 先按 Tab 键，再按 F 键，但顺序绝对不可以颠倒

C. 先按两次 F 键，再按两次 Tab 键

D. 先按 Ctrl+Shift+F 键，再按 Tab 键

2. 下列哪个是 Photoshop 图像最基本的组成单元？（　　）

A. 节点　　B. 色彩空间　　C. 像素　　D. 路径

3. 图像分辨率的单位是(　　)。

A. dpi　　B. ppi　　C. lpi　　D. pixel

4. 在 Photoshop 中，允许一个图像显示的最大比例范围是多少？（　　）

A. 100.00%　　B. 200.00%　　C. 600.00%　　D. 1600.00%

5. Photoshop 是用来处理（　　）的软件。

A. 图形　　B. 图像　　C. 文字　　D. 动画

6. 新建文件的默认分辨率是（　　）。

A. 72dpi　　B. 144dpi　　C. 150dpi　　D. 300dpi

7. 下面对矢量图和像素图描述正确的是（　　）。

A. 矢量图的基本组成单元是像素

B. 像素图的基本组成单元是锚点和路径

C. Adobe Illustrator 图形软件能够生成矢量图

D. Adobe Photoshop 主要生成矢量图

8. 图像必须是何种模式，才可以转换为位图模式？（　　）

A. RGB　　B. 灰度　　C. 多通道　　D. 索引颜色

9. 下列哪种方法不可以建立新图层？（　　）

A. 双击图层调板的空白处

B. 单击图层面板下方的新建按钮

C. 使用鼠标将当前图像拖动到另一张图像上

D. 使用文字工具在图像中添加文字

10. Photoshop 源文件的格式是什么？（　　）

A. AI　　B. PSD　　C. CDR　　D. INDD

第 3 章

Photoshop CC 2018的基本操作

学习要点

本章主要介绍Photoshop一些最基础的操作，从而为以后的学习过程做铺垫。

学习提要

❖ 调整图像的显示
❖ 基本图像编辑

3.1 调整图像的显示

在 Photoshop 的工作区里，用户可以同时打开多个图像窗口，其中当前窗口将会出现在最前面。根据工作需要，用户会经常移动窗口的位置、尺寸、排列顺序或在各窗口之间切换等。为此，本节将向读者详细介绍图像显示的几种调整方法。

3.1.1 改变窗口的位置和尺寸

当窗口未处于最大化状态时，单击窗口的标题栏位置并拖动即可移动窗口的位置。

要调整窗口的尺寸，用户除了可以利用窗口右上角的“最小化”按钮 和“最大化”按钮 ，还可通过拖动图像窗口边界的方法来调整。

通过拖动鼠标调整图像窗口大小的具体操作方法如下。

（1）打开下载的源文件中的图像“美女”，如图 3-1 所示。

（2）将光标移动到图像窗口右侧的边界上，此时光标显示为 形状，按下鼠标左键左右拖曳光标，可以在横向上调整图像窗口的大小，如图 3-2 所示。

图 3-1 打开的素材图像（一）

图 3-2 左右拖曳图像窗口的边界

（3）将光标移动到图像窗口下侧的边界上，此时光标显示为 形状，按下鼠标左键上下拖曳光标，可以在纵向上调整图像窗口的大小，如图 3-3 所示。

图 3-3 上下拖曳图像窗口的边界

（4）将光标移动到图像窗口四角的边界上时，光标显示为或者形状，按下鼠标左键向图像窗口的内外拖曳光标，可以调整图像窗口的大小，如图 3-4 所示。

图 3-4　内外拖曳图像窗口的边界

3.1.2　调整图像的显示比例

在实际工作中，用户会根据需要放大或缩小图像的显示比例。Photoshop 提供了多种调整图像显示的方法，下面将逐一对它们进行讲解。

1. 使用“缩放工具”调整显示比例

使用工具箱中的“缩放工具”，或使用“视图”菜单中的“放大”“缩小”“满画布显示”“实际像素”“打印尺寸”选项可以方便地调整图像的显示比例。

其中，“缩放工具”的用法如下。

（1）打开下载的源文件中的图像“小狗”，如图 3-5 所示。

图 3-5　打开的素材图像（二）

（2）选定“缩放工具”，在图像窗口中单击，即可将图像放大 1 倍显示，如图 3-6 所示，此时光标显示为；若在选定“缩放工具”后，首先按住 Alt 键不放，然后在图像窗口中单击，则将图像缩小 1/2 显示，如图 3-7 所示，此时光标显示为。选定“缩放工具”后，也可以在状态栏中切换放大和缩小工具，如图 3-8 所示。

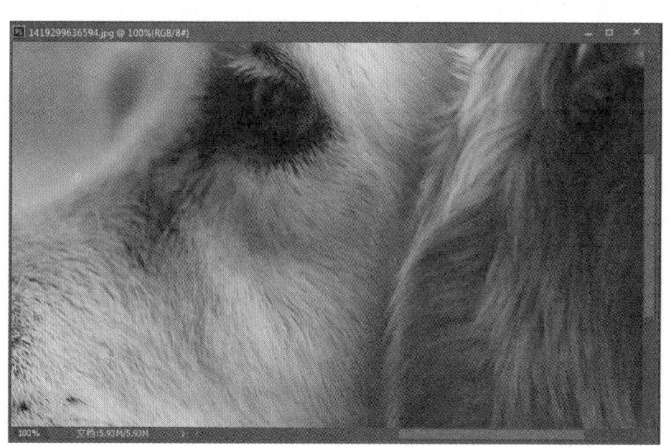

图 3-6　放大显示比例后的效果

图 3-7　缩小显示比例后的效果

图 3-8　“缩放工具”状态栏

（3）若在选定“缩放工具”后，通过拖动的方法在图像窗口中选定某一区域，则该区域将被放大至充满整个窗口，如图 3-9 所示。

图 3-9　放大指定区域后的效果

2. 调整图像显示比例的相关命令

“视图”菜单中和图像显示调整相关的命令如图 3-10 所示，它们的具体功能如下。

- 按屏幕大小缩放：使图像以最合适的比例完整显示，快捷键为 Ctrl+1。
- 100%：使图像以实际像素比例显示，快捷键为 Alt+Ctrl+0。
- 200%：以图像的 2 倍像素比例显示。
- 打印尺寸：使图像以实际打印尺寸显示。
- 放大：将图像放大 1 倍显示，快捷键为 Ctrl+ +。
- 缩小：将图像缩小 1/2 显示，快捷键为 Ctrl+ –。

3. 利用“导航器”面板调整图像显示

在 Photoshop 中使用“导航器”面板可以很方便地调整图像的显示比例，具体的使用方法如下。

（1）打开下载的源文件中的图像“卡通女孩”，如图 3-11 所示。

按屏幕大小缩放
100%
200%
打印尺寸
放大
缩小

图 3-10 “视图”菜单中的相关命令

图 3-11 打开的素材图像（三）

（2）在“导航器”面板中单击左下角较小的三角图标（▲），可逐次地缩小图像的显示比例，如图 3-12 所示。

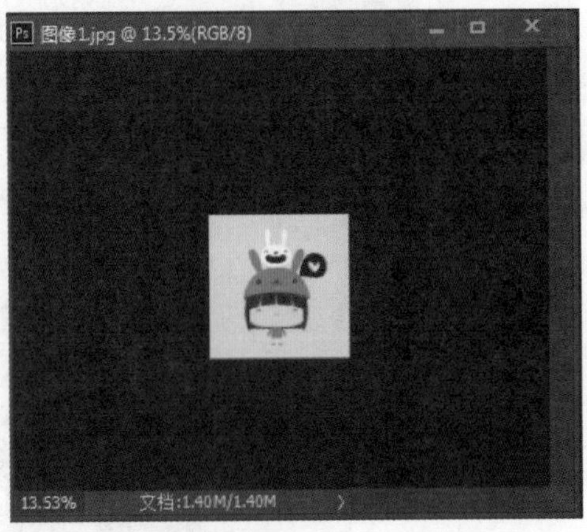

图 3-12 缩小图像的显示比例

（3）在“导航器”面板中单击右下角的放大图标（ ），可逐次地放大图像的显示比例，如图 3-13 所示。

图 3-13　放大图像的显示比例

（4）在“导航器”面板左下角数值框中直接输入数值后按 Enter 键，也可以将图像的显示比例进行放大或缩小，如图 3-14 所示。

图 3-14　设置参数调整图像显示比例

3.1.3　调整窗口排列和切换当前窗口

当打开了多个图像窗口时，屏幕可能会显得有些零乱。为此，用户可通过选择“窗口”→“排列”菜单中的“层叠”“拼贴”“排列图标”等菜单项来安排图像窗口的显示。具体的操作方法如下。

（1）打开下载的源文件中的图像“多张图片”，将其传输到“我的电脑”，选择“文件”→“打开”菜单命令，在弹出的对话框中框选如图 3-15 所示的 7 个图像文件。

（2）单击“打开”按钮，选择的图像文件同时被打开，并依次排放在工作区中，打开的最后一张图像会显示在工作区内，如图 3-16 所示。

（3）选择“窗口”→“排列”→“六联”命令，打开的图像将被水平平铺在工作区中，如图 3-17 所示。在“排列”的菜单命令中有多种选项，可以根据想要的选项来选择，如图 3-18 所示。

图 3-15　同时选择多个要打开的图片

图 3-16　打开的图像文件

图 3-17　六联平铺图像后的效果

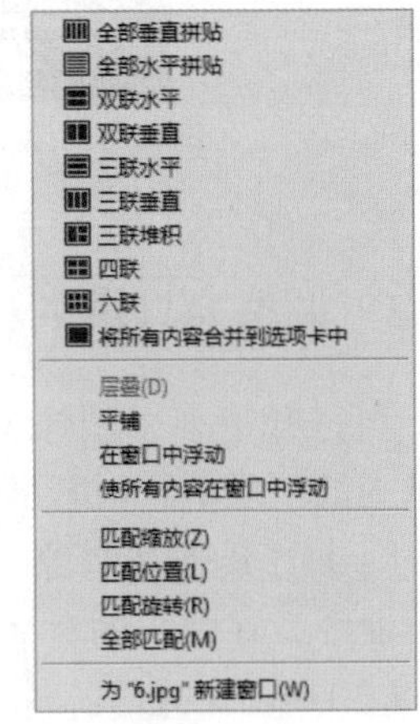

图 3-18　“排列”命令选项

3.1.4　切换屏幕显示模式

在 Photoshop 工具栏中，系统提供了三个显示方式设置工具（在工具栏最下方），其中包括一个标准屏幕模式显示工具和两个全屏模式显示工具（即带有菜单栏的全屏模式和全屏模式）。

默认状态下，系统处于标准屏幕显示模式，即 Photoshop 窗口中显示所有的屏幕组件。若切换至全屏模式显示，系统将把图像窗口放大到最大。

3.1.5 在图像窗口中移动显示区域

当图像超出当前显示窗口时，系统将自动在显示窗口的右侧和下方出现垂直滚动条或水平滚动条。此时,用户可直接借助滚动条在显示窗口中移动显示区域。此外,还可借助工具箱中的“抓手工具”或“导航器”调板来改变显示区域。

1. 利用“抓手工具”

利用“抓手工具”可以改变图像的显示区域，它的操作方法如下：

（1）打开下载的源文件中的图像“帆船”，并将其放大至 100% 显示，如图 3-19 所示。

图 3-19　打开的素材图像（四）

（2）选择工具箱中的“抓手工具”，将光标移动到图像窗口中，按下鼠标左键拖曳，即可调整图像窗口的显示区域，如图 3-20 所示。

图 3-20　改变图像的显示区域

2. 利用“导航器”调板

利用“导航器”调板改变图像显示区域的方法如下：

（1）打开下载的源文件中的图像“落叶”，如图 3-21 所示。

（2）打开“导航器”调板，将光标移动到“导航器”调板中的红色方框内，此时光标显示为形状，如图 3-22 所示。

（3）按下鼠标左键拖曳，移动红色方框的位置，即可调整图像窗口中的显示区域，如图 3-23 所示。

图 3-21　打开的素材图像（五）

图 3-22　“导航器”调板

图 3-23　改变图像的显示区域

3.2 基本图像编辑

用户可通过 Photoshop 软件所提供的大量图像编辑命令，对图像进行各种各样的编辑操作，如图像的剪切、拷贝和粘贴，移动图像及变换图像等。本节将针对这些内容进行详细介绍。

3.2.1 调整图像大小

若要调整当前图像的大小时，可执行“图像”→“图像大小”菜单命令，此时将会弹出“图像大小”对话框，如图 3-24 所示。

图 3-24 “图像大小”对话框

- “图像大小”：此选项表示图像所占内存的大小。
- “尺寸”：此选项表示图像的尺寸。
- “调整为”：默认显示的是原稿大小，单击右边下拉按钮，其中有更多的选项可供选择，如图 3-25 所示。
- “约束比例”：在设置宽度和高度的左侧，如图 3-26 所示，默认状态下是约束比例的，当单击图 3-26 所示的图标时，则会切换成如图 3-27 所示的状态，此时可以随意设置宽度和高度的数值。设置数值的右侧是单位的选项。

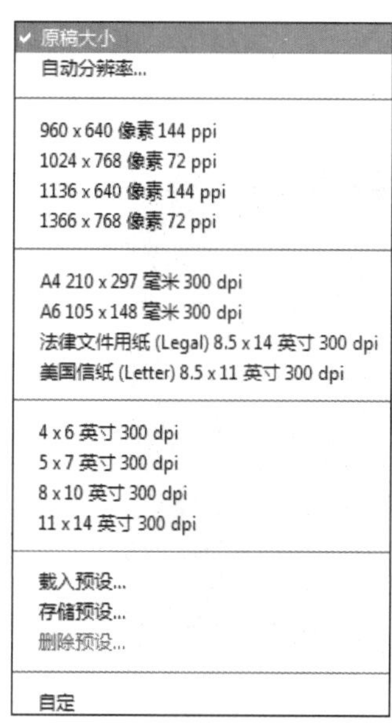

图 3-25 调整图像尺寸的选项

图 3-26 约束比例

图 3-27 放弃约束比例

- “分辨率”：默认状态下设置的分辨率是 300 像素，如果需要制作的图像尺寸比较大，而本身不需要那么高的像素时，可以适当调低一点像素。
- “重新采样”：在处理图像时，最重要的问题之一就是分辨率如何随着（或独立于）图像大小而改变，重新采样会改变像素尺寸，通过后期重采样处理，不仅可以使原本不太理想的图片质量得到大幅改善，还可以使像素小的图片通过“插值”的方式变大或缩小。重新采样方法：Photoshop 提供了 7 种重新采样的方法：自动、保留细节（扩大）、两次立方（较平滑）（扩大）、两次立方（较锐利）（缩减）、两次立方（平滑渐变）、邻近（硬边缘）、两次线性。

在调整图像尺寸时，位图与矢量图会产生不同的结果，更改位图的像素尺寸时，可能会导致图像品质和锐化程度的损失，而矢量图则与分辨率无关，调整大小时，不会影响到图像边缘的清晰度。

使用命令调整图像大小的操作方法如下：

（1）打开下载的源文件中的图像“风景”，如图 3-28 所示。

图 3-28 打开的素材图像（六）

（2）选择“图像”→“图像大小”菜单命令，此时将会弹出“图像大小”对话框，如图 3-29 所示。

图 3-29 “图像大小”对话框

（3）将对话框中的“图像大小”选项中的宽度改为3厘米，则“高度”将自动变为2.26厘米，单击“确定”按钮即可完成操作，其最终效果如图3-30所示。

(a)

(b)

图3-30 “图像大小”对话框及调整图像大小后的效果

3.2.2 调整画布大小

当用户需要改变画布的大小时，可执行“图像”→“画布大小”菜单命令，此时将会弹出“画布大小”对话框，如图3-31所示。

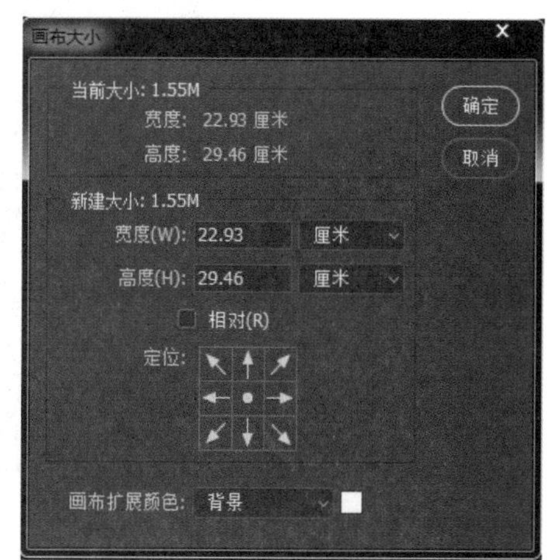

图3-31 “画布大小”对话框

- “当前大小”：它显示了当前画布的大小。
- “新建大小”：在其右侧的设置区中可设置新画布的尺寸。当设置的尺寸小于原尺寸时，系统将会根据新设置的宽度及高度对图像进行裁剪；当设置的尺寸大于原尺寸时，那么图像的四周将会出现空白区域。若当前图层为背景图层，则空白区域的填充颜色为当前背景色；若当前图层为其他图层，则空白区域将为透明区域。
- “定位”：用于设置新画布的添加方式，默认时为向四周扩展，也可单击各箭头所在的小方块来设置扩展方式。
- “画布扩展颜色”选项：用于设置画布扩展时空白区域的颜色。在其右侧的下拉列表中可选择空白区域的填充颜色，也可单击最右侧的颜色框，此时将会弹出“拾色器”对话框，用户可在其中设置所需要的颜色。

使用命令调整画布大小的操作方法如下：

（1）打开下载的源文件中的图像“幻境”，如图 3-32 所示。

（2）选择“图像”→“画布大小”菜单命令，此时将弹出如图 3-31 所示的“画布大小”对话框。

（3）将如图 3-31 所示对话框中“新建大小”选项中的“宽度”改为 20 厘米，“高度”改为 27 厘米，并将其定位于右上角，具体效果如图 3-33 所示。

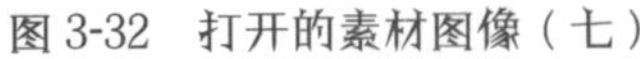

图 3-32　打开的素材图像（七）

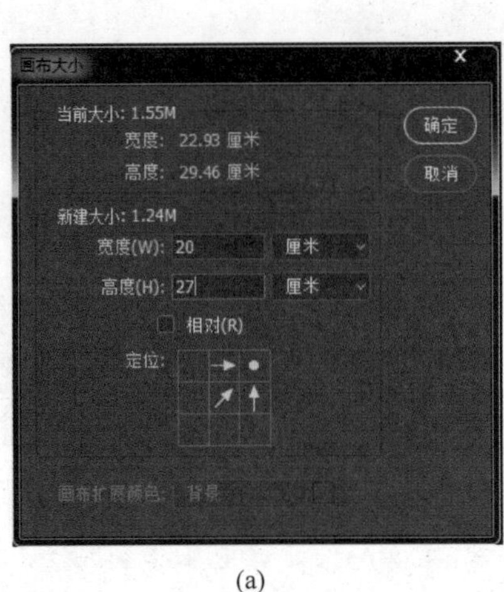

(a)

(a)

图 3-33　“画布大小”对话框及调整画布后的效果

3.2.3　裁剪工具

使用“裁剪工具”也可以调整图像的大小，它比前面讲的“画布大小”命令更加方便和直观。

使用“裁剪工具”修改图像大小的具体方法如下：

（1）打开下载的源文件中的图像“蓝猫”，如图 3-34 所示。

图 3-34　打开的素材图像（八）

（2）选择工具箱中的“裁剪工具”，这时图像周边呈现出如图 3-35 所示的状态。在图像窗口中单击裁切区域的第一个角点，并拖动光标至裁切区域的对角点，释放鼠标左键，创建出裁剪区域，如图 3-36 所示。

图 3-35 使用“裁剪工具”时的状态

图 3-36 创建的裁剪区域

（3）将光标移至裁剪区域中，按下鼠标左键拖曳图片，调整裁剪区域的位置，如图 3-37 所示。

（4）将光标移至裁剪区域框四周的小方框上，在居中的位置按下鼠标左键向上 / 下或者向左 / 右拖曳，适当调整裁剪区域的大小，如图 3-38 所示。

图 3-37 调整裁剪区域的位置

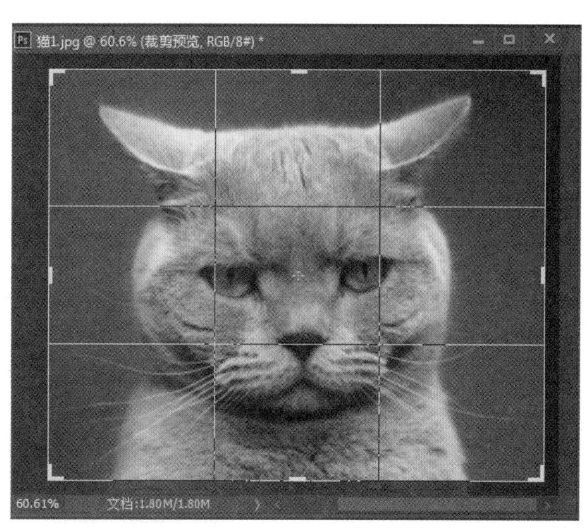

图 3-38 调整裁剪区域的大小

（5）将光标移至裁剪区域外，此时光标显示为，按下鼠标左键拖曳，可将图片进行旋转，如图 3-39 所示。

（6）按 Enter 键，将图像沿着裁剪区域进行裁剪。若希望在选定裁剪区域后取消裁剪，则按 Esc 键即可，如图 3-40 所示。

图 3-39　旋转后的裁剪区域

图 3-40　裁剪后的效果

新版本的 Photoshop CC 2018 中整体裁剪框的位置是固定的，可以拖动图片的位置来修改创建裁剪的区域，若需要调整裁剪框的大小，则可将光标移至裁剪框边缘的任意一个控制点上，此时光标将会呈现“”“”“”“”状态，拖动鼠标即可完成操作。

当然还可以利用“矩形选框工具”或者“椭圆选框工具”，选定要裁剪的范围后，执行“图像”→“裁剪”命令也可对图像进行裁剪。

3.2.4　旋转画布

若需要对画布进行旋转操作时，可执行“图像”→“图像旋转”菜单中的各项子菜单命令，如图 3-41 所示为“图像旋转”子菜单命令，在“图像旋转”子菜单命令中有个“任意角度”的选项，当选择这个选项时，系统会弹出一个对话框，如图 3-42 所示。在“角度”文本框中填入想要旋转的角度数值，然后单击“确定”按钮，图片会根据这个数值进行旋转。图 3-43 所示为执行菜单命令后的所有效果图。

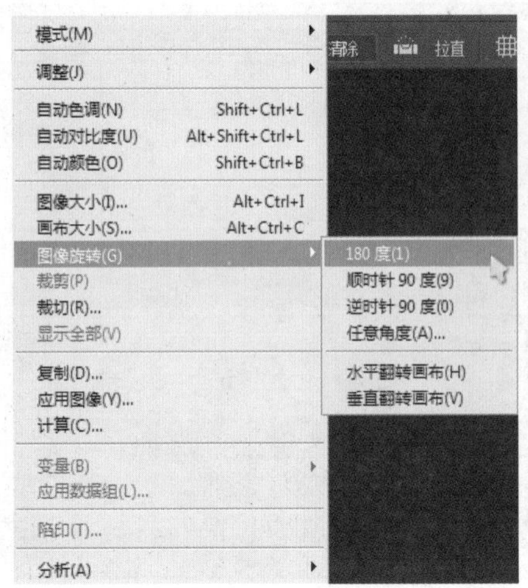

图 3-41　“图像旋转”子菜单命令

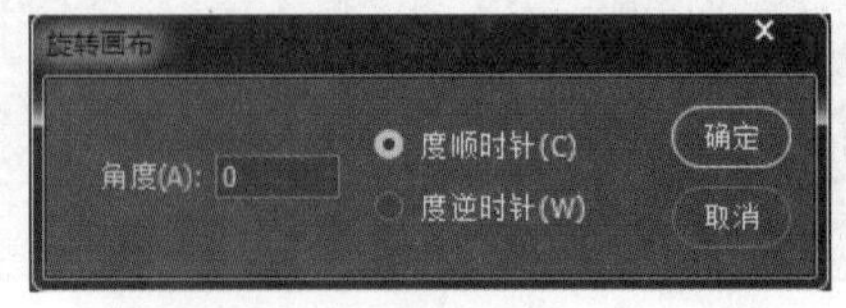

图 3-42　“旋转画布”对话框

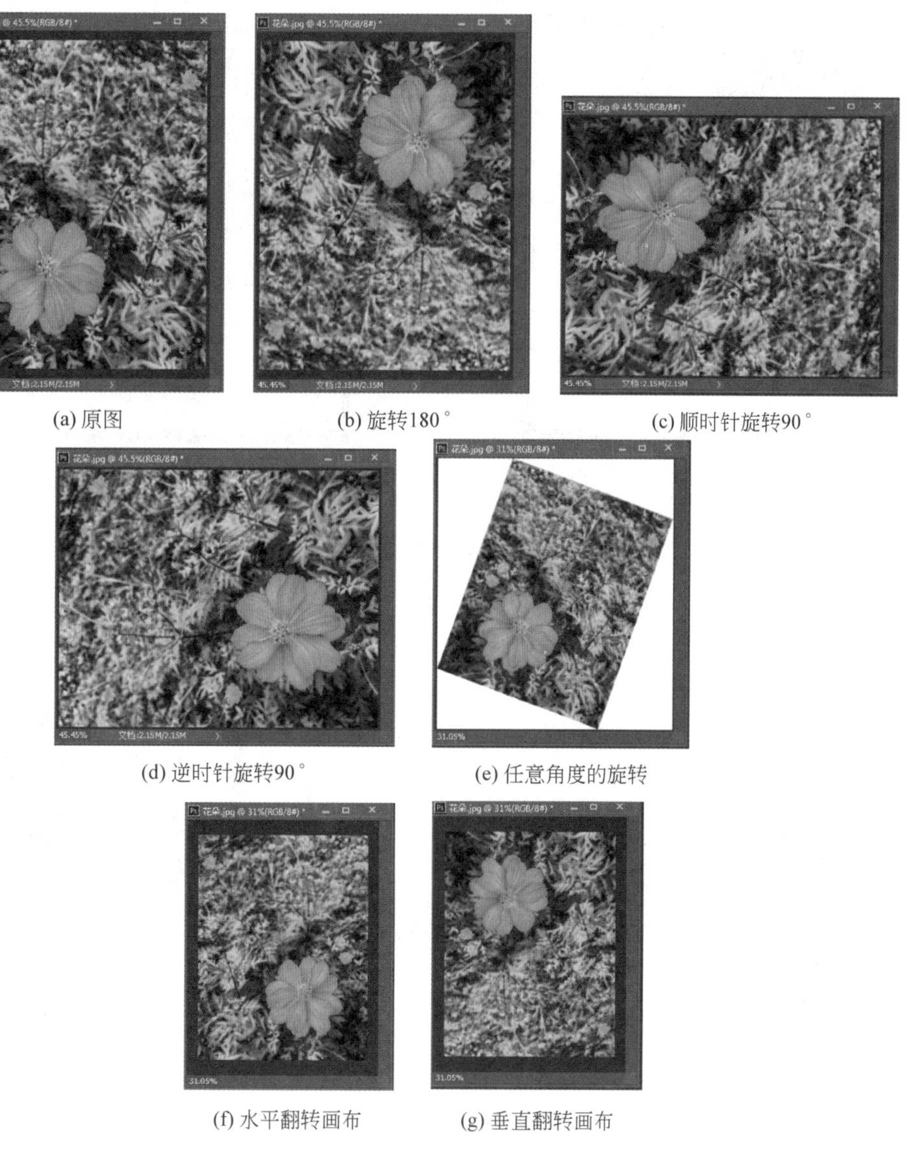

(a) 原图　(b) 旋转180°　(c) 顺时针旋转90°

(d) 逆时针旋转90°　(e) 任意角度的旋转

(f) 水平翻转画布　(g) 垂直翻转画布

图 3-43　旋转和翻转画布的各种效果

3.2.5　复制图像文件

在 Photoshop 中，主要有两种复制图像的方式：一是对选区内的图像进行复制；二是对整个图层中的图像进行复制。

可以执行如下操作对选区内的图像进行复制：

（1）打开下载的源文件中的图像“公鸡”，如图 3-44 所示。

（2）选择工具箱中的“魔棒工具”选取图像中的公鸡，如图 3-45 所示。

（3）选择“编辑”→“拷贝”菜单命令（或按 Ctrl+C 组合键），将选区中的图像复制到剪贴板中，如图 3-46 所示。

（4）打开下载的源文件中的图像“草地”，然后选择“编辑”→“粘贴”菜单命令（或按 Ctrl+V 组合键），将剪贴板上的图像内容粘贴到新打开的图像中，并用“移动工具”适当调整其位置，如图 3-47 所示。

对整个图层中的图像进行复制，可以通过使用复制当前图层的方法来实现，即在“图层”调板中拖曳想要复制的图层到下方的“创建新图层”按钮上释放即可。

图 3-44　打开的素材图像（九）

图 3-45　选区内的公鸡

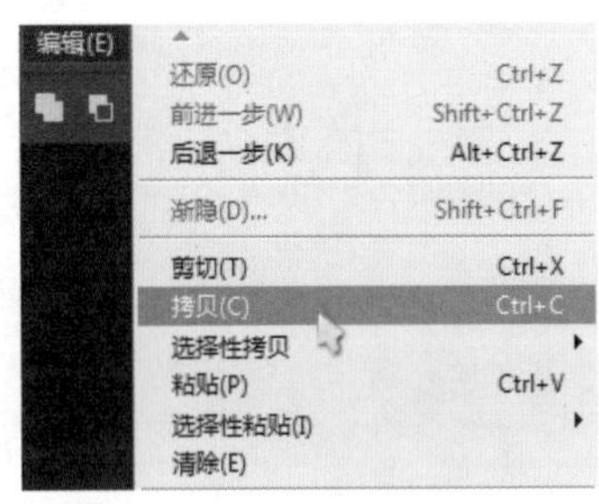

图 3-46 “编辑”菜单

图 3-47　打开的素材图像及执行“粘贴”命令后的效果

通过此方法复制图像时，将自动生成新的图层，用于放置相应的图像，同时在图像窗口中复制的图像将与原图像重叠，这时使用“移动工具” 拖动图像到合适的位置即可。

当为需要复制的图像创建好选区后，选择“移动工具”，将光标移至选区内，按住 Alt 键的同时拖动鼠标，实现图形在同一图层中的复制。

3.3　综合运用——自制像框

下面将为用户讲解如何为一张照片添加相框，具体操作方法如下：

3-1　猫咪相框

（1）打开下载的源文件中的图像“猫”，如图 3-48 所示。

（2）双击“背景”图层，此时弹出“新建图层”对话框，在其中将名称改为“图层 0”，如图 3-49 所示。

（3）执行菜单栏中的“图像”→“画布大小”命令，在弹出的“画布大小”对话框中适当设置其宽度和高度值，如图 3-50 所示。

（4）按住 Ctrl 键的同时单击“图层 0”，载入选区，然后单击鼠标右键，在弹出的快捷菜单中选择“通过拷贝的图层”命令，如图 3-51 所示，得到“图层 1”，效果如图 3-52 所示。

（5）在“图层”调板中选择“图层 1”，然后在其上单击鼠标右键，在弹出的快捷菜单中选择“复制图层”命令，如图 3-53 所示，得到“图层 1 副本”。

图 3-48　打开的素材图像（十）

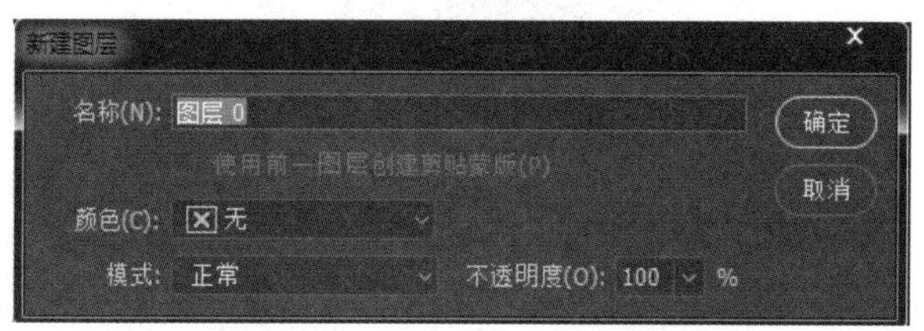

图 3-49　“新建图层”对话框

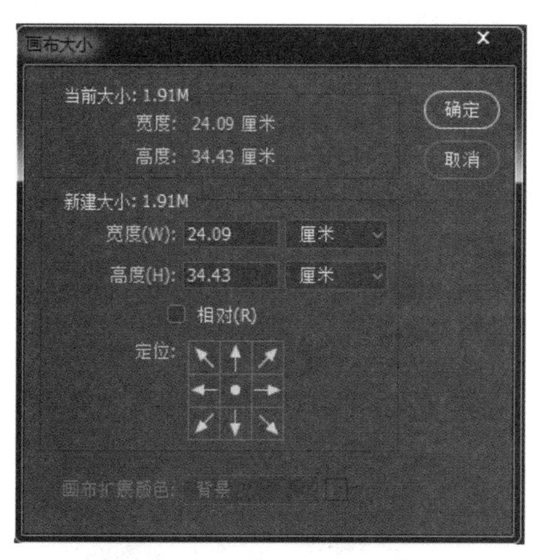

图 3-50　“画布大小”对话框

(a)　(b)

图 3-51　激活照片并选择“通过拷贝的图层”命令

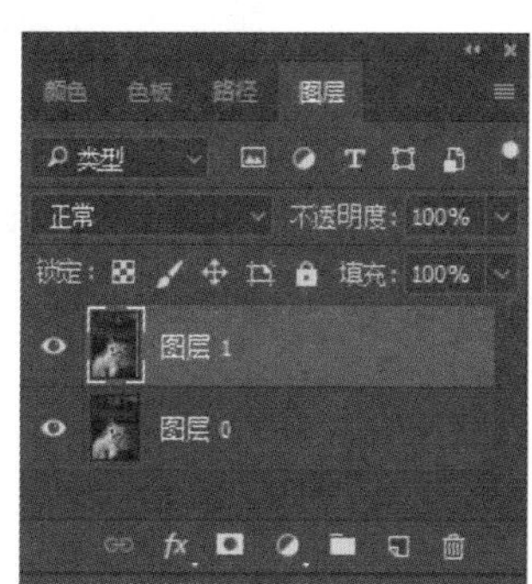

图 3-52　得到的“图层 1”

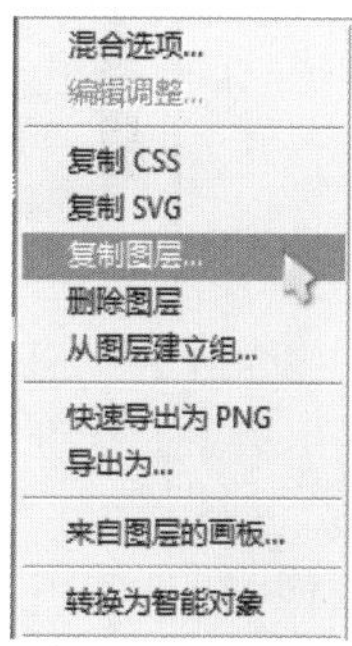

图 3-53　选择“复制图层”命令

（6）在“图层”调板中选择“图层 1”，然后在菜单栏中执行“编辑”→“填充”命令，此时弹出“填充”对话框，在其中单击“内容”右侧的下拉按钮，在弹出的列表中选择“黑色”，如图 3-54 所示，将“图层 1”填充为“黑色”。也可以选中需要填充的图层，使用快捷方式 Alt+Delete 或者 Ctrl+Delete，一般系统默认的前景色和背景色分别是黑色和白色，其中快捷方式 Alt+Delete 是填充前景色，Ctrl+Delete 是填充背景色。然后使用相同的方法将“图层 1 副本”填充为黑色，如图 3-55 所示。

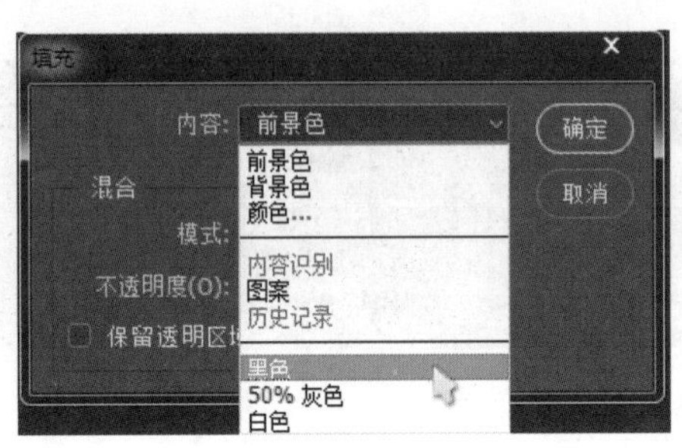

图 3-54 “填充”对话框

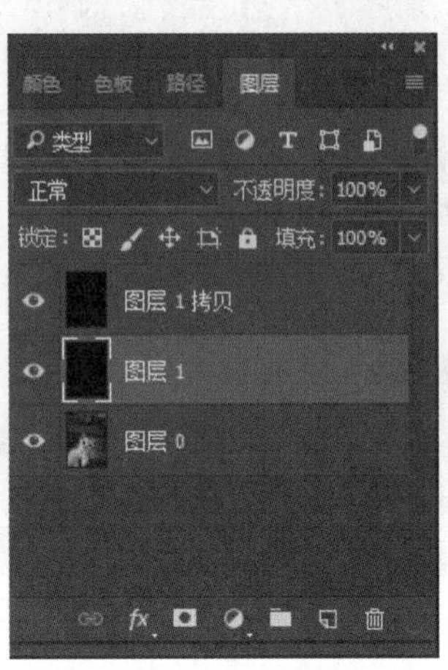

图 3-55 将图层填充为黑色

（7）在“图层”调板中将“图层 0”移到图层的最顶端，如图 3-56 所示。

（8）按住 Ctrl 键的同时单击“图层 1”，载入其选区，然后在工具箱中选择“移动工具”，按 Ctrl+T 组合键，按顺时针适当调整选区内图像的角度，如图 3-57 所示，然后按 Enter 键，确认应用变换，以便制作阴影效果。

（9）选择“工具箱”中的“橡皮擦工具”，对选区内的黑色阴影部分进行适当的擦除，然后按 Ctrl+D 组合键，取消选区，效果如图 3-58 所示。

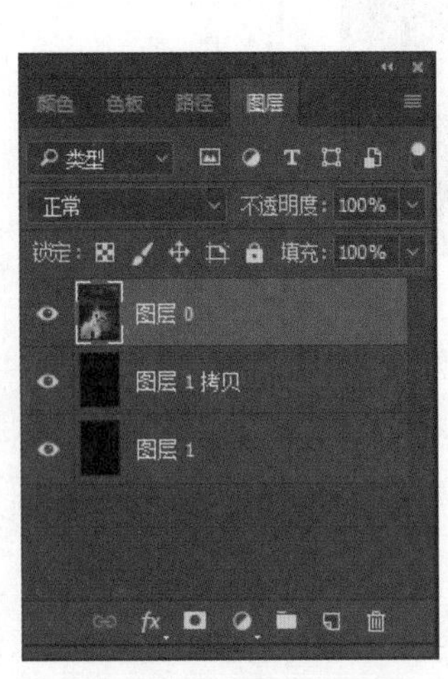

图 3-56 移动图层的位置

图 3-57 旋转图像的角度

图 3-58 擦除阴影后的效果

（10）在菜单栏中执行“滤镜”→“模糊”→“高斯模糊”命令，此时弹出“高斯模糊”对话框，在其中设置“半径”为“9.0 像素”，如图 3-59 所示，得到的图像效果如图 3-60 所示。

（11）使用同样的方法创建“图层 1 副本”，然后按 Ctrl + T 组合键，按逆时针方向适当旋转合适的角度，如图 3-61 所示，然后使用相同的方法添加“阴影”和“高斯模糊”效果，如图 3-62 所示。

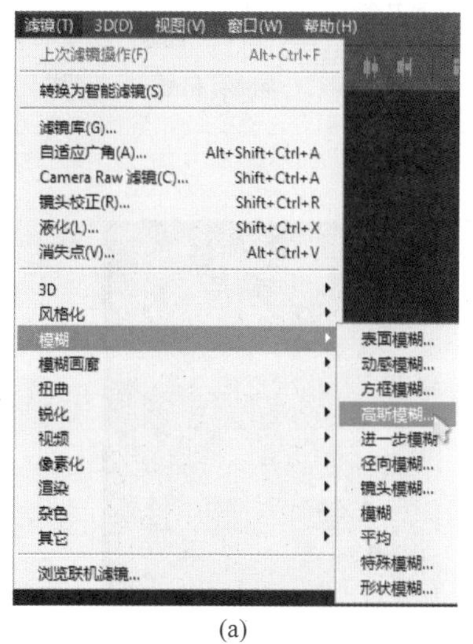
(a)

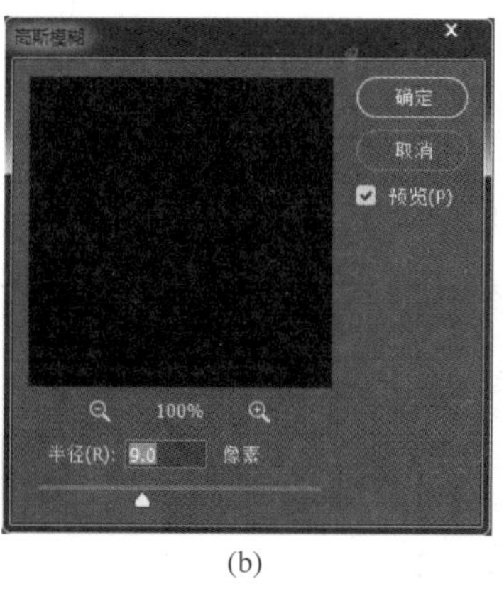
(b)

图 3-59　选择“高斯模糊”命令及其对话框中的设置

图 3-60　添加阴影和模糊后的效果

图 3-61　旋转合适的角度

图 3-62　创建阴影效果

（12）在“图层调板”中新建“图层 2”，然后进行填充（填充的颜色最好与整个图像比较搭配），在这里设置前景色为“C：18，M：24，Y：31，K：0”，填充图层，效果如图 3-63 所示。

（13）单击新建图层，得到“图层 3”，然后选择“工具箱”中的“矩形选框工具”，在图像窗口中绘制矩形选区，然后单击鼠标右键，在弹出的快捷菜单中选择“描边”命令。然后对其中的“宽度”和“颜色”进行设置，设置“宽度”为“3 像素”，颜色为“C：11，M：76，Y：35，K：0”，效果如图 3-64 所示。

图 3-63　填充图层的效果

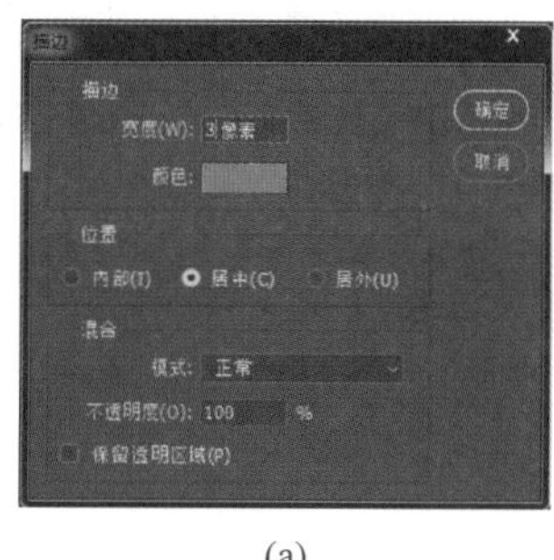
(a)

(b)

图 3-64　创建选区及对选区进行描边后的效果

（14）在“图层”调板中选择“图层 2”，然后选择“工具箱”中的“矩形选框工具”，在图像窗口中创建选区，然后按 Ctrl+Shift+I 组合键将选区反选，如图 3-65 所示。然后单击鼠标右键，在弹出的快捷菜单中选择“通过拷贝的图层”命令，得到“图层 4”，如图 3-66 所示。

图 3-65　建选区并反选

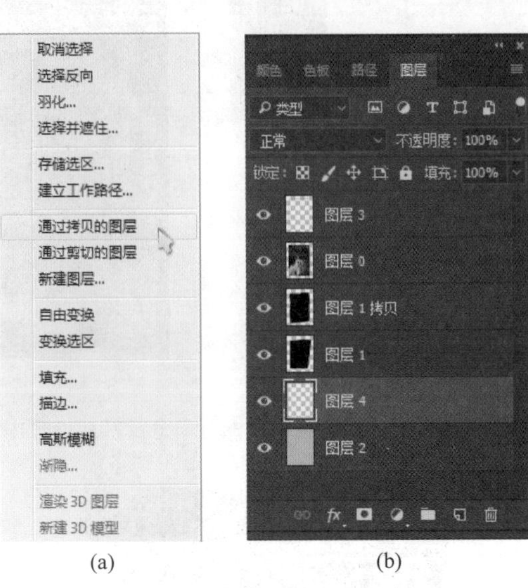

(a)　(b)

图 3-66　得到的图层

（15）在菜单栏中选择“图层”→“图层样式”→“斜面和浮雕”命令，在弹出的“图层样式”对话框中设置任意数值，如图 3-67 所示。设置完毕后单击“确定”按钮，得到的图像效果如图 3-68 所示。

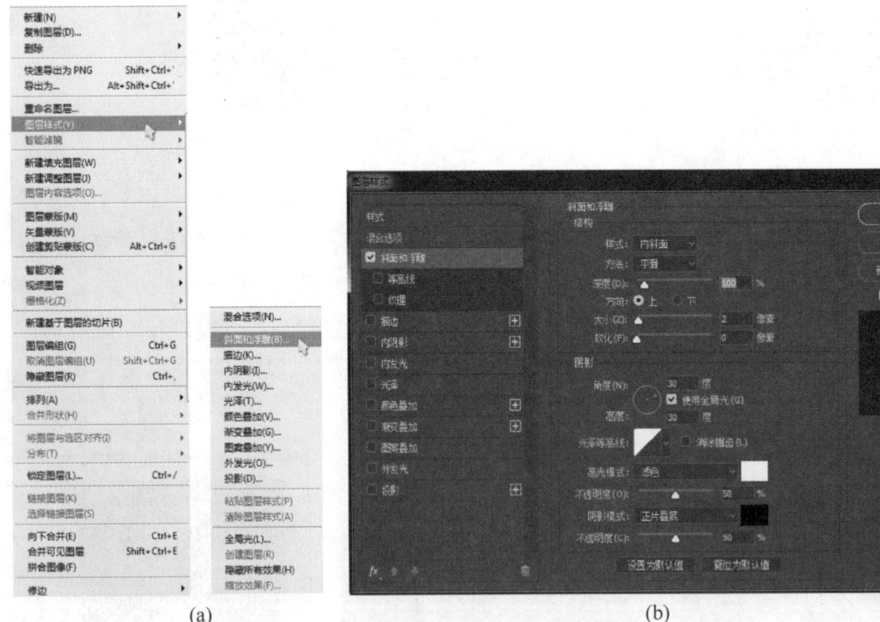

(a)　(b)

图 3-67　选择命令及其“图层样式”对话框中的设置

图 3-68　调整后的图像效果

（16）在“图层”调板中按住 Ctrl 键的同时单击“图层 4”，载入选区，然后执行菜单栏中的“编辑”→“填充”命令，在弹出的“填充”对话框中单击“内容”右侧的下拉按钮，在弹出的列表中选择“图案”，如图 3-69 所示，然后单击“确定”按钮，此时得到的效果如图 3-70 所示。

（17）至此，自制相框绘制完毕，其最终效果如图 3-70 所示。执行菜单栏中的“文件”→“存储为”命令，将此文件命名为“自制相框 .psd”进行保存。

(a)

(b)

图 3-69 载入选区及“填充”对话框

图 3-70 填充图案后的效果

3.4 答疑解惑

1. Photoshop 中常用的图像颜色模式有哪些？

答：Photoshop 中常用的图像颜色模式有以下几种。

RGB 颜色模式：这是 Photoshop 中最常用的模式，也称为真彩色模式。在 RGB 模式下显示的图像质量最高，因此成为 Photoshop 的默认模式，并且 Photoshop 中的许多效果都需在 RGB 模式下才可以生效。RGB 颜色模式主要是由 R（红）、G（绿）、B（蓝）3 种基本色相加进行配色，并组成了红、绿、蓝 3 种颜色通道，每个颜色通道包含了 8 位颜色信息，每个信息用 0 ~ 255 的亮度值来表示，因此这 3 个通道可以组合产生 1670 多万种不同的颜色。在打印图像时，不能打印 RGB 模式的图像，这时需要将 RGB 模式下的图像更改为 CMYK 模式。如果将 RGB 模式下的图像进行转换，可能会出现丢色或偏色现象。

CMYK 颜色模式：这也是常用的一种颜色模式，当对图像进行印刷时，必须将它的颜色模式转换为 CMYK 模式。因此，此模式主要应用于工业印刷方面。CMYK 模式主要是由 C（青）、M（洋红）、Y（黄）、K（黑）4 种颜色相减而配色的，因此它也组成了青、洋红、黄、黑 4 个通道，每个通道混合而构成了多种色彩。值得注意的是，在印刷时如果包含这 4 色的纯色，则必须为 100% 的纯色。例如，黑色如果在印刷时不设置为纯黑，则在印刷胶片时不会发送成功，即图像无法印刷。由于在 CMYK 模式下 Photoshop 的许多滤镜效果无法使用，所以一般都使用 RGB 模式，只有在即将进行印刷时才转换成 CMYK 模式，这时的颜色可能会发生改变。

灰度模式：灰度模式下的图像只有灰度，而没有其他颜色。每个像素都是以 8 位或 16 位颜色表示。如果将彩色图像转换成灰度模式后，所有的颜色将被不同的灰度所代替。

位图模式：位图模式是用黑色和白色来表现图像的，不包含灰度和其他颜色，因此它也被称为黑白图像。如果将一幅图像转换成位图模式，应首先将其转换成灰度模式。

Lab 颜色模式：Lab 颜色模式是 Photoshop 的内置模式，也是所有模式中色彩范围最广的一种模式，所以在进行 RGB 与 CMYK 模式的转换时，系统内部会先转换成 Lab 模式，再转换成 CMYK 颜色模式。但一般情况下，很少用到 Lab 颜色模式。Lab 模式是以亮度（L）、a（由绿到红）、b（由蓝到黄）3 个通道构成的。其中 a 和 b 的取值范围都是 –120 ~ 120。如果将一幅 RGB 颜色模式的图像转换成 Lab 颜色模式，大体上不会有太大的变化，但会比 RGB 颜色更清晰。

多通道模式：当在 RGB、CMYK、Lab 颜色模式的图像中删除了某一个颜色通道时，该图像就会转换为多通道模式。一般情况下，多通道模式用于处理特殊打印。它的每个通道都为 256 级灰度通道。

索引颜色模式：这种颜色模式主要用于多媒体的动画以及网页上面。它主要是通过一个颜色表存放其所有的颜色，如果使用者在查找一个颜色时，在颜色表里面没有，那么其程序会自动为其选出一个接近的颜色或者是模拟此颜色，不过需要提及的一点是它只支持单通道图像（8 位 / 像素）。

3.5 学习效果自测

1. 以下键盘快捷方式中可以改变图像大小的是（　　）。

A. Ctrl+T　　B. Ctrl+Alt　　C. Ctrl+S　　D. Ctrl+V

2. 若需将当前图像的视图比例控制为 100% 显示，那么可以（　　）。

A. 双击工具面板中的“缩放工具”

B. 执行菜单命令“图像”→“画布大小”

C. 双击工具面板中的“抓手工具”

D. 执行菜单命令“图像”→“图像大小”

3. 在 Photoshop 中使用菜单命令“编辑”→“描边”时，选择区的边缘与被描线条之间的相对位置可以是（　　）。

A. 居内　　B. 居中　　C. 居外　　D. 以上都有

4. 菜单命令“拷贝”与“合并拷贝”的快捷组合键分别是（　　）。

A. Ctrl+C 与 Shift+C　　B. Ctrl+V 与 Ctrl+Shift+V

C. Ctrl+C 与 Alt+C　　D. Ctrl+C 与 Ctrl+Shift+C

5. 在任意工具下，按住（　　）键，可以快速切换到“抓手工具”。

A. Enter　　B. Esc　　C. 空格　　D. Delete

第4章

选区的创建与编辑方法

学习要点

本章主要介绍制作选区的各种方法，针对不同的形状和不同的情况要选择最合适、最便捷的选区工具或命令，制作出尽量精确的选区，结合选区的修改编辑和图像的变换，为后面进一步制作复杂的图像特效打好基础。

学习提要

- ❖ 熟悉如何利用选区工具创建选区
- ❖ 掌握选区模式的使用
- ❖ 掌握各种编辑、调整选区的方法

4.1 选择工具

存在选区的情况下，在Photoshop中进行图像编辑时，各种编辑操作只对当前选区内的图像区域有效。Photoshop创建选区的方法多种多样，本节将对系统中提供的制作工具进行介绍。

4.1.1 选框工具组

“矩形选框工具”、“椭圆选框工具”、“单行选框工具”以及“单列选框工具”四种工具都属于选框类工具，由于该类工具的轮廓比较固定，所以用户可以利用它们来制作一些形状较规范的选区。

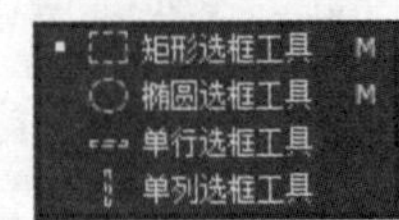

图 4-1 选框工具组

当用鼠标左键按住工具箱中的“矩形选框工具”不放，此时弹出选框工具组的下拉列表，如图4-1所示，单击“矩形选框工具”按钮，则该工具将在工具箱中以当前状态显示。

选框工具组中各工具的属性栏基本相同，下面以“矩形选框工具”的属性栏为例来讲解各选项的意义。

图 4-2 “矩形选框工具”属性栏

- 选区运算按钮：自左至右，4个按钮的意义分别为“新选区”“添加到选区”“从选区减去”“与选区交叉”。当选择“新选区”按钮时，表示制作新选区，这是Photoshop CC 2018中默认的选区运算方式；当图像窗口中存在选区时，选择“添加到选区”按钮，在图像窗口中创建选区，新创建的选区将会与原选区相加得到新选区；当图像窗口中存在选区时，选择“从选区减去”按钮，在图像窗口中创建选区，新创建的选区与原选区有交叉的部分，系统会自动地从原选区中减去相交的部分，剩余的选区将作为新的选区；当图像窗口中存在选区时，选择“与选区交叉”按钮，在图像窗口中创建选区，创建的新选区与原选区有相交的部分，系统将会把选区相交的部分保留而作为新选区。

用户也可以通过按Shift键来添加选区，按Alt键来减去选区，按Alt+Shift组合键来得到两个选区的交集，它们的作用分别相当于选择“添加到选区”按钮、“从选区减去”按钮及“与选区交叉”按钮，运用这种方法将会使选区的创建变得更为快捷。

- “羽化”参数：设置此参数，可使图像选区的边缘产生一种具有柔和过渡的虚化效果。羽化数值越大，虚化程度越大；反之，虚化程度越小。此外，用户如果希望在创建选区后调节“羽化”的参数，可按Ctrl+Alt+D组合键，在弹出的“羽化选区”对话框中设置参数。
- “消除锯齿”选项：此复选框只有在选择“椭圆选框工具”时才有效。因为在Photoshop中构成图像的像素点都是方形的，所以图像的弧形边缘会产生锯齿效果。如果选中“消除锯齿”复选框后创建选区，则可使选区边缘的像素与背景像素之间产生一种颜色过渡，从而使选区的边缘变得平滑。
- “样式”下拉列表：用户除了用拖动的方法定义选区之外，还可以利用工具属性栏中的“样式”选项来定义选区。在“样式”的下拉列表中存在三个选项，它们分别是“正常”“固定长宽比”“固定大小”。在默认状态下选择的是“正常”选项，此时可在图像窗口中创建任意大小和比例的选区。当选择“固定长宽比”选项时，可以在后面的“宽度”与“高度”输入框中输入数值，以便控制选区的长宽比例；当选择“固定大小”选项时，可以在后面的“宽度”与“高度”输入框中设置要创建选区的尺寸，其单位为像素。

下面通过一个小案例让读者进一步熟悉选框工具的具体使用方法。

（1）打开下载的源文件中的图像“星空”，如图 4-3 所示。

图 4-3　打开的素材图像（一）

（2）选择工具箱中的“椭圆选框工具”，在其工具属性栏中设置“羽化”值为 15，如图 4-4 所示。

图 4-4　“椭圆选框工具”属性栏

（3）将光标移至图像窗口中，然后按 Shift 键拖曳鼠标，绘制出一个圆形选区，如图 4-5 所示。

图 4-5　绘制的圆形选区

（4）在“图层”调板中新建图层 1，并设置前景色为“C:6，M:5，Y:28，K:0”，单击“确定”按钮，如图 4-6 所示。

图 4-6　“拾色器（前景色）”对话框

（5）按 Alt+Delete 组合键为选区填充前景色，制作出月光效果，按 Crtrl+D 组合键取消选区。选择工具箱中的“移动工具”，将其移至合适位置，如图 4-7 所示。

图 4-7 制作出的月光效果

（6）用同样的方法在水中制作月光的倒影，如图 4-8 所示。

图 4-8 制作的月光倒影

（7）选择“滤镜”→“扭曲”→“波纹”菜单命令，在弹出的“波纹”对话框中设置“数量”值为 150，具体效果如图 4-9 所示。

(a) (b)

图 4-9 “波纹“对话框及应用命令后的效果

（8）选择“滤镜”→“模糊”→“动感模糊”菜单命令，在弹出的“动感模糊”对话框中设置适当的数值，最后单击“确定”按钮，其最终效果如图 4-10 所示。

(a)

(b)

图 4-10 “动感模糊”对话框及应用命令后的效果

在用“矩形选框工具”或“椭圆选框工具”创建选区时，若按住 Shift 键，然后在图像窗口中按住鼠标左键并拖动，则可以创建以鼠标落点为起点的正方形选区或圆形选区；若按住 Alt 键，然后在图像窗口中按住鼠标左键并拖动，则可以创建以鼠标落点为中心，向两边扩展的矩形选区或椭圆形选区；若按住 Shift+Alt 组合键，然后在图像窗口中按住鼠标左键并拖动，则可以创建以鼠标落点为中心并向两边扩展的正方形选区或圆形选区。

无论是用何种方法创建的选区，选择“选择”→“取消选择”命令，均可取消选区，其快捷键为 Ctrl+D。

4.1.2 套索工具组

Photoshop CC 2018 中提供了 3 种套索工具，即“套索工具”、“多边形套索工具”、“磁性套索工具”，用户利用这 3 种工具可以非常方便地制作不规则区域。

1. 套索工具

利用“套索工具”可定义任意形状的区域，它主要是用于创建精确度要求不高的选区。下面通过一个小实例来让读者掌握其具体操作方法。

（1）打开下载的源文件中的图像“卡通人物”和“树林”，如图 4-11 所示。

(a)

(b)

图 4-11 打开的素材图像（二）

（2）选择工具箱中的“套索工具”，在其属性栏中设置“羽化”值为 5 像素，在“人物 .jpg”图像窗口中创建出人物选区，如图 4-12 所示。

（3）选择“编辑”→“拷贝”命令将选区中的图像进行复制，在“人物 .jpg”图像窗口中单击，将其激活，选择“编辑”→“粘贴”命令，将复制的图像进行粘贴，适当调整其位置，如图 4-13 所示。

图 4-12　创建的人物选区

图 4-13　调整图像后的效果

（4）单击新建一个图层，创建“图层 2”。把新图层 2 调整到图层 1 的下层，用来制作图层 1 人物的倒影。选择工具箱中的“椭圆选框工具”，在其工具属性栏中设置“羽化”值为 15，在图层 2 中创建一个椭圆形选区，并设置前景色为“C：82，M：78，Y：76，K：59”，单击“确定”按钮，然后在图层面板中的不透明度中调整透明度的数值，在这里调整数值为 70，效果如图 4-14 所示。在图 4-14 中有两个人物，所以需要再设置另一个人物的倒影，直接复制图层 2 或者利用上述的方法制作倒影也可以。接下来将“图层 2 拷贝”移动到合适的位置，最终效果如图 4-15 所示。

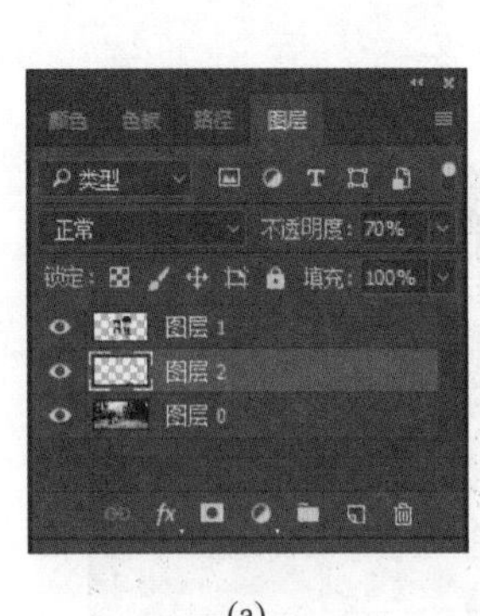

(a)

(b)

图 4-14　图层面板中的不透明度设置以及调整阴影不透明度后的效果

图 4-15 最终效果

2. 多边形套索工具

利用“多边形套索工具”可以制作出极不规则的多边形形状，它的选择区域比较精确，因此一般用于选取一些复杂的且棱角分明、边缘呈直线的图形。

它的用法如下：在工具箱中选择“多边形套索工具”，在图像中单击创建起点，然后单击每一个落点确定每一条直线，最后将鼠标指针移回到起点处，当光标的右下角出现圆形标识时，单击，从而形成闭合曲线。

3. 磁性套索工具

“磁性套索工具”适合选择图形与背景反差较大的图像，在使用该功能工具时，它会根据选择的图像边界的像素点颜色与背景颜色的差别自动勾画出选区边界。图像与背景的反差越大，选取的精确度就会越高，因此用户可利用该工具精确定位图形边界。

在选择“磁性套索工具”时，其属性栏如图 4-16 所示。

图 4-16 “磁性套索工具”属性栏

- “宽度”：主要用于决定添加选区时的探测宽度。其值为 1 ~ 256 之间的整数，数值越大，探测宽度越大，添加的选区越不精确。
- “对比度”：主要用于决定添加选区时对边缘的敏感度。其值为 1% ~ 100% 之间的数，数值越大，对比度越大，边界定位越准确。
- “频率”：主要用来控制套索连接点的连接速度。其值为 1 ~ 100 之间的整数。数值越高，选取外框固定越快，定点添加得就会越多。
- “钢笔压力”：该复选框只有在安装了绘图板和驱动程序时才能使用，主要用于设置绘图板的笔刷压力。

下面通过一个小实例来让读者掌握“磁性套索工具”的具体操作方法。

（1）打开下载的源文件中的图像“羚羊”和“马”，如图 4-17 所示。

（2）选择工具箱中的“磁性套索工具”，在其属性栏中设置“羽化”值为 10 像素，将光标移至羚羊的头部，按下鼠标左键并拖动，定义要选择的区域，释放鼠标后，系统会自动用直线将起点和终点连接起来，形成一个封闭的选区，如图 4-18 所示。

（3）选择工具箱中的“移动工具”，将选区内的图像移动复制到打开的另一张图像窗口中，并适当调整其位置。按 Ctrl+T 组合键为图像添加自由变形框，适当调整图像的大小，并按 Enter 键确定，如图 4-19 所示。

(a)

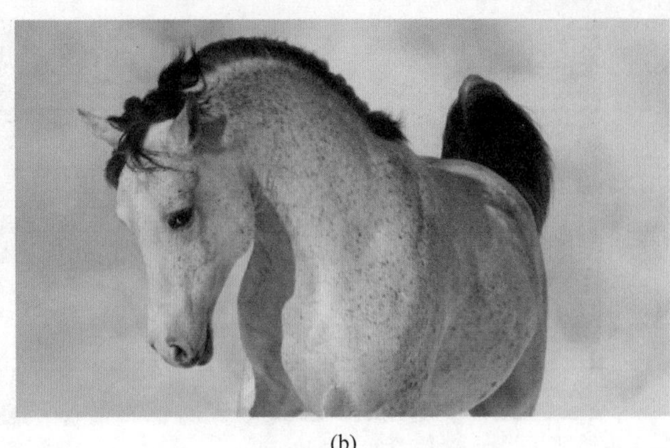

(b)

图 4-17　打开的素材图像（三）

图 4-18　制作的选区

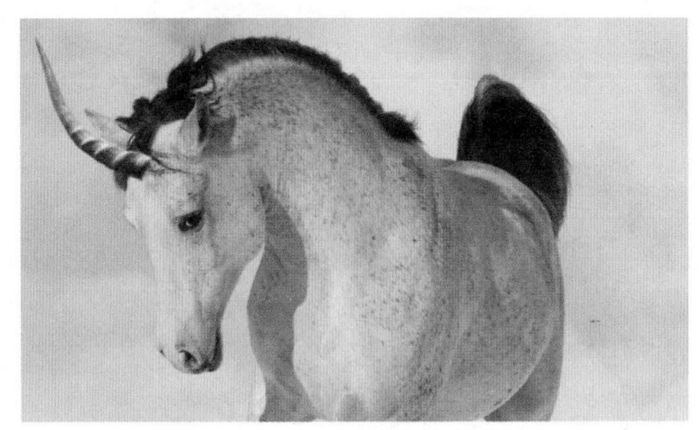

图 4-19　将选区内的图像移至新打开的图像窗口中

（4）选择工具箱中的“仿制图章工具”，在“图层”调板中选择马的背景图层，按 Alt 键在马的头部靠近羚羊角的地方取样，释放 Alt 键在羚羊角位置处单击拖动鼠标以便将其掩盖马头附近的毛发，再使用“加深工具”，把马的头部和羚羊角连接的地方进行加深，使其相连接的地方看起来更加自然。然后把羚羊角调整到合适的大小和位置，最终效果如图 4-20 所示。

图 4-20　最终效果

当利用选择工具选取图像的局部作为选区时，按Ctrl+T组合键，将光标移至变形框中，当光标呈现▶状态时，单击并拖动即可改变选区的位置；拖动变形框四角上的小方框，可改变选区的大小；将光标移至变形框的外部，当其呈现状态时，按下鼠标左键拖曳，可将选区进行旋转。

4.1.3 魔棒工具组

在魔棒工具组中包含两种工具："快速选择工具"与"魔棒工具"。其中，"快速选择工具"的功能与"魔棒工具"类似，但操作要比"魔棒工具"简单快捷，被称为"魔棒工具"的快捷版本。

1. 快速选择工具

当使用"快速选择工具"创建图像选区时，可不用任何快捷键进行加选，只需按住鼠标左键在需要创建选区的区域内进行移动，便可创建出想要的选区。在其工具属性栏中存在3种模式，即"新选区"、"添加到选区"与"从选区减去"，配合这3种模式可快速地为颜色差异较大的图像创建选区。

使用"快速选择工具"创建选区的方法如下：

（1）打开下载的源文件中的图像"瓷娃娃"，如图4-21所示。

（2）选择工具箱中的"快速选择工具"，然后在瓷娃娃图像上按下鼠标左键拖曳，利用其属性栏中的"添加到选区"按钮与"从选区减去"按钮创建选区，如图4-22所示。

图4-21 打开的素材图像（四）

图4-22 创建的选区

2. 魔棒工具

"魔棒工具"是另一种类型的选择工具，利用它可选择颜色相同的或相近像素的图像。因此它的选择范围极为广泛，属于灵活性的选择工具。

通过"魔棒工具"属性栏还可以设置选择参数，如图4-23所示。

图4-23 "魔棒工具"属性栏

- "取样大小"：主要用于颜色范围，数值大选取的颜色范围大，数值小选取的颜色范围就小。选项中的5×5平均、31×31平均、101×101平均等一般是选择中心点的区域范围。

- "容差"：主要用于控制图像选择范围的精确度，其数值范围为 0 ~ 255。数值越小，对颜色的差别要求越高，选区的颜色范围越接近；数值越大，对颜色的差别要求越小，选区的颜色范围越大。
- "连续"：主要用于控制添加选区的连续性，该选项在使用时比较频繁。在使用"魔棒工具"时选中此选项，表示只能选择色彩相近的连续区域；若不选中此选项，则会选取与单击点颜色相近的全部区域。
- "对所有图层取样"：在进行图像选取时可能会遇到多个图层的情况，当选中此选项时，可以选择图像中所有图层的可见区域中色彩相近的区域；当不选中此选项时，只能选择当前图层中色彩相近的区域。

下面使用"魔棒工具"为一张照片替换背景，具体操作方法如下。

（1）打开下载的源文件中的图像"猫咪"，如图 4-24 所示。

（2）选择工具箱中的"魔棒工具"，在其属性栏中单击"添加到选区"按钮，在图像窗口中反复单击背景，直至选取动物为选区为止，如图 4-25 所示。

（3）单击"图层"调板右下角的"创建新图层"按钮，设置前景色为"C：10，M：0，Y：83，K：0"、背景色为"C：0，M：68，Y：92，K：0"，选择工具箱中的"渐变工具"，在其属性栏中选择"线性渐变"，在图像窗口中自下而上创建渐变区域，最后按 Ctrl+D 组合键取消选区，如图 4-26 所示。

图 4-24　打开的素材图像（五）

图 4-25　创建的选区

图 4-26　更换图像背景

4.2　灵活编辑选区

前面已经详细介绍了制作选区的各种方法，但有时在图像中制作好选区后，需要对选区进行适当的调整，本节就来学习编辑选区的具体方法。

4.2.1　基本选区编辑命令

当用户需要对图像进行全选、取消选择、重新选择及反向操作时，可在"选择"菜单中选择相应的命令，如图 4-27 所示。其中"全部"命令表示对整个图像进行选择，其对应快捷键为 Ctrl+A 组合键；"取消选择"命令表示取消选区，其对应快捷键为 Ctrl+D 组合键；"重新选择"命令表示恢复上一次被取消的选区；"反选"命令主要用于互换图像中的选择区和非选择区。

全部(A)	Ctrl+A
取消选择(D)	Ctrl+D
重新选择(E)	Shift+Ctrl+D
反选(I)	Shift+Ctrl+I

图 4-27　"选择"菜单中的命令

要移动选定的区域位置，用户可将光标移至选区，然后单击并拖动即可，此时光标将呈形状。如在移动时按下 Shift 键，则只能将选区沿水平、垂直或 45° 方向移动；如在移动时按下 Ctrl 键，则可移动选区中的图像（相当于选择了“移动工具”）。此外，用户也可利用上、下、左、右四个方向键对选区进行精确移动操作。

4.2.2 “变换选区”命令

用户创建选区后，执行“编辑”→“自由变换”菜单命令，则在当前图层的图像上将出现定界框，将光标移动到定界框的调节点上单击，定界框会由原来的虚线变为实线，可对当前选区进行旋转、缩放等变形操作。

当定界线变为实线后，用户可以通过工具属性栏中的参数设置对图像进行变形调整。其属性栏如图 4-28 所示。

图 4-28 “图像变形的工具”属性栏

- “参考点位置”：通过调整“参考点位置”中黑色显示点的位置，可对调节中心点进行位置调整。它们之间是相互对应的。
- “X”与“Y”选项：更新点的坐标位置。
- “使用参考点相关定位”：单击此按钮，可在“X”和“Y”选项中设置调节中心点移动的相对位置，其单位是像素，调节数值可为正数，也可为负数。
- “W”选项：设置水平比例缩放。
- “H”选项：设置垂直比例缩放。
- “保持长宽比”按钮：单击此按钮，对“W”和“H”选项中的任意一个数值进行调整，另一个则会有同样的改变，始终会以等比例进行缩放。
- “旋转”按钮：在其选项后面的输入框中进行角度设定后，可以将图像按照所设定的数值进行旋转。
- “H”选项：设置水平方向上的倾斜角度。
- “V“选项”设置垂直方向上的倾斜角度。
- “取消变换”按钮：将图像进行变形调整后，单击此按钮或按 Esc 键可取消对图像的变换操作。
- “进行变换”按钮：将图像进行变形调整后，单击此按钮或按小键盘上的 Enter 键可应用变换操作。

4.2.3 “修改”命令

“修改”命令主要用于制作边界选区、平滑选区边界以及扩展和收缩选区，将光标移到“修改”命令上，在其右侧将弹出如图 4-29 所示的下拉子菜单。

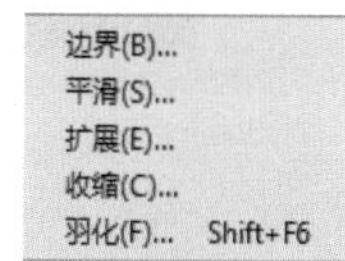

图 4-29 “修改”菜单中的子菜单命令

1.“边界”命令

选择此命令，用户可设置选区边缘的宽度，其结果是将原来的选区转换为轮廓选区。其用法为：

（1）打开下载的源文件中的图像“跑车”，如图 4-30 所示。

（2）选择工具箱中的“磁性套索工具”，选取汽车作为选区，如图 4-31 所示。

（3）选择“选择”→“修改”→“边界”菜单命令，在弹出的“边界选区”对话框中设置“宽度”值为 30 像素，单击“确定”按钮，效果如图 4-32 所示。

图 4-30　打开的素材图像（六）

图 4-31　创建的选区

(a)　　(b)

图 4-32　“边界选区”对话框及执行此命令后的效果

2.“平滑”命令

“平滑”选区是通过在选区边缘上增加或减少像素来改变边缘的粗糙程度，以达到一种平滑的选择效果，还可消除用“魔棒工具”或通过指定颜色范围定义选区时所选择的一些不必要的零星区域。它的操作方法如下：

（1）打开下载的源文件中的图像“海滩”，如图 4-33 所示。

图 4-33 打开的素材图像（七）

（2）选择工具箱中的“魔棒工具”，在图像窗口中沙滩区域进行单击选取，如图 4-34 所示。

图 4-34 创建的选区

（3）选择“选择”→“修改”→“平滑”菜单命令，在弹出的“平滑选区”对话框中设置“取样半径”值为 30 像素，单击“确定”按钮，效果如图 4-35 所示。

(a) (b)

图 4-35 “平滑选区”对话框及执行此命令后的效果

3.“扩展”命令

“扩展”命令主要用于将创建的选区按设定的像素数目向外扩展。用户可在制作好选区的基础上，选择“选择”→“修改”→“扩展”菜单命令，在弹出的“扩展选区”对话框中设置合适的扩展值。

4.“收缩”命令

“收缩”命令与“扩展”命令的功能相反，该菜单命令允许用户将当前选区按设定的像素数目向内收缩。

5.“羽化”命令

用户如果需要在创建选区后设定“羽化”值,可执行“选择”→“羽化”菜单命令,此时弹出“羽化选区”对话框,如图 4-36 所示,在“羽化半径”框中设置相应的参数。如果在定义选区时已经在工具属性栏中设置了羽化值,则最终羽化效果为在工具属性栏中设置的羽化值和此处设置的羽化值之和。

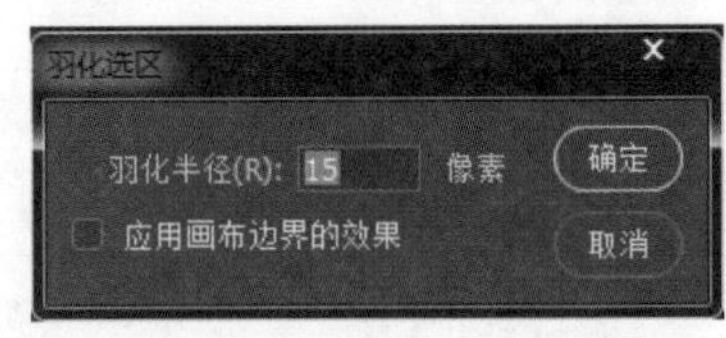

图 4-36 “羽化选区”对话框

下面通过一个小案例让读者进一步熟悉“修改”命令的具体使用方法。

(1)打开下载的源文件中的图像“花朵”,如图 4-37 所示。

图 4-37 打开的素材图像(八)

(2)选择工具箱中的“快速选择工具”,选择图中的花朵作为选区,如图 4-38 所示。

图 4-38 创建的选区

(3)选择“选择”→“修改”→“平滑”菜单命令,在弹出的“平滑选区”对话框中设置“取样半径”值为 10 像素,设置完后单击“确定”按钮,如图 4-39 所示。

(4)按 Ctrl+Shift+I 组合键,将选区进行反选,然后选择“选择”→“修改”→“羽化”菜单命令,在弹出的“羽化选区”对话框中设置“羽化半径”值为 5 像素,如图 4-40 所示。

(5)选择“图像”→“调整”→“色彩平衡”菜单命令,在弹出的对话框中进行适当的参数设置,设置完成后单击“确定”按钮,按“Ctrl+D”组合键取消选区,如图 4-41 所示。

(6)选择工具箱中的“直排文字工具”,在工具属性栏中设置好字体、大小,并设置合适的字体颜色,然后在图像窗口中输入“我们仍未知道所看见的花的名字”文字,调整到合适的位置,如图 4-42 所示。

(a)　　　(b)

图 4-39　将选区进行平滑处理

(a)　　　(b)

图 4-40　将选区进行羽化处理

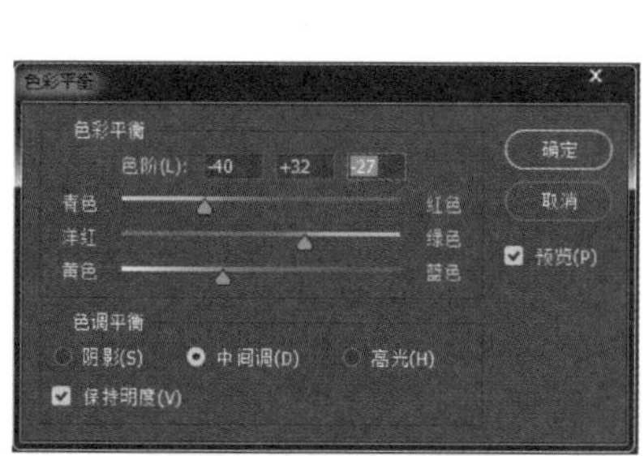

(a)　　　(b)

图 4-41　对选区进行色彩平衡处理

图 4-42　输入的文字效果

4.2.4 “扩大选取”与“选取相似”命令

选择“选择”→“扩大选取”菜单命令和“选择”→“选取相似”菜单命令也可扩展选区,其意义如下:

- “扩大选取”命令：利用此命令可扩展选区，在当前选区的基础上执行此命令时，与当前选区中像素相连且颜色相近的像素点被一起扩展到选区中。
- “选取相似”命令：此命令也可扩展选区。执行此命令时，图像中所有与当前选区内颜色相近的像素点均被扩散到选区中。

4.2.5 “色彩范围”命令

选择“选择”→“色彩范围”菜单命令打开其对话框，如图 4-43 所示。用户可利用该对话框中右侧的吸管工具在图像窗口中吸取某种颜色，或在“选择”下拉列表中指定一种颜色或色调来制作选区。

- “选择”下拉列表框：单击其右侧的下拉列表按钮，将弹出如图 4-44 所示的下拉列表，它主要是用来选择选区定义方式，在默认情况下为“取样颜色”选项。当用户将光标移至图像窗口或预览窗口时，光标将呈现吸管状态，此时可利用“颜色容差”滑竿调整颜色选取范围。利用红色、黄色、绿色、青色、蓝色和洋红，可根据颜色制作选区；利用高亮色调、中间色调和暗色调可根据色调制作选区；利用溢色，可将印刷上无法印出的颜色区选出来。

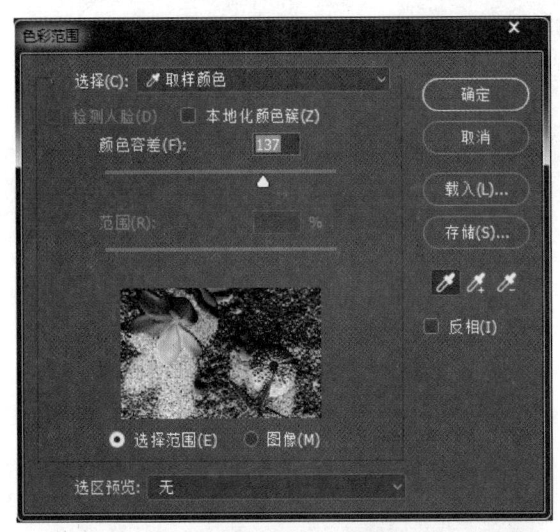

图 4-43 “色彩范围”对话框

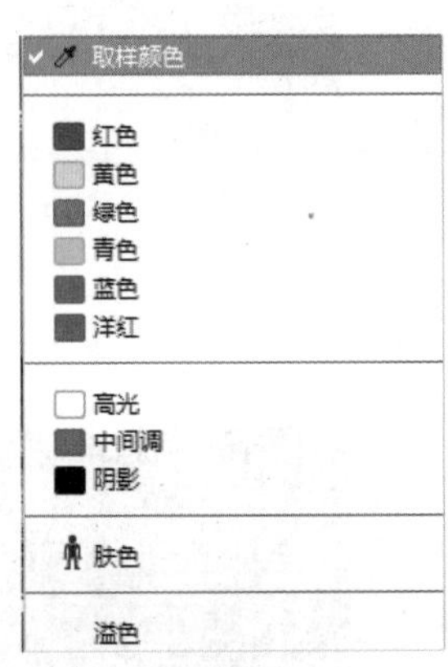

图 4-44 “选择”下拉列表

- “颜色容差”：该选项只与“取样颜色”配合使用。用户可通过调节其下方的滑块来调整颜色的选区范围。
- “选择范围”和“图像”选项：利用其单选按钮可指定“色彩范围”预览窗口中的图像显示方式，即显示选区图像或完整图像。
- “选区预览”下拉列表：主要用来指定图像窗口中的图像选择方式，如图 4-45 所示。

无
灰度
黑色杂边
白色杂边
快速蒙版

图 4-45 “选区预览”下拉列表

- “吸管工具”按钮、“添加到取样”按钮、“从取样中减去”按钮：在默认情况下为“吸管工具”，这时将鼠标指针移到窗口图像中，在要选择的颜色上单击，即可制作选择范围。若选择“添加到取样”按钮，则表示在前面已有选区的基础上增加选区；若选中“从取样中减去”按钮，则表示在前面已有选区的基础上减少选区。
- “载入”和“存储”按钮：用来装载和保存“色彩范围”对话框的设定。

➢“反相”按钮：将选区颜色反相显示，类似于执行“图像”→“调整”→“反相”菜单命令。

下面通过一个小案例让读者进一步熟悉“色彩范围”命令的具体使用方法。

（1）打开下载的源文件中的图像“沙滩花朵”，如图 4-46 所示。

图 4-46 打开的素材图像（九）

（2）选择“选择”→“色彩范围”菜单命令，在弹出的“色彩范围”对话框中选择按钮，然后单击图像窗口中的花朵，适当调整“颜色容差”的数值，以调整选区，设置完成后单击“确定”按钮创建出选区，如图 4-47 所示。

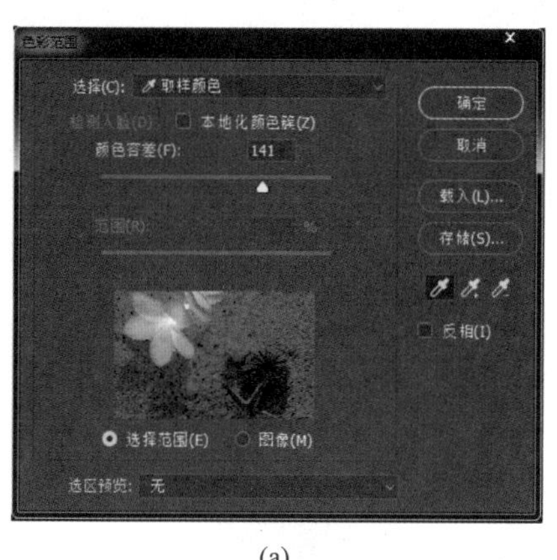

(a)

(b)

图 4-47 创建选区

（3）选择“图像”→“调整”→“色彩平衡”菜单命令，在弹出的“色彩平衡”对话框中，对参数进行适当的设置，单击“确定”按钮改变图像的颜色。按 Ctrl+D 组合键，取消选区，效果如图 4-48 所示。

(a)

(b)

图 4-48 图像的最终效果

4.2.6 存储与载入选区

要制作一个精密的选区，通常要花费大量的时间，因此，在定义好选区后，用户可将其保存起来以备日后使用。Photoshop 为用户提供了保存和载入选区的命令，而选区的存储是通过建立新的 Alpha 通道来实现的。下面通过一个例子说明保存选区的方法，具体操作如下：

（1）打开下载的源文件中的图像“婚纱摄影”，然后选择工具箱中的“磁性套索工具”，选取图片中的人物作为选区，如图 4-49 所示。

（2）选择“选择”→“存储选区”菜单命令，打开“存储选区”对话框，在该对话框中设置选区所要保存的文档、创建通道或蒙版的方式及操作方式等，然后单击“确定”按钮，即可将选区保存下来，如图 4-50 和图 4-51 所示。

图 4-49　创建的选区

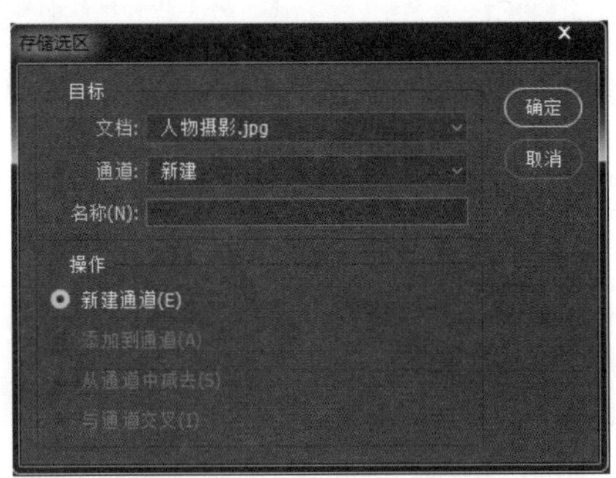

图 4-50　“存储选区”对话框

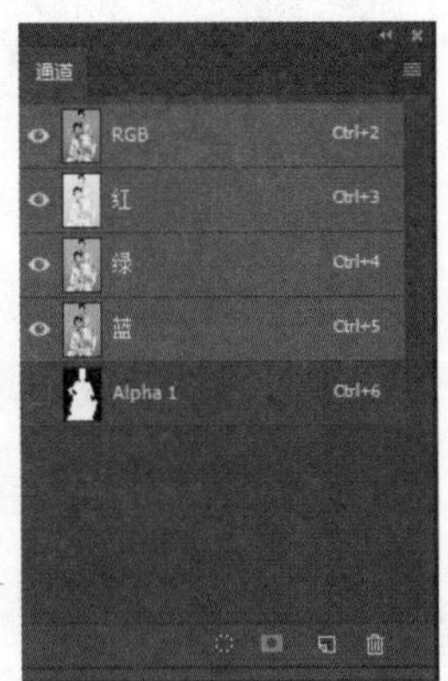

图 4-51　保存选区创建的 Alpla 通道

“存储选区”对话框中各选项的意义如下：

- “文档”：用于设定保存选区的文件，其下拉列表中存在两个选项，一是当前图像文件的名称，另一个是“新建”选项。若选择当前文件的名称时，选区将保存在当前图像文件中；若选择“新建”选项时，将新建一个图像窗口保存选区。
- “通道”：选择用来存储选区的通道。当图像中第一次存储选区或当前图层为背景图层时，只能选择“新建”选项，此时在操作选项区中只提供“新通道”。

➢ “名称”：用于设置保存选区的名称。
➢ “新建通道”：新建用来存储选区的通道。
➢ “添加到通道”：将新选区增加到原来保存的选区中，使两个选区相加而得到新通道。
➢ “从通道中减去”：将新选区从原来的选区中减去而重新定义新通道。
➢ “与通道交叉”：将两个选区进行求交集运算，用重叠交叉的部分确定新通道。

保存选区后，若要安装选区，可选择“选择”→“载入选区”菜单命令，此时系统将打开如图 4-52 所示的“载入选区”对话框，用户可从中设置相应参数。

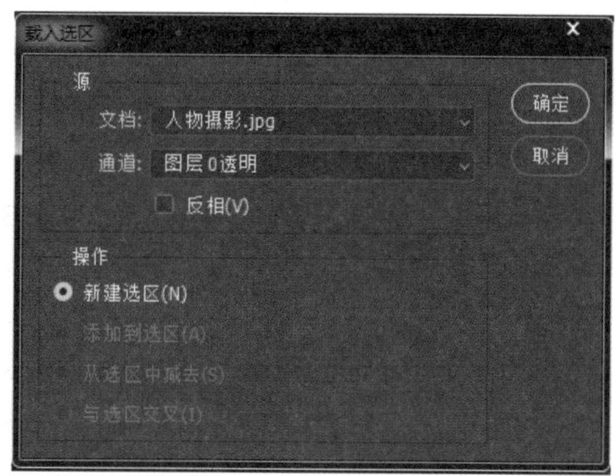

图 4-52 “载入选区”对话框

➢ “新建选区”：用载入的选区替换已存在的选区。
➢ “添加到选区”：将载入的选区添加到已存在的选区中，使两个选区相加而得到新选区。
➢ “从选区中减去”：从已存在的选区中减去载入的选区。
➢ “与选区交叉”：将已存在的选区与载入的选区相交叉的部分作为新选区。

4.2.7 其他创建选区的方法

除了上面所讲的创建选区的方法，还可利用“钢笔工具”绘制路径，将路径转换为选区，使用快速蒙版创建选区及通道制作选区。利用通道创建选区，在后续的章节有详细介绍，这里不再做具体阐述。

1. 利用“钢笔工具”绘制路径以创建选区

当利用“钢笔工具”绘制路径后，若想将其转换为选区，可单击图像并单击右键，此时出现如图 4-53 所示的菜单命令。在弹出的菜单中选择“建立选区”命令，此时弹出“建立选区”对话框，如图 4-54 所示。绘制并闭合路径后，也可以直接单击“钢笔工具”属性栏中的选区，如图 4-55 所示，也可以弹出“建立选区”对话框，并建立选区。

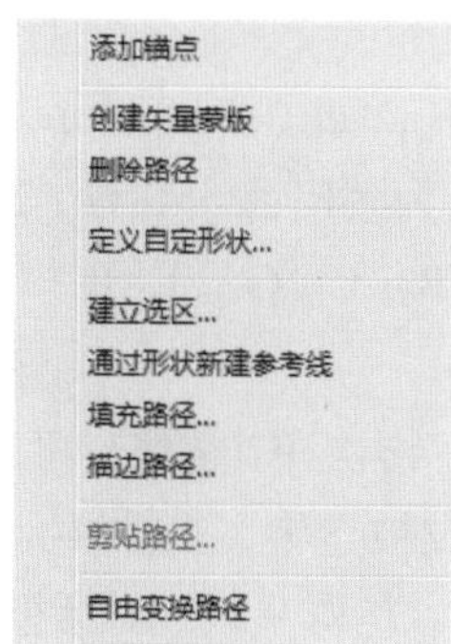

图 4-53 “建立选区”的菜单命令

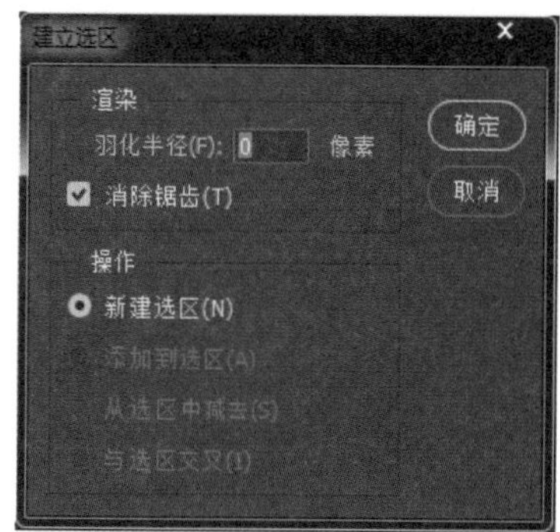

图 4-54 “建立选区”对话框

图 4-55 “钢笔工具”属性栏

在如图 4-54 所示的“建立选区”对话框中，“羽化半径”与“消除锯齿”选项的作用与选框工具选项中参数的含义相同，这里不再赘述。

在如图 4-54 所示的“操作”选项区中可指定创建选区的方式，其各选项含义如下：

- “新建选区”：仅由路径转换为选区。
- “添加到选区”：将路径所创建的选区添加到当前选区中。
- “从选区中减去”：从选区中减去由路径所创建的选区。
- “与选区交叉”：由路径所创建的选区与当前存在选区的重合区域创建选区。

2. 利用快速蒙版创建选区

快速蒙版模式是创建选区的另一种非常有效的方法。在快速蒙版模式下，用户可利用“画笔工具”、“橡皮擦工具”等编辑蒙版，然后可将蒙版转换为选区。

双击工具箱中的“以快速蒙版模式编辑”按钮，将打开“快速蒙版选项”对话框，如图 4-56 所示。若选择“被蒙版区域”单选按钮表示将在被蒙版区（非选择区）显示蒙版颜色；若选择“所选区域”单选按钮，表示将在选区显示蒙版颜色，此外通过“颜色”和“不透明度”项可设置蒙版颜色和不透明度。

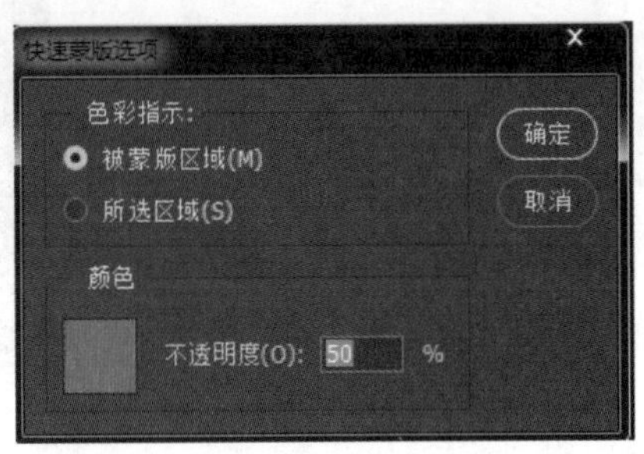

图 4-56 “快速蒙版选项”对话框

下面将通过一个小案例让读者进一步熟悉利用快速蒙版创建选区的具体使用方法。

（1）打开下载的源文件中的图像“长发”，如图 4-57 所示。

图 4-57 打开的素材图像（十）

（2）选择工具箱中的“套索工具”，选择人物的头发作为选区，如图 4-58 所示。

（3）选择工具箱中的“以快速蒙版编辑”按钮，设置前景色为“R：255，G：255，B：255”，选择工具箱中的“橡皮擦工具”适当增加蒙版区，若设置前景色为“R：0，G：0，B：0”，则可擦除头发以外的蒙版区，如图 4-59 所示。

（4）单击“以快速蒙版编辑”按钮，可查看蒙版编辑结果，再次单击按钮，可在快速蒙版编辑模式与标准编辑模式间相互切换，适当进行调整，最后人物的头发被选中，如图 4-60 所示。

（5）选择“图像”→“调整”→“色彩平衡”菜单命令，在弹出的“色彩平衡”对话框中适当调整参数，设置完成后单击“确定”按钮，按 Ctrl+D 组合键取消选区，效果如图 4-61 所示。

图 4-58　创建的选区

图 4-59　被蒙版区域

图 4-60　将蒙版区域转换为选区

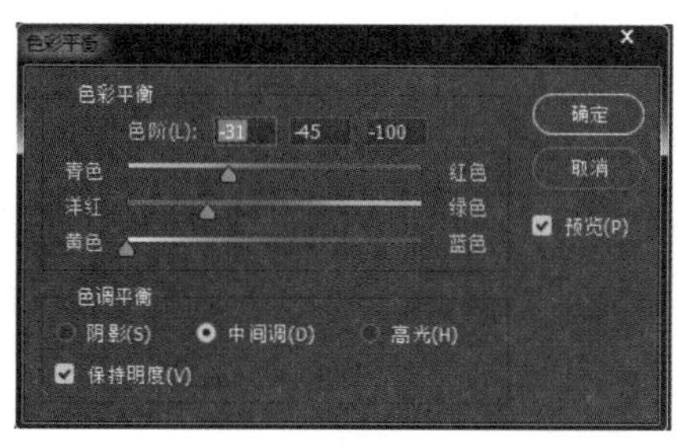

(a)

(b)

图 4-61　对选区施加“色彩平衡”命令后的效果

使用这种方法主要有如下两个优点：

（1）由于用户可使用各种绘画和修饰工具编辑蒙版，因此，用户可利用它制作任意形状的选区。特别是在图像非常复杂时，这种方法非常有效。

（2）由于蒙版本身包含了透明度信息，因此，利用这种方法可获取各种形式的羽化效果，从而制作出一些令人意想不到的效果。

4.3 移动工具

“移动工具”是 Photoshop 软件中最基本、最常用的工具之一，利用此工具可对图像或选区进行移动、复制、对齐图层等操作。

4.3.1 属性栏中的选项说明

选择工具箱中的“移动工具”，其属性栏如图 4-62 所示。

图 4-62 “移动工具”属性栏

- “自动选择：图层”：选中此选项，移动图像时，系统将会自动选择当前图像所在的图层；若不选中此选项，移动图像时，将根据当前所在的图层或图层组来进行移动。
- “显示变换控件”：选中此选项，在当前图层（除背景图层外）的图像边缘将会出现定界框。利用定界框可对图像进行旋转、缩放等变形操作。
- 按钮：用于控制当前图层与链接图层对齐的方式。
- 按钮：用于控制链接图层中的图像平均分布的方式。
- 按钮：用于自动对齐图层。
- ：用于 3D 模式下环绕移动、滚动、平移、滑动、变焦 3D 相机。

4.3.2 移动与复制图像

利用工具箱中的“移动工具”可改变当前图层中的图像位置。其方法很简单，首先在“图层”调板中选择要移动图像的图层，然后在工具箱中选择“移动工具”，将光标移至图像窗口中单击并拖动，即可移动当前图层中的图像。如果希望移动图像时保持源图像不变，只复制其内容到其他位置，可在选中“移动工具”后，先按下 Alt 键，此时光标呈形状，拖动的具体使用方法如下：

（1）打开下载的源文件中的图像“插画”，如图 4-63 所示。

（2）选择工具箱中的“移动工具”，在其属性栏中选中“自动选择图层”选项，在“图层”调板中选择“图层 2”，将光标移至图像窗口单击并拖动，即可移动当前层中的图像，如图 4-64 所示。

（3）在“图层”调板中选择“图层 2”，按住 Alt 键，拖动“图层 2”的图像到新位置，如图 4-65 所示。

图 4-63 打开的素材图像（十一）

图 4-64 移动图像

图 4-65 复制图像

在调整图像尺寸时，位图与矢量图会产生不同的结果。更改位图的像素尺寸时，可能会导致图像品质和锐化程度的损失，而矢量图则与分辨率无关，调整大小时，不会影响到图像边缘的清晰度。选择“移动工具”后，若在拖动时按住 Shift 键，则可按水平、垂直或 45º 方向移动图像；若需要精确移动图像，可利用 4 个方向键以 1 像素为单位移动图像；若按住 Shift+Ctrl+Alt 组合键，可利用 4 个方向键以 10 像素为单位移动并复制图像。

4.3.3 图层对齐选区

当图层中存在选区时，可将当前图层与选区对齐，其操作方法如下：

（1）打开下载的源文件中的图像“卡通头像”，如图 4-66 所示。

（2）按住 Ctrl 键，单击“图层”调板中的“图层 1”的“图层缩览图”。此时“图层 1”的图像将变为选区，如图 4-67 所示。

图 4-66 打开的素材图像（十二）

图 4-67 创建选区

（3）在“图层”调板中选择“图层 2”，选择“图层”→“将图层与选区对齐”→“顶边”菜单命令，此时“图层 2”的图像与选区图像（“图层 1”）对齐，按 Ctrl+D 组合键取消选区，如图 4-68 所示。

(a) (b)

图 4-68 “顶边”对齐命令的具体效果

4.4 综合运用——广告海报

下面将为用户讲解如何设计广告海报，具体操作步骤如下：

4-1 广告海报

（1）选择“文件”→“新建”菜单命令，在弹出的“新建”对话框中，选取“图稿和插图”选项里的“海报”选项，在“预设详细信息”设置名称为广告海报，如图 4-69 所示。当然也可以自定义海报的大小，设置完成后单击“确定”按钮，将会创建一个新文件。

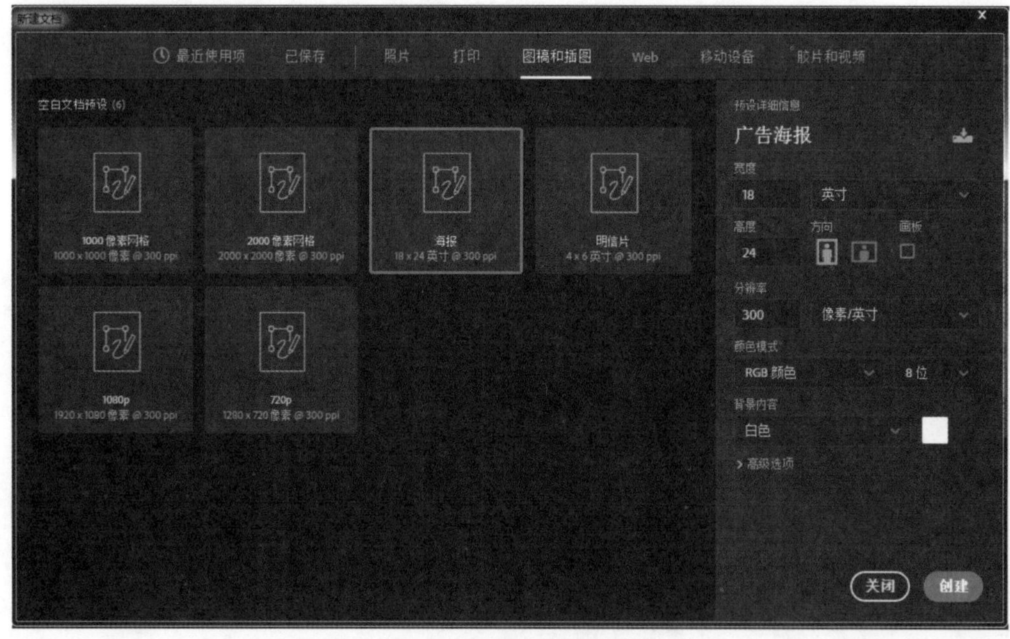

图 4-69 “新建文档”对话框

（2）打开下载的源文件中的图像“背景”，双击“背景图层”，将其改为“图层 0”，然后选择工具箱中的“移动工具”，将其移动复制到新建的“电影海报”文件中，得到“图层 1”，然后按 Ctrl+T 组合键的同时按住 Shift 键对“图层 1”中的图片调节大小和位置，使其充满整个画面，最后单击 Enter 键，结果如图 4-70 所示。

（3）使用快捷方式 Ctrl+M 执行曲线命令，弹出曲线对话框，利用曲线调整“图层 1”的亮度。然后在菜单栏中选择“滤镜”→“渲染”→“镜头光晕”命令，并调整好光晕的位置，效果如图 4-71 所示。

图 4-70　自由变换后得到的图层

图 4-71　调整亮度以及使用“镜头光晕”效果

（4）打开下载的源文件中的图像“汽车”，选择工具箱中的“磁性套索工具”，将光标移动到图像汽车边缘，按下鼠标左键并拖动，将整个汽车定义为要选择的区域，释放鼠标后，系统会自动用直线将起点和终点连接起来，形成一个封闭的选区，如图 4-72 所示。

（5）按 Shift+F6 组合键，此时将会弹出“羽化选区”对话框，在该对话框中进行适当的参数设置，然后单击对话框中的“确定”按钮，如图 4-73 所示，再选择工具箱中的“移动工具”，将选区内的图像移动复制到“电影海报”文件中，得到“图层 2”，在“图层 2”中按 Ctrl+T 组合键，然后按 Shift 键调节“位置”和“大小”，最后按 Enter 键确定，效果如图 4-74 所示。

图 4-72　创建的选区

图 4-73　“羽化选区”对话框

图 4-74　移动并适当调整图像的大小

（6）在菜单栏中选择“图像”→“调整”→“色彩平衡”命令，在弹出的对话框中设置一定的参数或者拖动颜色浮动条，来调整“图层 2”中汽车整体的颜色，使其更加融合整个环境的颜色，最终效果如图 4-75 所示。

（7）在工具箱中选择“横排文字工具”，在图像窗口中间位置，分别输入文字，并在其“属性栏”

中设置字体为方正黑体简体、字号为 72 点、文字颜色为纯白色，在图像窗口中输入文字“我，耀出彩”，然后设置字体为方正综艺简体、字号大小 181 点、文字颜色为纯白色，再输入文字“‘耀’你任性”，设计完成后，按 Enter 键确定，效果如图 4-76 所示。

（8）使用 Ctrl+T 组合键选中文字图层，然后按住 Ctrl 键单击鼠标拖动一角对文字进行斜体的变形，然后进行旋转并调整到合适的角度，单击“确定”按钮。用同样的方法把另一组文字也调整好，最终效果如图 4-77 所示。

图 4-75 使用“色彩平衡”命令后图像的效果

图 4-76 添加文字后的效果

图 4-77 最终效果

（9）至此，广告海报就创建完成了，其整体效果如图 4-77 所示，最后选择菜单栏中的“文件”→“存储”命令，将文件名改为“广告海报 .psd”进行保存。

4.5 答疑解惑

1. 什么是选区，作用是什么?

答：在进行图像编辑时，要对图层中某部分图像进行处理，就要将这部分单独选择出来，这个部分叫作选区。在 Photoshop 中，选区表现为一个封闭的游动虚线区域，虚线以内的空间是选择的区域，以外就是受保护的区域，是无法进行编辑的。

可以在选区里进行像素复制、剪切、调色、填充、删除、加滤镜，也可以添加图层蒙版等。

2. 怎样调整选区的形状?

答：要调整选区形状，可以在“路径”调板中单击“从选区生成工作路径”按钮，系统将生成与选区形状一致的工作路径，然后通过调整该路径的形状，再将路径转换为选区，即可完成调整选区形状的操作。

4.6 学习效果自测

1. 适合选择多边形选区的有（　　）。

A. 多边形套索工具　　B. 铅笔工具　　C. 涂抹工具　　D. 历史记录画笔工具

2. 羽化选区的作用是（　　）。

A. 扩大选区

B. 缩小选区

C. 使选择区域的边缘变得平滑，产生柔和的效果

D. 使选区的边缘变得清晰，产生和背景对比强烈的效果

3. “取消选区”命令的快捷键是（　　）。

A. Ctrl+C　　B. Ctrl+V　　C. Ctrl+S　　D. Ctrl+D

4. “存储选区”命令可以存储（　　）选区。

A. 1 次　　B. 3 次　　C. 12 次　　D. 多次

第 5 章

图像操作与编辑

学习要点

Photoshop CC 2018 有非常强大的图像编辑功能，丰富的操作命令使用户可以对图像随心所欲地进行处理。本章着重介绍 Photoshop CC 2018 的部分重要图像编辑命令和图像调整命令。

学习提要

- ❖ 图像的编辑类工具的使用
- ❖ 图像的调整类命令的使用

5.1 图像的编辑

5.1.1 修复类工具

在 Photoshop 中，修复类工具包括修复画笔工具组和图章工具组。前者含 5 个工具，后者含 2 个工具。修复画笔工具组包括污点修复画笔工具、修复画笔工具、修补工具、内容感知移动工具和红眼工具，如图 5-1 所示。图章工具组包括仿制图章工具和图案图章工具，如图 5-2 所示。

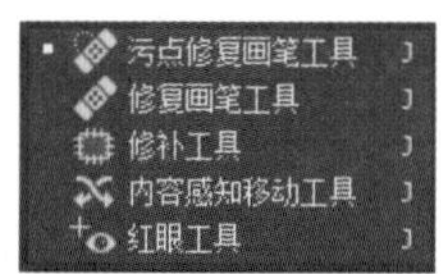

图 5-1 修复画笔工具组

图 5-2 图章工具组

下面一一介绍各个工具的使用方法。

1. 污点修复画笔工具

污点修复画笔工具主要用于快速修复图像中的污点和其他的不理想部分。

下面通过一个例子展示污点修复画笔的具体应用。

（1）打开下载的源文件中的图像“小猫咪”，如图 5-3 所示。

（2）单击工具栏中的“污点修复画笔工具”按钮，设置像素大小为 50，然后单击污点处，这时可以发现污点逐步消失，如图 5-4 所示。

图 5-3 打开的素材图像（一）

图 5-4 使用“污点修复画笔工具”后的效果

2. 修复画笔工具与修补工具

使用“修复画笔工具”能够修复图像中的瑕疵，使瑕疵与周围的图像融合。利用该工具修复时，同样可以利用图像或图案中的样本像素进行绘画。

利用“修补工具”可以使用其他区域或图案中的像素来修复选区内的图像。修补工具与修复画笔工具一样，能够将样本像素的纹理、光照的阴影等与源像素进行匹配；不同的是前者用画笔对图像进行修复，而后者是通过选区进行修改。

3. 内容感知移动工具

使用“内容感知移动工具”可以实现去除图片中的文字与杂物，还会根据图像周围的环境与光源自动计算和修复移除部分，从而实现更加完美的图片合成效果。

要应用“内容感知移动工具”，先来熟悉一下工具属性栏，如图 5-5 所示。“内容感知移动工具”的工具属性栏主要有新选区、添加到选区、从选区中减去、与选区交叉、模式、结构、颜色等。

图 5-5 “内容感知移动工具”属性栏

1）“内容感知移动工具”的工具属性栏

应用“内容感知移动工具”时，“新选区”“添加到选区”“从选区中减去”“与选区交叉”选项一般不常用，而“模式”与“结构”选项是必用的选项。

模式：模式的子菜单中有“移动”与“扩展”选项。

➢ 移动：移动选项的作用是剪切与粘贴。

➢ 扩展：扩展选项的作用是复制与粘贴。

结构：调整源结构的保留严格程度。

2）“内容感知移动工具”的作用

“内容感知移动工具”有两大作用：移动与复制。

任何工具都有其局限性，在应用“内容感知移动工具”清除图片中不想要的内容时，要清除的图像周围的“背景”不能太复杂。

4. 红眼工具

在夜晚的灯光下或使用闪光灯拍摄人物照片时，通常会出现眼球变红的现象，这种现象称为红眼现象。利用 Photoshop 中的红眼工具，就可以修复人物照片中的红眼，同样，也可以修复动物照片中的白色或绿色反光。

下面通过一个例子来展示红眼工具的具体应用。

（1）打开下载的源文件中的图像“婚纱头像”，如图 5-6 所示。

（2）单击工具栏中的“红眼工具”，然后单击眼睛上的红色部分。这时会发现红眼消失了，如图 5-7 所示。

图 5-6 打开的素材图像（二）

图 5-7 使用“红眼工具”后的效果

5. 仿制图章工具与图案图章工具

利用“仿制图章工具”修图时，先从图像中取样，然后将样本应用到其他图像或同一个图像的其他部分，也可以将一个图层的一部分仿制到另一个图层。图 5-8、图 5-9 分别展示了原图像与使用“仿制图章工具”后的效果。

图 5-8 打开的素材图像（三）

图 5-9 使用“仿制图章工具”后的效果

"图案图章工具"和"仿制图章工具"相似，区别是"图案图章工具"不在图像中取样，而是利用选项栏中的图案进行绘制，即从图案中选择图案或自己创建图案来进行绘制。图 5-10、图 5-11 分别展示了原图像与使用"图案图章工具"后的效果。

图 5-10　打开的素材图像（四）

图 5-11　使用"图案图章工具"后的效果

5.1.2　颜色类修饰工具

在颜色类修饰工具组中包括减淡工具、加深工具和海绵工具，如图 5-12 所示。

图 5-12　颜色类修饰工具组

1. 减淡工具

利用"减淡工具"能够表现图像中的高亮度效果。利用"减淡工具"在特定的图像区域内进行拖动，然后让图像的局部颜色变得更加明亮，对处理图像中的高光非常有用。图 5-13、图 5-14 分别展示了原图像与使用减淡工具后的效果。

图 5-13　打开的素材图像（五）

图 5-14　使用"减淡工具"后的效果

2. 加深工具

"加深工具"与"减淡工具"的功能相反，使用"加深工具"可以表现出图像中的阴影效果。利用该工具在图像中涂抹可以使图像亮度降低。图 5-15、图 5-16 分别展示了原图与使用"加深工具"后的效果。

图 5-15　打开的素材图像（六）

图 5-16　使用"加深工具"后的效果

3. 海绵工具

“海绵工具” 主要用于精确地增加或减少图像的饱和度，在特定的区域内拖动，会根据不同图像的不同特点来改变图像的颜色饱和度和亮度。利用“海绵工具”，能够自如地调节图像的色彩效果，从而让图像色彩效果更完美。图 5-17、图 5-18 分别展示了原图与使用“海绵工具”后的效果。

图 5-17　打开的素材图像（七）

图 5-18　使用“海绵工具”后的效果

5.1.3　效果修饰工具

在 Photoshop 中，效果修饰工具组包括模糊工具、锐化工具和涂抹工具，如图 5-19 所示。

图 5-19　效果修饰工具组

1. 模糊工具

工具箱中的“模糊工具”与“滤镜”菜单中的“高斯模糊”功能类似，使用“模糊工具”对选定的图像区域进行模糊处理，能够让选定区域内的图像更为柔和。图 5-20、图 5-21 分别展示了原图与使用“模糊工具”后的效果。

图 5-20　打开的素材图像（八）

图 5-21　使用“模糊工具”后的效果

2. 锐化工具

“锐化工具”用于在图像的指定范围内涂抹，以增加颜色的强度，使颜色柔和的线条更锐利，图像的对比度更明显，图像也变得更清晰。图 5-22、图 5-23 分别展示了原图与使用“锐化工具”后的效果。

3. 涂抹工具

“涂抹工具”用于在指定区域中涂抹像素，以扭曲图像的边缘。图像中颜色与颜色的边界生硬时利用“涂抹工具”进行涂抹，能够使图像的边缘变得柔和。

图 5-22 打开的素材图像（九）

图 5-23 使用“锐化工具”后的效果

5.1.4 擦除工具

在橡皮擦除工具组中包含橡皮擦工具、背景橡皮擦工具、魔术橡皮擦工具，如图 5-24 所示。使用该工具组中的工具，可以更改图像的像素，有选择地擦除图像或擦除相似的颜色。下面分别介绍这些工具。

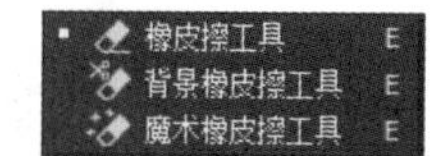

图 5-24 橡皮擦除工具组

1. 橡皮擦工具

使用“橡皮擦工具”可以更改图像中的像素。如果使用“橡皮擦工具”擦除背景图层，被擦除的部分将更改为当前设置的背景色；如果擦除的是普通图层，被擦除的部分将显示为透明效果。下面结合素材文件，在实际的操作中学习“橡皮擦工具”的使用方法。

（1）打开下载的源文件中的图像“水果”，如图 5-25 所示。

（2）选取“橡皮擦工具”，在除水果外的背景区域进行适当的涂抹，被涂抹过的图像区域呈透明状态，如图 5-26 所示。

图 5-25 打开的素材图像（十）

图 5-26 使用“橡皮擦工具”背景透明

2. 背景橡皮擦工具

使用“背景橡皮擦工具”可以擦除图层中的图像，并使用透明区域替换被擦除的区域。使用“背景橡皮擦工具”擦除图像时，可以指定不同的取样的容差来控制透明度的范围和边界的锐化程度。

图 5-27 所示的“背景橡皮擦工具”属性栏上主要选项的含义如下：

- “取样”：主要用于设置清除颜色方式，若选择“取样：连续”按钮，则在擦除图像时，会随着鼠标指针的移动进行连续的颜色取样，并进行清除，因此该按钮可以用于擦除连续区域中的不同颜色；若选择“取样：一次”按钮，则只擦除第一次单击取样的颜色区域；若选择“取样：背景色板”按钮，会擦除包含背景颜色的图像区域。
- “限制”：主要用于设置擦除颜色限制方式，在该选项的列表框中，若选择“不连续”选项，则可以擦除图层中的任何一个位置的颜色；若选择“连续”选项，则可以擦除取样点与取样点相互连接的颜色；若选择“查找边缘”选项，在擦除取样点与取样点相连颜色的同时，还可以较好地保留边缘轮廓。

➤ “容差”：主要用于控制擦除颜色的范围，数值越大，擦除的颜色范围就越大；反之，则越小。

➤ “保护前景色”：选中该选项，在擦除图像时，可以保护与前景色相同的颜色区域。

图 5-27 “背景橡皮擦工具”属性栏

（1）打开下载的源文件中的图片“家居”，如图 5-28 所示。选择“背景橡皮擦工具”，在工具选项栏中列有 3 种取样方式，分别为“连续”“一次”“背景色板”。选择“连续”选项，将随着鼠标拖移连续采取色样。如图 5-29 所示，“背景橡皮擦工具”将背景色与椅子图像、对话框图像一起擦除。

图 5-28 打开的素材图像（十一）

图 5-29 “连续”取样

（2）选择“一次”选项，将只抹除点按的颜色区域。如图 5-30 所示，“背景橡皮擦工具”只擦除了与取样色相似的图像，对话框图像和椅子图像被保留。

（3）确认背景色为白色，选择“背景色板”选项，将只抹除包含当前背景色的区域，如图 5-31 所示，图像中只有白色图像被擦除。

图 5-30 “一次”取样

图 5-31 “背景色板”取样

（4）当使用“背景橡皮擦工具”在图层上擦除颜色时，该工具的指针会变成笔触中心带有“十”字线的画笔形状。如果当前图层为背景层，则该图层将自动变成普通图层“图层 0”，如图 5-32 所示。

（5）属性栏内的“限制”选项决定了“背景橡皮擦工具”擦除的作用方式，其右侧的下拉列表包括“连续”“不连续”“查找边缘”3 个选项，如图 5-33 所示。

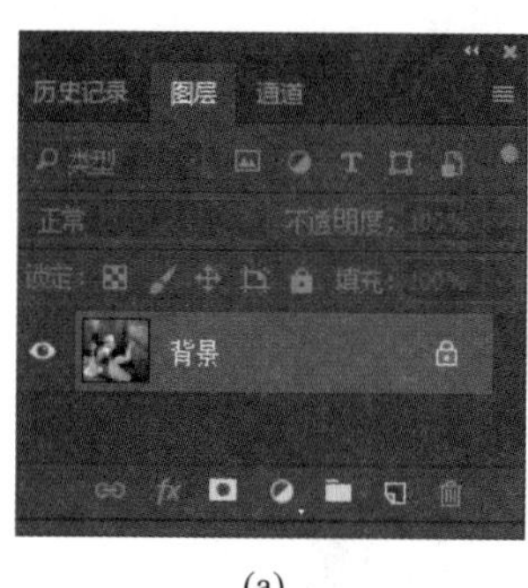

(a)

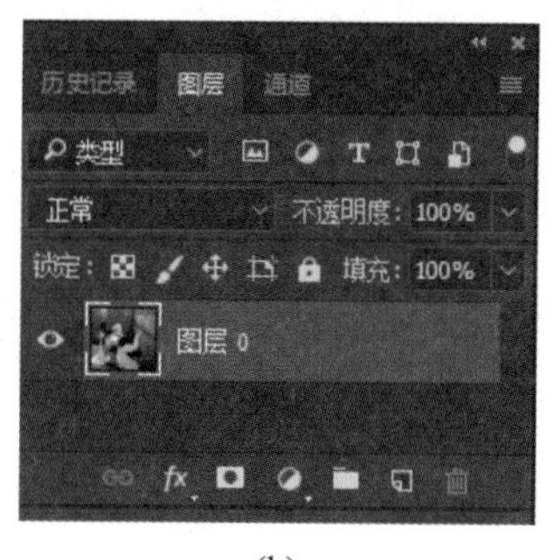

(b)

图 5-32 背景图层转换为普通图层

图 5-33 “限制”下拉菜单

选择“不连续”选项，将擦除画笔拖过范围内所有与样本颜色相近的像素；选择“连续”选项，将擦除画笔拖过范围内所有与指定颜色相近且相连的像素；选择“查找边缘”选项，将擦除包含样本颜色的连接区域，并保留较强的边缘效果。

（6）“容差”选项决定擦除图像的颜色精确度。“容差”值越大，擦除颜色的范围就越大；“容差”值越小，擦除颜色的范围就越小，如图 5-34 所示。

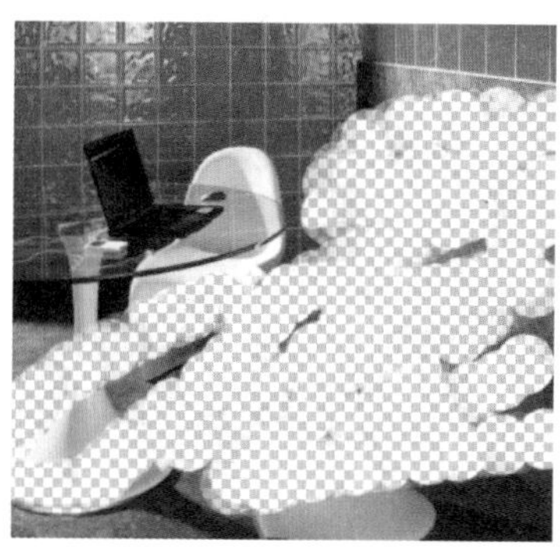

(a) 大容差

(b) 小容差

图 5-34 设置“容差”选项

（7）选择“保护前景色”选项，在擦除时与前景色相同的颜色不会被擦除掉。

3. 魔术橡皮擦工具

在图像中单击要擦除的颜色，使用“魔术橡皮擦工具”就可以自动更改图像中所有相似的颜色。如果是在锁定了透明的图层中工作，被擦除区域会更改为背景色，否则像素会抹为透明。

（1）打开下载的源文件中的图片“果盘”，如图 5-35 所示，然后选择“魔术橡皮擦工具”，其属性栏如图 5-36 所示。

图 5-35 打开的素材图像（十二）

图 5-36 “魔术橡皮擦工具”属性栏

（2）“容差”参数值的大小将决定可擦除的颜色范围。设置不同的容差值，使用“魔术橡皮擦工具”在图像上单击，效果如图 5-37 所示。

(a) 设置容差为0

(b) 设置容差为60

图 5-37 设置容差选项

“容差”值越大，擦除的颜色范围越广；“容差”值越小，将只擦除颜色值范围内与取样颜色非常相似的像素。

（3）选择“连续”选项，只擦除与取样颜色相连续的颜色区域，取消该选项的选择状态，则擦除图像中所有与取样颜色相似的像素，如图 5-38 所示。

(a) 选择“连续”选项

(b) 取消“连续”选项

图 5-38 设置“连续”选项

（4）将素材图像恢复到初始状态，双击背景图层将背景图层转换为普通图层“图层 0”。接着将背景色设置为咖色，单击“图层”面板中的“锁定透明”按钮，将“图层 0”中的透明像素锁定，如图 5-39 所示。然后使用“魔术橡皮擦工具”在图像中单击，抹除部分将更改为背景色，如图 5-40 所示。

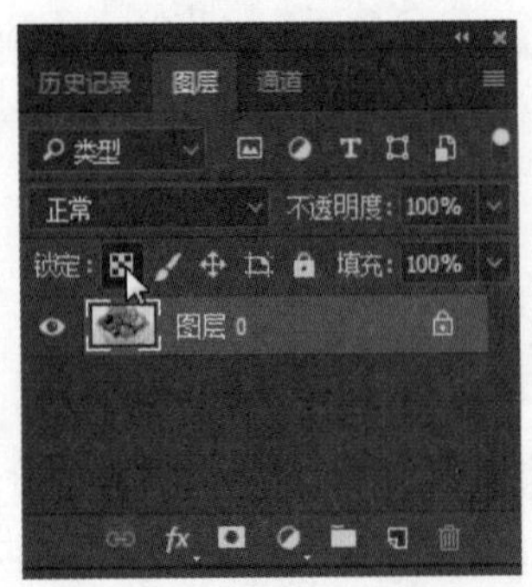

图 5-39 锁定透明像素

图 5-40 背景色更改为咖色

（5）选择“对所有图层取样”选项后，将利用所有可见图层中的组合数据来采集抹除色样。“不透明度”选项将定义擦除图像的强度。100% 的不透明度将完全擦除像素。较低的不透明度将部分擦除像素。

5.2 图像的调整

图像调整指的是对图像的色相、饱和度、对比度等的调整，Photoshop CC 2018 的图像调整命令均集中在“图像”→“调整”菜单中，打开菜单后，可选择相应的命令对图像进行调整。使用这些命令可以调整选中的整个图层的图像或是选取范围内的图像。“调整”菜单如图 5-41 所示。

5.2.1 “色阶”命令

“色阶”调整命令是 Photoshop 中非常重要的图像调整命令之一。它可以通过调节图像的暗部、中间色调及高光区域的色阶来调整图像的色调范围及色彩平衡。执行“图像”→“调整”→“色阶”命令打开“色阶”对话框，如图 5-42 所示。

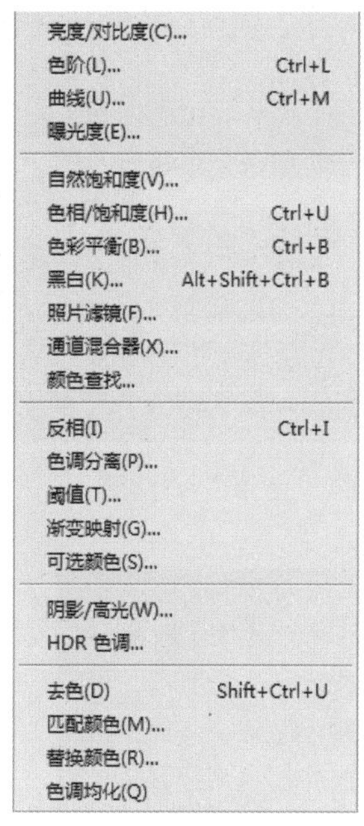

图 5-41 图像调整菜单

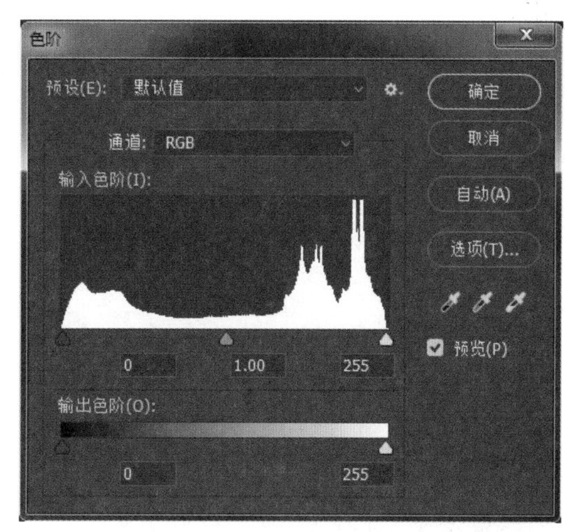

图 5-42 “色阶”对话框

对话框中各选项的意义说明如下：

- “通道”下拉列表：在“通道”下拉列表中选择要调整的通道，对复合通道的调节会影响所有通道。
- “输入色阶”文本框：左侧的文本框设置图像的暗部色调，低于该值的像素为黑色；中间的文本框设置图像的中间色调，即灰度；右侧的文本框设置图像亮部色调，高于该值的像素为白色。这三个文本框中的值分别对应了上面直方图中的三个滑块，用户也可以拖动直方图中的小滑块来调整色调（暗部与亮部的调整范围：0 ~ 255，中间色调（灰度）的调整范围：0.10 ~ 9.99）。
- “输出色阶”文本框：左侧的文本框设置图像的暗部色调，右侧的文本框设置亮部色调。但其作用与输入色阶的作用相反，将使较暗的像素变亮，而使较亮的像素变暗。同样，上面有两个滑块对应两个文本框。
- “自动”按钮：单击该按钮，可让系统自动调整图像的亮度，这种方法产生的图像对比度较高。
- “吸管”按钮：黑色吸管用于使图像变暗，用该吸管在图像中单击，图像中所有像素的亮度值都将被减去单击处的像素的亮度值，从而使图像变暗；白色吸管用于使图像变亮，用该吸管在图像中单击，图像中所有像素的亮度值都将被加上单击处的像素的亮度值，从而使图像变亮；用灰色吸管在图像中单击，图像中的像素亮度将根据单击处的像素亮度来进行调整。

下面通过例子来说明色阶调整的方法。

（1）打开下载的源文件中的图像如图 5-43 所示，执行“图像”→“调整”→“色阶”命令打开“色阶”对话框，设置参数如图 5-44 中所示，调整后的效果如图 5-45 所示。由于在对话框中设置暗部色调值为 75，图像中所有亮度值低于 75 的像素都变为黑色，所以图中较暗的部位变得更暗。亮部变暗是设置了中间色调的缘故。

（2）查看这幅图的通道信息会发现蓝色通道的亮度值很小（如图 5-46 所示的通道控制面板），即它对图像色彩的影响较小。那么能不能通过调整红色通道的亮度值使得黄色的花也呈绿色呢？下面来试一试。

图 5-43　打开的素材图像（十三）

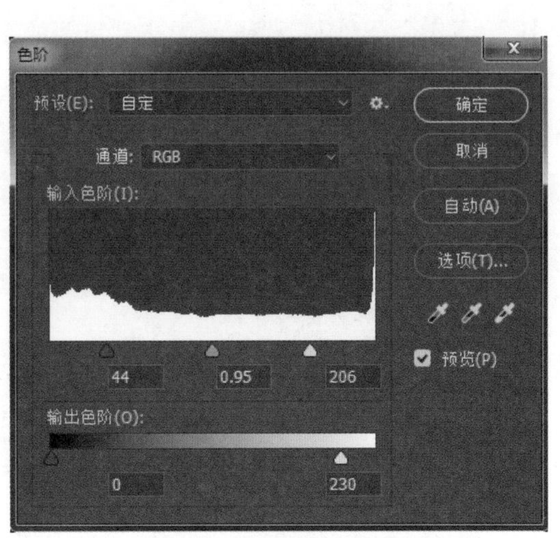

图 5-44　“色阶”对话框

图 5-45　“色阶”调整后的图像

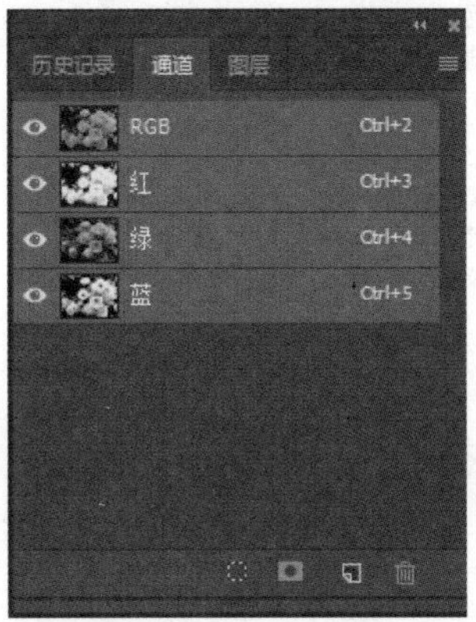

图 5-46　通道面板

（3）打开“色阶”对话框，在“通道”下拉列表中选择红色通道，将直方图下方的黑色滑块拖至最右侧，其他设置不变，然后单击“确定”按钮。对话框设置和调整后的效果分别如图 5-47 和图 5-48 所示。可以看到粉花已经变成了“蓝花”，这和在通道控制面板中把红色通道前的“眼睛”去掉有异曲同工之妙。

如果在调整的过程中，对“色阶”对话框中的参数设置不满意，可按下 Alt 键，此时“取消”按钮会变为“复位”按钮，单击该按钮，各参数将会恢复到调整前的数值。

5.2.2 “自动色阶”命令

该命令和“色阶”对话框中的“自动”按钮的功能基本一样。图 5-49 和图 5-50 显示了使用该命令前、后的图像。

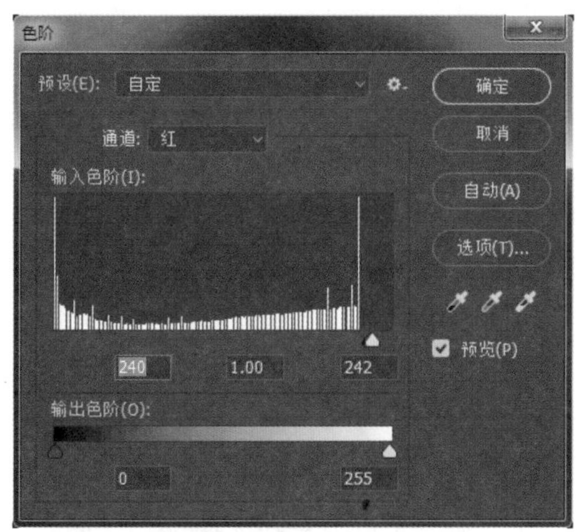

图 5-47 “色阶”对话框设置

图 5-48 调整红色通道效果图

图 5-49 打开的素材图像（十四）

图 5-50 “自动色阶”调整后的图像

5.2.3 “自动对比度”命令

当图像的对比度不够明显时，可利用该命令增强图像的对比度。执行该命令前、后的图像分别如图 5-51 和图 5-52 所示。

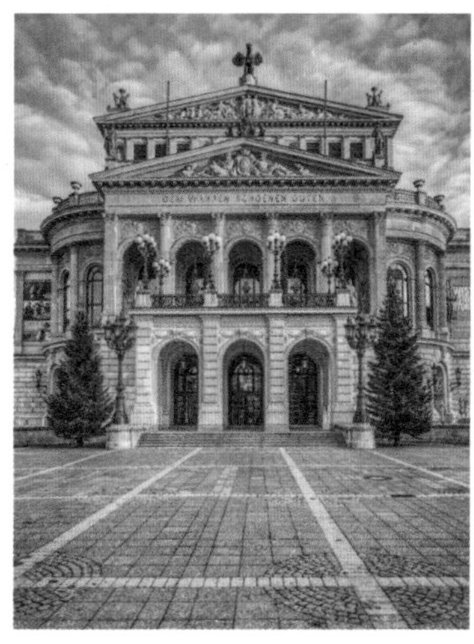

图 5-51 打开的素材图像（十五）

图 5-52 “自动对比度”调整后的图像

5.2.4 “自动颜色”命令

该命令用于更正那些不平衡或者不饱和的颜色，有效地调整图像。执行该命令前、后的图像分别如图 5-53 和图 5-54 所示。

图 5-53 打开的素材图像（十六）

图 5-54 “自动颜色”调整后的图像

5.2.5 “曲线”命令

“曲线”调整命令是 Photoshop 中非常有用的色彩调整命令，可以说它是“亮度 / 对比度”“色调分离”“反相”等命令的综合。可以利用该命令调整图像的亮度、对比度和色彩等。

执行“图像”→“调整”→“曲线”命令，打开“曲线”对话框，如图 5-55 所示。

对话框中各选项的意义说明如下：

- “通道”下拉列表：用于选择要调整曲线的通道。
- 曲线调整图表：横坐标代表图像调整前的色调，纵坐标代表图像调整后的色调。图表下方有一个黑白渐变颜色调，在其上单击可改变渐变方向。
- “输入”和“输出”文本框：在调整图表中调整曲线时，文本框中会给出相应点处的输入、输出值。
- “选项”按钮：单击该按钮将弹出如图 5-56 所示对话框，可进行相关设置。

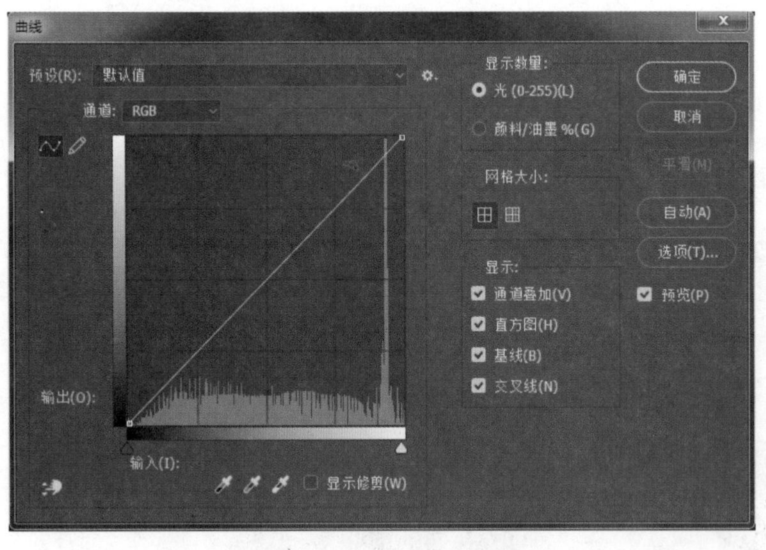

图 5-55 “曲线”对话框

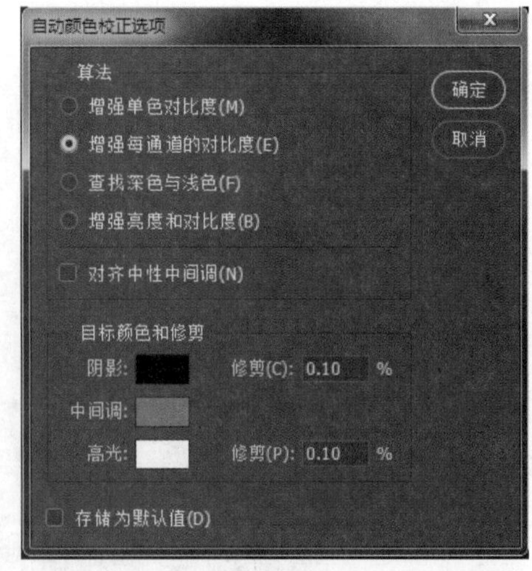

图 5-56 “自动颜色校正选项”对话框

- “曲线”和“铅笔”按钮：单击“曲线”按钮可在图表中显示曲线和节点，并可对其进行操作，在曲线上单击可创建节点，要调整曲线只需简单地拖动节点在图表中移动即可；单击“铅笔”按钮可在图表中手工绘制曲线，如果按下 Shift 键，在图表中单击，将生成以单击点为端点的直线。

按下 Alt 键再单击图表，可让图表的网格变得更密，适于更精密的操作；调整曲线最多可设置 15 个节点，一次可拖动一个或多个节点，要调整多个节点，先要按住 Shift 键进行选择；将节点拖出图表外可将该节点删除；与“色阶”对话框一样，按下 Alt 键，“取消”按钮将变为“复位”按钮，此时可进行复位操作。

通常，用“曲线”命令对图像进行调整会使图像的对比度增大，变得更清晰。下面来看一个实例，打开下载的源文件中的图像“建筑”，由于对比度不够，图像不够清晰，用“曲线”调整命令对其进行调整。“曲线”对话框设置如图 5-57 所示，调整前、后的效果如图 5-58 和图 5-59 所示。

“曲线”调整命令是各种调整命令中功能最强大的，读者可通过实际操作慢慢体会其特点。

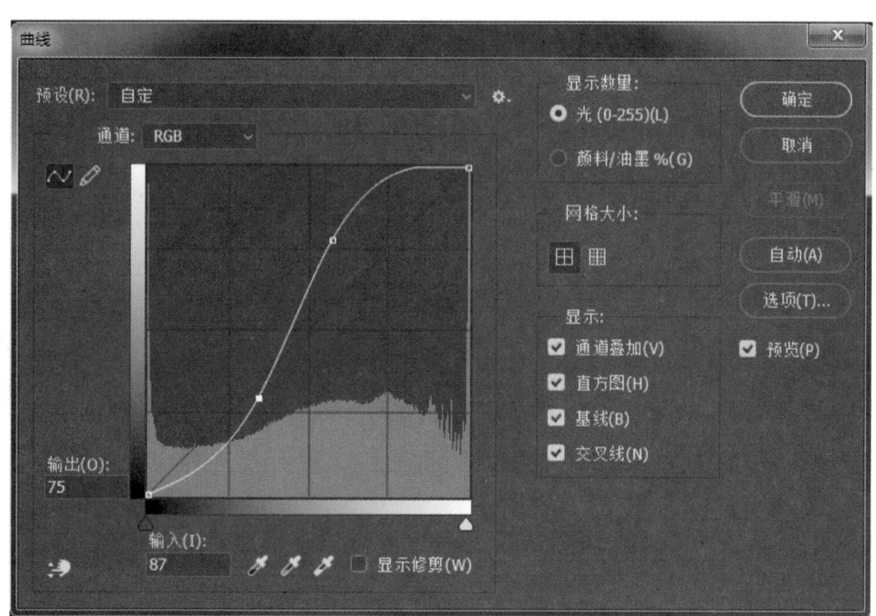

图 5-57 “曲线”对话框设置

图 5-58 打开的素材图像（十七）

图 5-59 “曲线”调整后的图像

5.2.6 “色彩平衡”命令

彩色图像由各种单色组合而成，每种单色的变化都会影响图像的色彩平衡。“色彩平衡”调整命令允许用户对单色进行调整来改变图像的显示效果。执行“图像”→“调整”→“色彩平衡”命令打开“色彩平衡”对话框，如图 5-60 所示。

对话框上部的三个“色阶”文本框分别对应其下面的三个滑杆，文本框中的数值变化范围为 –100 ~ 100；滑杆下面有“阴影”“中间调”“高光”三个单选按钮供用户选择要调整的色调范围；“保持明度”复选框的作用在于防止光度值在颜色调整时发生改变，这在调整 RGB 图像时很有必要。下面看一个实例，打开下载的源文件中的图像“马车”，图 5-61 为“色彩平衡”对话框的设置，图 5-62 和图 5-63 分别为“色彩平衡”调整前、后的图像。

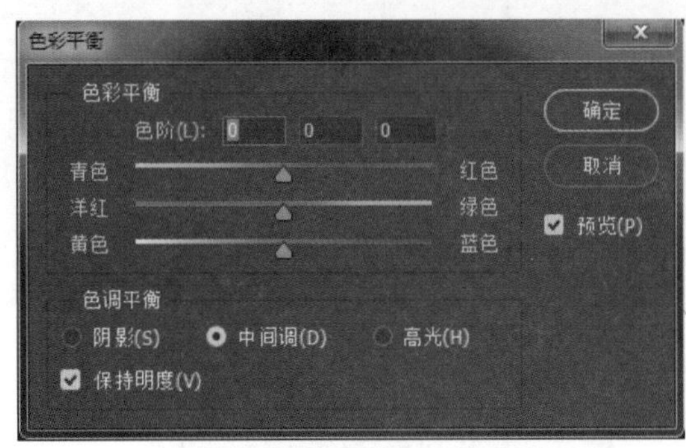

图 5-60 “色彩平衡”对话框

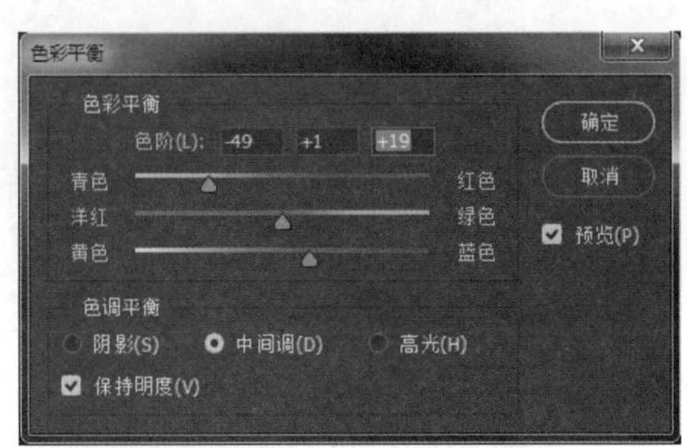

图 5-61 “色彩平衡”对话框设置

图 5-62 打开的素材图像（十八）

图 5-63 “色彩平衡”调整后的图像

5.2.7 “亮度 / 对比度”命令

执行“图像”→“调整”→“亮度 / 对比度”命令将打开如图 5-64 所示的“亮度 / 对比度”对话框，通过该对话框，可方便地调整图像的亮度和对比度。

5.2.8 “色相 / 饱和度”命令

执行“图像”→“调整”→“色相 / 饱和度”命令将打开如图 5-65 所示的“色相 / 饱和度”对话框，可调整图像的“色相”“饱和度”“明度”等参数。打开“预设”下方的下拉列表，选择要进行调整的像素的色调，如选择“绿色”，即只调整绿色的像素，选择“全图”，将对所有像素进行调整。当选择除“全图”以外的任何一种色调时，下方的吸管和颜色条将变为可用状态，此时利用吸管在图中单击可以改变色彩变化的范围。对话框中的三个滑杆可分别用于调整图像的色相、饱和度和亮度。选中“着色”复选框，可使灰色图像变为单一颜色的彩色图像，也可使彩色图像变为单一颜色的图像。

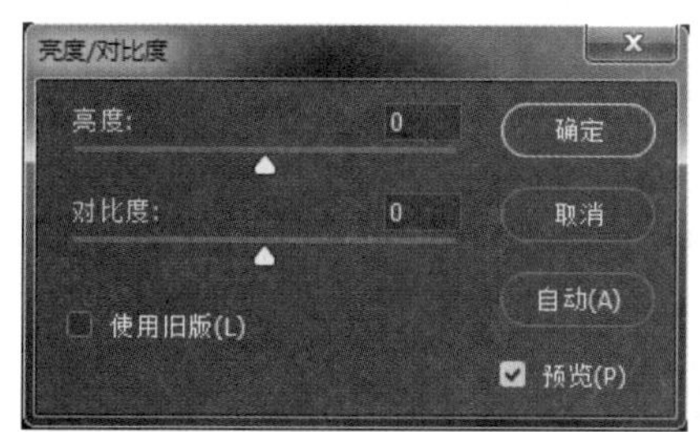

图 5-64 “亮度 / 对比度”对话框

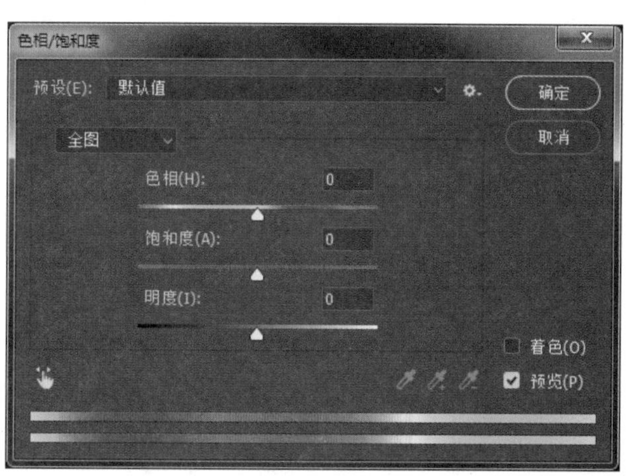

图 5-65 “色相 / 饱和度”对话框

下面为一个“色相 / 饱和度”调整实例。打开下载的源文件中的图像“城堡”，打开一张图像，执行“图像”→“调整”→“色相 / 饱和度”命令将弹出“色相 / 饱和度”对话框，然后按照图 5-66 所示的参数进行设置，图 5-67 和图 5-68 分别为调整前、后的图像。

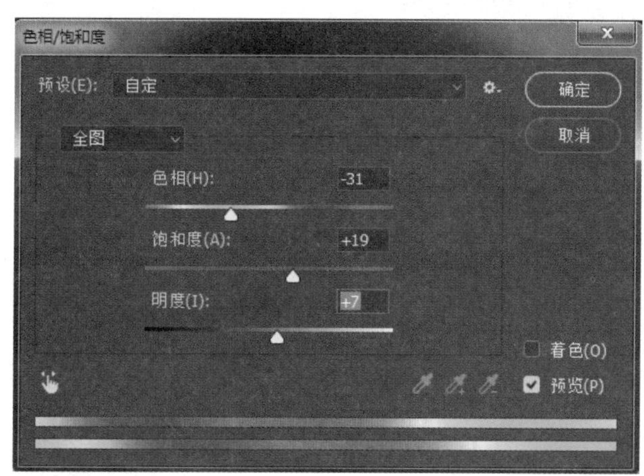

图 5-66 “色相 / 饱和度”对话框设置

图 5-67 打开的素材图像（十九）

图 5-68 “色相 / 饱和度”调整后的图像

5.2.9 “反相”调整

“反相”调整命令是在处理特殊效果时经常用到的一个命令，其作用很直观，即反转图像的颜色，如黑变白、白变黑等。“反相”调整命令是唯一不丢失颜色信息的命令，也就是说，用户可再次执行该命令来恢复原图像。打开下载的源文件中的图像“花朵”，执行“图像”→“调整”→“反相”命令，图 5-69 和图 5-70 分别显示了执行“反相”命令前、后的效果。

图 5-69　打开的素材图像（二十）

图 5-70　“反相”调整后的图像

5.2.10 “阈值”命令

利用“阈值”命令可将图像转换为黑、白两色图像。此命令允许用户将某个色阶制定为阈值，所有比该阈值亮的像素会被转换为白色，所有比该阈值暗的像素会被转换为黑色。图 5-71 为“阈值”对话框，可拖动滑块或直接在文本框中输入数字来设置“阈值色阶”。

打开下载的源文件中的图像“水乡”，然后执行“阈值”命令，设置色阶为 100，“阈值”调整前、后的图像分别如图 5-72 和图 5-73 所示。

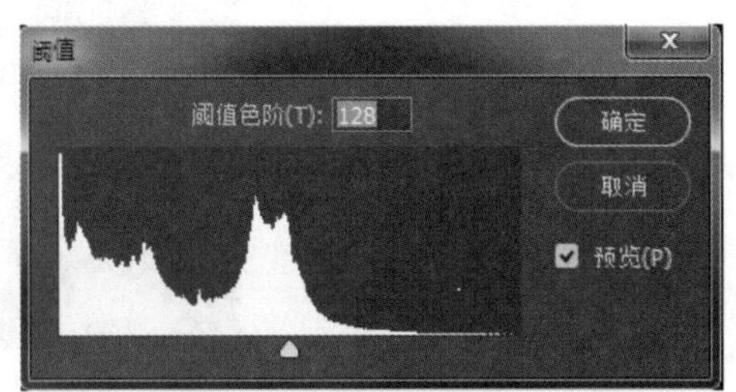

图 5-71　“阈值”对话框

图 5-72　打开的素材图像（二十一）

图 5-73　“阈值”调整后的图像

5.2.11 “色调分离”命令

与“阈值”命令类似，“色调分离”命令也用于减少色调，不同之处在于“色调分离”处理后的图像仍为彩色图像，“色调分离”对话框如图 5-74 所示。文本框中的“色阶”数值决定图像变化的大小程度，其值越小，图像变化越大；其值越大，图像变化越不明显。

图 5-74 “色调分离”对话框

打开下载的源文件中的图像“风景”,执行“图像”→“调整”→“色调分离”命令,“色阶”值设为 4,图 5-75 和图 5-76 分别为执行“色调分离”命令前、后的图像，“色阶”值设为 4。

图 5-75 打开的素材图像（二十二）

图 5-76 “色调分离”调整后的图像

5.2.12 “色调均化”命令

“色调均化”命令用于重新分布图像中像素的亮度值。在使用此命令时，Photoshop 会自动查找图像中的最亮和最暗的像素，使最亮的变为白色，最暗的变为黑色，其余的像素也相应地进行调整。

如果图像中制作了选区，执行“图像”→“调整”→“色调均化”命令后，界面将弹出一个对话框，通过该对话框可选择是对选区中的图像进行处理，还是对整幅图像进行处理。打开下载的源文件中的图像“小浣熊”，如果图像中制作了选区，执行“图像”→“调整”→“色调均化”命令，界面将弹出一个对话框，通过该对话框可选择是对选区中的图像进行处理，还是对整幅图像进行处理，可以选择对选区中的图像进行“色调均化”调整，调整前、后的图像分别如图 5-77 和图 5-78 所示。

图 5-77　打开的素材图像（二十三）

图 5-78　“色调均化”调整后的图像

如果未制作选区，在选择“色调均化”命令时不会弹出对话框。

5.2.13 “去色”命令

“去色”命令用于去除图像的彩色，使其变为灰度图像，注意，此命令并不改变图像的颜色模式。如原图为 RGB 模式，转换后的图像仍为 RGB 模式，只是变为灰度图。打开下载的源文件中的图像“倒影”，执行“图像”→“调整”→“去色”命令，图 5-79 和图 5-80 分别为执行“去色”命令前、后的图像。

图 5-79　打开的素材图像（二十四）

图 5-80　“去色”调整后的图像

5.2.14 “可选颜色”命令

该命令用于有针对性地选择红色、黄色、绿色、蓝色等颜色进行调整，“可选颜色”对话框如图 5-81 所示。

在“颜色”下拉列表中可选择要调整的颜色，然后拖动下面的各个滑杆就可调整选中的颜色。选择“相对”方法时，系统会按总量的百分比更改青色、洋红、黄色和黑色的比重；选择“绝对”方法时，系统会按绝对值调整颜色。

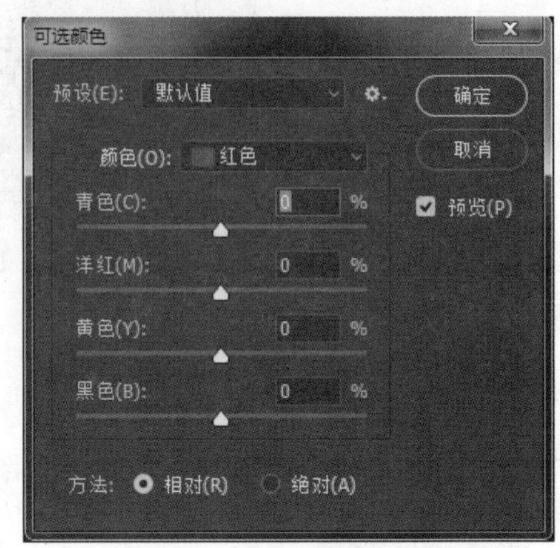

图 5-81　“可选颜色”对话框

5.2.15 “匹配颜色”命令

“匹配颜色”命令可以匹配两幅图像或一个图像中两个图层的颜色，使它们看起来外观达到一致。此技术常用于人像、时装和商业照片的处理当中。

下面来制作一个简单的例子，打开下载的源文件中的图像“时装1”和“时装2”，分别如图5-82和图5-83所示，将图5-83中模特裙子的颜色匹配为图5-82中模特裙子的颜色。

图 5-82　打开的素材图像（二十五）

图 5-83　打开的素材图像（二十六）

首先在“时装1”中裙子区域制作一个选区，然后设置图5-83中的图像为当前文件，制作裙子选区，执行“图像”→“调整”→“匹配颜色”命令，在“匹配颜色”对话框的“源”下拉列表中选择图5-82中的图像，如图5-84所示的对话框。最终匹配颜色的效果如图5-85所示。

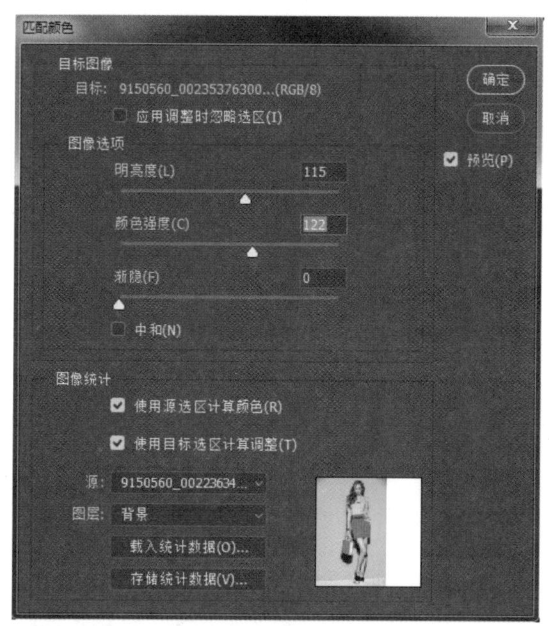

图 5-84　“匹配颜色”对话框

图 5-85　“匹配颜色”效果图

5.2.16　“阴影 / 高光”命令

“阴影 / 高光”命令适用于校正由强逆光而形成剪影的照片，或者校正由于太接近相机闪光灯而有些发白的焦点。在用其他方式采光的图像中，这种调整也可用于使暗调区域变亮。“阴影 / 高光”命令不是简单地使图像变亮或变暗，它基于阴影或高光中的周围像素（局部相邻像素）增亮或变暗，该命令允许分别控制暗调和高光。“阴影 / 高光”对话框如图 5-86 所示，默认值设置为修复具有逆光问题的图像。“阴影 / 高光”命令还有“中间调对比度”滑块、“减少黑色像素”选项和“减少白色像素”选项，它们用来调整图像的整体对比度。“阴影 / 高光”对话框如图 5-86 所示。原图像与调整后的图像分别如图 5-87（a）、（b）所示。

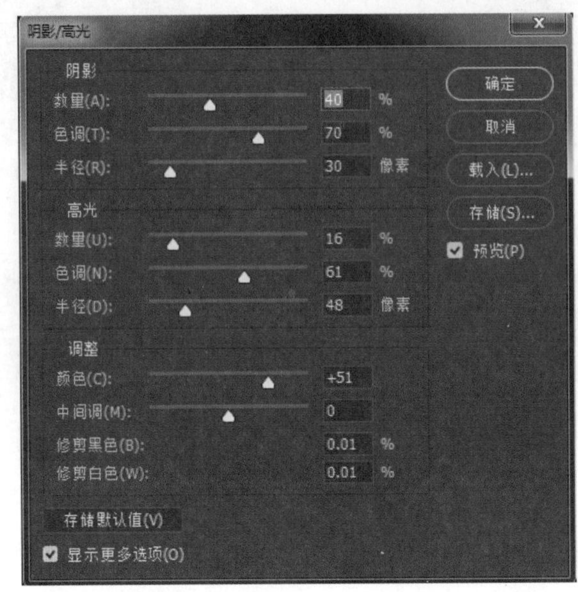

图 5-86 “阴影 / 高光”对话框

(a)

(b)

图 5-87 原图像与“阴影 / 高光”调整后的图像

5.2.17 “曝光度”命令

“曝光度”命令是为了调整 HDR 图像的色调，但它也可用于调整 8 位和 16 位图像。曝光度是通过在线性颜色空间（灰度系数为 1.0）而不是图像的当前颜色空间执行计算而得出的。“曝光度”对话框如图 5-88 所示。

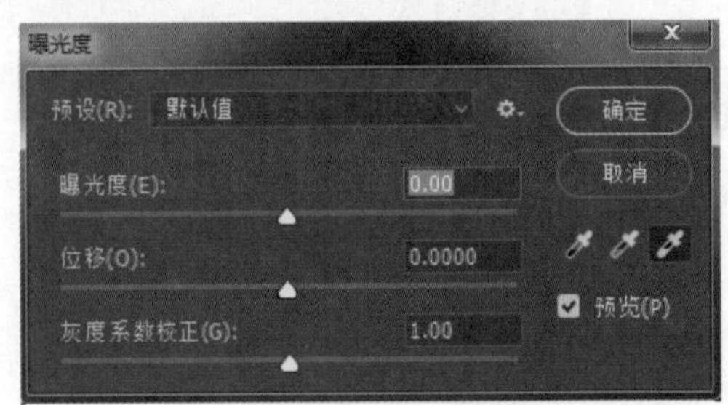

图 5-88 “曝光度”对话框

该对话框中的参数设置说明如下：

- 曝光度：调整色调范围的高光区域，对图像中较暗的部分影响很小。
- 位移：使阴影和中间调变暗，对高光部分的影响很小。
- 灰度系数校正：使用简单的乘方函数调整图像灰度系数。

吸管工具可调整图像的亮度值（与影响所有颜色通道的“色阶”吸管工具不同）。“设置黑场”吸管工具将设置“位移”，同时将用户点按的像素改变为零；“设置白场”吸管工具将设置“曝光度”，同时将用户点按的像素改变为白色（对于 HDR 图像为 1.0）；“设置灰场”吸管工具将设置“曝光度”，同时将用户点按的值变为中度灰色。

用图 5-89 所示“曝光度”对话框中的参数设置调整图 5-90 所示图像，调整后的效果如图 5-91 所示。可以看出，“位移”设为较大的负值使得较暗的部分全黑，“曝光度”增加了高光区域的亮度值。

图 5-89 “曝光度”对话框设置

图 5-90 打开的素材图像（二十七）

图 5-91 调整后的图像

5.3 综合实例——人物照片换头术

很多人对利用 Photoshop 进行人物换头的方法比较感兴趣，在网上通过换头术制作而成的搞笑图片也屡见不鲜。这种保留某人照片的身体不变，把头部换成另一幅人物照片中的头像非常有趣。只需按照本教程介绍的步骤来制作，就可以轻松完成。

5-1 人物照片换头术

具体操作步骤如下。

打开下载的源文件中的图像“宝宝 1”和“宝宝 2”，如图 5-92 所示。

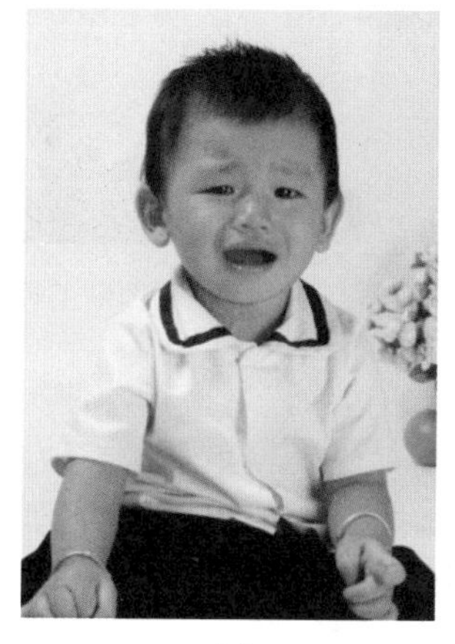

(a)

(b)

图 5-92 打开的素材图像（二十八）

（1）在 Photoshop 中选中图 5-92（b）所示头像，使用“套索工具”围绕头部绘制一个如图 5-93 所示的选区。做好选区之后，按快捷键 Ctrl+C 复制头部。在图 5-92（a）所示照片中按快捷键 Ctrl+V，将刚才复制的头部粘贴为一个新的图层，结果如图 5-94 所示。

（2）按快捷键 Ctrl+T 可以对粘贴得到的头像进行自由变换，这时在其周围出现调节句柄。根据底部的半身照片适当调整头像的大小和位置，结果如图 5-95 所示。调整完毕按 Enter 键确认变换。

图 5-93　创建选区

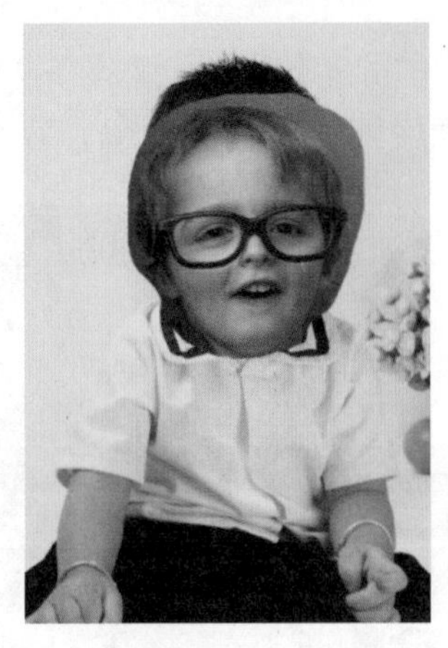
图 5-94　粘贴头像

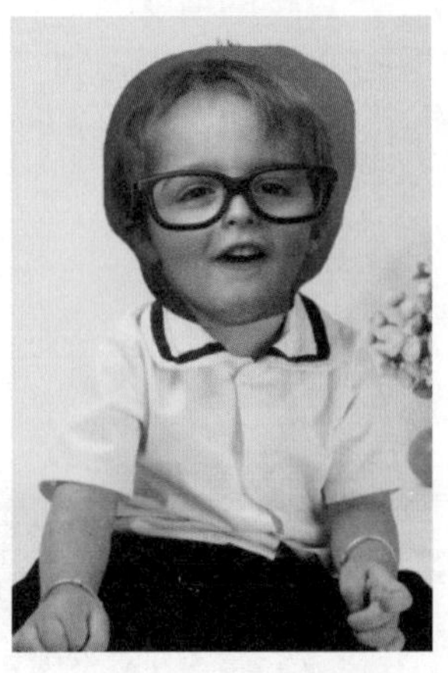
图 5-95　调整头像位置

（3）确认现在图层调板中选中的是头像所在图层，即图层 1，选择工具箱中的“橡皮擦工具”，设置合适的画笔大小（可以按快捷键“[”或“]”来改变画笔大小），适当放大视图，然后沿头像的面部边缘擦除多余的像素，如图 5-96 所示。

（4）如果此前擦除像素后露出了底部图层中的部分图像，则现在需要将它去除。选中半身照片所在图层，使用“仿制图章工具”克隆背景像素，将底层头发部分掩盖掉，这样就只看到复制得到的另一幅头像了。对于其他位置，也可以用类似的方法进行修整。调整后的效果如图 5-97 所示。

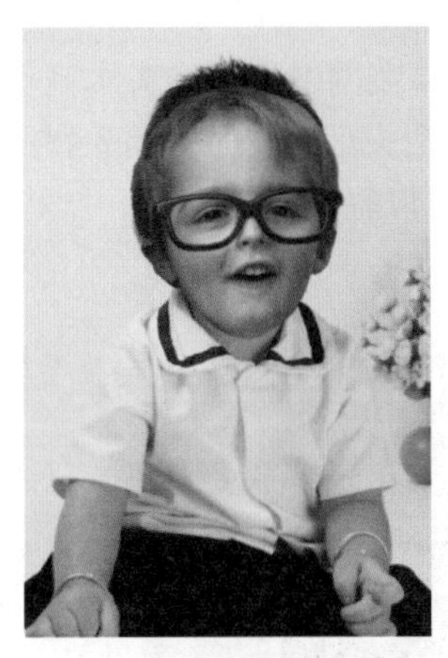
图 5-96　擦除头像边缘多余部分

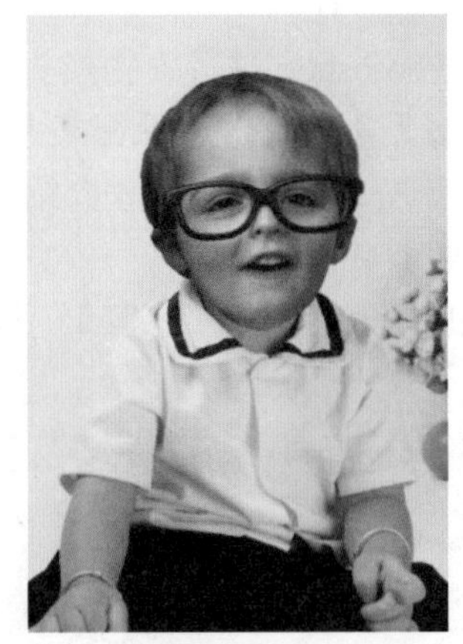
图 5-97　使用仿制图章工具后的效果

（5）确定头像图层为当前图层，使用模糊工具对头像的边缘进行模糊，使头像图层和背景图层更加融合。然后选择菜单命令“图像”→“调整”→“色相”→“饱和度”（或按快捷键 Ctrl+U），对头像图层进行色相 / 饱和度调整，具体的参数设置如图 5-98 所示，以使得两部分的色调能够互相吻合，使人看不出破绽。

（6）这时可以发现头像皮肤的颜色略微深一点，然后使用菜单命令“图像”→“调整”→“亮度 / 对比度”进行调整，具体的参数设置如图 5-99 所示。最终效果如图 5-100 所示。

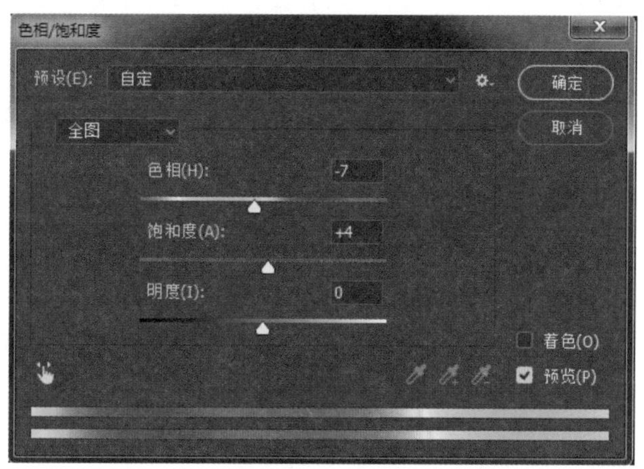

图 5-98 “色相 / 饱和度”对话框

图 5-99 “亮度 / 对比度”对话框

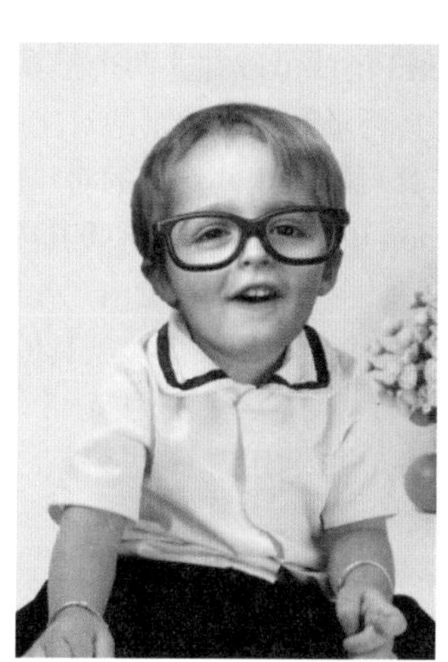

图 5-100 最终效果图

5.4 答疑解惑

1. 橡皮擦工具、背景橡皮擦工具和魔术橡皮擦工具有哪些区别?

答：橡皮擦工具主要用于擦除图像中的颜色信息，使用该工具擦除文档中的背景图层时，被擦除的部分显示为背景色；擦除背景图层以外的其他图层时，被擦除的图像变为透明状态。背景橡皮擦工具用于制作透明的背景图像，使用该工具在图像上单击或拖动，可以将擦除的图像区域（包括背景图层）变为透明状态。魔术橡皮擦工具与背景橡皮擦工具的使用方法相似，只要在需要擦除的颜色范围内单击，便可以自动擦除位于容差范围内与单击处颜色相近的图像区域，擦除的图像区域显示为透明状态。

2. 在使用橡皮擦工具擦除非背景图层时，为什么被擦除的区域不能为透明?

答：在锁定当前图层的透明像素后，使用橡皮擦工具擦除图像时，被擦除的区域将被填充为背景色。要使擦除的区域变为透明，需要解除对该图层透明像素的锁定。

5.5 学习效果自测

1. 在 Photoshop 中，除了历史画笔工具，还有哪个工具可以将图像还原到历史记录调板中图像的任何一个状态？（　　）

A. 画笔工具　　B. 克隆图章工具　　C. 橡皮擦工具　　D. 模糊工具

2. 在 Photoshop 中，下面有关修补工具（PatchTool）的使用描述正确的是（　　）。

A. 在使用修补工具和修复画笔工具修补图像时，都可以保留原图像的纹理、亮度、层次等信息

B. 在使用修补工具和修复画笔工具时，都要先按住 Alt 键来确定取样点

C. 在使用修补工具操作之前，所确定的修补选区不能有羽化值

D. 修补工具只能在同一张图像上使用

3. 在 Photoshop 中，下面有关模糊工具（BlurTool）和锐化工具（SharpenTool）的使用描述不正确的是（　　）。

A. 它们都是用于对图像细节的修饰

B. 按住 Shift 键就可以在这两个工具之间切换

C. 模糊工具可降低相邻像素的对比度

D. 锐化工具可增强相邻像素的对比度

4. 在 Photoshop 中，使用仿制图章工具按住哪个键并单击可以确定取样点？（　　）

A .Alt　　B. Ctrl　　C. Shift　　D .Alt+Shift

5. 在 Photoshop 中，利用橡皮擦工具擦除背景层中的对象，被擦除区域应填充什么颜色？（　　）

A. 黑色　　B. 白色　　C. 透明　　D. 背景色

6. 在 Photoshop 中，利用背景橡皮擦工具擦除图像背景层时，被擦除的区域应填充什么颜色？（　　）

A. 黑色　　B. 透明　　C. 前景色　　D. 背景色

7. 在 Photoshop 中，利用仿制图章工具不可以在哪个对象之间进行克隆操作？（　　）

A. 两幅图像之间　　B. 两个图层之间　　C. 原图层　　D. 文字图层

8. 在 Photoshop 中使用仿制图章复制图像时，每一次释放左键后再次开始复制图像，都将从原取样点开始复制，而非按断开处继续复制，其原因是下列哪一项？（　　）

A. 此工具的“对齐的”复选框未被选中　　B. 此工具的“对齐的”复选框被选中

C. 操作方法不正确　　D. 此工具的“用于所有图层”复选框被选中

第6章

绘画工具

学习要点

在使用 Photoshop CC 2018 处理图像时，经常会用到颜色的设置、图像的描绘以及图像或选区的填充等操作，本章主要介绍绘画工具的使用方法，使用绘画工具可以使图像画面和颜色内容更丰富。

学习提要

❖ 了解绘画面板的操作
❖ 掌握绘画工具的使用
❖ 能够使用绘画工具编辑图像

6.1 设 置 颜 色

在进行图像文件的编辑时，颜色的设置至关重要。用户可对其前景色与背景色进行适当的设置以配合某些工具的使用。本节将对设置颜色的各种方法进行介绍。

6.1.1 在工具箱内设置颜色

在工具箱内存有一个设置颜色的工具，如图 6-1 所示。当用户单击前景色（背景色）图标时，将会弹出“拾色器”对话框，用户可利用其对颜色进行设置。

前景色　背景色

图 6-1 前景色与背景色工具

6.1.2 利用拾色器对话框设置颜色

当打开“拾色器”对话框后，用户可在中间的光谱中选择所需要的颜色区域，然后在左侧的颜色区内单击所需要的某种颜色，还可在右侧的“R、G、B”或“C、M、Y、K”文本框选项中输入所需颜色的数值，最后单击“确定”按钮即可，如图 6-2 所示。此外，当选择“拾色器”对话框中的“只有 Web 颜色”选项时，光谱颜色区域只会显示 Web 颜色。

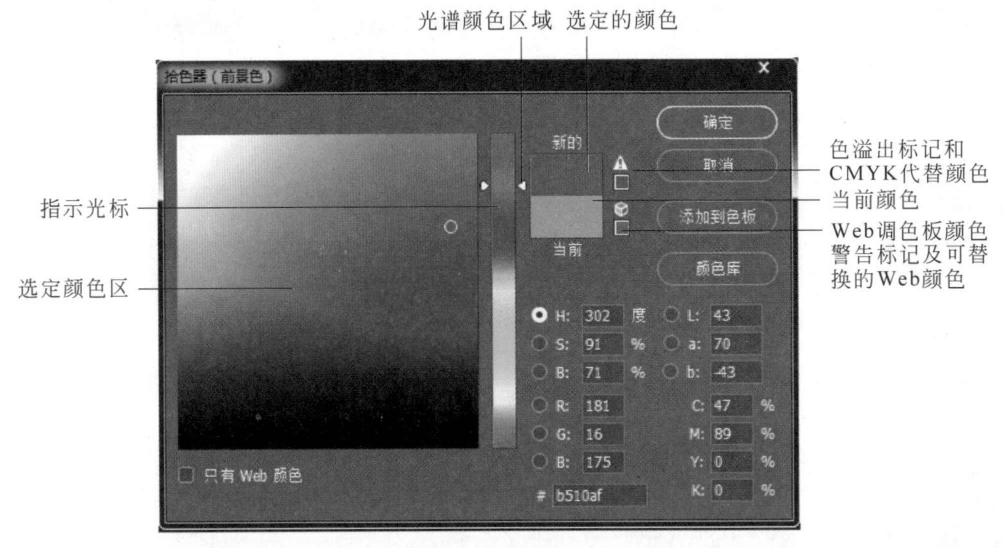

图 6-2 “拾色器”（前景色）对话框

如果当前颜色或选定颜色超出了 CMYK 色域，则对话框中色样的右侧将出现一个溢色警告标志，其下方的小方块显示了与所选颜色最接近的 CMYK 颜色（该颜色通常要比所选颜色稍暗一些）。单击溢色警告标志，可将此 CMYK 颜色设置为选定颜色。此外，对于 Web 调色板颜色警告标记来说，意义与上述内容基本相同。

单击“拾色器”对话框中的“颜色库”按钮，则系统将打开“颜色库”对话框，用户可从中选择系统提供的色彩体系，并设置相应颜色，所选颜色将被编号并精确地利用 C、M、Y、K 的不同比例混合而成，为印刷提供方便。

6.1.3 利用“颜色”调板设置颜色

选择“窗口”→“颜色”菜单命令，将“颜色”调板设为当前工作状态，利用它也可以轻松地设置前景色与背景色。首先，用户在“颜色”调板中选择前景色或背景色颜色框，再分别拖动 R、G、B 下方的滑块，或直接在其右侧文本框中输入所需颜色的数值。此外，用户还可通过单击最下方的样本颜色条来获取需要的颜色。再者，单击“颜色”调板的右上按钮，此时弹出快捷菜单，用户可以从中选择其他设置颜色的方式及颜色样板条类型，如图 6-3、图 6-4 所示。

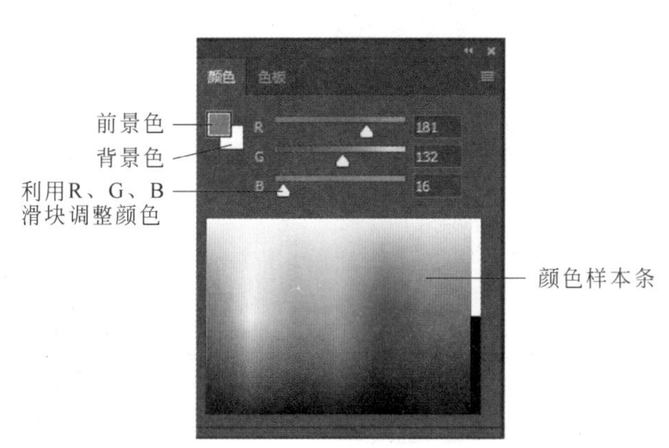

图 6-3 颜色调板

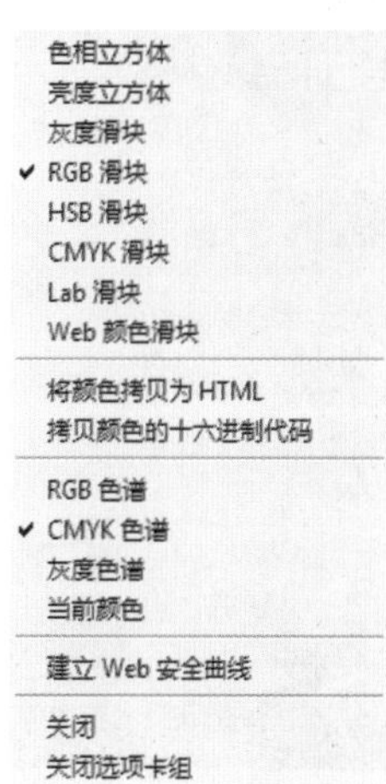

图 6-4 快捷菜单

6.1.4 利用“色板”调板选择颜色

“色板”调板中的颜色是 Photoshop 软件系统中预先设定好的，用户可以直接在其中选择所需要的颜色而不需进行配置。此外，用户也可自己在调板中添加色样。首先，确定好前景色，然后将鼠标指针移动到调板中的灰色区域，当鼠标指针呈现油漆桶形状时单击，这时弹出“色板名称”对话框，用户可在其中设置色样名称，最后单击“确定”按钮即可添加色样。当要删除色板中的某一色样时，可按住 Alt 键，将鼠标指针移至要删除的色样上，当鼠标指针呈剪刀状时单击即可。

用户还可将鼠标指针移动到某一色样上，此时呈现吸管状态，单击鼠标右键，弹出快捷菜单，可直接对色样进行新建、重命名及删除操作，如图 6-5 ~ 图 6-7 所示。

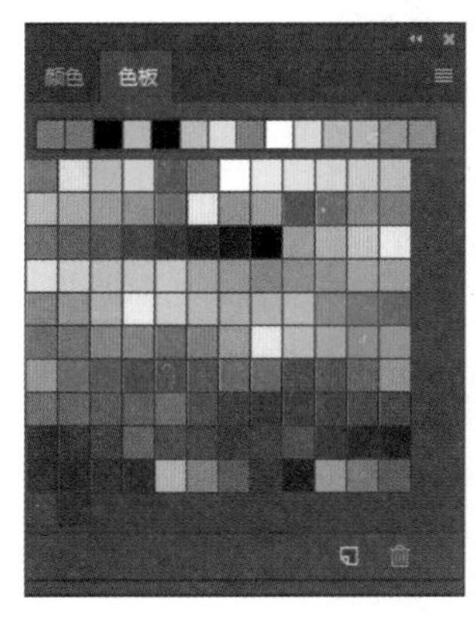

图 6-5 “色板”调板

图 6-6 “色板名称”对话框

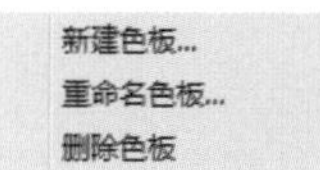

图 6-7 快捷菜单

6.1.5 使用吸管工具从图像中获取颜色

处理图像时，可能经常需要获取图像中的某种颜色，那么用户便可以利用“吸管工具”在图像中吸取某个像素点的颜色，或者以拾取点周围多个像素的平均色进行取样。

打开下载的源文件中的图像“树林”，首先在工具箱中选择“吸管工具”，然后在图像中所要吸取的颜色上单击，此时工具箱中的前景色图标将变为所吸取的颜色。吸取的颜色若想做背景色，则可以按住 Alt 键完成操作，如图 6-8 所示。

另外，用户也可在“吸管工具”属性栏中对取样进行设置，如图 6-9 所示。

图 6-8　利用“吸管工具”获取颜色

图 6-9　“吸管工具”属性栏

6.1.6　使用“颜色取样器”从图像中获取颜色

选择工具箱中的“颜色取样器工具”，打开下载的源文件中的图像“插画”，在图像中单击所需的颜色，这些点会以的标识出现，值得注意的是所取颜色最多为 10 个，其信息将显示在“信息”调板中，如图 6-10 所示。若要移动取样点的位置，只要把光标放置到取样点上，然后将其拖动到新的取样位置即可。此时用户可通过信息调板浏览光标所经过的区域的颜色变化。

(a)

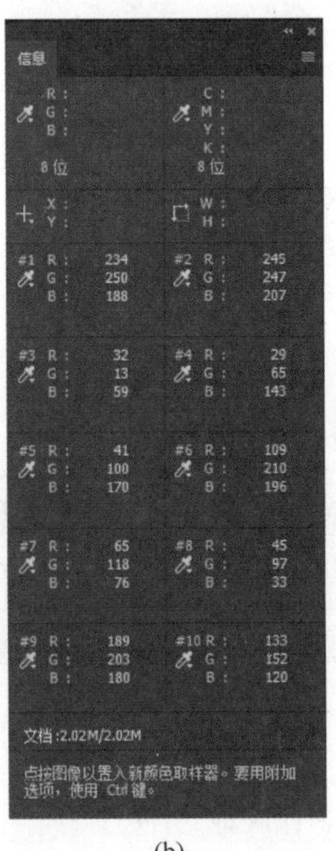

(b)

图 6-10　图像及其“信息”调板

6.2 画 笔 工 具

6.2.1 使用“画笔工具”

“画笔工具” 通常是用来绘制线条和图像的，而且用户在绘制时使用的颜色为前景色。它的使用方法如下：选择工具箱中的“画笔工具” ，然后在其属性栏中选择“画笔”，如图 6-11 所示。

图 6-11 “画笔工具”属性栏

- “画笔”：在其右侧的下拉列表中可设置画笔的笔触大小、硬度等参数。
- “模式”：可决定画笔工具以何种方式对图像文件的像素产生影响。
- “不透明度”：可调整画笔绘制时的不透明度。数值越大，绘制的颜色越不透明。
- ：此按钮表示始终对“不透明度”使用“压力”。在关闭时，“画笔预设”控制压力。
- “流量”：用于设置画笔颜色的深浅，数值越大，绘制的颜色越深。
- ：此按钮表示启用喷枪样式的建立效果。
- ：此按钮表示始终对“大小”使用“压力”。在关闭时，“画笔预设”控制压力。

6.2.2 “画笔”调板

使用 Photoshop 软件之所以能够绘制出丰富、逼真的图像效果，很大一部分原因在于其具有强大的“画笔”调板，它使用户能够通过控制画笔的参数，获得丰富的画笔效果。

当用户单击“画笔工具”属性栏中“画笔”右侧的下拉列表 选项时，界面会弹出如图 6-12 所示的“笔触设置”调板。用户可在其中选择所需要的笔刷类型，并设置画笔的主直径大小和硬度值，其中主直径值越大笔触越粗，硬度值越大笔触边缘越尖锐。单击调板右上角的设置按钮 ，可弹出如图 6-13 所示的画笔选项下拉菜单，利用该菜单可以保存、删除和加载笔刷类型。单击“从此画笔创建新的预设”按钮 ，可将当前画笔保存为新的画笔预设。

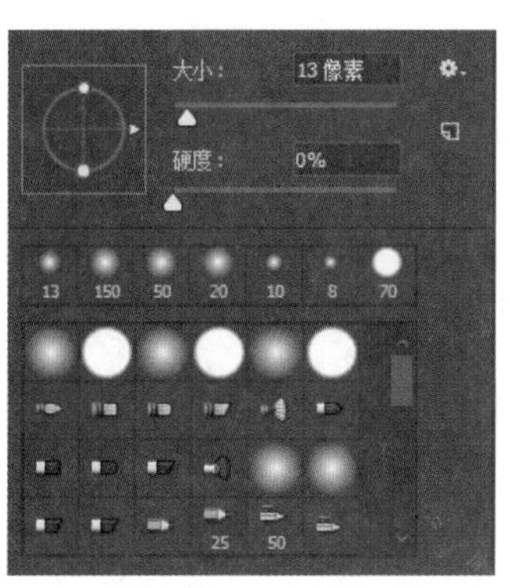

图 6-12 “笔触设置”调板

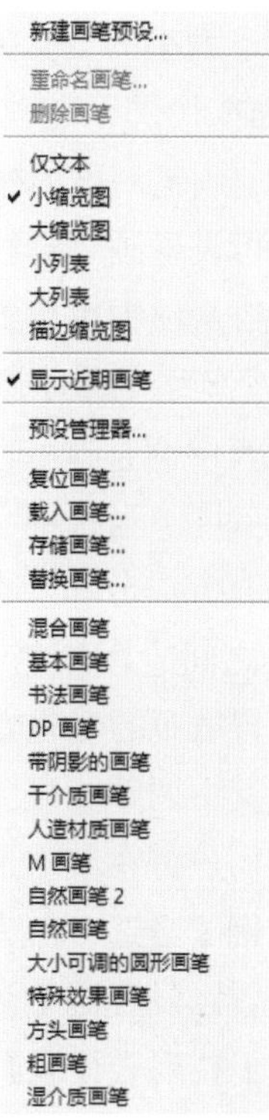

图 6-13 下拉菜单

当单击属性栏中的“切换画笔调板”按钮，此时弹出如图 6-14 所示的“画笔”调板，该调板对于用户利用 Photoshop 绘画来说是非常有帮助的，它不仅提供了大量的预置画笔，而且还可以通过设置参数及选项来随心所欲地修改画笔效果。

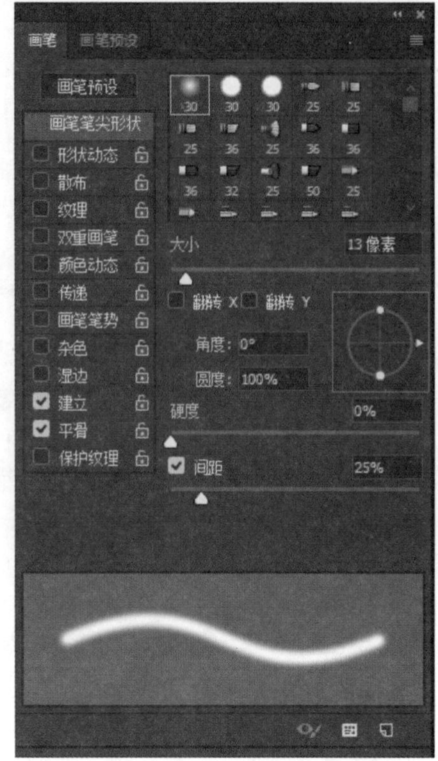

图 6-14 “画笔”调板

- “画笔预设”：用户可在“画笔预设”参数设置区中选择所需要的笔触以及设置当前笔触直径的大小。调整好笔刷后，可单击调板右下角的“创建新画笔”按钮，将修改后的笔刷保存在列表中；单击“画笔预设”调板右下角的“删除画笔”按钮，可将选中的笔刷类型删除，此按钮只有在选中“画笔预设”选项时才可被激活。
- “画笔笔尖形状”：在“画笔”调板的左侧选择“画笔笔尖形状”选项，此时打开“画笔笔尖形状”调板，其中“翻转 X”与“翻转 Y”选项表示可将画笔笔触的形状在水平方向或垂直方向上翻转；“角度”选项可决定画笔笔触的倾斜角度；“圆度”用于决定画笔笔触的圆度，当其数值为 100 时，画笔笔尖为圆形；当其数值小于 100 时，画笔笔尖为椭圆形；“硬度”选项可用来调整画笔边缘的柔和程度，数值越小，画笔边缘越模糊；“间距”选项可调整在绘制线条时两个画笔之间的中心距离，取值范围为 1% ~ 1000%，当数值小于 100% 时，绘制出的图形是一条不间断的连续线；当数值大于 100% 时，绘制出的是一系列中断的点，若不选中此选项，绘制时线的形态与用户拖曳鼠标的快慢程度有关，速度越快，画笔两点间的距离越大，反之则越小。
- “形状动态”：“大小抖动”参数可调整画笔笔触大小的变化程度。在其下方的“控制”选项中可设置画笔笔迹大小的变化方式；“最小直径”配合“大小抖动”参数使用，可调整画笔笔触的直径；“倾斜缩放比例”选项在选择“控制”选项中的“钢笔斜度”时，才可被激活，它主要是用来设置绘画前画笔高度的缩放比例；“角度抖动”参数可调整画笔笔触角度的变化程度，在其“控制”选项中可设置画笔笔触角度的变化方式；“圆度抖动”参数可设置画笔笔触的圆度变化程度，在其“控制”选项中可设置画笔笔触圆度的变化方式；“最小圆度”是配合“圆度抖动”使用的，用于设置画笔笔触的最小圆度。
- “散布”：在其中调整这些参数，可设置画笔的发散效果。“散布”参数用来设置在绘制过程中画笔笔触的分散度。当选中“两端”选项时，画笔笔触按水平方向分布；当没有选中此选项时，画笔笔触按垂直方向分布。在其“控制”选项中可设置画笔笔触的分布变化方式；“数量”用来设置每个画笔之间应用画笔笔触散布的数量；“数量抖动”可设置发散抖动的效果。在其“控制”选项中可设置散布的变化方式。
- “纹理”：在其中调整相应参数，可设置画笔的图案纹理效果。单击图案右侧的下拉按钮将弹出图案拾色器，用户可在其中选择想要的图案；当选择“缩放“选项时，可利用“缩放”滑杆设置纹理的缩放比例；当选中“为每个笔尖设置纹理”复选框，可将每个笔尖渲染为纹理，同时还可利用下面的设置区设置画笔渗透到纹理的深度、最大深度及抖动等；在“模式“选项中，用户可利用“模式”下拉列表设置画笔与纹理的混合模式。
- “双重画笔”：用户可利用此调板中的选项设置两种画笔相交产生的画笔效果。当选择“模式”选项时，在其下拉列表中可选定两种画笔的混合模式。在画笔列表中选定画笔后，还可设置所选画笔的直径、间距、散布及数量等参数。

➢ “颜色动态”：用户在弹出的调板中可设置画笔的纯度、色相、饱和度、亮度抖动效果。

➢ “杂色”与“湿边”:当在“画笔”调板中选择“杂色”时，可为画笔增加杂色效果;当选择“湿边”时，可为画笔增加湿边效果，从而创建类似水彩效果的线条，使图像具有艺术效果。

此外,若在“画笔”调板中选择“喷枪”“平滑”“保护纹理”选项时,用户还可为画笔设置“喷枪”“平滑”“保护纹理”等效果。

下面通过一个实例——制作珍珠项链，让读者掌握“画笔”工具的具体用法。

（1）执行“文件”→“新建文件”菜单命令,在弹出的“新建文件”对话框中,设置名称为“珍珠项链”,宽度为30cm，高度为20cm，像素为300后，单击“创建”按钮。

（2）新建图层1，填充颜色为黑色。再新建一个图层3，然后执行“窗口”→“画笔”菜单命令（快捷键F5），打开“画笔”面板，在面板中设置画笔大小为133像素，硬度50%，画笔的间距为100%，如图6-15所示。

（3）参数设置完成后，把前景色设置为白色，然后在画布上绘制一个封闭的图形，注意鼠标移动速度要均匀，绘制完成后的效果如图6-16所示。

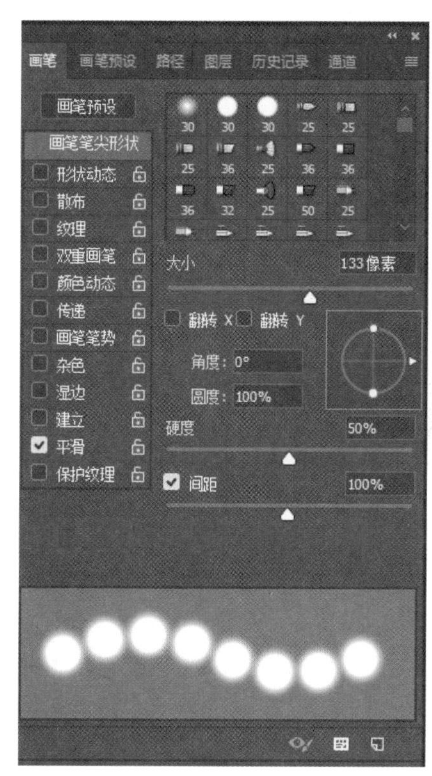

图6-15 “画笔”对话框

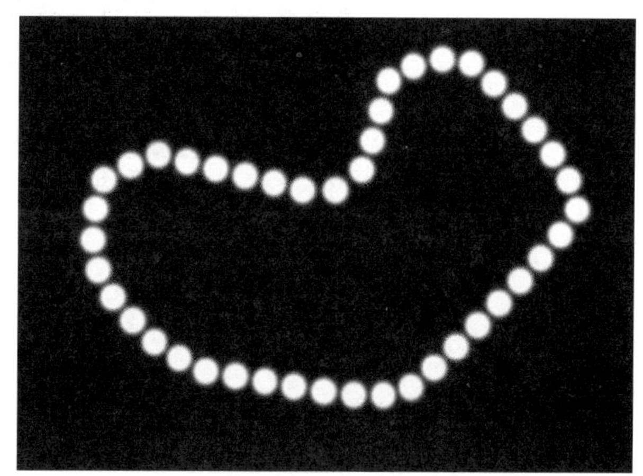

图6-16 绘制的珍珠项链

（4）双击图层3，或者单击图层面板中的图层样式按钮fx，弹出如图6-17所示的快捷菜单，然后在快捷菜单中选择“混合选项”弹出如图6-18所示的“图层样式”对话框。在“混合选项”下面选中“斜面和浮雕”选项,然后在“结构”和“阴影”里面设置一定的参数后单击“确定”按钮,最终效果如图6-19所示。

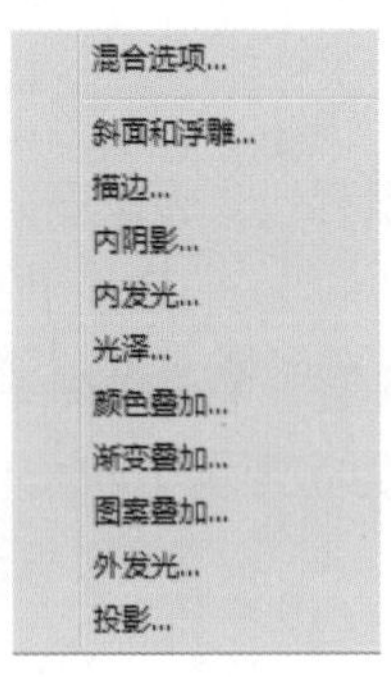

图 6-17 快捷菜单

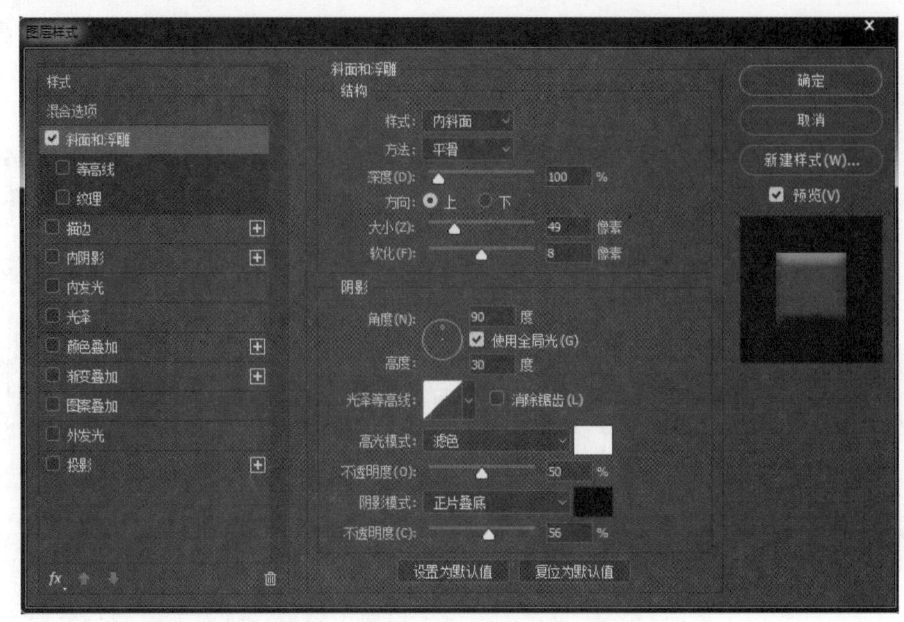

图 6-18 “图层样式”对话框

图 6-19 最终效果图

6.3 铅 笔 工 具

“铅笔工具”与“画笔工具”相同,也是用来绘制线条和图像的。当选择“铅笔工具”时,在“画笔调板”中选择任意一种笔形，绘制出的线条不会出现虚边效果。其工具属性栏如图 6-20 所示。其中，“画笔”“模式”“不透明度”与“画笔工具”的使用方法相同，这里不再赘述。

图 6-20 “铅笔工具”属性栏

在“铅笔工具”的属性栏中存有“自动抹除”选项，该选项是“铅笔”工具所特有的功能。用户在使用“铅笔工具”绘画时，通常使用的颜色为前景色。当选中“自动抹除”复选框时，应从图像中使用前景色的像素处单击并拖动,则此时绘制出的颜色为背景色;若在其他不包含前景色的像素处单击并拖动,则绘制出的颜色仍为前景色。

6.4 颜色替换工具

利用“颜色替换工具”可改变图像任意部分的颜色，并且保持图像的纹理与阴影不发生变化。使用此工具时，首先要设置好前景色，然后在需要修复的图像区域处涂抹即可，如图 6-21 所示。

(a)

(b)

图 6-21 原图及替换颜色后的效果

在工具箱中选择“颜色替换工具”，其工具属性栏如图 6-22 所示。

图 6-22 “颜色替换工具”属性栏

- “模式”：用户可在其下拉列表中选择前景色与原图像以何种模式进行混合，它包括“色相”“饱和度”“颜色”“亮度”四种模式。
- “取样”：在此选项中主要包 3 个选项，分别为：“连续”、“一次”与“背景色板”。默认时为“连续”选项，表示用户在图像擦除过程中将连续采取取样点，对图像进行连续擦除；当用户选择“一次”选项时，表示在图像擦除过程中将以鼠标落点处的像素作为取样点；当用户选择“背景色板”选项时，在工具箱中先将背景色设置为所需要擦除的颜色，然后在图像中拖动鼠标，此时只会擦除指定的背景色，而其他颜色不变。
- “限制”：主要用于限制擦除图像颜色的界限。在其右侧的下拉列表中包括“不连续”“连续”“查找边缘”3 个选项。其中，“不连续”选项表示在擦除过程中，将擦除鼠标拖动范围内的所有与指定颜色相近的像素。“连续”选项表示在擦除过程中，将擦除鼠标拖动范围内的所有与指定颜色相近且相连的像素。“查找边缘”表示在擦除过程中，将擦除鼠标拖动范围内的所有与指定颜色相近且相连的像素，但会保留边缘的锐度。
- “容差”：用于设置在图像中被擦除颜色的精度。“容差”值越大，精度越低，被擦除颜色的范围就越大，擦除后的效果也就越粗糙。

6.5 历史记录画笔工具和历史记录艺术画笔工具

“历史记录画笔工具”的主要作用是在图像中将新绘制的内容恢复到“历史记录”调板中的“恢复点”处的画面，因此，“历史记录画笔工具”必须配合“历史记录”调板来使用。其方法为首先单击“历史记录”调板中左侧的小方块指定要恢复的图像处理状态，然后选择工具箱中的“历史记录画笔工具”，最后在图像中进行涂抹即可。“历史记录画笔工具”属性栏如图 6-23 所示。

图 6-23 “历史记录画笔工具”属性栏

下面通过一个具体的案例来感受一下“历史记录画笔工具”的用法。

（1）打开下载的源文件中的图像“树林”，如图 6-24 所示。

图 6-24 打开的素材图像（一）

（2）选择“滤镜”→“风格化”→“浮雕效果”菜单命令，在弹出的对话框中对参数进行适当的设置，设置完成后单击“确定”按钮，如图 6-25 所示。

图 6-25 执行“浮雕效果”菜单命令后的效果

（3）选择“窗口”→“历史记录”菜单命令，此时弹出“历史记录”调板，如图 6-26 所示，在此调板中记录了自打开图像后的各步操作，只要单击某一步操作，就能让图像恢复到该步操作后的状态，如单击“打开”选项，则此时的图像已经恢复到原始状态。

（4）用鼠标单击最后一步操作“干画笔”左边的小方框，此时小方框中会出现如图 6-27 所示的历史画笔图案，这说明这一步定义了历史画笔重现图像的来源。

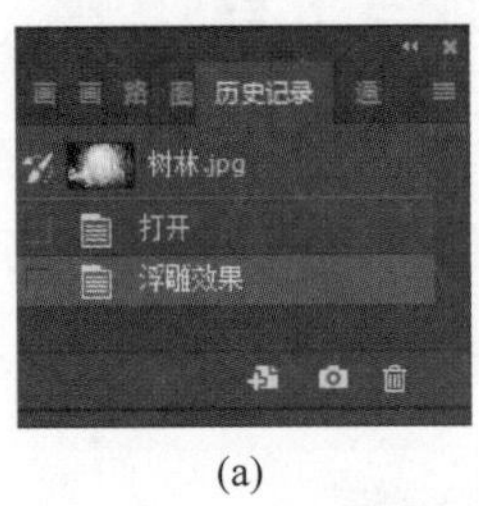

(a)

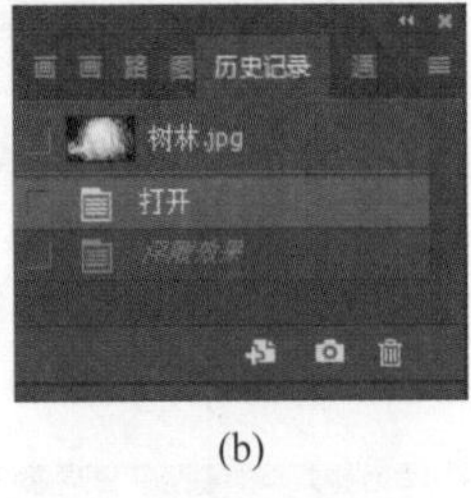

(b)

图 6-26 “历史记录”调板

图 6-27 “历史记录”面板

（5）选择工具箱中的“历史记录画笔工具”，在图像的合适位置涂抹，被涂抹处的部位恢复到了添加“浮雕效果”时的效果，如图 6-28 所示。

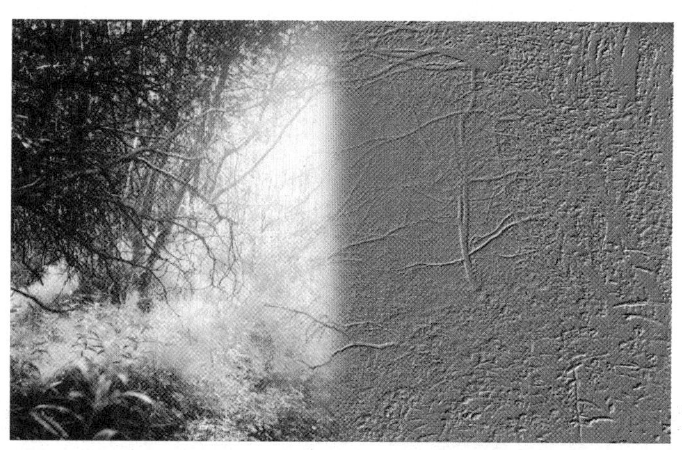

图 6-28　利用“历史记录画笔工具”在图像上涂抹后的效果

“历史记录艺术画笔工具”与“历史记录画笔工具”的使用方法基本相同，在工具箱中选择“历史记录艺术画笔工具”后在画面中涂抹恢复图像时，可重现原状态并进行调整，在其工具属性栏中可设置相应样式来涂抹图像，如图 6-29 所示。

图 6-29　“历史记录艺术画笔工具”属性栏

- “样式”：在其右侧的下拉列表中包含 10 种涂抹图像的方式。
- “区域”：用于设置“历史记录艺术画笔工具”涂抹的范围，其单位为像素。
- “容差”：主要用于限制对图像像素移动和涂抹的范围。当“容差”值较小时，可以在图像中的任何地方进行移动和涂抹；当“容差”值较大时，则只在与恢复图像颜色明显不同的区域进行移动和涂抹。

6.6　渐变工具

“渐变工具”是一个常用的绘画工具，除了可在绘制时使用“渐变工具”来模拟逼真的细节，通常还用于绘制图像的背景。

6.6.1　使用“渐变工具”

利用“渐变工具”可在图像文件中或指定的选区内填充渐变色，其工具属性栏如图 6-30 所示。

图 6-30　“渐变工具”属性栏

- “点按可编辑渐变”：单击此按钮，将会弹出“渐变编辑器”对话框，其中包括了系统预设的渐变选项，用户可根据需要选择适合的图案。另外，用户还可以在“渐变编辑器”中自行设置所需要的颜色。
- “线性渐变”：激活此按钮，将会创建从鼠标指针起点到终点的直线渐变效果。
- “径向渐变”：激活此按钮，将会创建从鼠标指针起点到终点的圆形渐变效果。
- “角度渐变”：激活此按钮，将会创建围绕鼠标指针起点，并以逆时针方向旋转的锥形渐变效果。

- “对称渐变” ：激活此按钮，将会在鼠标指针起点的两侧产生对称的直线渐变效果。
- “菱形渐变” ：单击此按钮，将会在鼠标指针起点到终点产生菱形渐变效果。
- “模式”：设置渐变图案与背景的混合模式。
- “不透明度”：设置渐变效果的不透明度。
- “反向”：可以颠倒渐变图案的填充顺序。
- “仿色”：可以创建较平滑的图案混合效果。
- “透明区域”：只有选中此选项，才能在渐变图案中使用透明效果“菱形渐变”，激活此按钮，将会创建从鼠标指针起点到终点的菱形渐变效果。

当需要创建渐变效果时，可执行以下操作：

（1）选择“文件”→“新建”菜单命令，在弹出的“新建”对话框中设置“宽度”为 20 厘米、“高度”为 15 厘米、“分辨率”为 100 像素 / 英寸的空白文档，如图 6-31 所示。

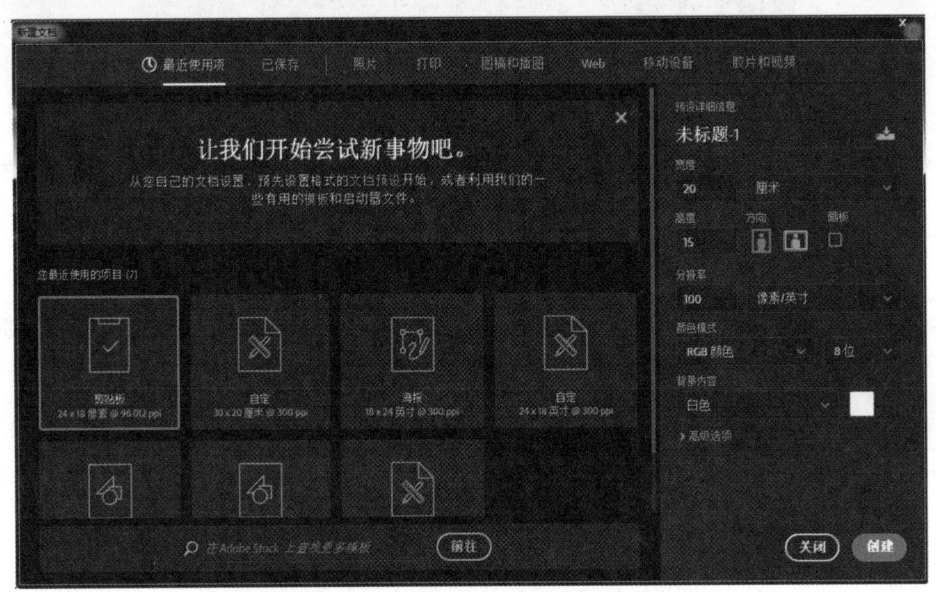

图 6-31 “新建文档”对话框

（2）选择工具箱中的“渐变工具” ，在其属性栏中选择“径向渐变”，设置前景色为“R：88，G：100，B：98”，背景色为“R：255，G：255，B：255”，在“图层”调板中新建图层 1，将光标移动到图像窗口的上方，按下鼠标左键自下而上拖曳，为图像填充渐变效果，如图 6-32 所示。

（3）打开下载的源文件中的图像“小狗”，选择工具箱中的“移动工具” ，将图像移动复制到新建的图像窗口中，此时“图层”调板上将自动新建图层 2，适当调整其位置，按住 Ctrl+T 组合键调整“图层 2”中图像的大小，如图 6-33 所示。

图 6-32 填充渐变效果

图 6-33 移动复制图像并调整后的效果

6.6.2 创建自定义渐变填充方式

当用户想要编辑自己需要的图案时，可以在“渐变编辑器”对话框（图 6-34）中通过重新调整色标的颜色、位置等选项来编辑新的图案。

下面来定义一种渐变色，具体方法如下：

（1）在“渐变编辑器”对话框的下方有一个水平的渐变色条，如图 6-35 所示。

（2）用单击的方式可以选中每一个“色标”，用户可对被选中的“色标”进行相应的设置，选中“不透明度色标”后，可以设置“色标”的“不透明度”和其在渐变色条上的位置，如图 6-36 所示。

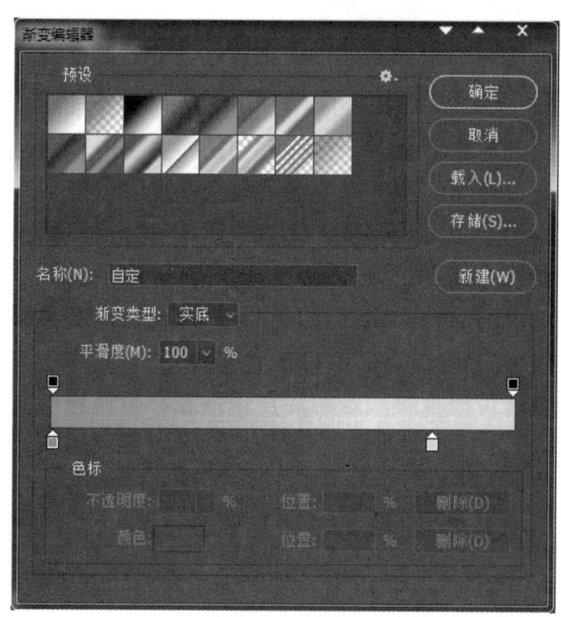

图 6-34 “渐变编辑器”对话框

图 6-35 渐变色条

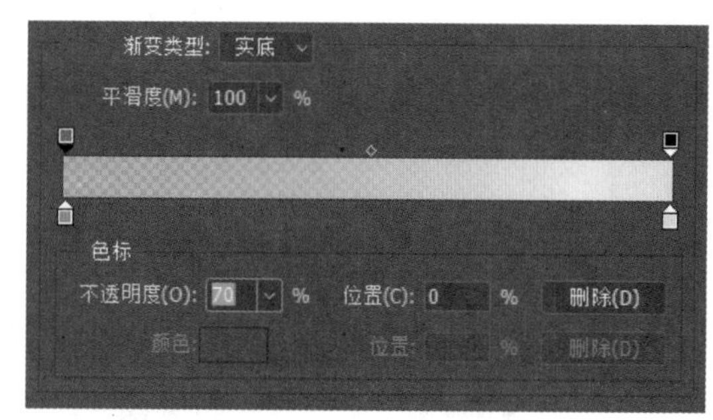

图 6-36 设置“不透明度色标”

（3）“不透明度色标”根据颜色条的透明效果显示相应的灰度。当颜色条完全透明时，它显示为白色；当颜色条完全不透明时，它显示为黑色，如图 6-37 所示。

（4）左侧的“色标”用来设置渐变色的开始颜色，单击此色标按钮，将它选中，用户可对被选中的“色标”进行“颜色”和其在渐变色条上位置的设置，如图 6-38 所示。

（5）单击“颜色”右侧的“颜色框”按钮，界面将弹出“拾色器（色标颜色）”对话框，在对话框中选择一种颜色，设置完成后单击“确定”按钮，如图 6-39 所示。

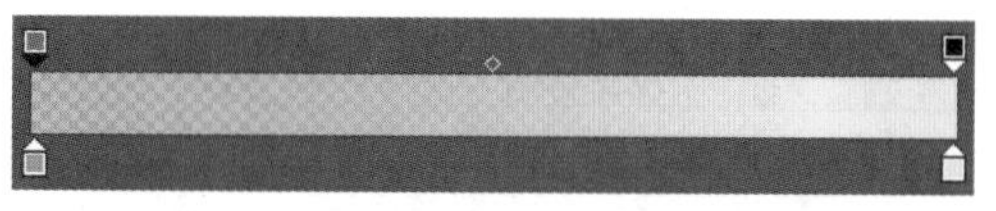

图 6-37 “不透明度”为 50% 时的效果

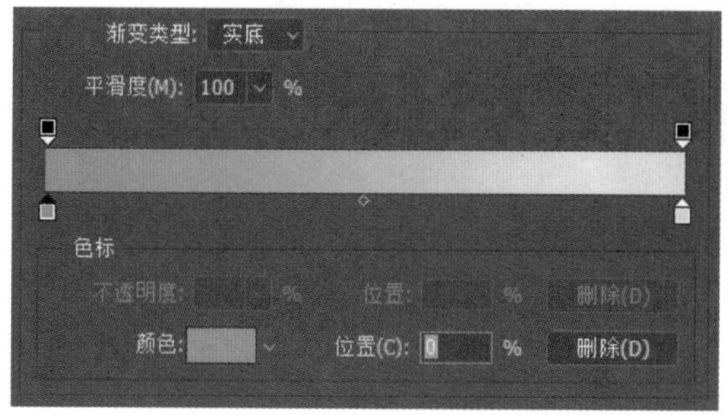

图 6-38 设置“颜色色标”

图 6-39 设置左侧“色标”的颜色

（6）右侧的“色标”用来设置渐变结束颜色，利用上述同样的方法来设置渐变结束颜色，如图 6-40 所示。

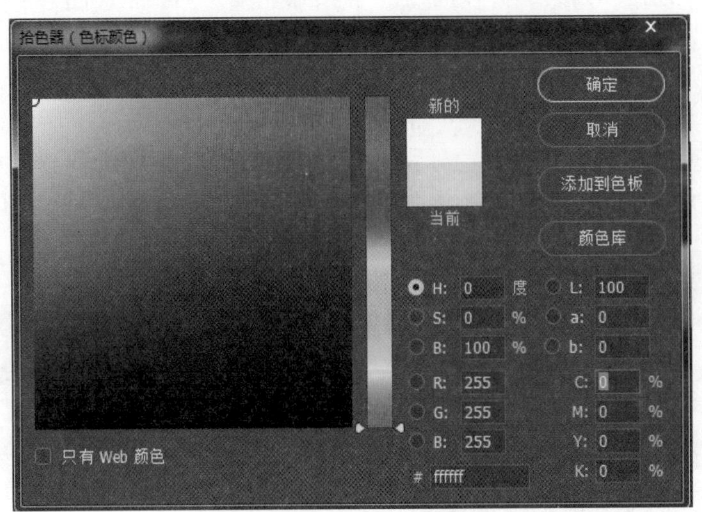

图 6-40 设置右侧“色标”的颜色

（7）“色标”的位置是可以改变的，用户可通过设置“渐变编辑器”对话框中的“位置”参数来进行设置，数值范围为 0%～100%，数值越大，所选“色标”越靠向渐变色条的右端，当“位置”参数值为 100% 时，“色标”位于渐变色条的最右端；当数值为 0% 时，“色标”位于渐变色条的最左端。

此外，也可通过鼠标拖动的方式来改变“色标”的位置。如向右拖动左端的“颜色色标”，通过改变“色标”的位置可以对渐变色做进一步的调整，如图 6-41 所示。

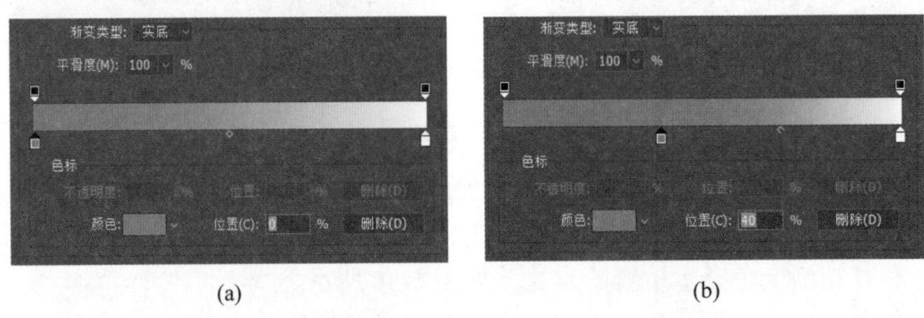

(a) (b)

图 6-41 调整“色标”位置后的对比效果图

（8）把鼠标移动到渐变颜色条的下方，鼠标变为“手形”，如图 6-42 所示，此时单击鼠标，可在单击处新增一个“色标”，把新增的“色标”移动到渐变色条的最左端，如图 6-43 所示。

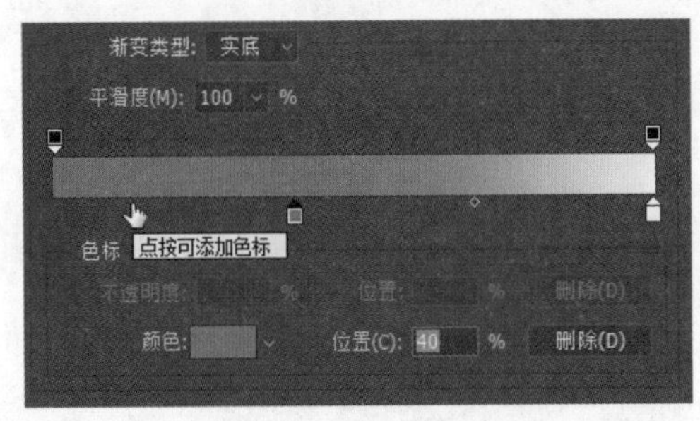

图 6-42 添加“色标”

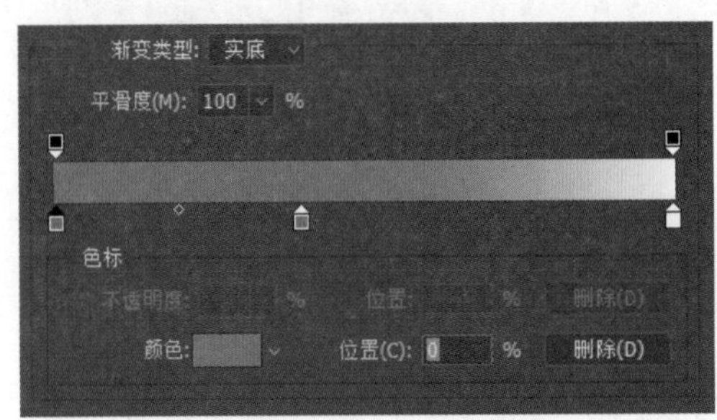

图 6-43 移动“色标”

（9）选择新增“色标”，按上述方法为其设置颜色，再适当调整中间“色标”的位置，如图 6-44 所示。

（10）可以任意添加渐变色条上的“色标”，当不需要的时候，可将鼠标光标放在要删除的色标上，然后单击将其选择，最后在“色标”选项区中单击“删除”选项。

（11）设置完成后，单击“确定”按钮即可创建渐变填充色。

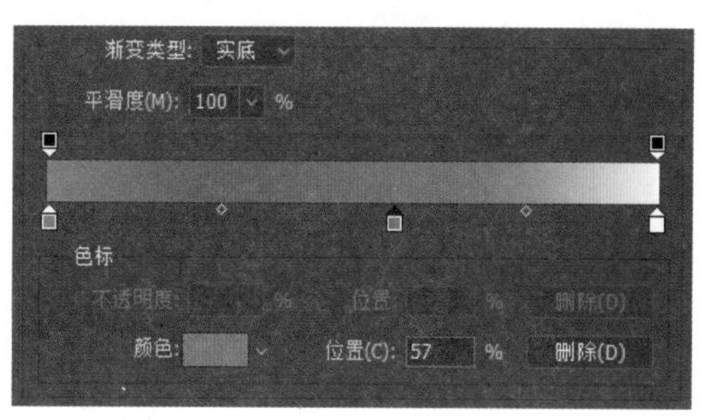

图 6-44 改变“色标”颜色

6.7 油漆桶工具

“油漆桶工具”主要用于在图像或选择区域内，对指定色差范围内的色彩区域进行色彩或图案的填充。其操作方法很简单，首先在工具箱中选择“油漆桶工具”，然后在当前图像中的某一位置单击鼠标左键，与单击处像素点颜色相同或相近的区域都可被填充。其工具属性栏如图 6-45 所示。

前景 模式: 正常 不透明度: 100% 容差: 32 消除锯齿 连续的 所有图层

图 6-45 “油漆桶工具”属性栏

- “前景”：其下拉列表中包括“前景”和“图案”两个选项。当使用“前景”选项时，可将当前图像填充为前景色；当使用“图案”选项时，可将当前图像填充为图案。
- “图案”：此选项只有当用户选择填充类型为“图案”时才被激活。用户可在其下拉列表中选择需要填充的图案。
- “模式”：用于设置填充的颜色或图案与原图像所产生的混合效果。
- “不透明度”：用于设置填充颜色或图案的不透明度。
- “容差”：用于控制图像中的填充范围。
- “消除锯齿”：只有对图像中的选区进行填充时，此选项才能被激活。它可以使填充图像时产生的锯齿变平滑。
- “连续的”：选中此选项后，在使用“油漆桶工具”时只能在图像中填充与单击处像素颜色相近且相邻的区域。若不选中此选项，则在使用“油漆桶工具”时只能在图像中填充与单击处像素颜色相近的区域。
- “所有图层”：选中此选项后，在选择填充区域时所有的图层都将起作用。若不选中此选项，在填充颜色或图案时只有当前图层起作用。

下面通过一个案例来让读者掌握“油漆桶”工具的具体用法。

（1）打开下载的源文件中的图像“哆啦 A 梦”，如图 6-46 所示。

（2）选择工具箱中的“油漆桶工具”，在其属性栏中设置填充类型为“前景”，并选中“连续的”复选框，设置前景色为“R：0，G：146，B：252”，完成后将光标移至叮当猫的头部区域，单击为其填充颜色，然后将光标移至叮当猫的身体区域，单击为其填充颜色，如图 6-47 所示。如果需要上色的图像格式为 psd 图像，需要选中图层面板中所需要上色的那个图层，然后使用“油漆桶工具”为其上色。

（3）在工具箱中单击“前景色”图标，在弹出的“拾色器”对话框中设置前景色为“R：246，G：35，B：28”，依次单击叮当猫的鼻子、舌头、脖子及尾巴为其填充颜色，如图 6-48 所示。

（4）继续设置前景色为“R：250，G：201，B：28”，依次单击叮当猫的铃铛区域为其填充颜色，最终效果如图 6-49 所示。

图 6-46　打开的素材图像（二）

图 6-47　填充哆啦 A 梦的头部及身体

图 6-48　填充其他区域

图 6-49　最终效果图

6.8　3D 材质拖放工具

之前版本的 Photoshop 制作 3D 效果比较复杂，各个面都需要绘制，现在 Photoshop CC 2018 的 3D 功能更加完善，制作 3D 立体字更加简单、快捷。

图 6-50　输入文字

下面通过一个实例来介绍 3D 材质拖放工具的运用。

（1）新建一个空白文档，使用文字工具输入文字，如图 6-50 所示。

（2）在图层面板右击刚才创建的文字图层，弹出如图 6-51 所示的快捷菜单。然后在快捷菜单中选择“从所选图层新建 3D 模型”，将出现如图 6-52 所示的效果。

（3）选择工具箱“3D 材质拖放工具”，在 Photoshop CC 2018 属性栏中可以选择材质，如图 6-53 所示。

在这个例子中，选择趣味纹理，在属性栏后边显示所载入的材质名称。在系统默认的材质中，总共包括 36 种材质可供选择，当然也可以根据自己的喜好和需要来选择材质。

（4）在图像中选择需要修改材质的地方，单击鼠标左键，将选择的材质应用到当前选择区域中，如图 6-54 所示。

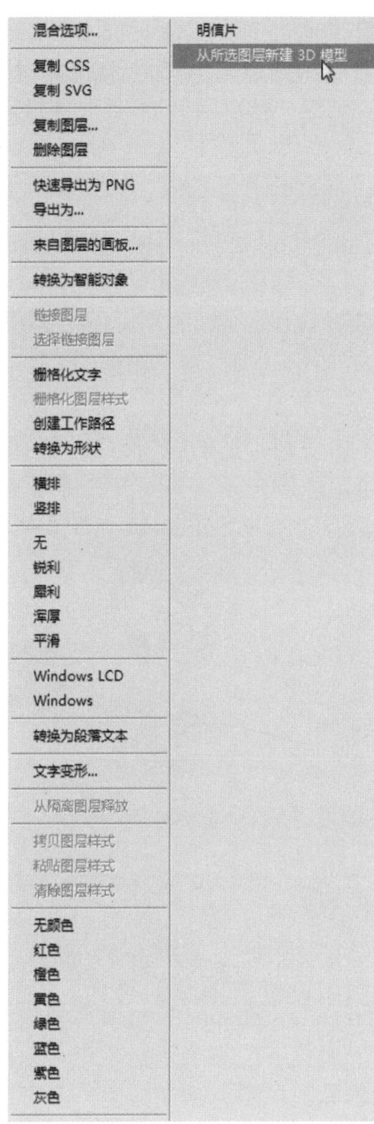

图 6-51　快捷菜单

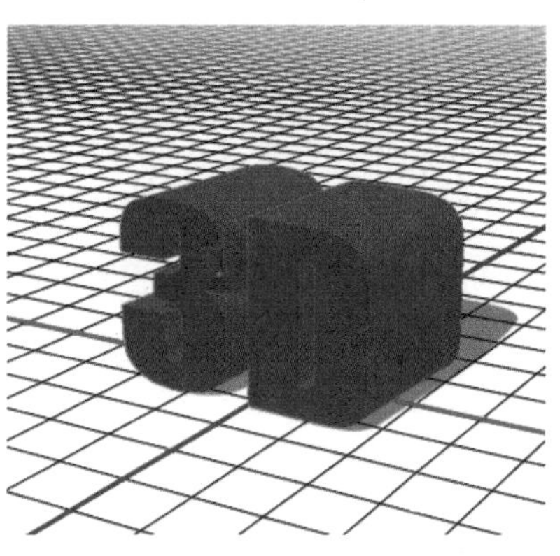

图 6-52　新建 3D 模型

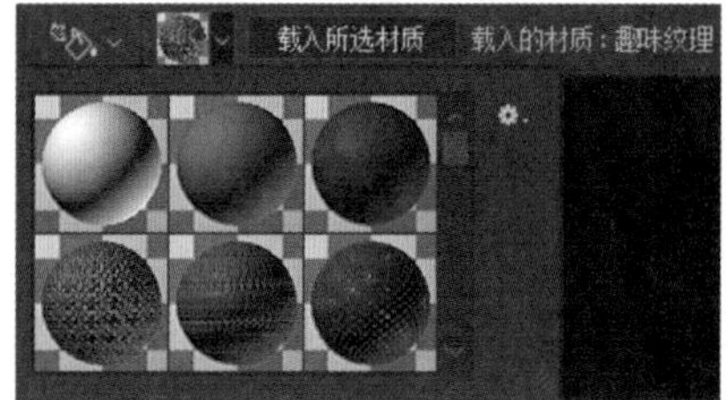

图 6-53　“3D 材质拖放工具”属性栏

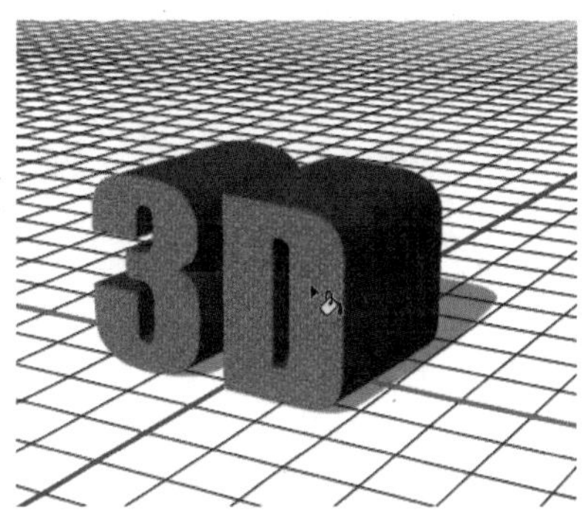

图 6-54　应用材质（一）

（5）利用上述方法再选择棋盘材质，然后将材质应用到图像中，得到应用材质后的效果如图 6-55 所示。

图 6-55　应用材质（二）

6.9 自定义图案

虽然 Photoshop 软件自带了大量的自定义图案，但在很多情况下，这些并不能完全满足用户，因此这就需要用户根据自己的需求自定义图案。

在自定义图案时，可分为两种，即定义规则图案与定义无缝拼贴图案。

- 定义规则图案：所谓的定义规则图案就是所定义的图案在应用时，可以明显地看出每个图案的大小以及形状，其操作方法如下：

（1）选择“文件”→“新建”菜单命令，在弹出的对话框中设置“宽度”为 20 厘米，“高度”为 15 厘米，“背景内容”为透明。打开下载的源文件中的图像“心形”，如图 6-56 所示。选择工具箱中的“移动工具” ，将其移动复制到新创建的文件中，并置于图 6-57 所示位置。

（2）使用“移动工具”并按住 Alt 键向下拖动素材图像，并移动到合适的位置，按照前面所述的方法再复制图像，然后依次调整图像的位置大小，效果如图 6-58 所示。

图 6-56　打开的素材图像（三）

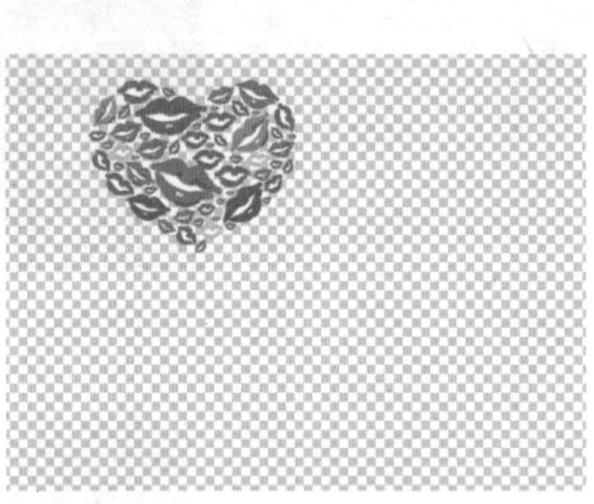

图 6-57　摆放图像位置

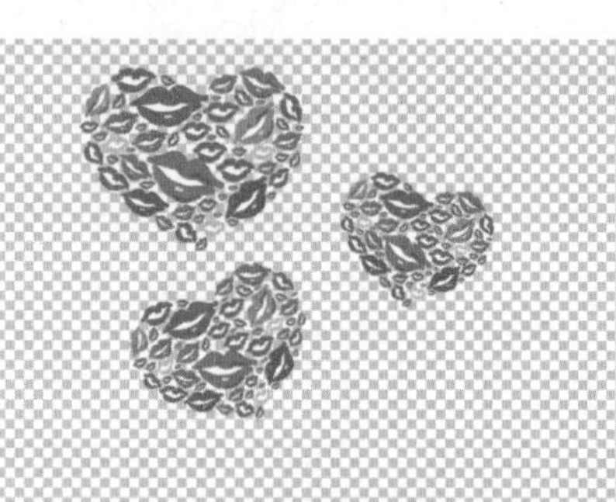

图 6-58　复制图像并调整位置大小

（3）选择工具箱中的“矩形选框工具” ，在图像的边缘绘制选区，如图 6-59 所示。选择“编辑”→“定义图案”菜单命令，在弹出的“图案名称”对话框中设置新图案的名称，设置完成后单击“确定”按钮，如图 6-60 所示。

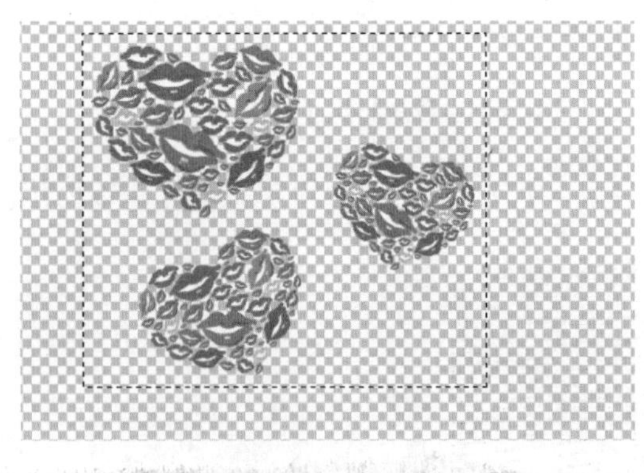

图 6-59　创建选区

图 6-60　“图案名称”对话框

除了将整体图像定义为图案，还可利用“矩形选框”工具绘制选区以限制定义图案的区域，值得注意的是，在创建选区的过程中，不可以存有羽化值，否则将不能定义图案。

- 定义无缝拼贴图案：无缝拼贴图案是设计中非常常用的一种设计图案，使用这种图案进行填充时所得到的图像没有分割感。其操作方法如下：

（1）选择“文件”→“新建”菜单命令。在弹出的对话框中设置“宽度”为20厘米,“高度”为15厘米，“背景内容”为透明。打开下载的源文件中的图像“树叶”，如图6-61所示。选择工具箱中的“移动工具”，将其移动复制到新创建的文件中，并置于图6-62所示位置。

图6-61 打开的素材图像（四）

图6-62 摆放图像位置

（2）使用“移动工具”并按住Alt键向下拖动人物素材图像，直至复制图像的顶部与原图像的底部重合，如图6-63所示。

（3）选择“视图”→“标尺”菜单命令，或者执行快捷命令Ctrl+R，分别在水平与垂直方向上在图像的中心及边缘添加辅助线，如图6-64所示。

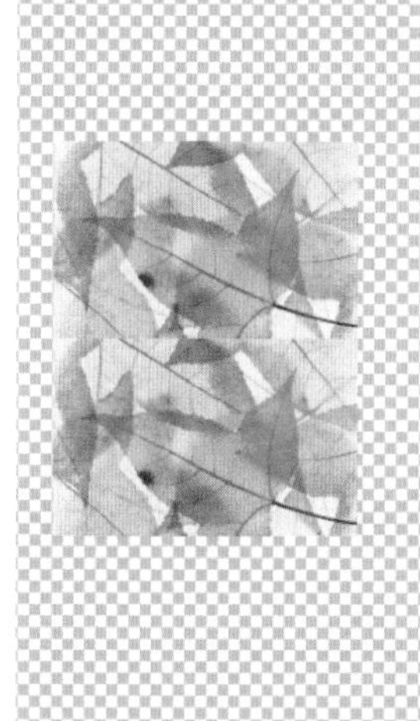

图6-63 复制图像

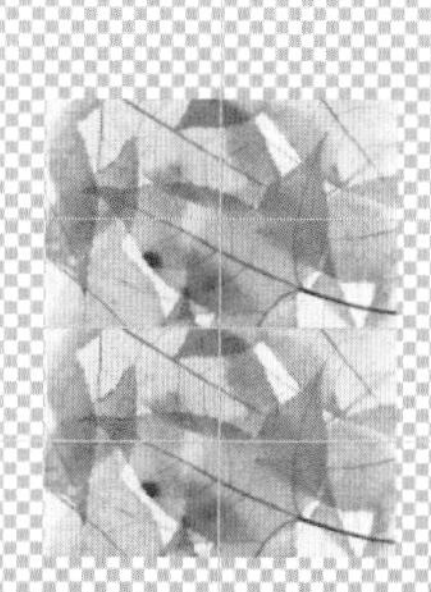

图6-64 添加辅助线

（4）使用“移动工具”并按住Alt键向右拖动人物素材图像，直至复制的图像位于两幅图像水平中心的中间，且与原两幅图像的右边重合，如图6-65所示。

（5）选择工具箱中的“矩形选框工具”，沿这三幅图像的左边缘至右边缘中间绘制选区，如图6-66所示。

（6）选择“编辑”→“定义图案”菜单命令，在弹出的“图案名称”对话框中设置新图案的名称，设置完成后单击“确定”按钮，如图6-67所示。

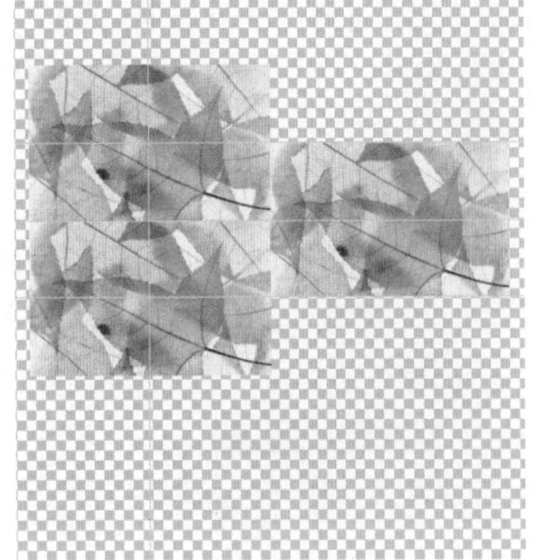
图 6-65　复制图像

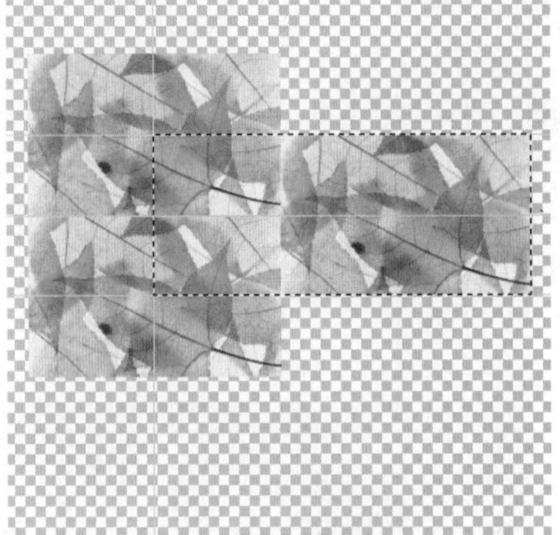
图 6-66　创建选区

图 6-67　“图案名称”对话框

6.10　吸管工具组

吸管工具组中的工具可以完成多图像中具体位置颜色的设置、查看图像的长短和角度以及对当前图像进行文字批注，右击吸管工具会显示该组中的所有工具，其中包含“吸管工具”“颜色取样工具”“标尺工具”“注释工具”“计数工具”。

6.10.1　吸管工具

使用“吸管工具”可以将图像中的某个像素点的颜色定义为前景色或背景色。使用方法非常简单，只要选择“吸管工具”在需要的颜色像素上单击即可，此时在“信息”调板中会显示当前颜色的信息，如图 6-68 所示。

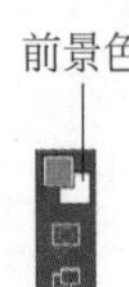

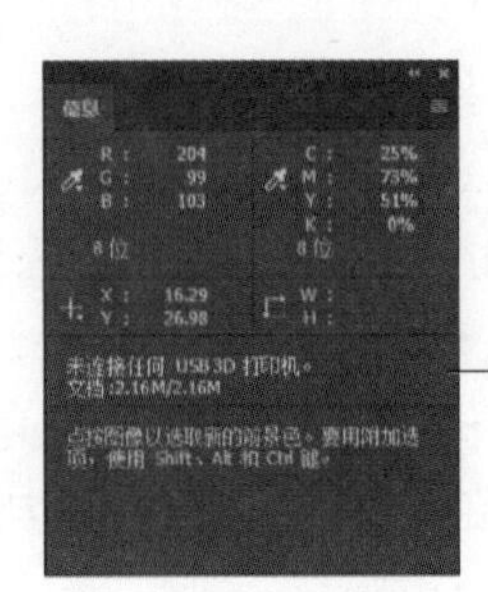

图 6-68　吸管工具

选择“吸管工具”后，选项栏中会显示针对该工具的一些属性设置，如图 6-69 所示。

图 6-69 “吸管工具”属性栏

其中的各项含义如下：

➢ 取样大小：用来设置取色范围，包括取样点、3 × 3 平均、5 × 5 平均、11 × 11 平均、31 × 31 平均、51 × 51 平均和 101 × 101 平均。
➢ 样本：用来设置吸管取样颜色所在图层，该选项只适用于多图层图像。

6.10.2 3D 材质吸管工具

“3D 材质吸管工具”可以吸取 3D 材质纹理以及查看和编辑 3D 材质纹理。可以按照 6.8 节中的例子来介绍 3D 材质吸管工具使用的具体操作步骤。

（1）打开 6.8 节中的一幅 3D 文字文档，如图 6-70 所示。

（2）选择工具箱中“3D 材质吸管工具”，然后在需要吸取的 3D 材质上单击，上方属性栏中显示出该材质的类型，如图 6-71 所示。

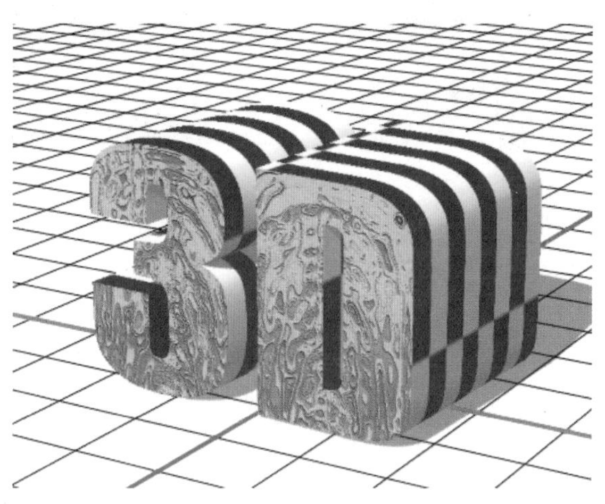

图 6-70 3D 文字文档

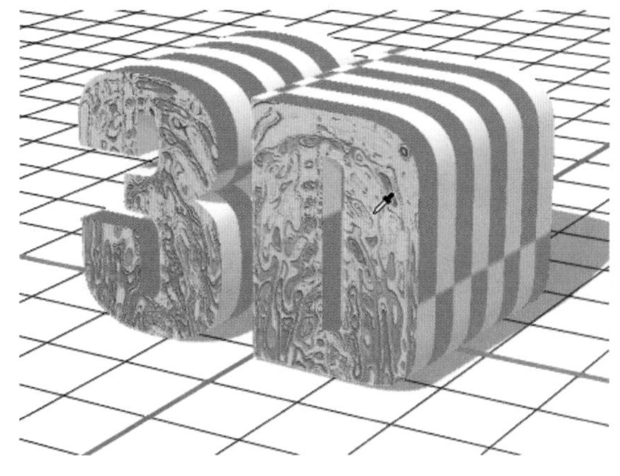

载入所选材质　目标材质：3D 前膨胀材质

图 6-71 使用“3D 材质吸管工具”以及显示的属性栏

6.10.3 颜色取样器工具

使用“颜色取样器工具”最多可以定义 10 个取样点，在颜色调整过程中起着非常重要的作用，4 个取样点会同时显示在“信息”调板中，如图 6-72 所示。

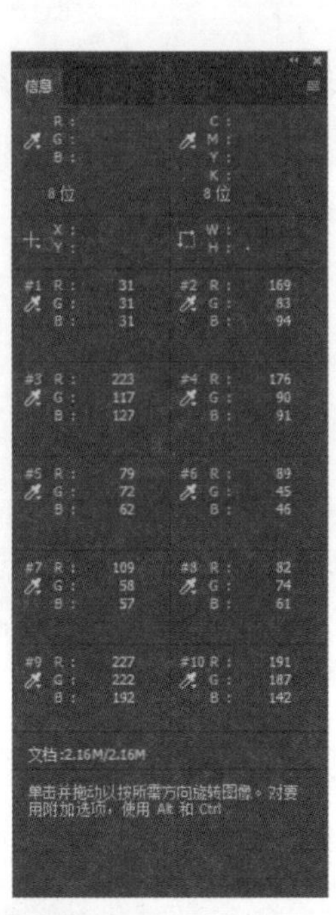

图 6-72 颜色取样与信息调板

选择“颜色取样器工具”后，选项栏中会显示针对该工具的一些属性设置，如图 6-73 所示。

图 6-73 “颜色取样器工具”属性栏

其中的各项含义如下：

- 取样大小取样大小：该下拉列表中包含取样点、3 × 3 平均、5 × 5 平均、11 × 11 平均、31 × 31 平均、51 × 51 平均、101 × 101 平均 7 种取样的最大像素数目。
- 清除全部清除全部：设置取样点后，单击该按钮，可以将取样点删除。

6.10.4 标尺工具

使用“标尺工具”可以精确地测量图像中任意两点之间的距离和度量物体的角度。选择“标尺工具”后，选项栏会显示针对该工具的一些属性设置，如图 6-74 所示。

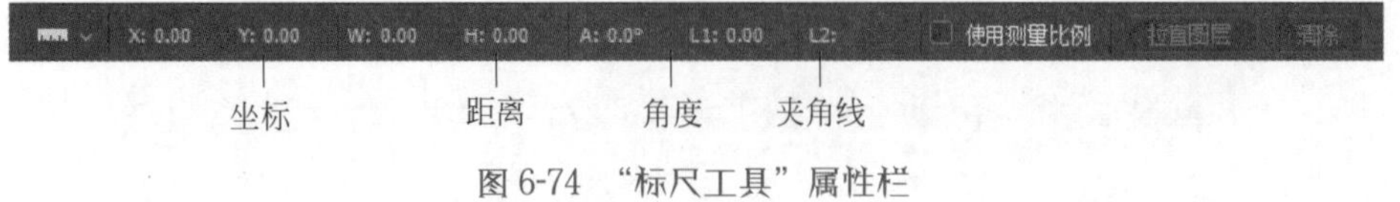

图 6-74 “标尺工具”属性栏

其中的各项含义如下：

- 坐标：用来显示测量线起点的纵横坐标值。
- 距离：用来显示测量线起点与终点的水平和垂直距离。
- 角度：用来显示测量线的角度。

➢ 夹角线：用来显示第一条和第二条测量线的长度。

6.10.5 计数工具

"计数工具"是一款数字计数工具，使用的时候在需要标注的地方点一下，就会出现一个数字，数字会随着用户的单击而递增。用这款工具可以统计画面中一些重复的元素，这是一款不错的统计及标示工具。

下面通过一个实例来介绍计数工具的使用方法。

（1）打开下载的源文件中的图像"猫咪摆件"，如图 6-75 所示。

（2）选择工具箱中的"计数工具"，然后在图像中单击每一个小猫，单击每个小猫即可为其标记数字计数，如图 6-76 所示。

图 6-75 打开的素材图像（五）

图 6-76 标记数字计数

选择"计数工具"后，选项栏会显示针对该工具的一些属性设置，如图 6-77 所示。

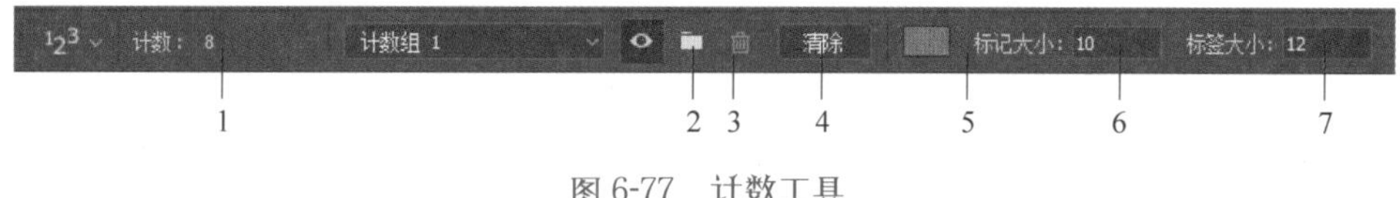

图 6-77 计数工具

其中，各项的含义如下：

1：此处显示标记的计数数值。

2：显示或隐藏计数组。

3：新建计数组。

4：清除所有标记的计数。

5：此处可设置计数标记以及数字的颜色。

6：此处可改变标记以及计数的大小。

7：可以在标记大小和标签大小上拖动左键改变大小，也可以在框中改变数值。

6.11 综合运用——绘制云彩图案

下面讲解如何绘制云彩图案，在教程中用到的都是 Photoshop 自带的笔刷和图案，制作之前只需要调出画笔设置面板，适当选择好笔刷，再适当设置一些参数和纹理，然后用画笔就可以画出自己想要的云彩图案。具体操作方法如下：

6-11 云彩图案

（1）在菜单栏中选择“文件”→“新建”命令，在弹出的“新建”对话框中进行适当的参数设置，如图 6-78 所示，单击“创建”按钮。

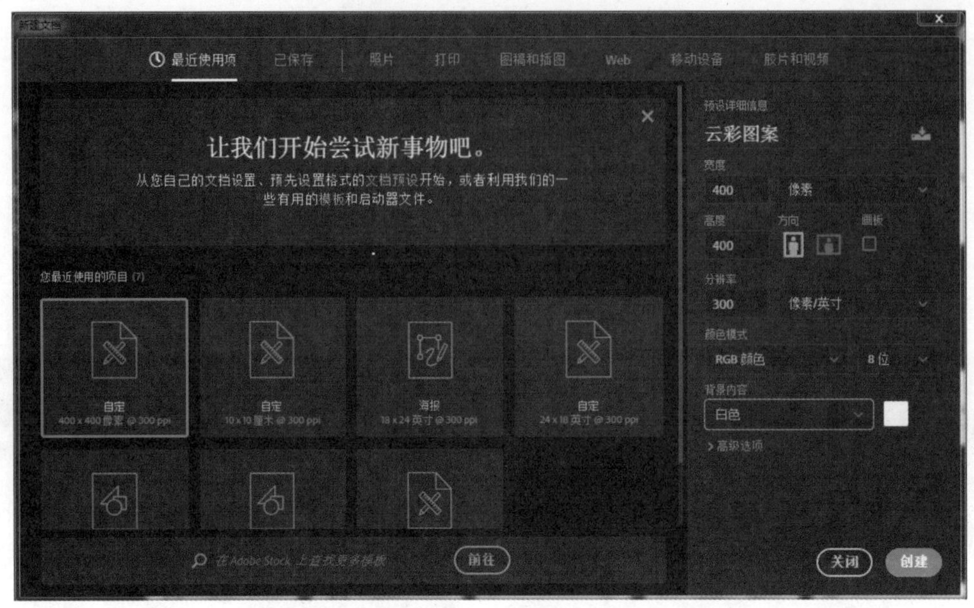

图 6-78　新建文档

（2）选择工具箱中的“渐变工具”■，在其属性栏中选择“线性渐变”，设置前景色为“R:136，G:180，B：253”，背景色为“R：20，G：97，B：255”，在“图层”调板中新建图层 1，将光标移动到图像窗口的上方，按下鼠标左键自下而上拖曳，为图像填充渐变效果，如图 6-79 所示。

图 6-79　填充渐变效果

（3）在菜单栏中选择“窗口”→“画笔”命令，或者执行快捷命令 F5，弹出画笔或画笔预设面板。在面板中设置“画笔笔尖形状”，“笔尖类型”选择柔角，“大小”设置为 100 像素，“间距”为 32%；单击选中“形状动态”，在面板中设置“大小抖动”为 100%，“最小直径”为 20%，“角度抖动”为 20%；然后单击选中“散布”，在面板中选中“两轴”并设置为 120%，“数量”为 5，“数量抖动”为 100%；单击选中“纹理”，图样为蚁穴（128 × 128 灰度模式），“缩放”80%，“模式”为颜色加深，“深度”为 20%，设置好的对话框如图 6-80 所示。

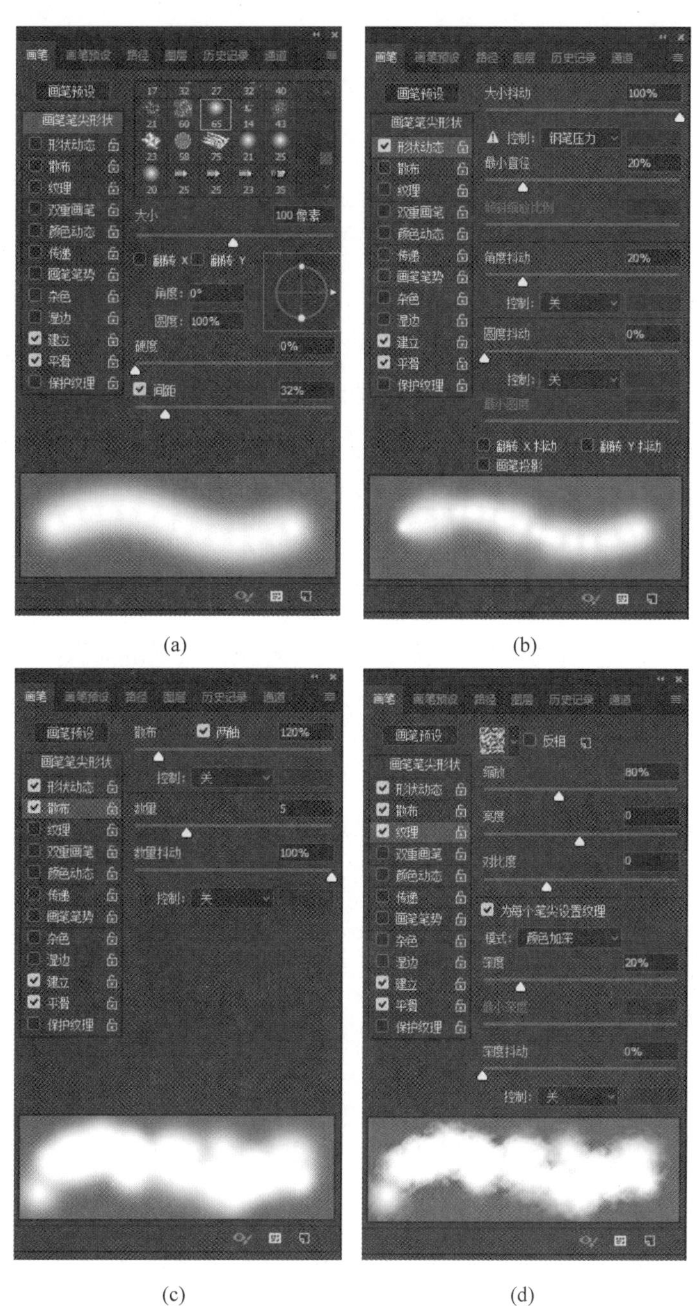

图 6-80 “画笔预设”对话框

（4）新建一个图层 2，并设置前景色为白色，然后使用设置好的画笔工具随意涂抹，画上自己喜欢的图案，效果如图 6-81 所示。

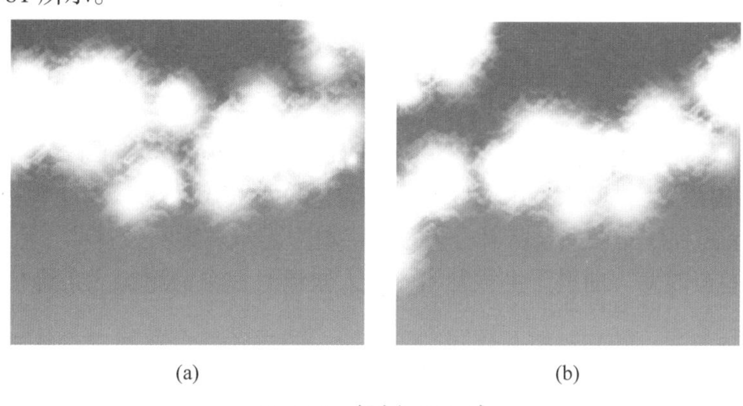

图 6-81 绘制云朵图案

6.12 答 疑 解 惑

1. 使用什么方法可以很快画出虚线和曲线？

答：选择画笔工具，在“画笔”调板中设置笔刷属性时，将圆形笔刷压扁，然后增加笔刷的间距，即可绘制出虚线。要绘制曲线，需要先按照曲线形状绘制一个路径，然后调整画笔的不透明度值，再通过描边路径就可以产生曲线。

2. 在使用画笔工具时，画笔的不透明度和流量有什么区别呢？

答：画笔的“不透明度”选项用于设置画笔工具在绘图时的不透明程度，该值越小，绘制的笔触越透明，当该值为 0% 时，绘制的笔触完全透明。“流量”选项用于设置画笔工具在绘图时笔墨扩散的浓度，该值越大，笔墨扩散的浓度越大。

3. 怎样使用画笔工具绘制圆点排列的笔触效果？

答：在“画笔”调板中选择圆点笔触，再在“画笔笔尖形状”选项组中修改“间距”参数值，然后即可在图像窗口中绘制出圆点排列的笔触效果。

6.13 学习效果自测

1. 在 Photoshop 中使用画笔工具时，按什么键可以对画笔的图标进行切换？(　　)

A. Ctrl　　B. Alt　　C. Tab　　D. Caps Lock

2. 在 Photoshop 中，将前景色和背景色恢复为默认颜色的快捷键是（　　）。

A. D　　B. X　　C. Tab　　D. Alt

3. 在 Photoshop 中，在颜色拾取器（ColorPicker）中，可以对颜色有几种描述方式？(　　)

A. 1 种　　B. 2 种　　C. 3 种　　D. 4 种

4. 在 Photoshop 的颜色拾取器（ColorPicker）中，可以对颜色有以下哪几种描述方式？(　　)

A. HSB、RGB、Grayscale、CMYK　　B. HSB、IndexedColor、Lab、CMYK

C. HSB、RGB、Lab、CMYK　　D. HSB、RGB、Lab、ColorTable

5. 在 Photoshop 的颜色拾取器（ColorPicker）中，对颜色默认的描述方式是（　　）。

A. RGB　　B. HSB　　C. Lab　　D. CMYK

6. 在 Photoshop 中，如何在色板（Swatches）调板中改变工具箱中的背景色？(　　)

A. 按住 Alt 键，并单击鼠标　　B. 按住 Ctrl 键，并单击鼠标

C. 按住 Shift 键，并单击鼠标　　D. 按住 Shift+Ctrl 键，并单击鼠标

7. 在 Photoshop 中使用各种绘图工具的时候，如何暂时切换到吸管工具？(　　)

A. 按住 Alt 键　　B. 按住 Ctrl 键　　C. 按住 Shift 键　　D. 按住 Tab 键

8. 在 Photoshop 中，如果想绘制直线的画笔效果，应该按住什么键？(　　)

A. Ctrl　　B. Shift　　C. Alt　　D. Alt+Shift

9. 在 Photoshop 中，除了历史画笔工具（HistoryBrushTool），还有哪个工具可以将图像还原到历史记录调板中图像的任何一个状态？(　　)

A. BrushTool（画笔工具）　　B. CloneStampTool（克隆图章工具）

C. EraserTool（橡皮擦工具）　　D. BlurTool（模糊工具）

10. 在 Photoshop 中，渐变工具（GradientTool）有几种渐变形式？(　　)

A. 3 种　　B. 4 种　　C. 5 种　　D. 6 种

11. 在 Photoshop 中使用变换（Transform）命令中的缩放（Scale）命令时，按住哪个键可以保证等比例缩放？（　　）

A. Alt B. Ctrl C. Shift D. Ctrl+Shift

12. 在 Photoshop 中自由变换(FreeTransform)命令的状态下,按哪组快捷键可以对图像进行透视变形 ?( )

A. Alt+Shift B. Ctrl+Shift C. Ctrl+Alt D. Alt+Ctrl+Shift

13. 在 Photoshop 中使用“文件”→“自动”→“创建快捷批处理”命令得到的文件的后缀名是什么?( )

A. exe B. psd C. pdf D. act

14. 在 Photoshop 中复制图像某一区域后，创建一个矩形选择区域，选择“编辑”→“粘贴入”命令，此操作的结果是下列哪一项？( )

A. 得到一个无蒙版的新图层

B. 得到一个有蒙版的图层，但蒙版与图层间没有链接关系

C. 得到一个有蒙版的图层，而且蒙版的形状为矩形，蒙版与图层间有链接关系

D. 如果当前操作的图层有蒙版，则得到一个新图层，否则不会得到新图层

15. Photoshop 中在当前图层中有一个正方形选区，要想得到另一个与该选区同等大小的正方形选区，下列操作方法正确的是哪一项？( )

A. 将光标放在选区中，然后按住 Ctrl+Alt 键拖动

B. 在信息控制面板中查看选区的宽度和高度数值，然后按住 Shift 键再绘制一个同等宽度和高度的选区

C. 选择“编辑”→“复制”、“编辑”→“粘贴”命令

D. 选择移动工具，然后按住 Alt 键拖动

16. 在 Photoshop 中，下列工具中可用于定义为画笔及图案的选区的工具是哪一个？( )

A. 圆形选择工具 B. 矩形选择工具 C. 套索选择工具 D. 魔棒选择工具

第 7 章

路径与形状工具

学习要点

本章是一个知识提升章节，利用 Photoshop 提供的路径功能，用户可以绘制直线、曲线或各种 Photoshop 自带的路径形状，并对其进行调整。本章主要介绍路径及形状工具的用法，并举相关实例介绍其在实际当中的应用。

路径是使用“形状工具”或“钢笔工具”绘制的、以矢量图形方式定义的直线和曲线，曲线可以是闭合的，也可以是不闭合的。用“形状工具”可以绘制出有规则外形的路径，如矩形、椭圆、五角星等，而“钢笔工具”则可以绘制出任意形状的路径。可以将路径转换为选区，也可以对路径进行颜色的填充和轮廓的描边。通过编辑路径的锚点，可以很方便地改变路径的形状。

通过本章的学习，可以掌握绘制路径、编辑路径、应用路径的方法，并掌握“路径”面板的相关知识。

学习提要

- ❖ 认识路径面板
- ❖ 掌握编辑锚点的相关操作
- ❖ 掌握路径的复制、删除、描边以及填充等操作

7.1 认 识 路 径

在 Photoshop 中，路径在屏幕上显示为一些不可打印、不活动的适量形状，使用路径可以进行精确定位和调整。同时，还能创建出不规则以及复杂的图像选区。路径是由贝赛尔曲线组成的图形，可用路径选取复杂或绘制复杂的图形，可在路径和图形之间转换。

7.1.1 认识路径面板

路径还可以理解为由锚点组成的线段或曲线，路径上的每个锚点还包含两个控制柄，拖动控制柄能调整锚点及前后线段的曲度，使路径能匹配想要的图像边界，让路径的调整更自由。

7.1.2 路径面板的基本元素

在显示出的“路径”面板中，可以进行路径的新建、保存、复制、填充以及描边等操作。

路径包括以下基本元素：

- 角点：用钢笔工具可创建角点，它是路径的基本元素，表示路径中两条直线的交点。
- 平滑点：用鼠标单击可以创建一个角点，可以把角点变为带有贝赛尔控制柄的平滑点。平滑点能保证两条直线段以连续圆弧相连接。
- 直线段：用钢笔工具单击两个不同的位置，则在两个角点之间创建一条直线段。
- 曲线段：在两个不同位置的平滑点之间拖动，可以创建一条曲线段。
- 拐点：创建了一条曲线段后，按住 Alt 键拖动刚创建的平滑点，将把平滑点转换成两个独立句柄的角点，称为拐点。
- 开放路径：开放路径有特定的起点和终点，即起点和终点有一条线段和它们相连接。
- 闭合路径：闭合路径的起点和终点相连，即路径中的每个点都有两条线段与它们相连接。可以把闭合路径转化成选区。

7.2 路径的绘制和调整

“钢笔工具”是一种绘制路径的工具，这种路径不受图像缩放以及分辨率大小的影响，利用它能随心所欲地绘制出各种路径形状，并能把路径转换成选区，实现图像的提取。“钢笔工具”以及它的各种编辑辅助工具如图 7-1 所示。

路径根据不同的要求进行变换。路径的编辑操作包括路径锚点的调整、路径的创建、复制、删除、显示和隐藏、存储、描边路径、路径与选区的转换和填充路径等。

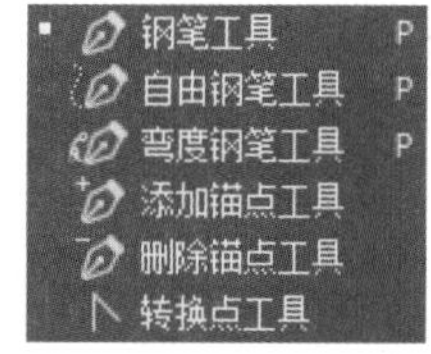

图 7-1 路径创建工具

7.2.1 路径的绘制

执行“文件”→“新建”命令，新建一个图像文件，选取工具箱中的“钢笔工具”，在“路径工具”属性栏上选“路径”选项，如图 7-2 所示。

图 7-2 “路径工具”属性栏

1. 开放路径的绘制

选择工具箱中的“钢笔工具”，将钢笔指针定位在绘图起点处并单击，以定义第一个锚点，单击或拖动，为其他的路径段设置锚点。

技巧：要结束开放路径，请按住 Ctrl 键的同时在路径外单击；要在绘图时预览路径段，请单击“路径工具”属性栏中形状按钮旁边的反向箭头，并选择“橡皮带”。

1）直线路径的绘制

将钢笔指针定位在直线段的起点并单击，以定义第一个锚点。在直线第一段的终点再次单击，完成直线段的绘制。最后一个锚点总是实心方形，表示处于选中状态。当继续添加锚点时，以前定义的锚点会变成空心方形，如图 7-3 所示。

2）曲线路径的绘制

选取“钢笔工具”在确定的起始位置按住鼠标左键，当第一个锚点出现时，沿曲线被绘制的方向拖动。此时，鼠标会变为一个小三角形，并导出两个方向点中的一个。释放鼠标，完成第一个方向点的定位操作。将鼠标指针定位在曲线结束的位置，按住鼠标左键并沿相反的方向拖动，完成曲线路径的绘制，如图 7-4 所示。

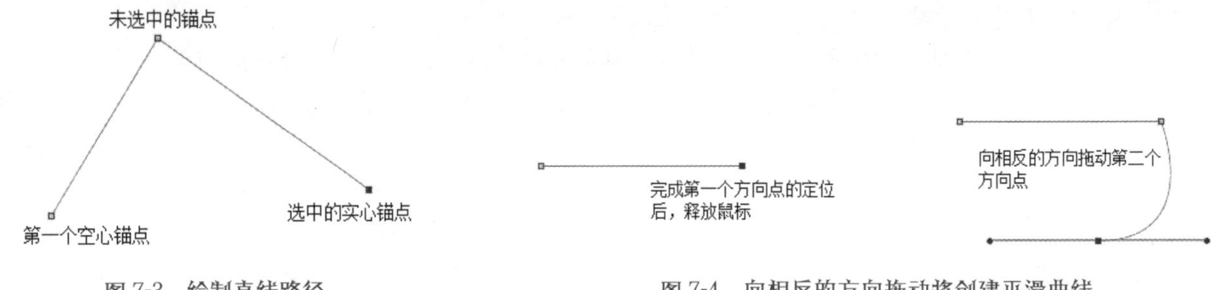

图 7-3　绘制直线路径　　　图 7-4　向相反的方向拖动将创建平滑曲线

在创建曲线时，总是向曲线的隆起方向拖动第一个方向点，并向相反的方向拖动第二个方向点。

若要创建曲线的下一个平滑线段，将指针放在下个线段结束的位置，然后拖动鼠标创建下一曲线，如图 7-5 所示。

同时向一个方向拖动两个方向点将创建 S 形曲线，如图 7-6 所示。

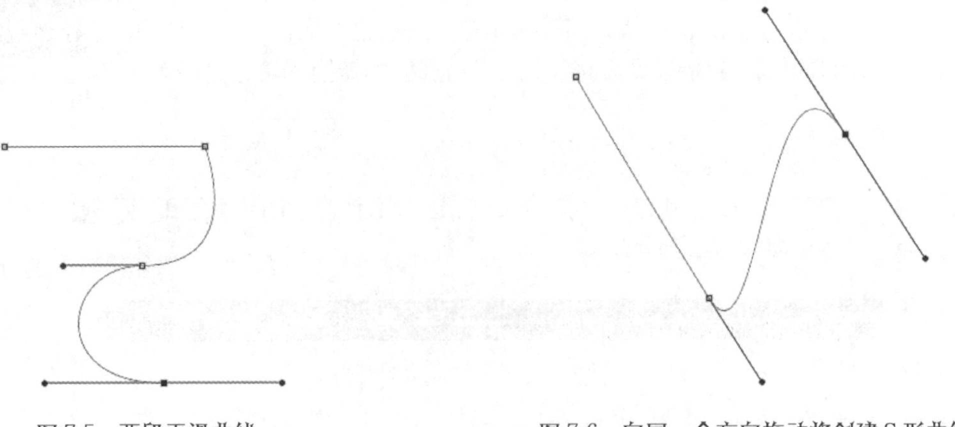

图 7-5　两段平滑曲线　　　图 7-6　向同一个方向拖动将创建 S 形曲线

在绘制直线路径时，按 Delete 键一次，可删除上一个添加的锚点；按 Delete 键两次，则删除整条路径；按 Delete 键三次，则删除所有显示的路径。按住 Shift 键的同时，可沿水平、垂直和 45º 方向绘制水平或垂直线段。按 Alt 键的同时，单击锚点可切换到“转换点工具”。

2. 闭合路径的绘制

选择工具箱中的“钢笔工具”，将钢笔指针定位在绘图起点处并单击，以定义第一个锚点，单击或拖动，为其他的路径段设置锚点。要闭合路径，请将钢笔指针定位在第一个锚点上。如果放置的位置正确，笔尖旁将出现一个小圈，单击可闭合路径，如图 7-7 所示。

在对路径上的锚点进行编辑时，经常会用到“转换点工具”达到希望的效果。

首先选择“转换点工具”，并将指针放在要更改的锚点上，如图 7-8 所示，然后单击并拖动手柄来改变路径的形状，如图 7-9 所示。

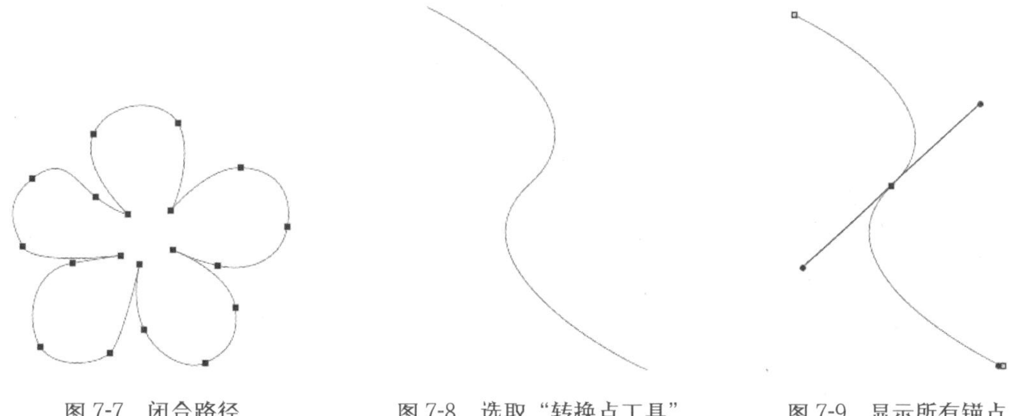

图 7-7　闭合路径　　图 7-8　选取“转换点工具”　　图 7-9　显示所有锚点

（1）要将平滑点转换成没有方向线的角点，请单击平滑锚点，如图 7-10 所示。

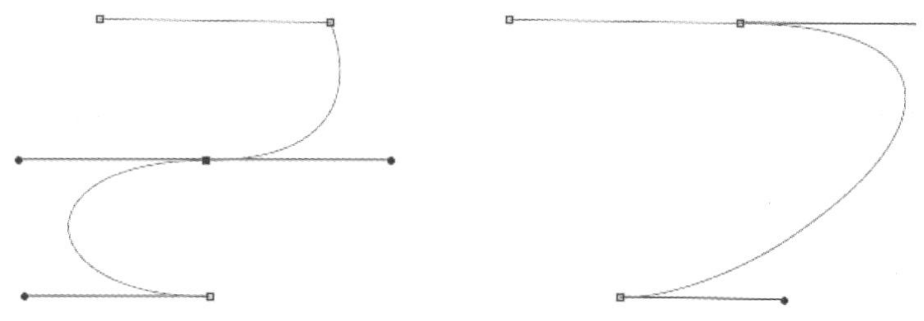

图 7-10　将平滑点转换成没有方向线的角点

（2）要将平滑点转换为带有方向线的角点，一定要能够看到方向线。然后使用转换点工具，拖动方向点，曲线也随之变化，如图 7-11 所示。

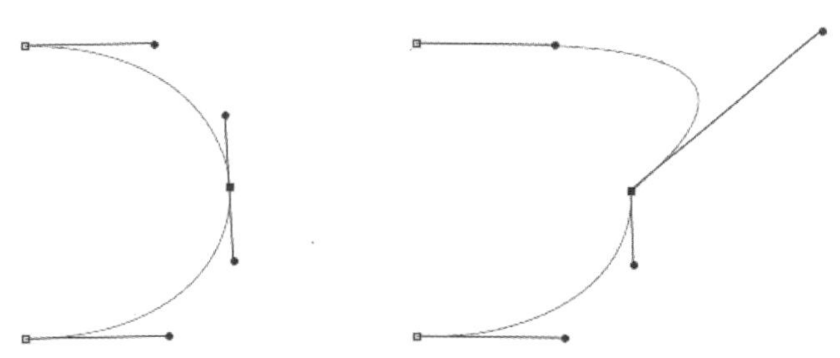

图 7-11　将平滑点转换为带有方向线的角点

（3）要将角点转换成平滑点，请向角点外拖动，使方向线出现，如图 7-12 所示。

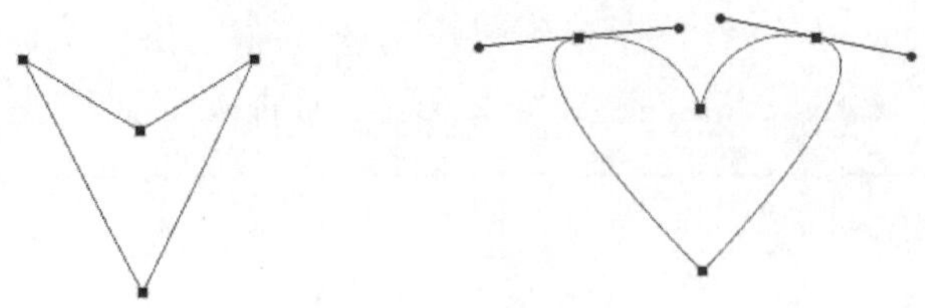

图 7-12 将角点转换成平滑点

7.2.2 为路径添加锚点

绘制完路径后，如果出现反复调整都无法达到自己满意的效果时，该如何处理呢？

如果出现这种情况，完全不需要重新绘制路径，可以通过在路径上添加锚点来解决。

在工具箱中选取“添加锚点工具”，如图 7-13 所示。在需要添加锚点的路径上单击鼠标，单击处出现增加的锚点，用鼠标拖动新增的锚点，可调整锚点的位置，拖动控制手柄，可调整路径的形状，如图 7-14 所示。

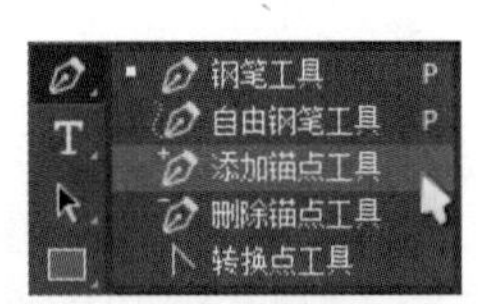

图 7-13 选取“添加锚点工具”

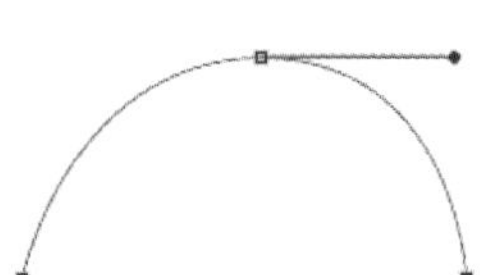

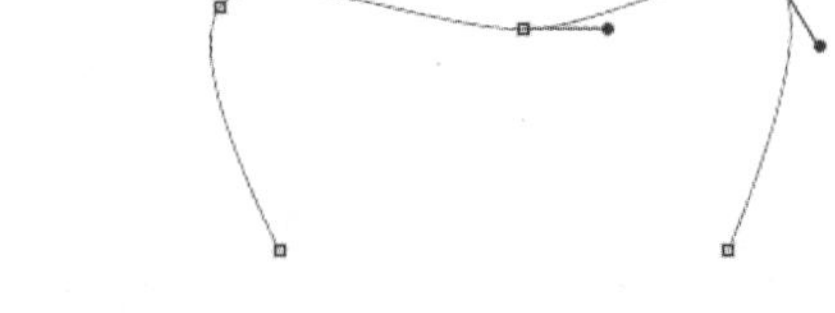

图 7-14 更改线段形状的锚点

7.2.3 删除多余的锚点

在路径上如果有多余的锚点，可以删除它们。在工具箱中选取“删除锚点工具”，如图 7-15 所示。

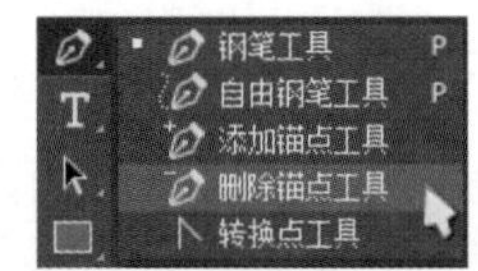

图 7-15 选取“删除锚点工具”

“删除锚点工具”用于在已经创建的路径上删除锚点，在路径被激活的状态下，选择“删除锚点工具”，并将指针放在要删除锚点的路径上（指针旁会出现减号），如果直接单击锚点将其删除，路径的形状会重新调整以适合其余的锚点，如图 7-16 所示；拖动锚点将其删除，线段的形状会随之改变，如图 7-17 所示。

图 7-16 直接单击锚点将其删除的效果

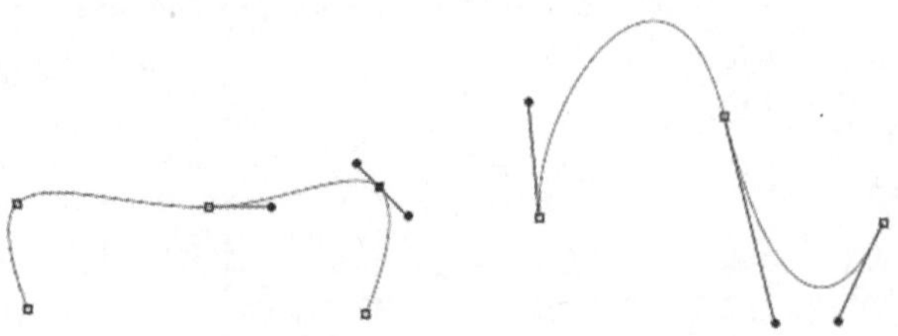

图 7-17 拖动锚点将其删除的效果

7.2.4 路径编辑工具

路径编辑工具包括“路径选择工具”和“直接选择工具”，如图 7-18 所示的工具栏。

当我们使用钢笔工具绘制完一个路径或多个路径时，如果要对一个或多个路径进行编辑操作，如对齐、移动路径等，可以选择“路径选择工具”，按住鼠标左键不放，然后拖动路径到想要的位置区域，如图 7-19 所示。

图 7-18 路径编辑工具　　图 7-19 移动路径

如果要对路径中单独的某个锚点或者路径中的某个线段进行调整，需要选择“直接选择工具”，然后拖动其中的某个锚点进行移动，直到调整到合适的大小和位置，如图 7-20 所示。

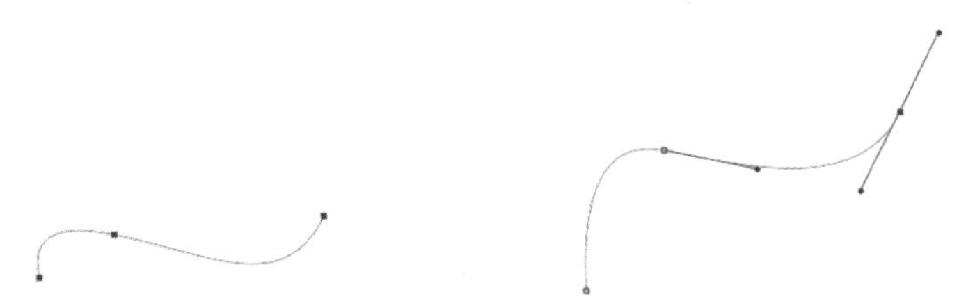

图 7-20 利用“直接选择工具”调整路径

7.2.5 路径的复制

有时，在 Photoshop 中绘制好一个路径之后，还需要绘制一个或者几个同样的路径。这时，就可以把绘制好的路径复制一个或者多个。这样就避免了重复绘制路径的麻烦，提高了工作效率。

下面通过一个实例来介绍怎样复制路径。

（1）新建一个空白文档，使用工具箱中的钢笔工具，绘制一条路径，如图 7-21 所示。

（2）使用工具箱中的“路径选择”工具组，在下拉菜单中单击“路径选择工具”。在其中一个路径的外边缘上单击一下，选中其中一个闭合路径。然后按住 Shift 键，再选取其他闭合路径。这样，就选中了整个图形的路径。还有一个比较方便快捷的方法就是选择“路径选择工具”，然后在路径的整个周围框选，这时可发现整个路径都被选中，如图 7-22 所示。

（3）按住 Alt 键并按住鼠标左键不放，拖动。这时，就会复制一个路径到新的位置，如图 7-23 所示。在新的路径上右击，在下拉菜单中选择“自由变换路径”，如图 7-24 所示。或者使用快捷方式 Ctrl+T，在路径的周围会出现一个方框，如图 7-25 所示。

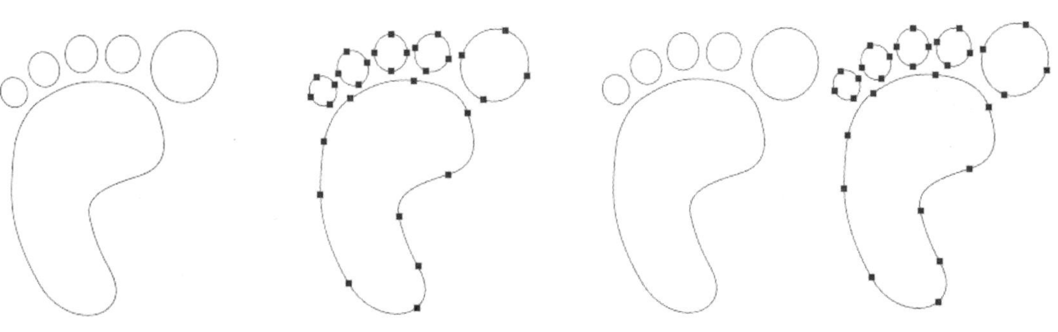

图 7-21 绘制路径　　图 7-22 选中整个路径　　图 7-23 复制路径

（4）再次右击，在下拉菜单中选择“水平翻转”，如图 7-24 所示。按下 Enter 键，确认变换，如图 7-26 所示。

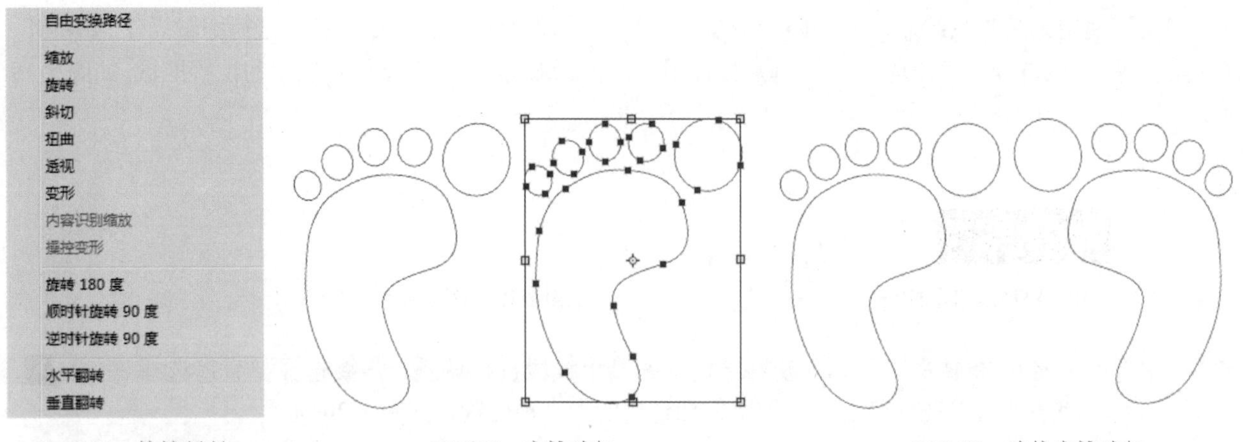

图 7-24　快捷菜单　　图 7-25　变换路径　　图 7-26　确认变换路径

7.2.6　路径的描边与填充

描边的含义是在图像或物体边缘添加一层边框，而描边路径指的是沿着绘制的或已存在的路径，在其边缘添加线条效果。

而填充路径是指使用颜色或图案对图像中的路径进行填充，使用填充路径命令能对路径填充前景色、背景色或奇特颜色，同时还能快速为图像填充图案。若路径为线条时，则会按路径面板中显示的选区范围进行填充。

下面按照上一节的实例来对路径进行描边和填充。

（1）使用“路径选择工具”，选中整个路径，如图 7-27 所示。然后右击，弹出如图 7-28 所示的快捷菜单。

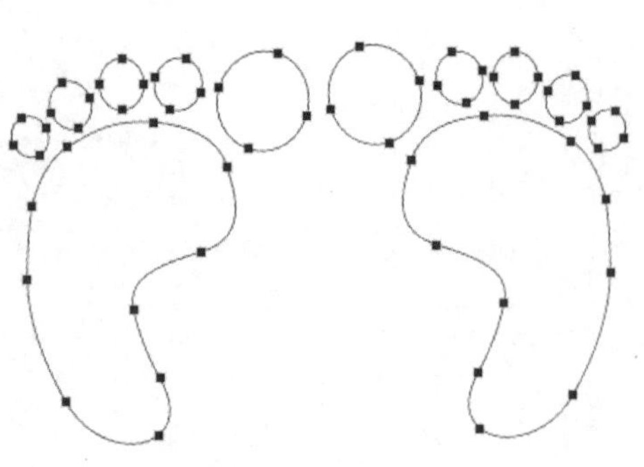

图 7-27　选取整个路径

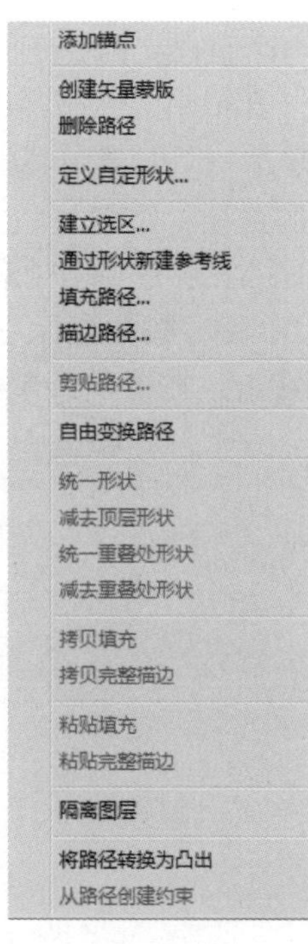

图 7-28　快捷菜单

（2）在弹出的快捷菜单中选择描边路径，这时弹出如图 7-29 所示的对话框，一般默认的描边画笔为“铅笔”，可以提前设置好前景色以及铅笔的像素（铅笔的像素即为描边的像素），在这里，铅笔像素为 5。然后单击“确定”按钮，效果如图 7-30 所示。

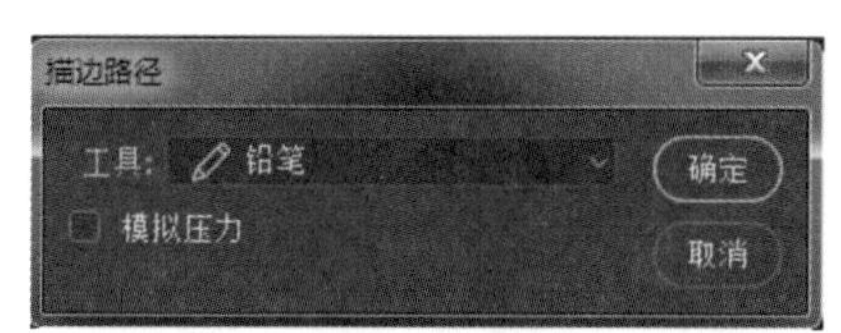

图 7-29 “描边路径”对话框

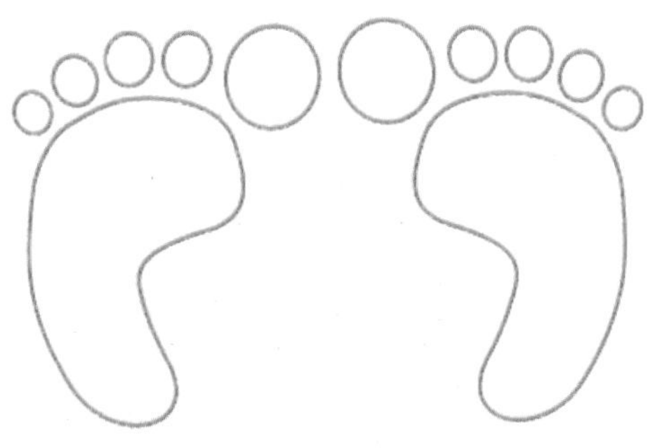

图 7-30 描边路径

（3）如果想对路径进行填充，可在上述如图 7-28 所示的快捷菜单中选择“填充路径”，弹出如图 7-31 所示的对话框，在对话框中可以设置要填充的颜色、图层模式、不透明度以及羽化半径。可以根据自己的需要来进行调整。设置好参数后单击“确定”按钮，效果如图 7-32 所示。

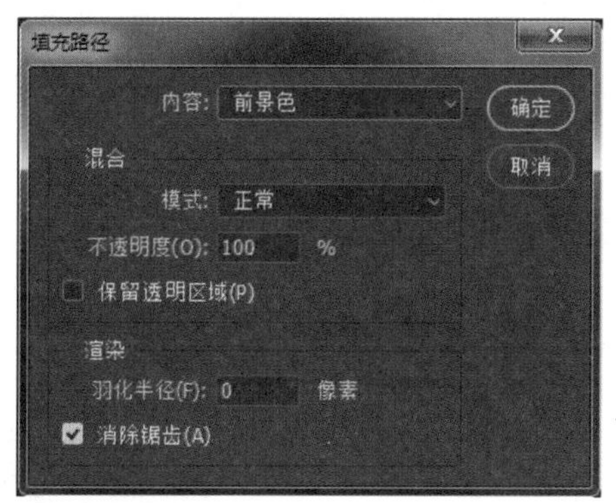

图 7-31 “填充路径”对话框

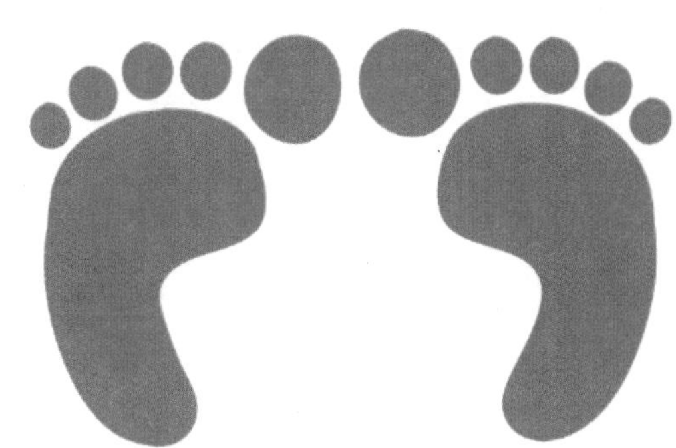

图 7-32 填充路径

7.3 路径和选区的转换

路径制作完成之后，可以把它转化为选区，就可以开始进行其他的应用操作。

7.3.1 路径转化为选区

切换到“路径”面板，在面板的下端单击“将路径作为选区载入”按钮将路径转化为选区，如图 7-33 和图 7-34 所示。

创建完选区后，可以选取“渐变工具”，设置一种渐变色，然后对选区进行填充，效果如图 7-35 所示。

图 7-33 “将路径作为选区载入”按钮

图 7-34 将路径转换为选区

图 7-35 对选区进行渐变填充

7.3.2 选区转化为路径

同样，可以将选区转化为路径。

首先在图像上创建好一个选区，然后打开“路径”面板，在面板上单击“从选区生成工作路径”按钮，如图 7-36 所示。可以看到，图像上的选区已经转换为路径了，同时在“路径”面板上增加了一项“工作路径”，如图 7-37 所示。

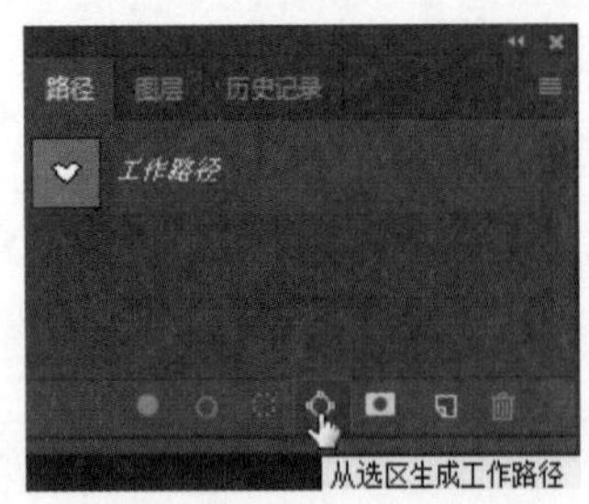

图 7-36 单击“从选区生成工作路径”按钮

图 7-37 生成的“工作路径”

将选区转换为路径，可以将建立的选区以路径的形式保存起来，并且还可以为路径描边。

7.4 创建路径形状

在 Photoshop CC 2018 中，可以通过几何绘图工具方便地绘制出各种各样的矢量图案，几何绘图工具组中包括“矩形工具”“圆角矩形工具”“椭圆工具”“多边形工具”“直线工具”“自定形状工具”，如图 7-38 所示。

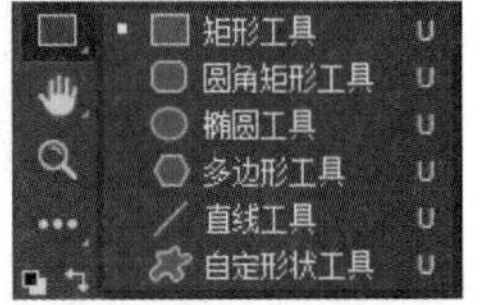

图 7-38 几何绘图工具

7.4.1 矩形工具

选取“矩形工具” 后，在图像上拖动鼠标可创建出矩形，在拖动鼠标的同时按住 Shift 键，可绘制出正方形。“矩形工具” 的属性栏如图 7-39 所示。

图 7-39 “矩形工具”属性栏

“矩形工具”属性栏中有三个选项是每个形状工具属性栏中均有的选项，它们的含义如下：

➢ “形状” 形状 ：选取此选项后，表示绘制出来的矩形将被分配到一个形状图层中，如图 7-40 所示。

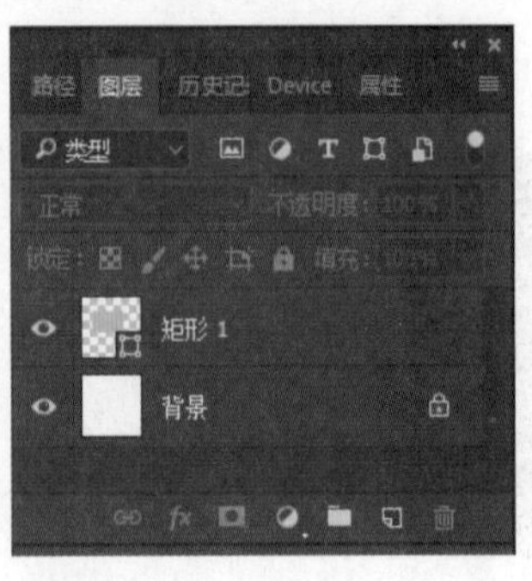

图 7-40 绘制出的形状

➢ “路径” 路径 ：选取此选项后，绘制出来的将是路径，如图 7-41 所示。

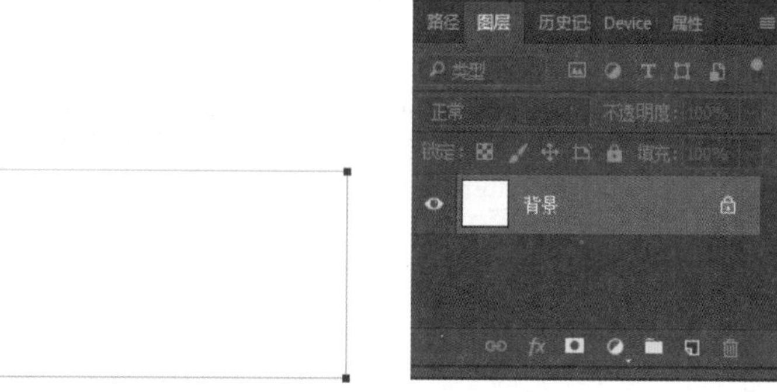

图 7-41　绘制出的路径

➢ “像素”：在形状下拉列表中按下此按钮后，绘制出来是一幅位图，存放于当前所选的图层中，如图 7-42 所示，是无边框色的矩形。

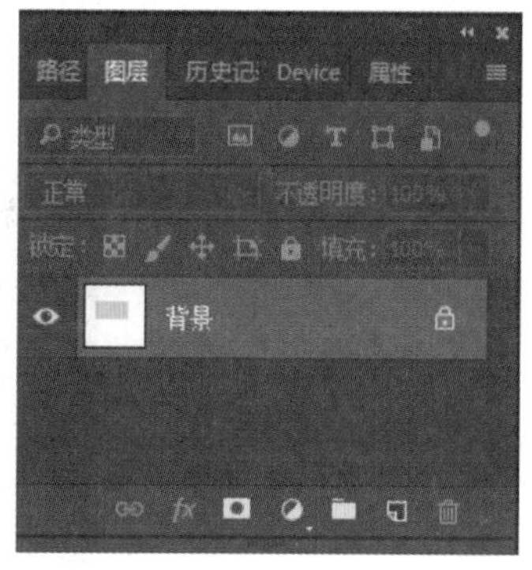

图 7-42　绘制出的像素图形

7.4.2　圆角矩形工具

使用“圆角矩形工具”可以创建出带圆角的矩形，其使用方法与“矩形工具”相同，在属性栏中可设置圆角的半径，如图 7-43 所示。

图 7-43　“圆角矩形工具”属性栏

“半径”参数用来控制圆角矩形的平滑程度，数值越大，矩形的圆角越大、越平滑，取值为 0 时是直角矩形。

7.4.3　椭圆工具

选取“椭圆工具”后，在图像上拖动鼠标，可绘制出一个椭圆，在拖动鼠标的同时按下键盘上的 Shift 键，可绘制出正圆形，如图 7-44 所示。

图 7-44　绘制出的椭圆和正圆形

“椭圆工具”属性栏与“矩形工具”属性栏类似。

7.4.4 多边形工具

选取“多边形工具”后，其属性栏如图 7-45 所示。该工具可以设置多边形的边数，取值范围为 3～100，可以绘制出各种各样的多边形。

图 7-45 “多边形工具”属性栏

7.4.5 直线工具

使用“直线工具”可以绘制不同粗细的直线和带箭头的线段，选取“直线工具”后，在属性栏上可设置线段的填充颜色、描边以及线段的粗细，取值范围为 1～1000 像素，如图 7-46 所示。单击“描边选项”右侧的下拉菜单，可以设置描边的像素大小以及线性，如图 7-47 所示。

图 7-46 “直线工具”属性栏

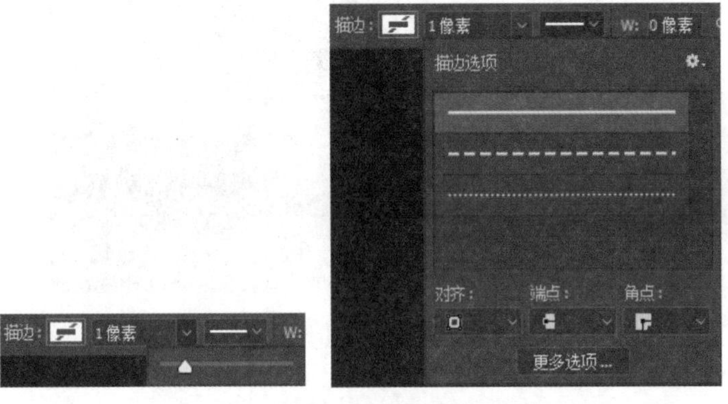

图 7-47 设置描边的像素大小以及描边选项

7.4.6 自定形状工具

“自定形状工具”可以绘制出多变的图像，选取“自定形状工具”后，可在属性栏中单击“形状”右侧的下拉按钮，弹出“形状选项”面板，如图 7-48 所示。在面板上选中一种形状后，用鼠标在图像中拖动，可绘制出所选择的形状。

图 7-48 “形状选项”面板

单击面板右上角的设置按钮，在弹出的快捷菜单中选择“载入形状”命令，如图 7-49 所示，弹出“载入”对话框，在对话框中可以载入扩展名为 CSH 的文件。

除了可以在面板上选择形状，还可以在菜单中选择 Photoshop CC 2018 提供的大量形状，如选择“自然”命令，弹出一个对话框，提示是否替换当前面板中的形状，单击“确定”按钮，如图 7-50 所示，此时可以看到其中的形状已经替换为之前所选择的形状了，如图 7-51 所示。

除“形状”面板的选项外，还可以绘制形状，并将自己制作的形状存储起来，如将图 7-52 所示的图像添加到“形状”中，操作如下：

（1）选择一种“路径工具”，绘制出一定形状的路径。

（2）打开“路径”面板，选中绘制出来的路径。

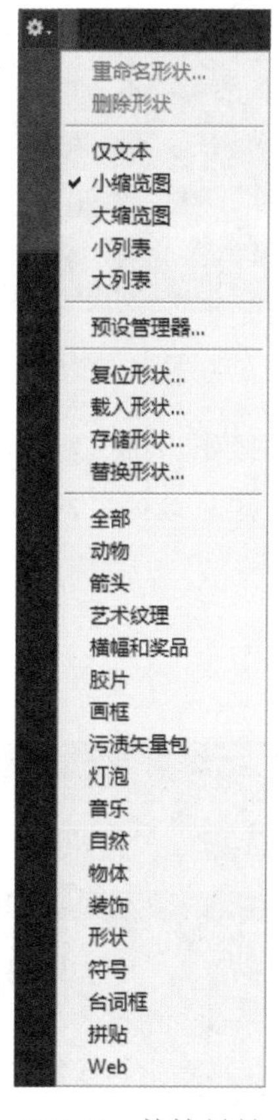

图 7-49 快捷菜单

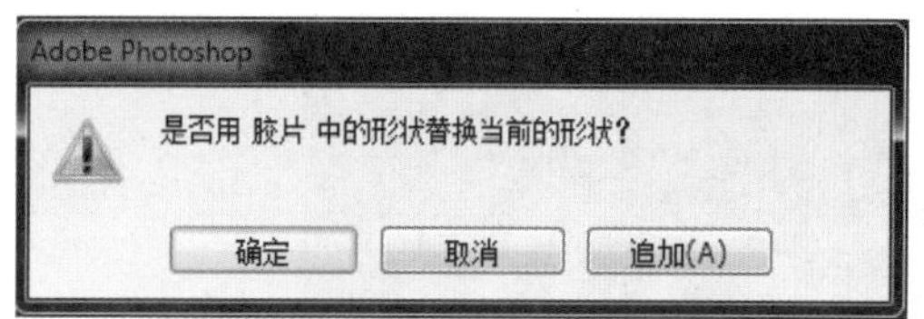

图 7-50 快捷菜单命令对话框

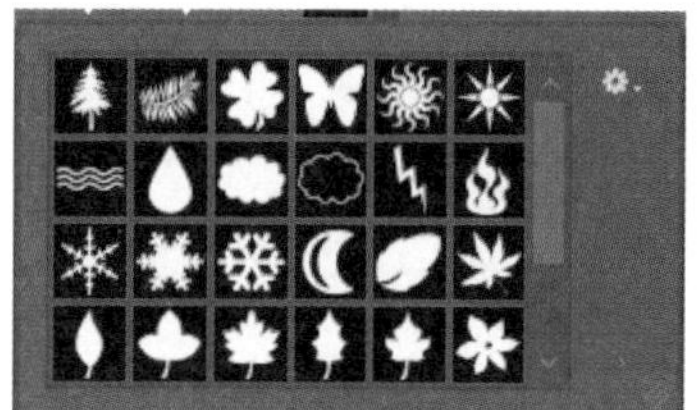

图 7-51 替换的形状

图 7-52 绘制出的路径图像

（3）执行“编辑”→“定义自定形状”命令，弹出“形状名称”对话框，输入形状的名称，单击“确定”按钮，如图 7-53 所示。

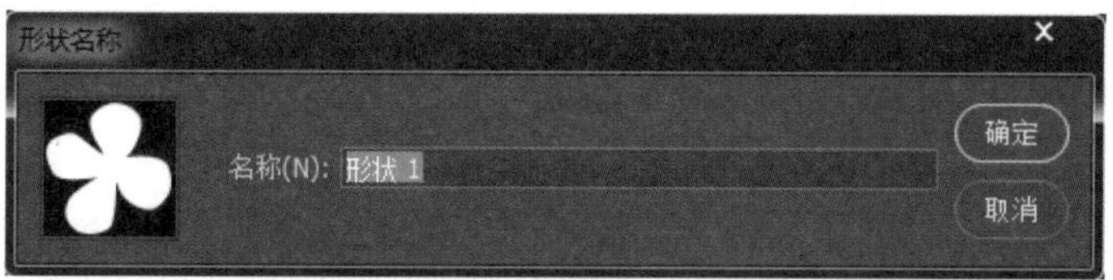

图 7-53 “形状名称”对话框

（4）打开“形状”面板，可以看到面板中已经保存了刚才定义的形状。

7.5 综合实例——海螺纹理效果制作

下面举例说明如何为一张照片添加相框，具体操作方法如下：

（1）打开下载的源文件中的图片“海螺”，如图 7-54 所示。

（2）在工具栏中选择“钢笔工具”，然后对海螺的轮廓进行勾勒，在勾勒过程中可以适当放大图像，从而可以使图像的轮廓边缘更精确美观。闭合路径后如图 7-55 所示。

7-1 海螺纹理

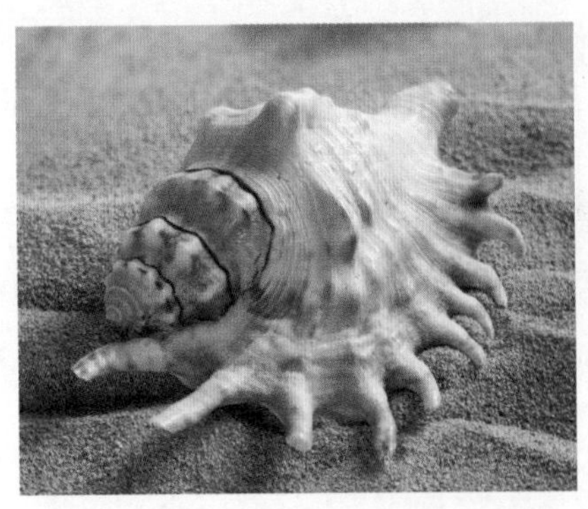
图 7-54　打开的素材图像

图 7-55　抠选的海螺轮廓

（3）在“钢笔工具”下的路径面板中，单击如图 7-56 所示的“将路径作为选区载入”按钮，也可以右键单击图像，在弹出的快捷菜单中选择“建立选区”，然后在弹出的“建立选区”对话框中选择羽化半径为 0 像素，如图 7-57 所示。最终将路径作为选区载入后如图 7-58 所示。

（4）在菜单栏中选择“编辑”→“定义画笔预设”命令，弹出“画笔名称”对话框，如图 7-59 所示。然后取名称为“海螺”，单击“确定”按钮。

图 7-56　路径面板

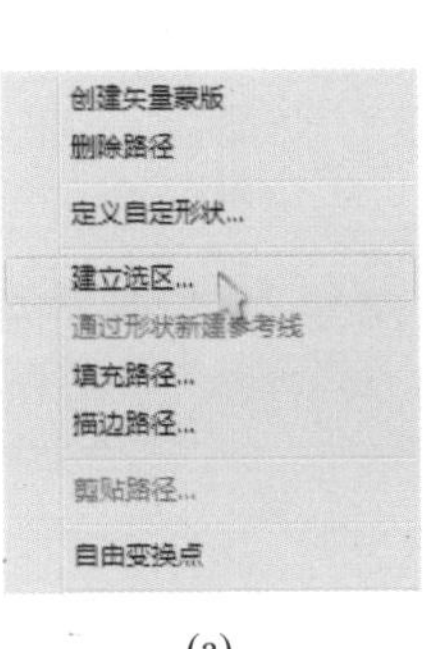

(a)

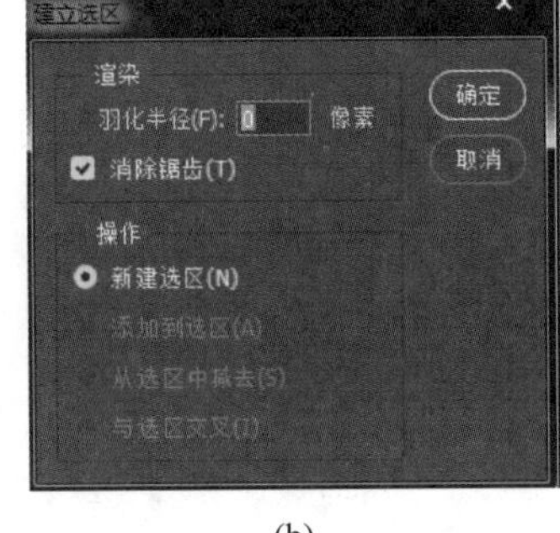

(b)

图 7-57　快捷菜单以及“建立选区”对话框

图 7-58　将路径载入选区

图 7-59　“画笔名称”对话框

（5）在菜单栏中选择“文件”→“新建”命令，在弹出的“新建文件”对话框中设置好详细参数。在图层面板中单击新建一个图层，并设置图层底色为黑色。在工具栏中选择画笔工具，并在菜单栏中选择“窗口”→“画笔”命令，或者按快捷键 F5，弹出“画笔”面板。

画笔设置属性如图 7-60 所示。

（6）设置好参数后，在新建的图层中进行随意涂抹绘制，最终效果如图 7-61 所示。

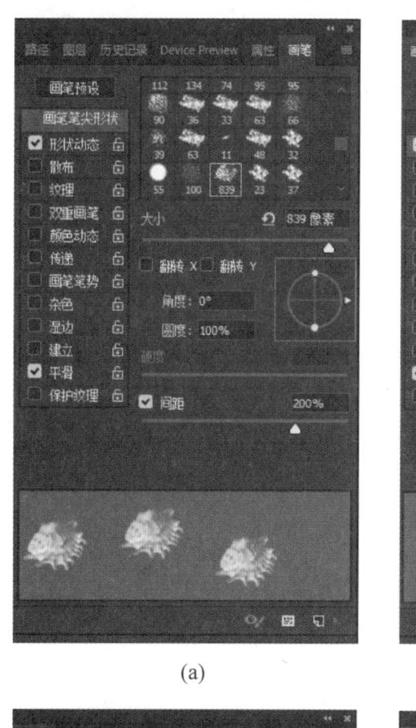

(a)

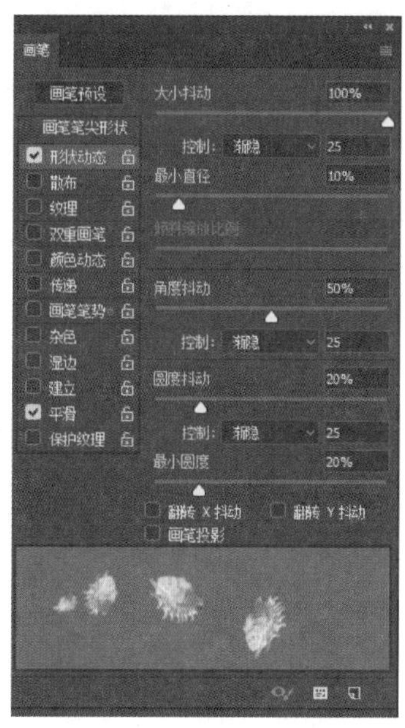

(b)

(c)

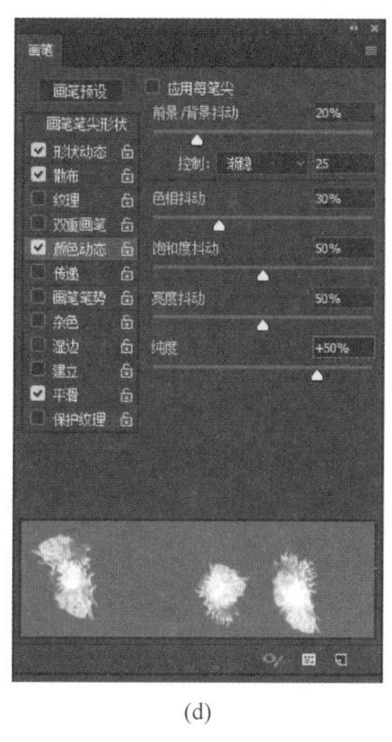

(d)

图 7-60 画笔预设

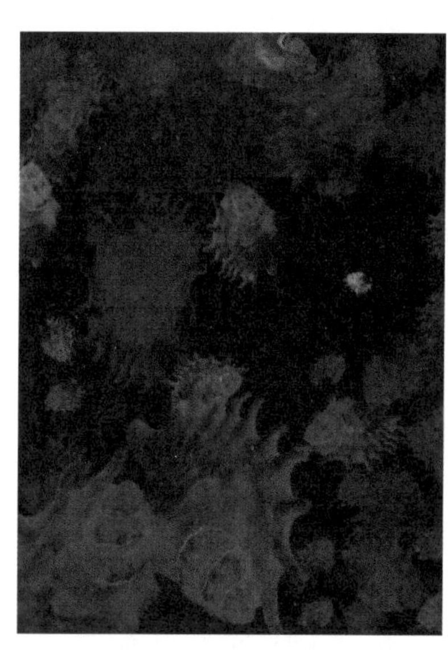

图 7-61 最终效果图

7.6 答疑解惑

1. 在 Photoshop 中，按照绘制过程可以将路径划分为哪几种？

答：可以划分为直线、曲线、开放式路径和封闭式路径。

2. 曲线型路径中的锚点分为哪几种类型？

答：分为平滑锚点和折角锚点。平滑锚点的两端有两个处于同一直线上的控制手柄，这两个控制手柄之间是互相关联的，拖动其中一个手柄，另一个手柄会向相反的方向移动，此时路径线也会随之发生相应的改变。折角锚点虽然也有两个控制手柄，但它们之间是互相独立的，当拖动其中一个手柄时，另一个手柄不会发生改变。

3. 路径与路径之间可以进行组合吗?

答：在绘制两条或多条路径后，通过“路径选择工具”属性栏中的“添加到形状区域”按钮、“从形状区域减去”按钮、“交叉形状区域”按钮和“重叠形状区域除外”按钮，就可以将路径按照不同的方式组合。

7.7 学习效果自测

1. 在路径曲线线段上，方向线和方向点的位置决定了曲线段的（ ）。

A. 角度 B. 形状 C. 方向 D. 像素

2. 使用钢笔工具可以绘制出的最简单线条是什么？（ ）

A. 直线 B. 曲线 C. 描点 D. 像素

3. 按住下列哪个键可保证椭圆选框工具绘出的是正圆形？（ ）

A. Shift B. Alt C. Ctrl D. Caps Lock

4. 当单击路径调板下方的“用前景色填充路径”图标时，若想弹出填充路径的设置对话框，应同时按住下列的（ ）键。

A. Shift B. Ctrl C. Alt D. Shift+Ctrl

5. 如果使用矩形选框工具画出一个以鼠标单击点为中心的矩形选区，应按住（ ）键。

A. Shift B. Ctrl C. Alt D. Shift+Ctrl

6. 在 Photoshop 中，在路径控制面板中单击“从选区建立工作路径”按钮，即创建一条与选区相同形状的路径，利用直接选择工具对路径进行编辑，路径区域中的图像有什么变化？（ ）

A. 随着路径的编辑而发生相应的变化 B. 没有变化

C. 位置不变，形状改变 D. 形状不变，位置改变

7. 在 Photoshop 中暂时隐藏路径在图像中的形状，应执行以下的哪一种操作？（ ）

A. 在路径控制面板中单击当前路径栏左侧的眼睛图标

B. 在路径控制面板中按 Ctrl 键单击当前路径栏

C. 在路径控制面板中按 Alt 键单击当前路径栏

D. 单击路径控制面板中的空白区域

8. 在 Photoshop 中使用矩形选择工具创建矩形选区时，得到的是一个具有圆角的矩形选择区域，其原因是下列各项的哪一项？（ ）

A. 拖动矩形选择工具的方法不正确

B. 矩形选择工具具有一个较大的羽化值

C. 使用的是圆角矩形选择工具而非矩形选择工具

D. 所绘制的矩形选区过大

9. 使用钢笔工具创建曲线转折点的方法是（ ）。

A. 用钢笔工具直接单击

B. 用钢笔工具单击并按住鼠标左键拖动

C. 用钢笔工具单击并按住鼠标左键拖动使之出现两个把手，然后按住 Alt 键单击

D. 在按住 Alt 键的同时用钢笔工具单击

10. 当将浮动的选择范围转换为路径时，所创建的路径的状态是（ ）。

A. 工作路径 B. 开发的子路径 C. 剪贴路径 D. 填充的子路径

第8章

文字艺术

学习要点

在广告等艺术作品中，文字不仅仅用来传达某种信息，它在艺术效果的表现方面也发挥着重要的作用。不同的文字处理方法，会产生不同的效果，也会给作品带来无穷的生命力。本章主要介绍各种特效字的处理方法，并使读者了解其在实际中的应用。

学习提要

- ❖ 文字工具介绍
- ❖ 特效字的制作方法

8.1 文字工具介绍

由于 Photoshop 处理的特效字必须要以文字工具制作的文字作为前提，因此，这里首先介绍文字工具的使用方法。

Photoshop 的工具箱中有 4 种可供选择的文字工具，如图 8-1 所示。

横排文字工具 T
直排文字工具 T
直排文字蒙版工具 T
横排文字蒙版工具 T

图 8-1 文字工具

其中，“横排文字工具”和“直排文字工具”用于创建文本，创建的文本将被放于系统新建的文字图层中；而“横排文字蒙版工具”和“直排文字蒙版工具”用于创建文本形状的选区，并不创建文字图层。

横排文字工具和直排文字工具具体操作方式如下：

1）输入文本

（1）选择文字工具。

（2）在图像上欲输入文字处单击，出现小的“I”图标，这就是输入文字的基线。

（3）输入所需文字，输入的文字将生成一个新的文字图层。

2）在文本框中输入文字

（1）选择文字工具。

（2）在欲输入文字处用鼠标拖拉出文本框，在文本框中出现小的“I”图标，这就是输入文字的基线。

横排文字蒙版工具和直排文字蒙版工具具体操作方式如下：

（1）选择文字蒙版工具。

（2）在图像上欲输入文字处单击，出现小的“I”图标，这就是输入文字的基线。

（3）输入所需文字，与文字工具不同的是，文字蒙版工具得到的是具有文字外形的选区，不具有文字的属性，也不会像文字工具生成一个独立的文字层。

4 种文字工具的使用如图 8-2 ~ 图 8-5 所示。

Photoshop

图 8-2 横排文字工具

图 8-3 直排文字工具

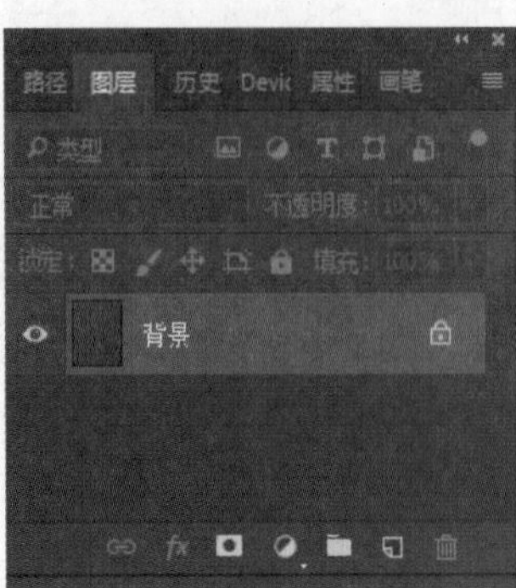

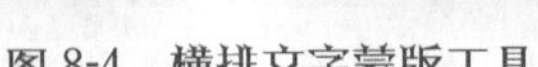

图 8-4 横排文字蒙版工具

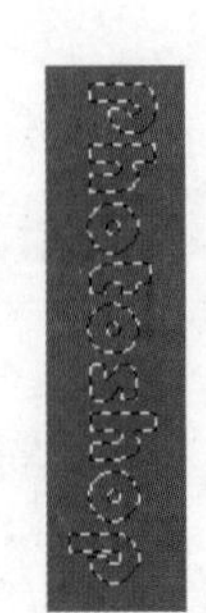

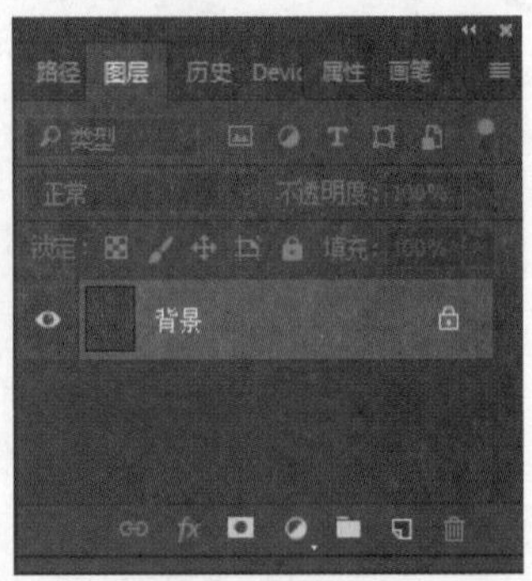

图 8-5 直排文字蒙版工具

选择一种文字工具后，工具属性栏将如图 8-6 所示。在工具属性栏中可设置文字的大小、字体等属性，单击工具属性栏左侧的按钮，可在输入文字后在横排和直排之间快速转换，按钮组用于设置文字的对齐方式，通常情况下颜色框显示的颜色是当前前景色，用户可通过单击该颜色框打开颜色拾取器来设置字体颜色。

图 8-6 “文字工具”属性栏

要改变已经输入的文字的属性，必须先使用“文字工具”选中需要改变的文字，如图 8-7 所示，图中改变“shop”的字体、大小和颜色。

图 8-7 修改选中文字的属性

单击工具属性栏上的按钮，将打开如图 8-8 所示的“变形文字”对话框，利用该对话框可对文字进行变形设置。

在“样式”下拉列表中可选择要对文字进行变形的样式，“水平”和“竖直”单选按钮用于设置是对文字进行水平还是竖直变形，此外，还可调整变形的弯曲和扭曲参数。图 8-9 所示是对文字进行“旗帜”变形示意图。

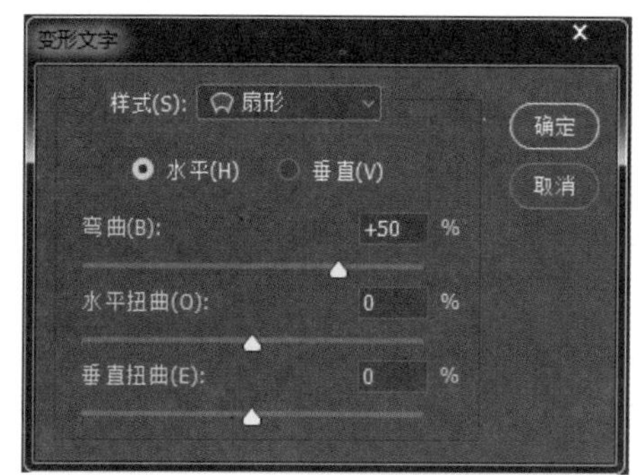

图 8-8 “变形文字”对话框

图 8-9 “旗帜”变形

单击工具属性栏上的按钮，将打开如图 8-10 所示的字符和段落控制面板，利用该控制面板可对输入的文字段落进行进一步的调整，如文字的水平和竖直缩放比例、段落的首行缩进量等。

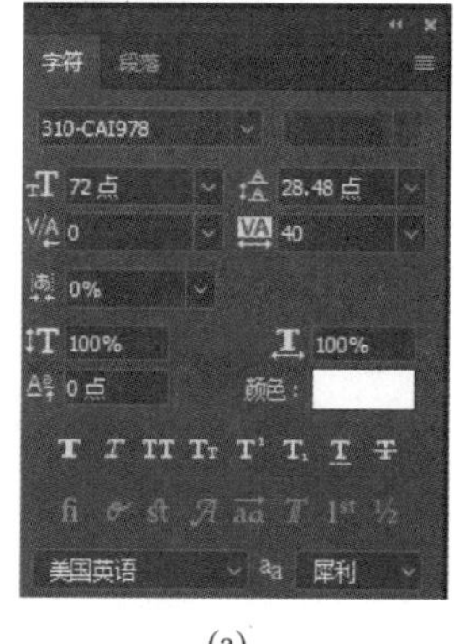

(a)

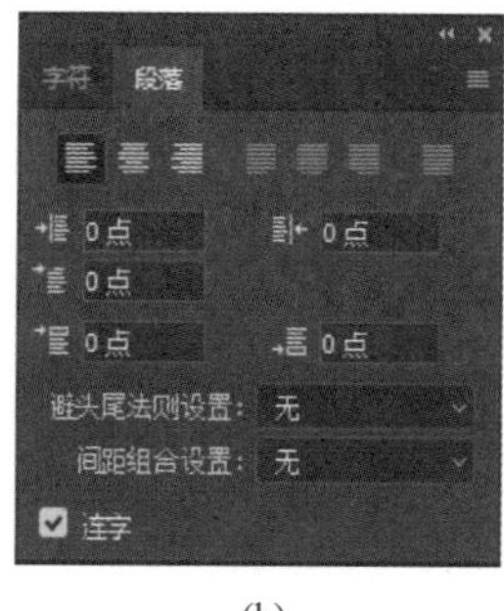

(b)

图 8-10 字符和段落控制面板

如果要在文字图层中进行绘画、执行滤镜命令等，必须将文字图层转换为普通图层。为此，可先选中文字图层，然后执行“图层”→“栅格化”→“文字”命令，也可右击该文字图层，然后在弹出的快捷菜单中选择“栅格化文字”命令。但是，即使不栅格化文字图层，也可为其添加图层样式，如为一个文字图层添加“投影”图层样式，如图 8-11 所示。

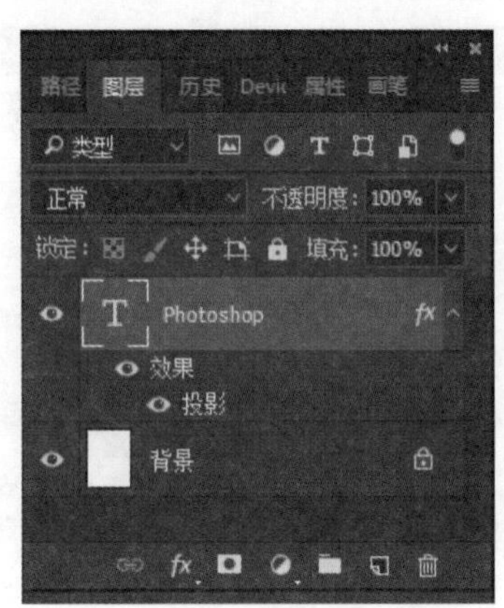

图 8-11　为文字图层添加“投影”图层样式

此外，还可右击该文字图层，选择“创建工作路径”或“转换为形状”命令将文字图层内容转换为工作路径或形状，然后进行进一步的操作。

如果要建立段落文字，则需要选择文字工具 T，将鼠标指针移动到图像窗口，按住左键不放，然后移动鼠标，在图像窗口中拖拉出一个文本框，此时会见到文字的输入点在文本框中，如图 8-12 所示。输入文字至文本框中，由于段落文字具有自动换行的功能，因此，在输入较多文字时，文字遇到文本边框的时候，会自动转到下一行中，如图 8-13 所示。

如果文字需要分段时，按下 Enter 键即可。如果输入的文字超出文本边界框所能容纳的大小，定界框上将会出现一个溢出图标⊞。

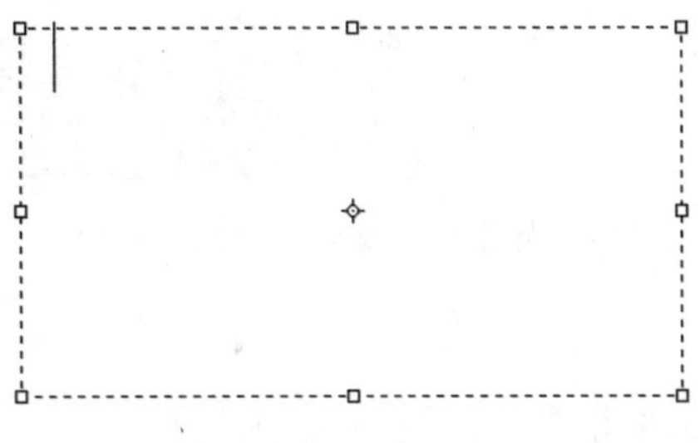

图 8-12　建立段落文本框

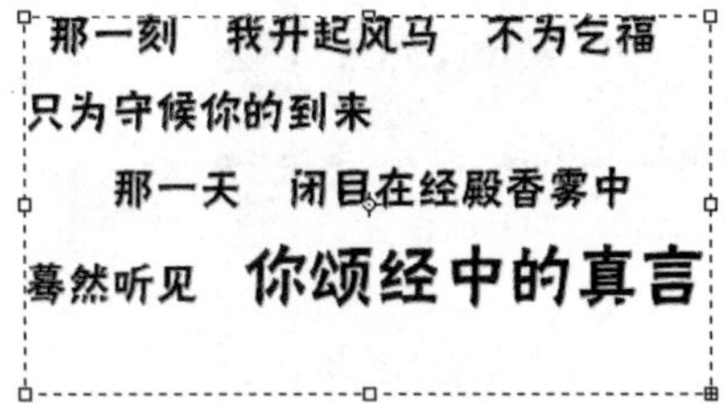

图 8-13　自动换行

8.2 特 效 字

8.2.1　金属质感字

（1）新建一幅 RGB 图像，将背景填充为浅绿色。

（2）选中工具箱中的“横排文字蒙版工具”，在图中制作“Photoshop”字样选区，如图 8-14 所示。

图 8-14　用“横排文字蒙版工具”制作选区

（3）新建“图层 2”，选择“渐变工具”，设置铜色渐变图案和“线性”渐变方式，按住 Shift 键从上向下拖动鼠标，结果如图 8-15 所示。

（4）执行“滤镜”→“杂色”→“添加杂色”命令，选中“平均分布”单选按钮和“单色”复选框，并设置“数量”为4%，执行结果如图8-16所示。

图8-15 填充渐变

图8-16 “添加杂色”滤镜执行结果

（5）双击“图层2”，为该层添加“斜面和浮雕”和“投影”图层样式，“斜面和浮雕”、投影的参数设置和执行结果如图8-17所示。

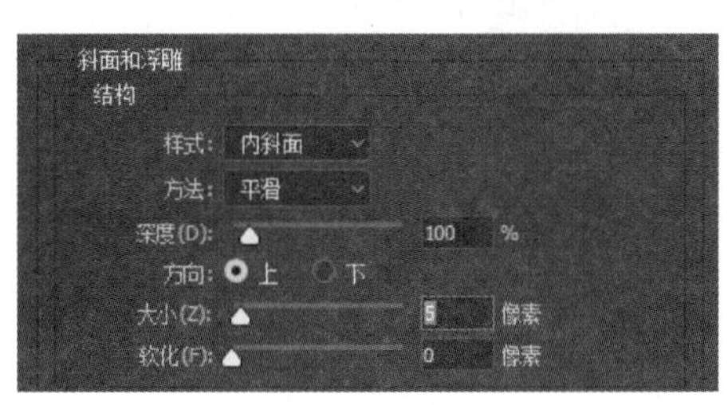

(a)

(b)

(c)

图8-17 添加图层样式

（6）按Ctrl+U键打开“色相/饱和度”对话框，调整“图层2”的色相及饱和度，得到各种不同颜色的字体，如图8-18所示。

图8-18 “色相/饱和度”调整

8.2.2 玉雕文字

（1）新建一个500像素×500像素的文件，分辨率为300。

（2）输入“钰”字，字体设为华文行楷，字号 100，如图 8-19 所示。

（3）新建图层 1，设置前景色为黑色，背景色为白色，执行“滤镜”→“渲染”→“云彩”命令，效果如图 8-20 所示。再进入菜单栏中执行“选择”→“色彩范围”命令，在弹出的对话框中单击“吸管工具”吸取图 8-20 中的灰色部分，并设置好参数，如图 8-21 所示。然后单击“确定”按钮，这时图层 1 成选区状态。

图 8-19 输入的“珏”字

图 8-20 执行“云彩”命令后的图层

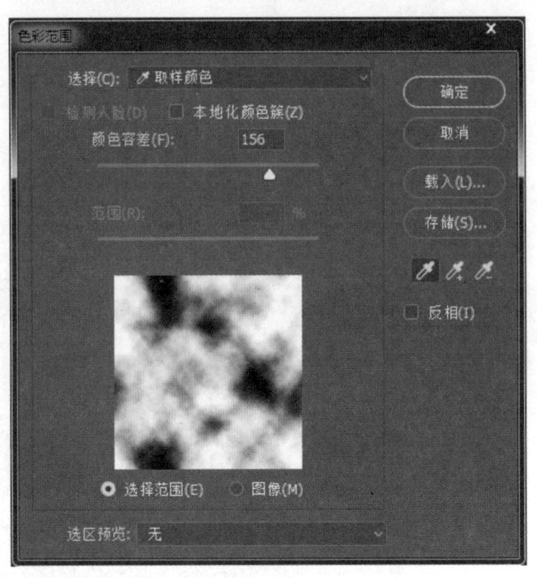

图 8-21 “色彩范围”对话框

（4）再新建一个图层 2，把前景色设为深绿色，然后对选区进行填充，如图 8-22 所示。

（5）选择图层 1，保持前景色为深绿色，背景为白色，选择渐变工具，从左至右拉进行渐变填充，如图 8-23 所示。然后将图层 1 和图层 2 进行合并。

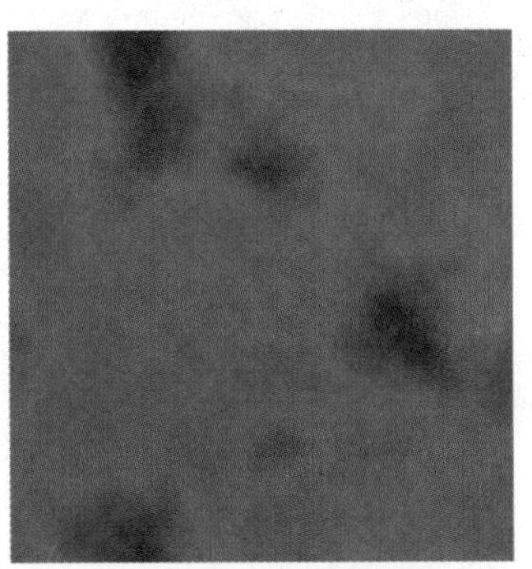

图 8-22 填充选区

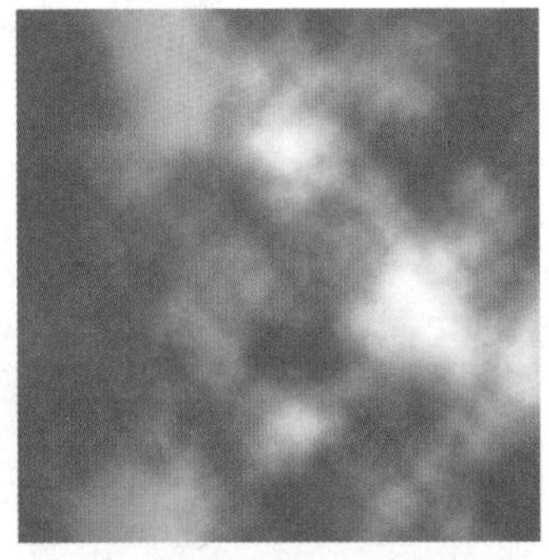

图 8-23 对图层 1 进行渐变填充

（6）确定选择图层 2，按住 Ctrl 键的同时，再单击文字图层，调出它的选区，使用快捷方式 Ctrl+Shift+I 再进行反选，如图 8-24 所示。然后按 Delete 键删除选区中的图层，如图 8-25 所示。

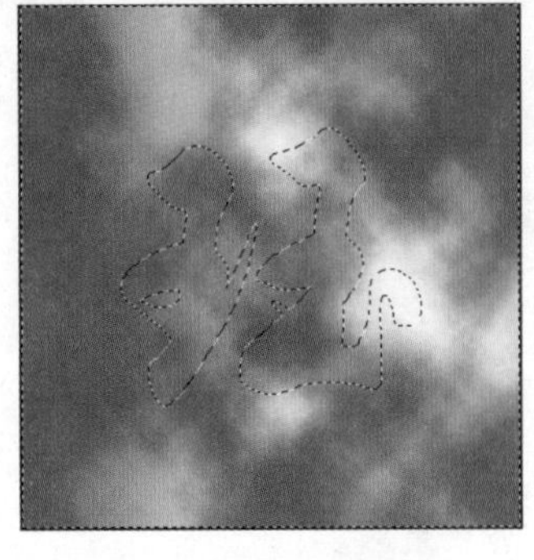

图 8-24 反选选区

图 8-25 删除选区

（7）现在开始为图层 2 添加图层样式，选中图层 2，执行“图层”→“图层样式”→“混合选项”命令，弹出“图层样式”对话框，也可以双击图层 2，同样也可弹出设置图层样式的对话框。具体设置如图 8-26～图 8-30 所示。

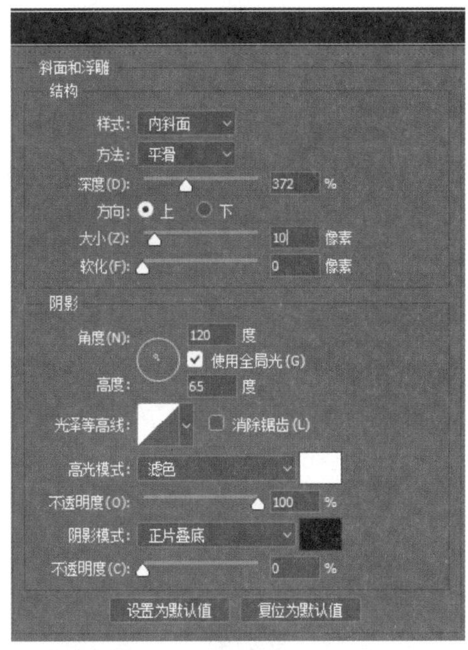

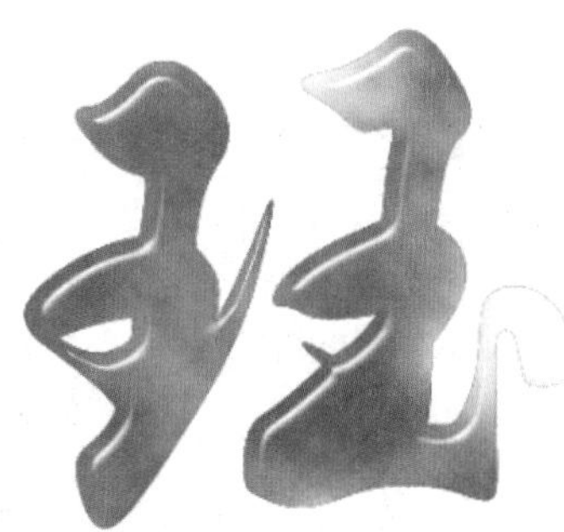

图 8-26　添加斜面和浮雕

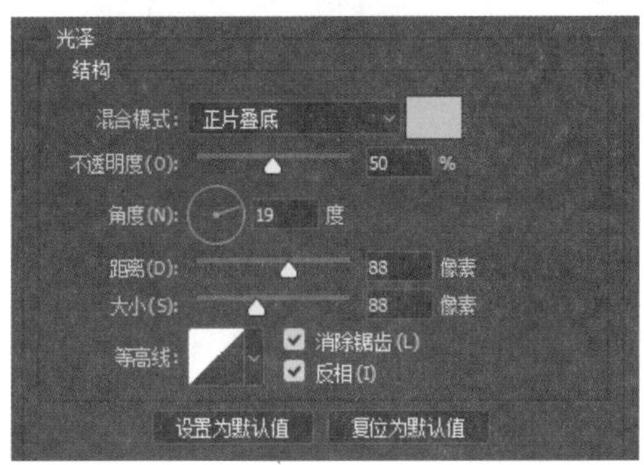

图 8-27　添加光泽

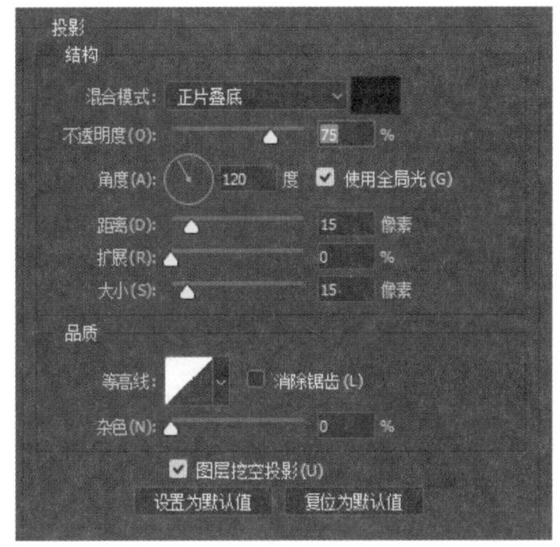

图 8-28　添加投影

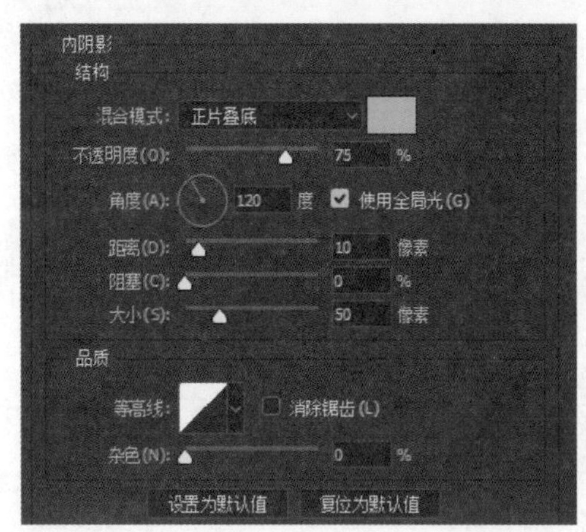

图 8-29 添加内阴影

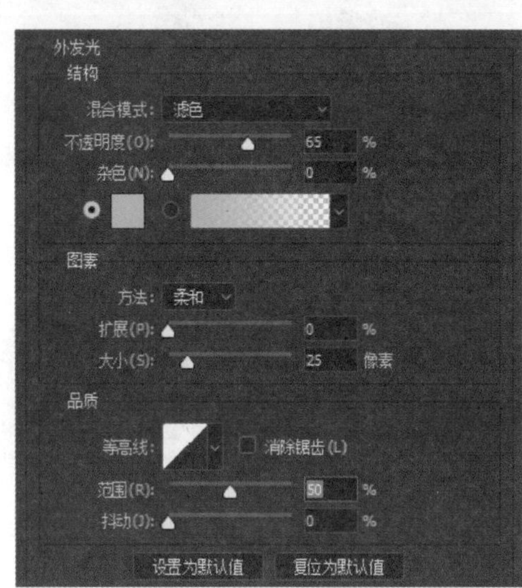

图 8-30 添加外发光

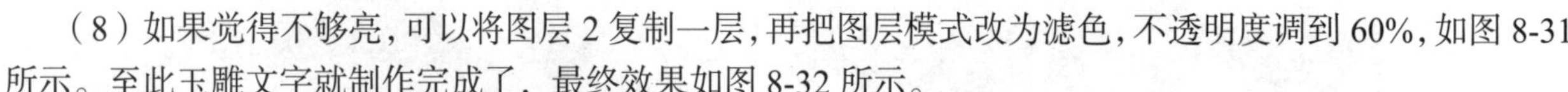

（8）如果觉得不够亮，可以将图层 2 复制一层，再把图层模式改为滤色，不透明度调到 60%，如图 8-31 所示。至此玉雕文字就制作完成了，最终效果如图 8-32 所示。

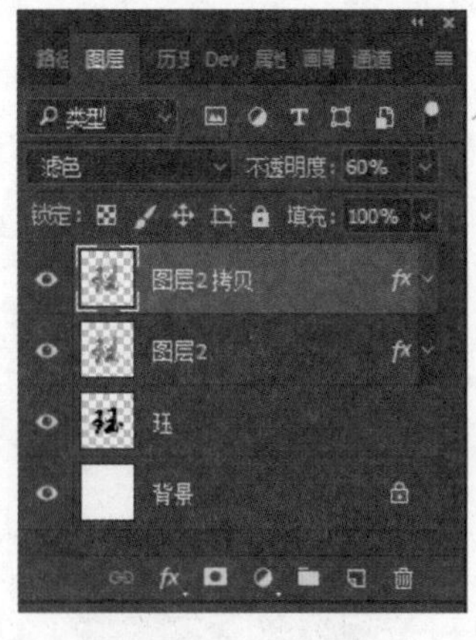

图 8-31 图层面板

图 8-32 最终效果图

8.2.3 冰雪字

（1）新建一幅 400 像素 ×300 像素的 RGB 图像，以白色填充背景，使用横排文字蒙版工具制作“冰雪”字样选区，并填充为黑色，如图 8-33 所示。

（2）按 Ctrl+Shift+I 键反转选区，执行“滤镜”→“像素化”→“晶格化”命令，弹出如图 8-34 所示的对话框，并将“单元格大小”设置为 12，执行结果如图 8-35 所示。

图 8-33 填充文字　　图 8-34 “晶格化”对话框　　图 8-35 晶格化

（3）反转选区，执行“滤镜”→“杂色”→“添加杂色”命令，弹出如图 8-36 所示的对话框，选中“高斯分布”单选按钮和“单色”复选框，并设置“数量”为 45%，执行结果如图 8-37 所示。

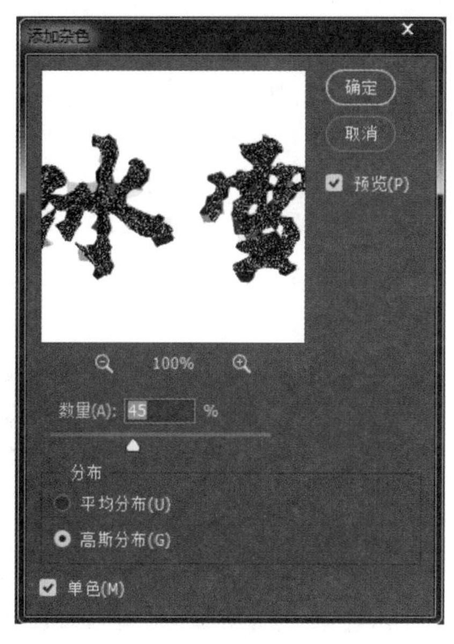

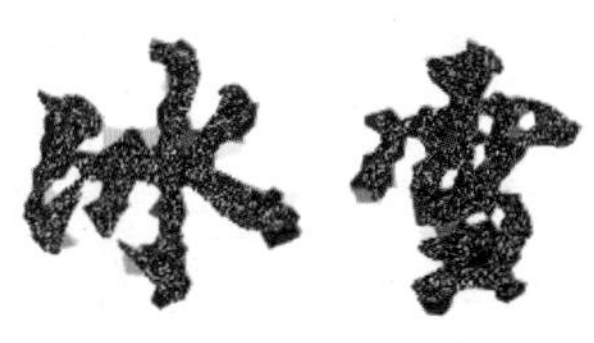

图 8-36 “添加杂色”对话框　　图 8-37 添加杂色

（4）执行“滤镜”→“模糊”→“高斯模糊”命令，弹出如图 8-38 所示的对话框，模糊半径设置为 1.5 个像素，执行后取消选区，结果如图 8-39 所示。按 Ctrl+I 键反相图像，如图 8-40 所示。

（5）执行“图像”→“图像旋转”→“90°（逆时针）”命令，旋转图像，如图 8-41 所示。

（6）执行“滤镜”→“风格化”→“风”命令，弹出如图 8-42 所示的对话框，方向选择“从左”，然后再顺时针旋转画布，结果如图 8-43 所示。

（7）按 Ctrl+U 键打开“色相 / 饱和度”对话框为图像着色，最终效果如图 8-44 所示。

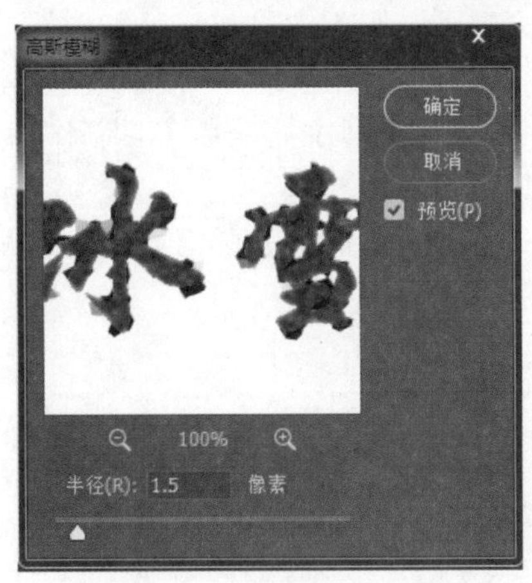

图 8-38 “高斯模糊”对话框

图 8-39 高斯模糊

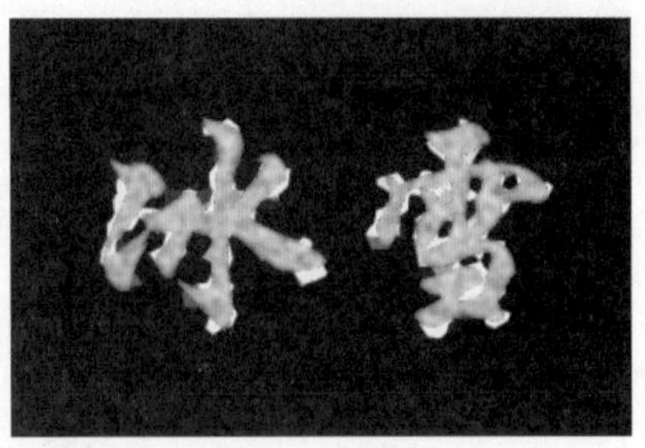

图 8-40 反相图像

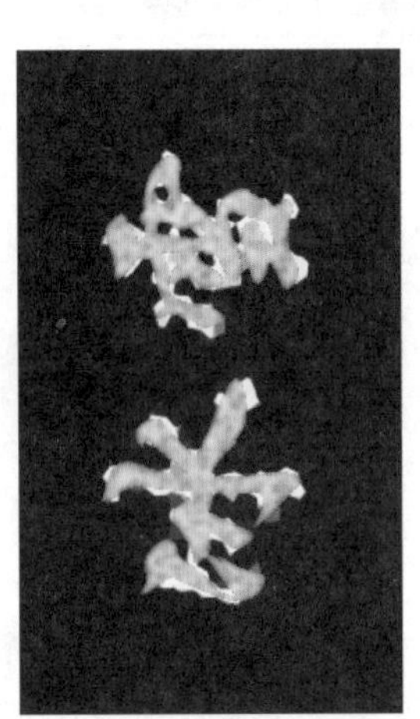

图 8-41 旋转图像

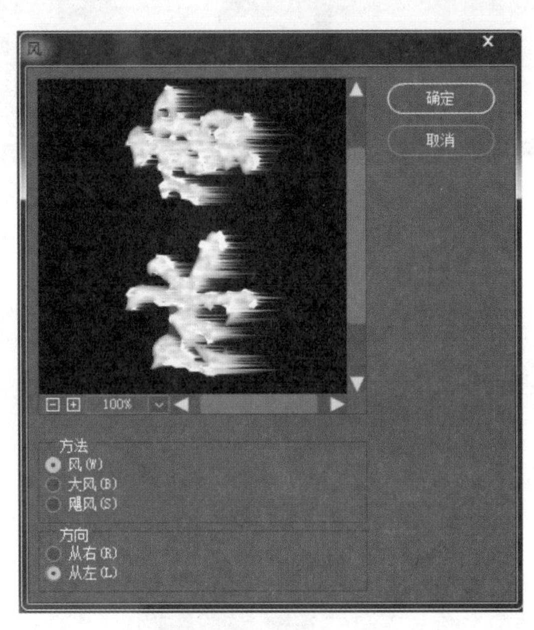

图 8-42 “风”对话框

图 8-43 执行风格化

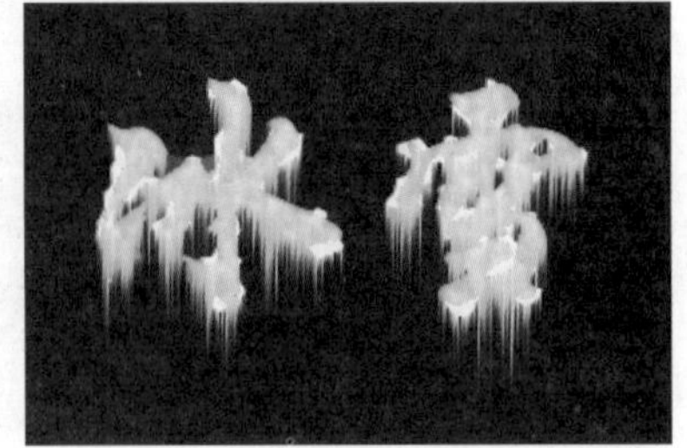

图 8-44 最终效果图

8.2.4 光芒字

（1）新建一幅黑色背景图像，使用文字蒙版工具制作“baby”选区，如图 8-45 所示。

（2）执行“编辑”→“描边”命令，以白色描边选区，如图 8-46 所示，并复制“背景”图层得到“背景拷贝”图层。

图 8-45 制作选区

图 8-46 描边选区

（3）对“背景拷贝”图层进行操作，执行“滤镜”→“模糊”→“高斯模糊”命令，模糊半径为 2.5 个像素，执行结果如图 8-47 所示。

（4）执行“滤镜”→“扭曲”→“极坐标”命令，选中“极坐标到平面坐标”单选按钮，执行结果如图 8-48 所示。

图 8-47 高斯模糊

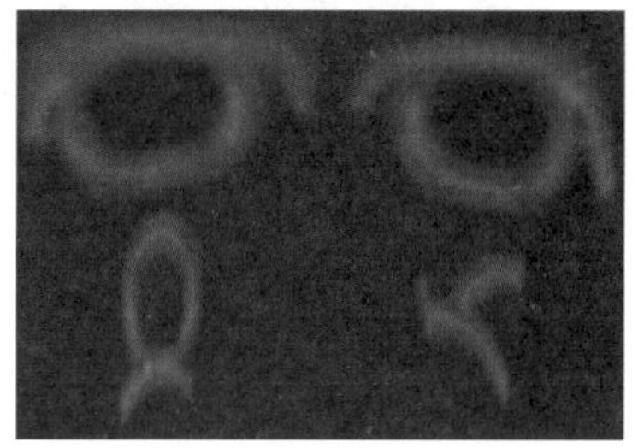

图 8-48 执行“极坐标”命令

（5）执行“图像”→“图像旋转”→“旋转 90°（顺时针）”命令，旋转画布，结果如图 8-49 所示。

（6）执行“滤镜”→“风格化”→“风”命令，风向选择从右方，执行两次，结果如图 8-50 所示。

（7）再次逆时针旋转图像，执行“滤镜”→“扭曲”→“极坐标”命令，选中“平面坐标到极坐标”单选按钮，执行结果如图 8-51 所示。

图 8-49 旋转图像

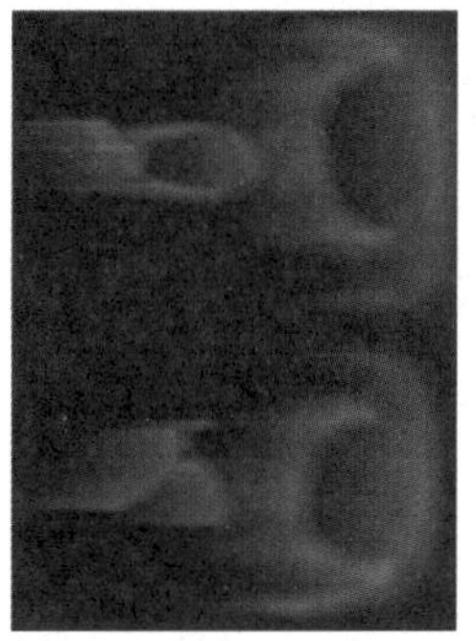

图 8-50 风格化

图 8-51 执行“极坐标”命令

（8）将背景拷贝层的色彩混合模式改为“变亮”，此时图像如图 8-52 所示。

（9）选中“背景层”为当前图层，执行“滤镜”→“模糊”→“高斯模糊”命令，模糊半径为 0.5 个像素，执行结果如图 8-53 所示。

图 8-52 更改色彩混合模式

图 8-53 高斯模糊

（10）合并“背景拷贝”和“背景”图层，按 Ctrl+U 键打开“色相 / 饱和度”对话框为图像着色，如图 8-54 所示。

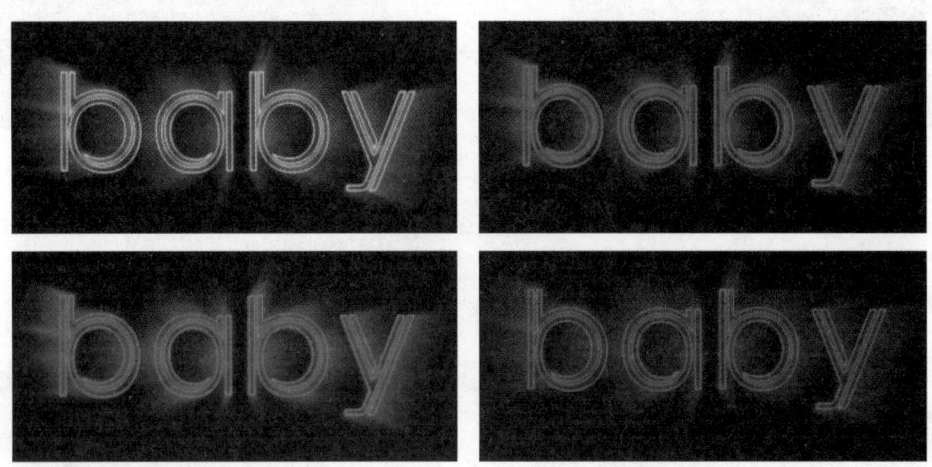

图 8-54　为文字着色

8.2.5　锈斑字

（1）新建图像，输入“锈斑”字样，双击文字图层，为其添加“斜面和浮雕”“投影”“内发光”图层样式，“内发光”图层样式的参数设置如图 8-55 所示，结果如图 8-56 所示。然后按住 Ctrl 键单击文字图层，载入文字选区，执行“编辑”→“合并拷贝”命令，然后切换到通道控制面板，新建 Alpha1 通道，按 Ctrl+V 键粘贴，如图 8-57 所示。

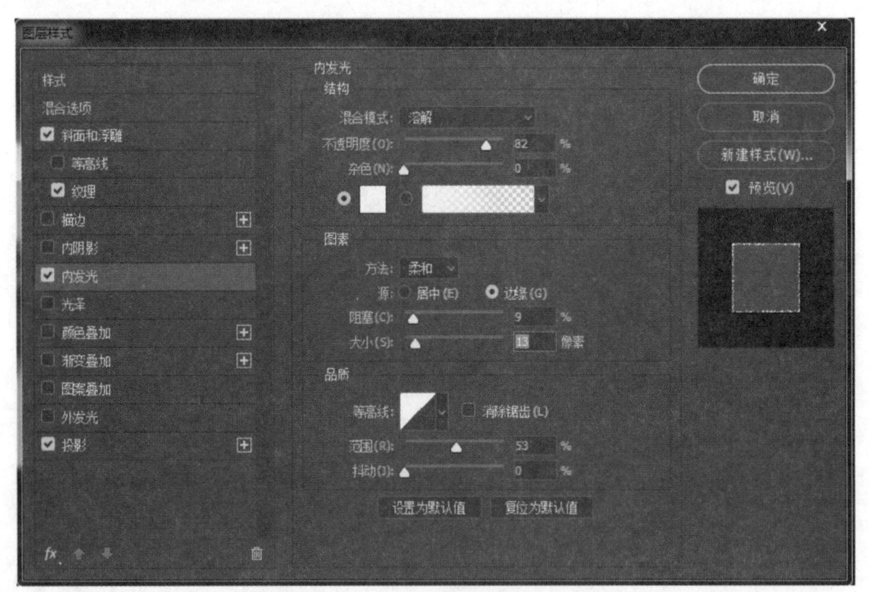

图 8-55　“内发光”详细参数设置

图 8-56　添加图层样式后的效果

图 8-57　Alpha1 通道

（2）回到图层控制面板，双击文字图层，去掉“内发光”图层样式，或直接将“内发光”图层样式拖至删除按钮上将其删除。此时图像如图 8-58 所示。

（3）再次载入文字层选区，新建“图层 1”，按 D 键分别设置前景色和背景色为黑色和白色，然后执行“滤镜”→“渲染”→“云彩”命令，结果如图 8-59 所示。

（4）按 Ctrl+M 键进行“曲线”调整，使得黑白变化明显些，结果如图 8-60 所示。

图 8-58 删除“内发光”图层样式 　图 8-59 “云彩”滤镜执行结果 　图 8-60 “曲线”调整

（5）执行“图像”→“调整”→“阈值”命令，调整后取消选区，如图 8-61 所示。

（6）用魔术棒选择工具选中图中黑色部分，按 Delete 键删除，结果如图 8-62 所示。

（7）执行“滤镜”→“杂色”→“添加杂色”命令，对话框参数设置和执行结果如图 8-63 所示。

图 8-61 执行“阈值”命令

图 8-62 删除黑色部分

图 8-63 “添加杂色”滤镜

（8）执行“滤镜”→“渲染”→“光照效果”命令，在“纹理”下拉列表中选择 Alpha1 通道，如图 8-64 所示。

（9）设置图层 1 的色彩混合模式为“线性加深”并调整图层 1 的不透明度为 80%，最终效果如图 8-65 所示。

图 8-64 添加光照效果

图 8-65 最终效果图

8.2.6 石刻字

（1）打开下载的源文件中的图片“石纹”，如图 8-66 所示。

（2）用文字蒙版工具制作 magic 字样选区，如图 8-67 所示。执行“选择”→“存储选区”命令，存储选区到 Alpha1 通道，如图 8-68 所示。

（3）复制“背景”得到“背景拷贝”图层，按 Delete 键删除“背景拷贝”图层选区内的内容。双击“背景拷贝”图层，为该层添加“投影”图层样式，“投影”参数设置和执行结果如图 8-69 所示。

图 8-66　打开的素材图像

图 8-67　制作选区

图 8-68　新建 Alpha1 通道

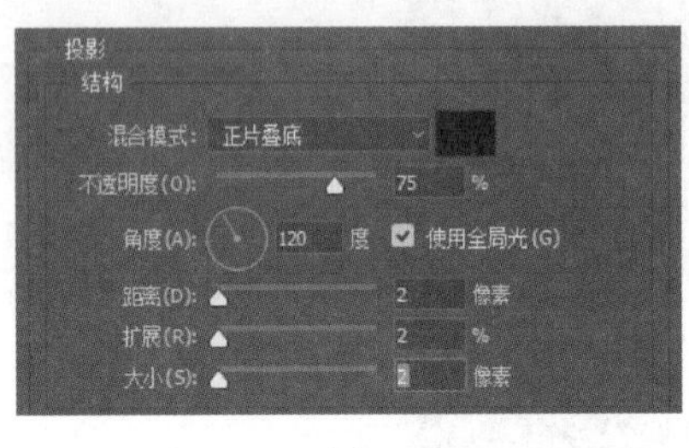

(a)

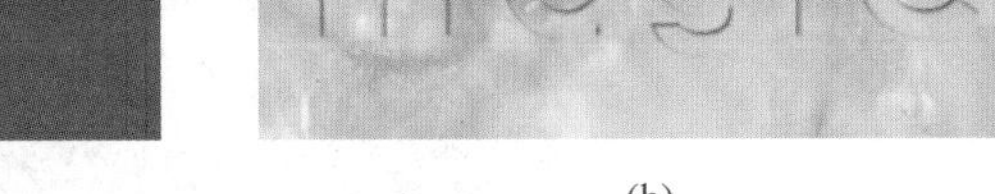

(b)

图 8-69　添加“投影”图层样式

（4）复制“背景拷贝”层得到“背景拷贝 2”图层，并双击该层，修改“投影”参数，注意不选中“使用全局光”复选框，“角度”设置为 50°，如图 8-70 所示。

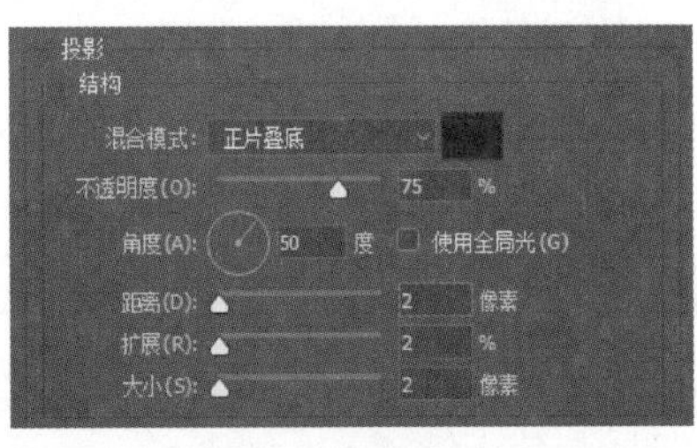

(a)

(b)

图 8-70　更改“背景拷贝 2”的“投影”参数

（5）设置“背景”层为当前图层，执行“图像”→“调整”→“亮度 / 对比度”命令，将背景调暗些，结果如图 8-71 所示。

（6）选中“背景拷贝 2”（最上层）为当前图层，载入 Alpha1 通道选区，选择“矩形选择工具”（任意一种选择工具均可），按键盘上的向右和向下方向键各一次，然后执行“图像”→“调整”→“亮度 / 对比度”命令，增加其亮度，最后取消选区，最终效果如图 8-72 所示。

图 8-71　调暗背景

图 8-72　最终效果图

8.2.7 立体字

（1）新建一个图像文件，设置高度为 600 像素，宽度为 450 像素，分辨率为 300。

（2）使用文字工具，输入数字 5，如图 8-73 所示。

（3）双击文字图层，弹出图层样式对话框，选择“渐变叠加”样式，打开“渐变叠加”对话框，详细参数设置如图 8-74 所示。添加渐变后的文字图层效果如图 8-75 所示。

图 8-73 输入文字

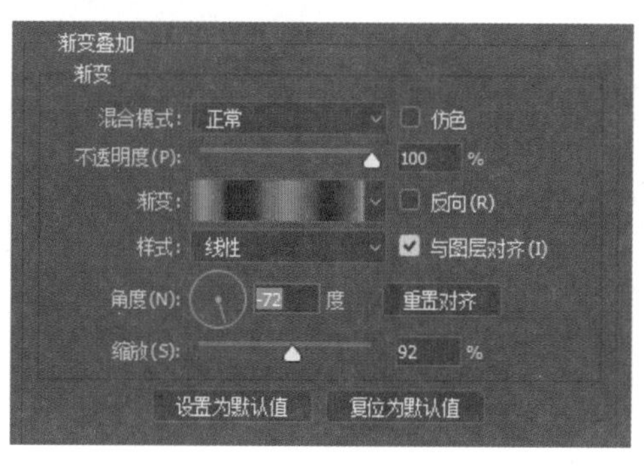

图 8-74 “渐变叠加”对话框

图 8-75 添加渐变后的文字图层

（4）选中文字图层，按住 Alt 键，然后再不停地按方向左键，一直复制到合适的厚度为止，如图 8-76 所示。这时的图层面板如图 8-77 所示。

图 8-76 复制图层

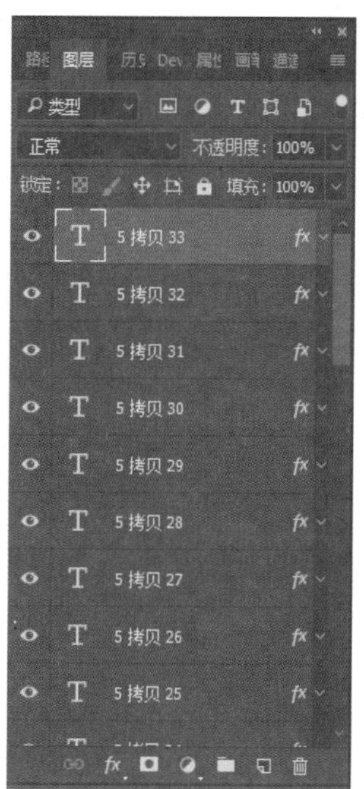

图 8-77 图层面板

（5）选中最上层的图层为当前图层，双击图层样式，并更改混合模式数值，如图 8-78 所示，设置完成后的效果如图 8-79 所示。然后合并其余的图层，并对图层进行混合模式的更改，效果如图 8-80 所示。

（6）新建图层 1，填充背景色为白色，并进行渐变填充，效果如图 8-81 所示。

（7）如图 8-82 所示，将花纹图案拖动到立体字文件中，移动合适的位置后擦除多余的部分，然后设置花纹图层的透明度，最终效果如图 8-83 所示。

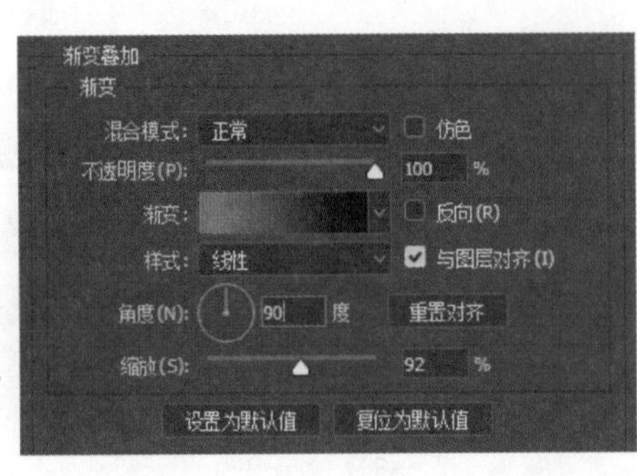

(a)

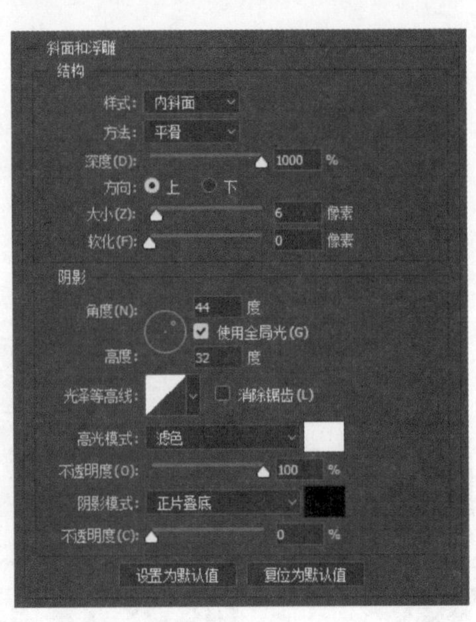

(b)

图 8-78 设置图层样式

图 8-79 设置图层样式后的效果图

图 8-80 更改图层混合模式

图 8-81 为文字添加背景图

图 8-82 导入的花纹图案

图 8-83 最终效果图

8.3 答疑解惑

1. 在输入文本时，为什么“图层”调板中会出现一些空白的文字图层？

答：在 Photoshop 中输入文字时，会自动创建以文字内容命名的文字图层。因此，只要使用横排文字工具或直排文字工具在图像窗口中单击，当出现文字光标后，即使没有输入任何文字，Photoshop 也会自动创建一个不包含任何内容的文字图层。

2. 为什么文本工具选项栏中的“设置字体样式”选项有时不可用?

答：只有在为英文设置相应的英文字体后，“设置字体样式”选项才能被激活，在该选项下拉列表中显示了当前所选字体中包含的所有字体样式。根据选择的英文字体的不同，字体样式选项也会不同。

3. 在 Photoshop 中，是否可以创建一个不规则的段落文本框，并且通过改变文本框的形状而自动改变文本的排列效果?

答：可以。要创建不规则的段落文本框，首先使用钢笔工具绘制一个异形的封闭路径，然后使用横排文字工具或直排文字工具在路径内单击，在出现文字光标后输入所需的文字内容，输入的文字即可在异形段落文本框中进行排列。要改变异形段落文本框的形状，只需要改变路径的形状即可。

8.4 学习效果自测

1. Photoshop 中文字的基本属性包括（　　）。

   A. 字符属性　　B. 图层样式　　C. 图层属性　　D. 蒙版属性

2. Photoshop 中对文字图层描述正确的是（　　）。

   A. 文字图层可直接执行所有的滤镜，并且在执行完各种滤镜效果之后，文字仍然可以继续被编辑

   B. 文字图层可直接执行所有的图层样式，并且在执行完各种图层样式之后，文字仍然可以继续被编辑

   C. 文字图层不可以被转换成矢量路径

   D. 每个图像中只能建立 8 个文字图层

3. 当要对文字图层执行滤镜效果时，首先应当做什么？（　　）

   A. 选择“图层”→“栅格化”→“文字”命令

   B. 直接在滤镜菜单下选择一个滤镜命令

   C. 确认文字图层和其他图层没有链接

   D. 使得这些文字变成选择状态，然后在滤镜菜单下选择一个滤镜命令

4. 字符文字可以通过下面哪个命令转化为段落文字？（　　）

   A. 转化为段落文字　　B. 文字　　C. 链接图层　　D. 所有图层

第 9 章

滤　　镜

学习要点

Photoshop 的滤镜功能非常强大，通过使用滤镜命令，可以为图像增加各种各样绚丽多彩的效果。Photoshop 除了拥有本身的滤镜，还允许使用其他厂商提供的滤镜，这些滤镜称为外挂滤镜，典型的外挂滤镜有 KTP、Eye Candy、Xenofex 等。本章将对 Photoshop 自带的滤镜和部分精彩外挂滤镜进行介绍，并举相关实例说明滤镜在实际中的应用。

学习提要

- ❖ 滤镜介绍
- ❖ Photoshop 自带滤镜介绍
- ❖ 综合实例

9.1 滤镜介绍

展开的“滤镜”菜单如图 9-1 所示。从图中可看出，“滤镜”菜单分为五个部分。第一部分即第一行显示上次执行的滤镜操作命令，第二部分是转换为智能滤镜命令，第三部分为“滤镜库”“液化”“消失点”命令，第四部分为 Photoshop 自带的各种滤镜组，第五部分为“浏览联机滤镜”。

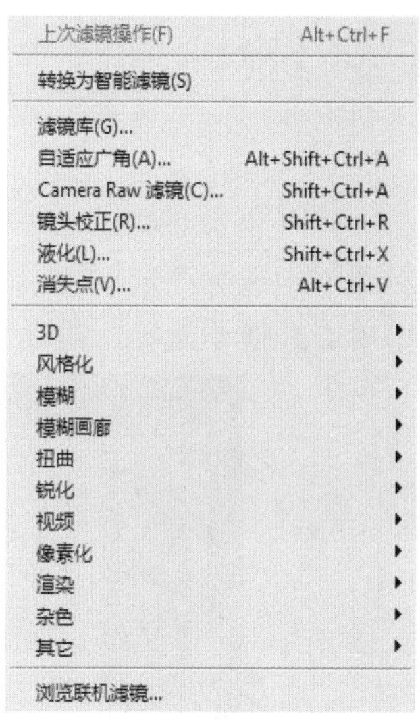

图 9-1 “滤镜”菜单

在介绍滤镜之前，先来看看滤镜的使用规则，只有熟悉了这些规则，才能正确地使用滤镜功能。

Photoshop 的滤镜命令只对当前选中的图层和通道起作用，如果图像中制作了选区，则只对选区内的图像进行处理，否则将对整个图像进行处理。

绝大多数的滤镜命令都不能应用于文字图层，要对文字执行滤镜命令，必须首先将文字图层栅格化为普通图层。

当执行完一个滤镜命令后，在“滤镜”菜单的第一行会出现刚才使用过的滤镜命令，单击它或按 Alt+Ctrl+F 快捷键，可快速重复执行该命令。

在位图、索引色和 16 位的色彩模式下不能使用滤镜。此外，不同的色彩模式其使用范围也不同，在 CMYK 和 Lab 模式下，部分滤镜不能使用，如“素描”“纹理”“艺术效果”等滤镜。

只对局部选区进行滤镜效果处理时，可以对选区设定羽化值，使处理的区域能自然地与原图像融合。

在任一滤镜的对话框中，按下 Alt 键，对话框中的“取消”按钮将变为“复位”按钮，单击该按钮可使滤镜设置恢复到刚打开对话框时的状态。

9.1.1 “滤镜库”命令、“液化”命令和“消失点”命令

1. “滤镜库”命令

执行“滤镜”→“滤镜库”命令，打开“滤镜库”对话框，如图 9-2 所示。

图 9-2 “滤镜库”对话框

如图 9-2 所示，对话框左侧为图像预览区域，中间为陈列的分类滤镜，右侧为选中滤镜的参数设置区域。

2.“液化”命令

利用“液化”命令，可以制作逼真的液体流动的效果，如弯曲、湍流、旋涡、扩展、收缩、移位和反射等。但是，该命令不能用于索引颜色、位图和多通道模式的图像。

下面以若干实例来说明如何运用“液化”命令制作各种液体流动的效果。

1）弯曲

打开下载的源文件中的图像“贝壳”，执行“滤镜”→“液化”命令，打开“液化”对话框，在对话框中选择“向前变形工具”，然后在右侧的设置区设置适当的画笔大小和压力，在图像编辑窗口中单击并拖动鼠标，即可为图像制作弯曲的液体流动效果，如图 9-3 所示。

图 9-3　弯曲效果

2）漩涡

用“液化”对话框中的“顺时针旋转扭曲工具”，可以旋转图像。选中该工具后，在图像编辑窗口中单击并按住鼠标左键不放或拖动鼠标，即可顺时针旋转笔刷下面的像素，若按住 Alt 键的同时按住鼠标左键不放或拖动鼠标，可逆时针旋转笔刷下面的像素。由于靠近笔刷边缘的像素要比靠近笔刷中心的像素旋转慢，从而可以利用该工具制作漩涡效果，如图 9-4 所示为顺时针和逆时针旋转扭曲的效果图。

3）收缩和扩展

选择“液化”对话框中的“褶皱工具”和“膨胀工具”，在图像编辑窗口中单击并按住鼠标左键不放或拖动鼠标，即可收缩和扩展笔刷下面的像素，如图 9-5 所示。

利用收缩和扩展工具，可以很方便地改变人的长相和体形，制作一些特殊效果。

4）移动像素

选择“液化”对话框中的“左推工具”，在图像编辑窗口中单击并拖动鼠标，系统将在垂直于鼠标移动方向上移动像素。默认情况下，向右移动鼠标，像素向上移；向上移动鼠标，像素向左移。若按住 Alt 键移动鼠标，像素移动的方向相反，如图 9-6 所示。

图 9-4 旋涡效果

图 9-5 褶皱和膨胀效果

图 9-6 移动像素效果

在“液化”对话框中，如果希望将图像恢复到初始状态，可在对话框右侧的“重建选项”选项组中单击“恢复全部”按钮。

选择“液化”对话框中的“重建工具”，并在对话框右侧的“重建选项”选项组的“模式”下拉列表中选择“恢复”，然后用鼠标在图像窗口中涂抹，可部分或全部恢复图像的先前状态。

选择“液化”对话框中的“冻结蒙版工具”，在图像编辑窗口中涂抹，可以设置冻结区域，即受保护区域，此时，变形操作对区域内的像素不会有影响；要想解冻该区域，可选中“解冻蒙版工具”，然后在冻结区涂抹即可。

3.“消失点”命令

消失点工具使得用户可以方便地处理图像的透视关系，打开下载的源文件中的图像“飞盘”，如图 9-7 所示，在具有远小近大透视关系的草地上有一个飞盘，尝试利用消失点工具将飞盘从草地上清除。

图 9-7 打开的素材图像（一）

执行“滤镜”→“消失点”命令，打开“消失点”对话框，如图 9-8 所示。

图 9-8 “消失点”对话框

首先选中“创建平面工具”制作透视平面，如图 9-9 所示。然后选中“图章工具”，按住 Alt 键在图中单击选取参考点，如图 9-10 所示。

图 9-9 制作透视平面

图 9-10 选取参考点

接下来即可在图中单击并拖动鼠标复制图像覆盖刷子所在位置，在复制图像的过程中，可在对话框中设置直径、硬度、不透明度和修复等参数以达到最佳效果，复制图像的过程以及制作完成后的图像分别如图 9-11 和图 9-12 所示。

图 9-11 复制图像

图 9-12 最终效果图

9.1.2 Photoshop 自带滤镜介绍

“滤镜”菜单中共有 14 个 Photoshop 自带滤镜组，而每个滤镜组中又有若干个滤镜命令。限于篇幅，这里不对每个命令进行讲解，而是选择在实际运用过程中经常用到的、有特色的滤镜命令进行介绍。按滤镜组给滤镜分类，并举实例说明滤镜的作用。

1. “像素化”滤镜组

“像素化”滤镜组中的滤镜通过使单元格中颜色值相近的像素结成块来清晰地定义一个选区，该滤镜组中有 7 个滤镜命令，部分滤镜的功能和作用介绍如下。

1）“彩色半调”滤镜

“彩色半调”滤镜可模仿产生铜版画的效果，即在图像的每一个通道扩大网点在屏幕的显示效果。打开下载的源文件中的图像“抓蝴蝶”，如图 9-13 所示。执行“滤镜”→“像素化”→“彩色半调”命令，弹出“彩色半调”对话框，如图 9-14 所示。执行该滤镜的效果如图 9-15 所示。

图 9-13 打开的素材图像（二）

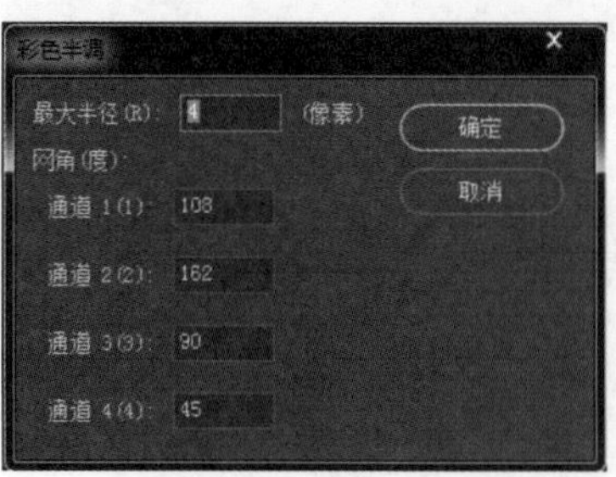

图 9-14 “彩色半调”对话框

图 9-15 “彩色半调”滤镜效果

“彩色半调”对话框中的最大半径的变化范围为 4 ~ 127 像素，其决定产生半色调网格的大小。网角为网点和实际水平线的夹角，其变化范围为 –360° ~ 360°，灰度模式的图像只能使用通道 1，RGB 模式的图像可以使用前三个通道，而 CMYK 模式的图像可使用所有的四个通道。

其实可以利用“彩色半调”滤镜来制作网格状选区，然后对图像进行进一步的处理。具体方法如下：

（1）新建一个图像文件，并新建 Alpha1 通道，用画笔工具在通道中绘画，如图 9-16 所示。

（2）执行“滤镜”→“像素化”→“彩色半调”命令，按图 9-17 所示设置对话框参数。

图 9-16 在通道中绘画

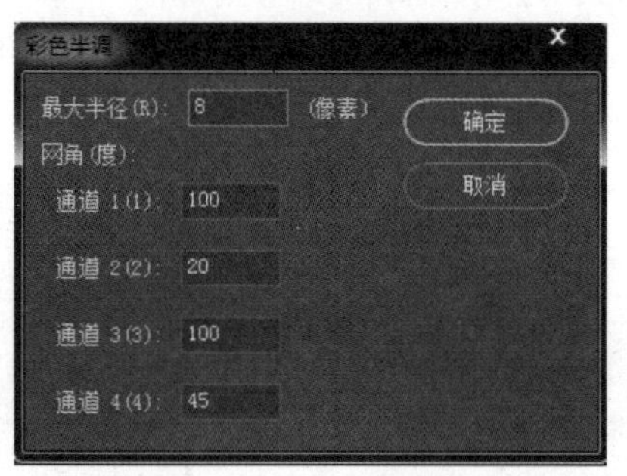

图 9-17 “彩色半调”滤镜对话框

（3）单击“确定”按钮，“彩色半调”滤镜执行结果如图 9-18 所示。

（4）新建一个图层，载入 Alpha1 通道选区，使用渐变工具填充渐变，再为该图层添加“投影”图层样式，结果如图 9-19 所示。

图 9-18 “彩色半调”滤镜执行结果

图 9-19 填充渐变并添加“投影”图层样式

这样的图案在作品中也许会派上用场，注意其制作方法。

2）“晶格化”滤镜

“晶格化”滤镜使像素结块形成多边形纯色，打开下载的源文件中的图像“阳光”，如图 9-20 所示。执行“滤镜”→“像素化”→“晶格化”命令，弹出“晶格化”对话框，如图 9-21 所示，执行该滤镜的效果如图 9-22 所示。

“晶格化”滤镜对话框中只有一个“单元格大小”选项，用于决定多边形分块的大小，变化范围为 3 ~ 300 像素。

图 9-20　打开的素材图像（三）

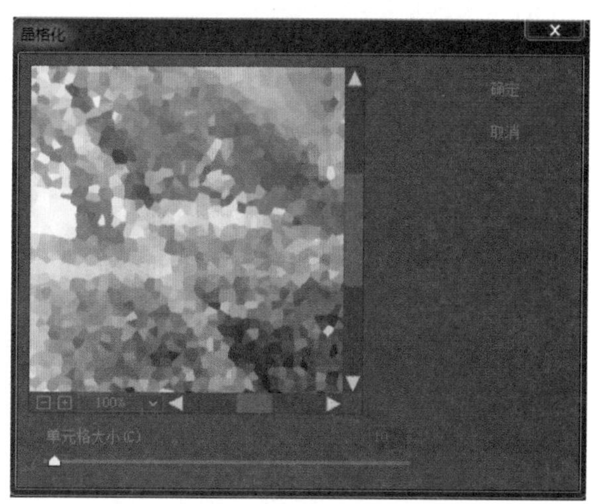

图 9-21　“晶格化”对话框

图 9-22　“晶格化”滤镜执行效果

3）“马赛克”滤镜

“马赛克”滤镜把具有相似色彩的像素合成更大的方块，并按原图规则排列，模拟马赛克的效果。打开下载的源文件中的图像“天空”,如图 9-23 所示。执行“滤镜”→“像素化”→“马赛克”命令,弹出“马赛克”对话框，如图 9-24 所示，执行该滤镜的效果如图 9-25 所示。

图 9-23　打开的素材图像（四）

图 9-24 “马赛克”对话框

图 9-25 “马赛克”滤镜执行效果

“马赛克”滤镜对话框中只有一个“单元格大小”选项，用于确定产生马赛克的方块大小，变化范围为 2 ~ 200 像素。

2.“扭曲”滤镜组

“扭曲”滤镜组中的滤镜可以按照各种方式对图像进行几何扭曲，它们的工作手段大多是对色彩进行位移或插值等操作。

1)“切变”滤镜

使用“切变”滤镜可以沿一条用户自定义曲线扭曲一幅图像。打开下载的源文件中的图像“竹子”，如图 9-26 所示。执行“滤镜”→“扭曲”→“切变”命令，弹出“切变”对话框，如图 9-27 所示，在“切变”滤镜对话框中的曲线设置区，可任意定义扭曲曲线的形状，其中，在曲线上单击可创建一节点，然后拖动节点即可改变曲线的形状。用户最多可自己定义 18 个节点，要删除某个节点，只需拖动该节点到曲线设置区以外即可。

在未定义区域可选择一种对扭曲后所产生的图像空白区域的填补方式，若选择这种方式，则在空白区域中填入溢出图像之外的图像内容；若选择重复边缘像素方式，则在空白区域填入扭曲边缘的像素颜色。

“切变”滤镜的执行效果如图 9-28 所示。

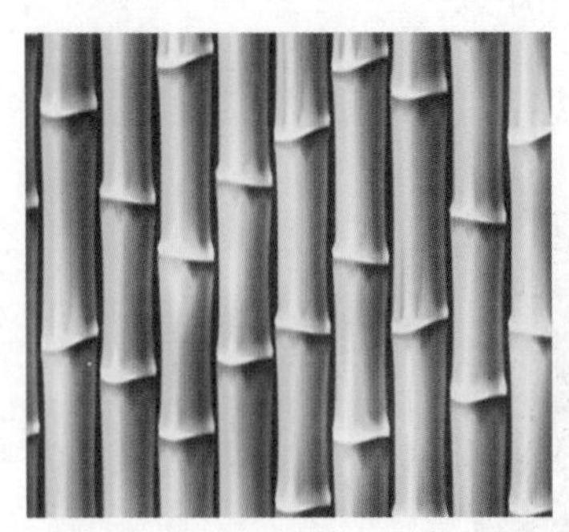
图 9-26 打开的素材图像（五）

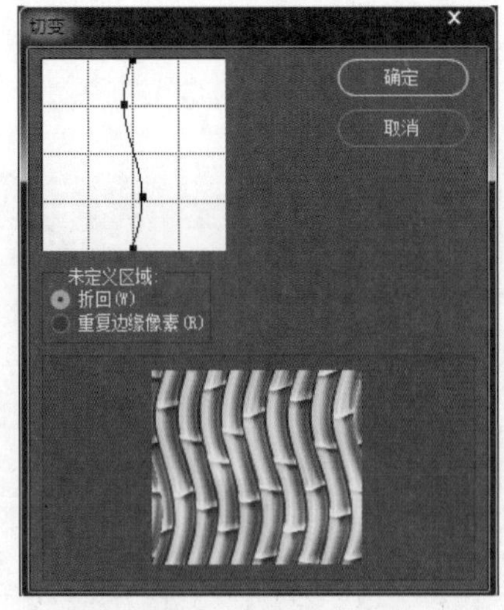

图 9-27 “切变”对话框

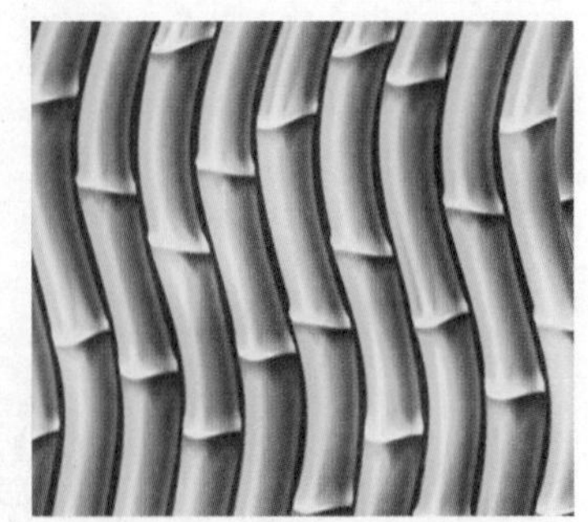
图 9-28 “切变”滤镜执行效果

2)“旋转扭曲”滤镜

使用“旋转扭曲”滤镜可以旋转图像，中心的旋转程度要比边缘的旋转程度大，打开下载的源文件中的图像“花海”，如图 9-29 所示。执行“滤镜”→“扭曲”→“旋转扭曲”命令，弹出“旋转扭曲”对话框，如图 9-30 所示，执行效果如图 9-31 所示。

图 9-29 打开的图像素材

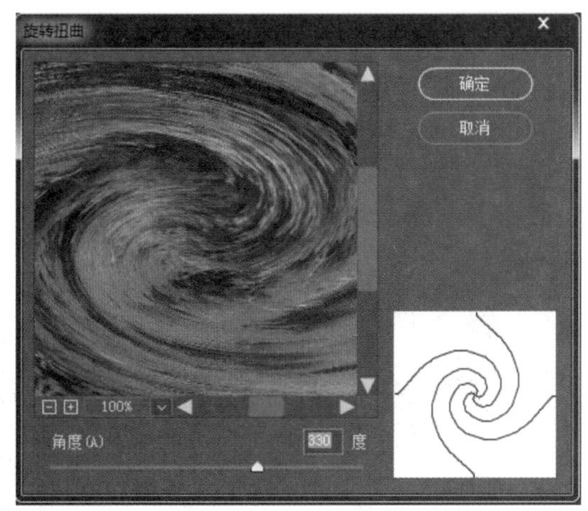

图 9-30 “旋转扭曲”对话框

图 9-31 “旋转扭曲”滤镜执行效果

可在“旋转扭曲”滤镜对话框中设置旋转角度以控制扭曲变形，角度为正时，顺时针旋转，角度为负时，逆时针旋转，角度的绝对值越大，旋转扭曲得越厉害。

3）“极坐标”滤镜

“极坐标”滤镜可以将图像坐标从直角坐标系转换为极坐标系，或者反过来将极坐标系转换为直角坐标系。

在一幅背景色为白色的图像中新建一个图层，用画笔工具绘制黑色的竖直线条，并进行复制，如图 9-32 所示，然后执行“极坐标”滤镜命令，打开如图 9-33 所示的对话框。图 9-34 和图 9-35 所示的分别是“平面坐标转换极坐标”和“极坐标转换平面坐标”效果。

图 9-32 绘制竖直线条

图 9-33 “极坐标”对话框

图 9-34 “平面坐标转换极坐标”效果

图 9-35 “极坐标转换平面坐标”效果

4)“水波”滤镜

“水波”滤镜根据选区中像素的半径将选区径向扭曲。打开下载的源文件中的图像“河”,如图 9-36 所示。执行“滤镜”→“扭曲”→“水波”命令，弹出“水波”对话框，如图 9-37 所示，其中“起伏”选项用于设置水波方向从选区的中心到其边缘的反转次数；“样式”下拉列表用于选择水波的样式：“水池波纹”将像素置换到左上方或右下方，“从中心向外”向着或远离选区中心置换像素，而“围绕中心”围绕中心旋转像素。

图 9-36 打开的素材图像(六)

图 9-37 “水波”对话框

如图 9-38 所示为执行“水波”滤镜中的“水池波纹”样式的效果图。

图 9-38 “水波”滤镜执行效果

5）“波浪”滤镜

“波浪”滤镜可根据用户设定的不同波长产生不同的波动效果。打开下载的源文件中的图像“黄昏”，如图 9-39 所示。执行“滤镜”→“扭曲”→“波浪”命令，弹出“波浪”对话框，如图 9-40 所示。

图 9-39　打开的素材图像（七）

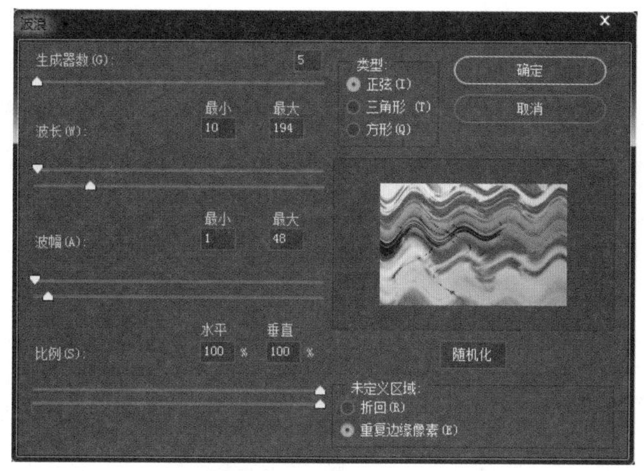

图 9-40　“波浪”对话框

“波浪”滤镜对话框中的选项包括波浪生成器的数目、波长（从一个波峰到下一个波峰的距离）、波浪高度和波浪类型（“正弦”（滚动）、“三角形”或“方形”），“随机化”选项应用随机值，也可以定义未扭曲的区域。

图 9-41 所示为执行“波浪”滤镜的效果图。

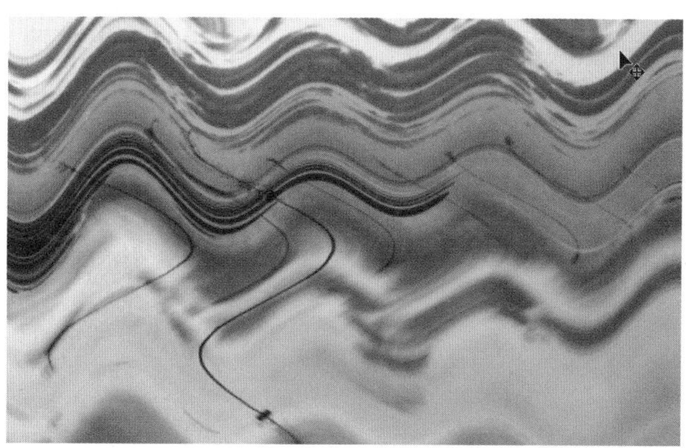

图 9-41　“波浪”滤镜执行效果

6）“波纹”滤镜

“波纹”滤镜是“波浪”滤镜的简化，如果只需要产生简单的水面波纹效果，不用设置波长、波幅等参数，即可使用此滤镜。打开下载的源文件中的图像“花”，如图 9-42 所示。执行“滤镜”→“扭曲”→“波纹”命令，弹出“波纹”对话框，如图 9-43 所示。图 9-44 所示为执行“波纹”滤镜的效果图。

图 9-42 打开的素材图像（八）

图 9-43 “波纹”对话框

图 9-44 “波纹”滤镜执行效果

7）“球面化”滤镜

“球面化”滤镜可以产生球面的 3D 效果，打开下载的源文件中的图像“荷花”，如图 9-45 所示。执行“滤镜”→“扭曲”→“球面化”命令，弹出“球面化”对话框，如图 9-46 所示。图 9-47 所示为执行“球面化”滤镜的效果图。

图 9-45 打开的素材图像（九）

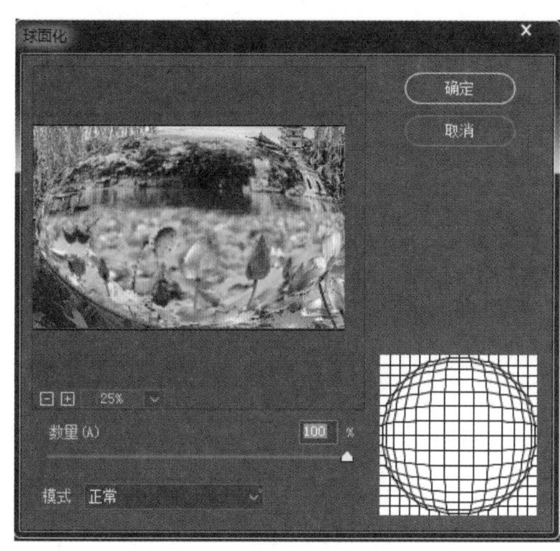

图 9-46 “球面化”对话框

图 9-47 “球面化”滤镜执行效果

8）“置换”滤镜

“置换”滤镜将根据置换图中像素的不同色调值来对图像进行变形，从而产生不定方向的位移效果，下面通过一个实例来说明其用法。

（1）打开下载的源文件中的图像“人脸”，如图 9-48 所示。

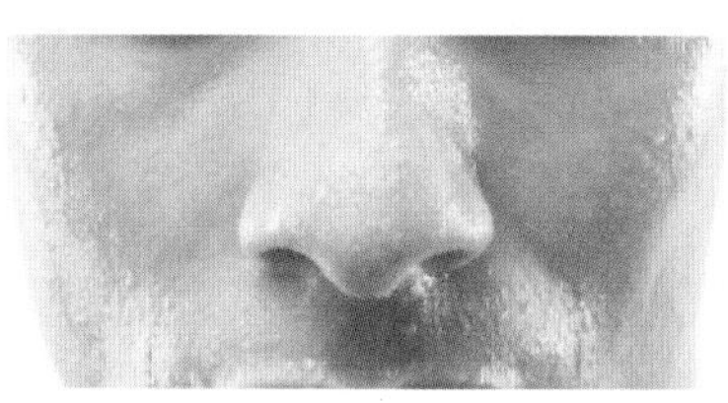

图 9-48 打开的素材图像（十）

（2）执行“图像”→“模式”→“灰度”将其转换为灰度图像，如图 9-49 所示，并将此灰度图像另存为 PSD 格式的文件。

（3）再打开该素材图像，输入一串数字，并将此文字图层转换为普通图层，如图 9-50 所示。

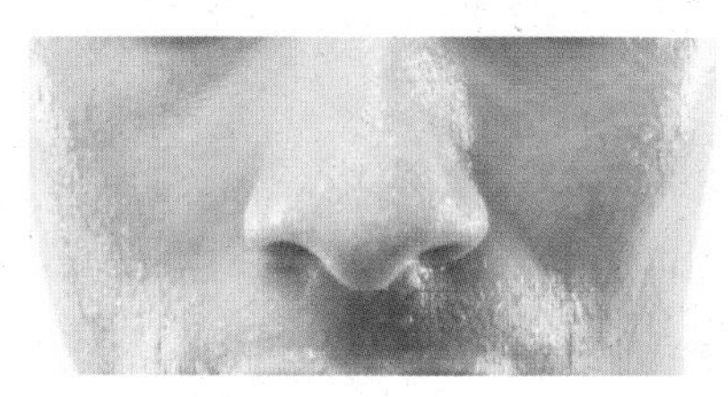

图 9-49 转换为灰度模式

图 9-50 输入文字并栅格化图层

（4）执行“滤镜”→“扭曲”→“置换”命令，打开“置换”对话框，设置参数如图 9-51 所示，然后单击“确定”按钮，在打开的选择对话框中选择前面保存的灰度图像作为置换图，单击“确定”按钮，结果如图 9-52 所示。

数字层在执行完“置换”滤镜命令后，根据人脸的形状发生了扭曲，就如这些数字是写在了人的脸上一样。

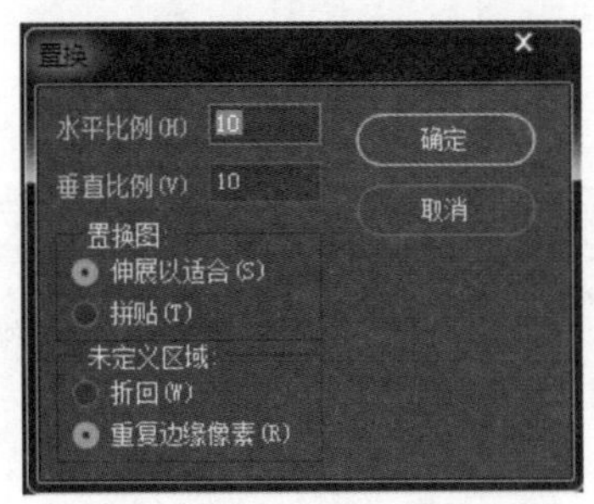

图 9-51 “置换”对话框

图 9-52 “置换”滤镜效果

从这个例子中可以看到，在执行“置换”滤镜之前，必须有一幅 PSD 格式的置换图像，执行滤镜时选中该图像，系统将根据其像素颜色值，对原图像进行变形。置换图的像素颜色值对应的变形规则如下：0（黑色），产生最大负向位移，即将待处理图像中相应的像素向右或向下移动；255（白色），产生最大正向位移，即将待处理图像中相应的像素向左或向上移动；128，像素不产生位移。

置换图可以有一个或多个色彩通道，若只有一个色彩通道，“置换”滤镜将根据置换图的像素颜色值正向或负向移动源图像的像素；若置换图有多个色彩通道，则第一个通道的像素颜色值决定源图像像素的水平位移，第二个通道的像素颜色值决定源图像像素的垂直位移。上例中，置换图为灰度模式，只有一个色彩通道。

在“置换”滤镜对话框中可设置像素位移的水平和垂直比例，变化范围为 0%～100%，值越大像素位移也越大。当置换图的像素少于源图像的像素时，可在置换图设置区设定置换图的匹配方式。在对话框中也可设置对未定义区域的处理。

9）“挤压”滤镜

“挤压”滤镜能模拟膨胀或挤压的效果，能缩小或放大图像中的选择区域，使图像产生向内或向外挤压的效果。可将它用于照片图像的校正，来减小或增大人物中的某一部分（如鼻子或嘴唇等）。打开下载的源文件中的图像“夜景”，如图 9-53 所示，执行“滤镜”→“扭曲”→“挤压”命令，弹出“挤压”对话框，如图 9-54 所示，可以拖动“数量”下方的划杆来进行挤压的程度调整。图 9-55 所示为执行“挤压”滤镜的效果图。

图 9-53 打开的素材图像（十一）

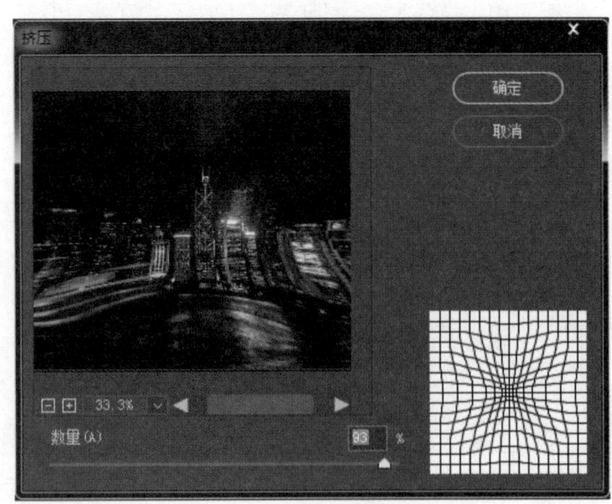

图 9-54 “挤压”对话框

图 9-55 “挤压”滤镜执行效果

挤压以中心 0 为标准，如果把划杆向右拖动，就会形成挤压的效果，如果把划杆向左拖动，输入数值的前面加一个“–”号，就会形成凸出的效果。

3.“杂色”滤镜组

“杂色”滤镜组中包含四种滤镜，其中“添加杂色”滤镜用于增加图像中的杂点，其他均用来去除图像中的杂点，如斑点与划痕等。

1）“添加杂色”滤镜

“添加杂色”滤镜是在处理图像的过程中经常用到的一个滤镜，它将杂点随机地混合到图像当中，模拟在高速胶卷上拍照的效果。打开下载的源文件中的图像“书本”，如图 9-56 所示。执行“滤镜”→“杂色”→“添加杂色”命令，弹出“添加杂色”对话框，如图 9-57 所示。图 9-58 所示为执行“添加杂色”滤镜的效果图。

图 9-56 打开的素材图像（十二）

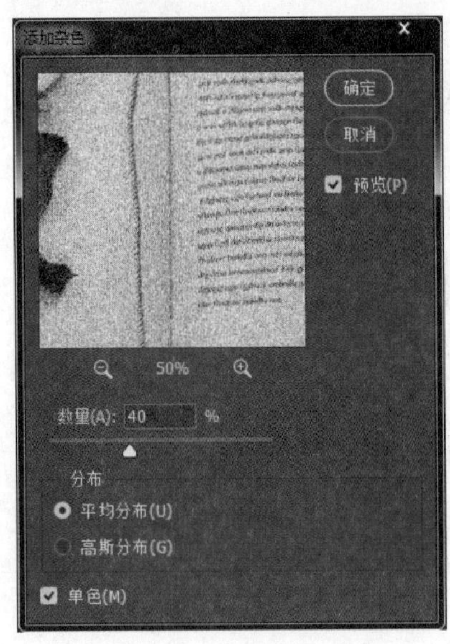

图 9-57 “添加杂色”对话框

图 9-58 “添加杂色”滤镜执行效果

“添加杂色”对话框中各选项的意义说明如下：

- “数量”文本框：表示添加杂色的多少，变化范围为 0.1%~400%。
- “分布”选项组：选中“平均分布”单选按钮，表示系统随机地在图像中加入杂点，其杂点的颜色是统一平均分布；选中“高斯分布”单选按钮，表示系统按高斯曲线分布的方式来添加杂点，此方式下加入的杂点较为强烈。
- “单色”复选框：选中此复选框，加入的杂点只影响原图像素的亮度，并不改变像素的颜色；否则，在添加杂点后，像素的颜色会发生变化。

利用“添加杂色”滤镜可以制作各种纹理，如制作竹子表面的纹理和表现金属圆盘表面的质感等，此滤镜的用途很多，读者应该在实例中体会其功能及用法。

2)“减少杂色”滤镜

“减少杂色”滤镜有助于去除 JPEG 图像压缩时产生的噪点。

图 9-59 所示为使用“减少杂色”滤镜为一幅图像减少杂色前后的图像，原图为高 ISO（ISO=3200）照片的局部，可看出，照片中有许多因 ISO 过高产生的噪点，经“减少杂色”滤镜处理后，噪点得到了较好的消除。

图 9-59 “减少杂色”滤镜效果

“减少杂色”滤镜可设置“强度”“保留细节”“锐化细节”等参数，还可在“高级”选项中对 R、G、B 通道分别进行调整。

3）“中间值”滤镜

“中间值”滤镜通过混合图像中像素的亮度来减少杂色，在消除或减少图像的动感效果时非常有用。“中间值”滤镜对话框中只有一个“半径”文本框，其变化范围为 1～100 个像素，值越大融合效果越明显。打开下载的源文件中的图像“大山”，如图 9-60 所示。执行“滤镜”→“杂色”→“中间值”命令，弹出“中间值”对话框，如图 9-61 所示。图 9-62 所示为执行“中间值”滤镜的效果图。

图 9-60 打开的素材图像（十三）

图 9-61 “中间值”对话框

图 9-62 “中间值”滤镜执行效果

4）“去斑”和“蒙尘与划痕”滤镜

这两个滤镜可去除图像中的杂点和划痕，在对有缺陷的照片进行处理时非常有用。

4.“模糊”滤镜组

“模糊”滤镜组中的模糊滤镜通过平衡图像中已定义的线条和遮蔽区域的清晰边缘旁边的像素，使变化显得柔和，达到模糊的效果。

1）“动感模糊”滤镜

“动感模糊”滤镜在某一方向对像素进行线性位移，产生沿某一方向运动的模糊效果，就如用有一定曝光时间的相机拍摄快速运动的物体一样。打开下载的源文件中的图像“动感”，如图 9-63 所示。执行“滤镜”→“模糊”→“动感模糊”命令，弹出“动感模糊”对话框，如图 9-64 所示。“动感模糊”滤镜的执行效果如图 9-65 所示。

“动感模糊”滤镜对话框中有两个选项，“角度”选项用于设定动感模糊的方向，其变化范围为 –90°～90°；“距离”选项用于设定像素移动的距离，其变化范围为 1～999 个像素。

图 9-63　打开的素材图像（十四）

图 9-64　“动感模糊”对话框

图 9-65　“动感模糊”滤镜执行效果

2)“形状模糊”滤镜

打开下载的源文件中的图像“花朵”,如图 9-66 所示。执行“滤镜”→“模糊”→“形状模糊”命令，弹出“形状模糊”对话框，如图 9-67 所示。用户可在对话框中选择应用于模糊的形状，并调整半径大小以制作特殊模糊效果。半径越大，模糊效果越好，但也更耗系统资源。“形状模糊”滤镜的执行效果如图 9-68 所示。

图 9-66　打开的素材图像（十五）

图 9-67　“形状模糊”对话框

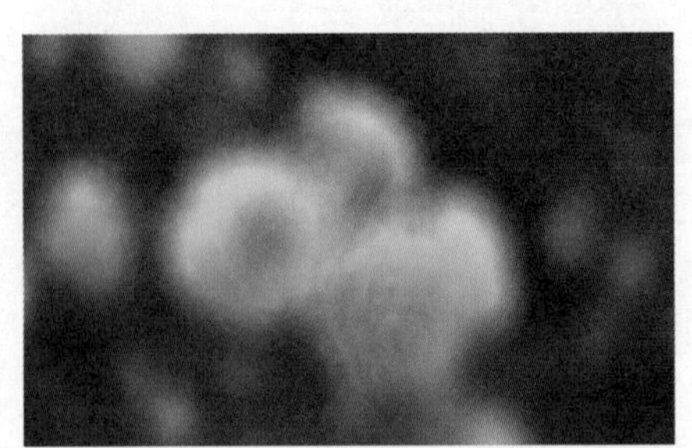
图 9-68　“形状模糊”滤镜执行效果

3）“径向模糊”滤镜

“径向模糊”滤镜能够模拟前后移动或旋转的相机所拍摄的物体的模糊效果。打开下载的源文件中的图像“粉色花朵”和“摄影”，如图 9-69 所示。执行“滤镜”→“模糊”→“径向模糊”命令，弹出“径向模糊”对话框，如图 9-70 所示。该滤镜有两种模糊方式：“旋转”和“缩放”方式，其中，“旋转”方式产生旋转模糊的效果，如图 9-71 所示；“缩放”方式产生放射状模糊的效果，如图 9-72 所示。

(a)

(b)

图 9-69 打开的素材图像（十六）

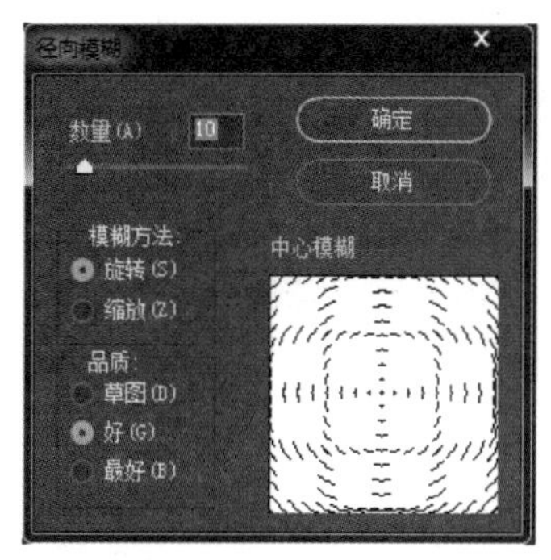

(a)

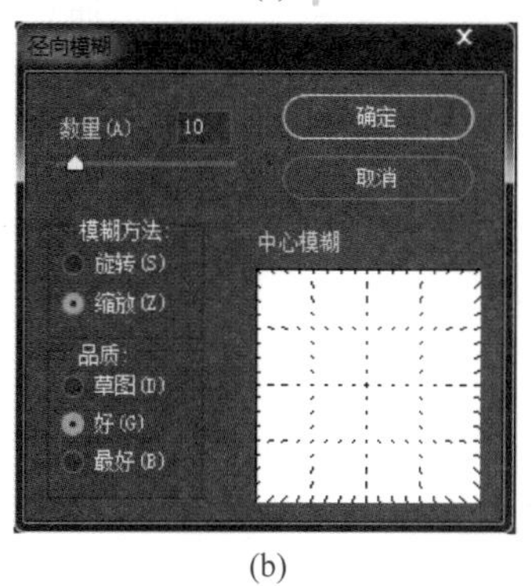

(b)

图 9-70 “径向模糊”对话框

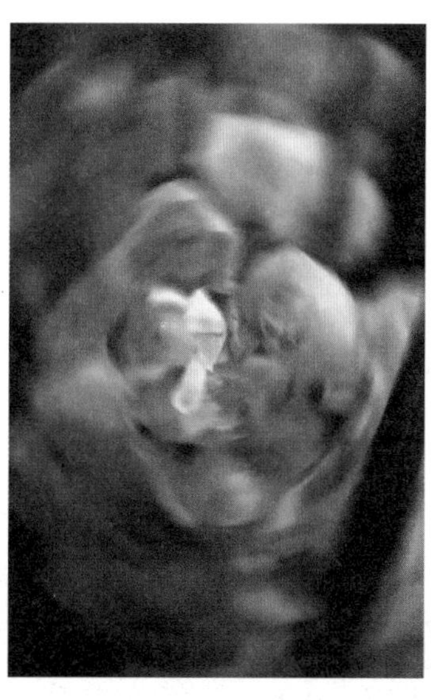

图 9-71 “旋转模糊”的效果

图 9-72 “放射状模糊”的效果

在“径向模糊”滤镜对话框中，还可定义模糊中心，只需将鼠标移动到预览方框内单击即可；“数量”选项用于设置模糊的强度，变化范围为 1 ~ 100，值越大，模糊效果越明显；“品质”选项组有三个选项，供用户选择滤镜执行效果的好坏，效果越好，执行速度越慢。

4）“方框模糊”滤镜

“方框模糊”滤镜基于相邻像素的平均颜色来模糊图像，打开下载的源文件中的图像“颜料”，如图 9-73 所示。执行“滤镜”→“模糊”→“方框模糊”命令，弹出“方框模糊”对话框，如图 9-74 所示。在对话框中，可调整用于计算给定像素的平均值的半径大小，半径越大，产生的模糊效果越好。执行“方框模糊”滤镜效果如图 9-75 所示。

图 9-73　打开的素材图像（十七）

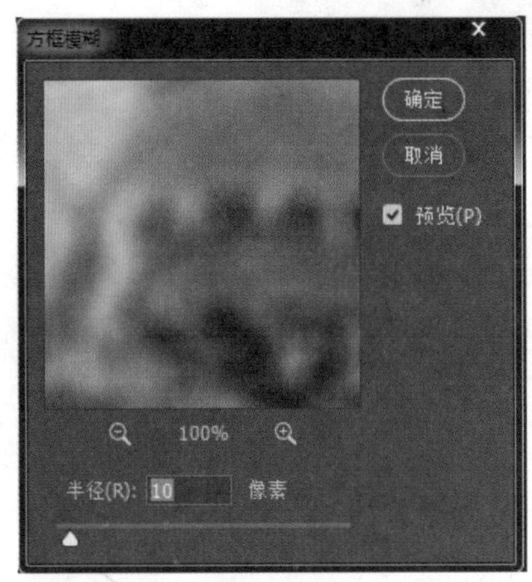

图 9-74　“方框模糊”对话框

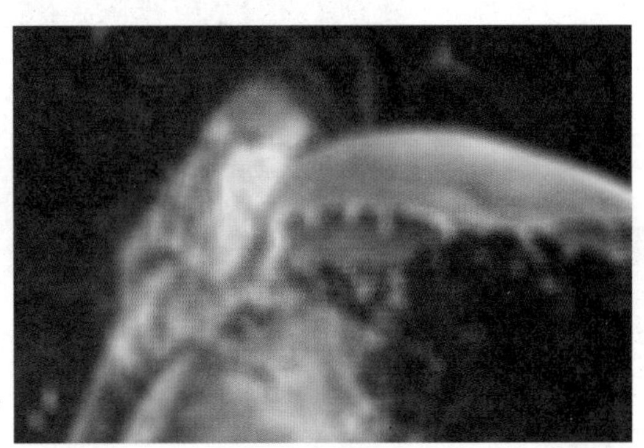

图 9-75　“方框模糊”滤镜执行效果

5）“特殊模糊”滤镜

“特殊模糊”滤镜可较精确地模糊图像，产生清晰边界的模糊方式。打开下载的源文件中的图像“秋”，如图 9-76 所示。执行“滤镜”→“模糊”→“特殊模糊”命令，弹出“特殊模糊”对话框，如图 9-77 所示。在“特殊模糊”滤镜对话框中，可以指定半径（0.1 ~ 100），确定滤镜搜索要模糊的不同像素的距离；可以指定阈值（0.1 ~ 100），确定像素值的差别达到何种程度时应将其消除；另外，还可以指定模糊品质和模式。执行“方框模糊”滤镜效果如图 9-78 所示。

图 9-76　打开的素材图像（十八）

图 9-77 “特殊模糊”对话框

图 9-78 “特殊模糊”滤镜执行效果

6）“表面模糊”滤镜

“表面模糊”滤镜用于创建特殊效果并消除杂色或粒度，在保留边缘的同时模糊图像。打开下载的源文件中的图像“一枝花”，如图 9-79 所示。执行“滤镜”→“模糊”→“表面模糊”命令，弹出“表面模糊”滤镜对话框，如图 9-80 所示。对话框中的“半径”选项指定模糊取样区域的大小，“阈值”选项用于控制相邻像素色调值与中心像素值相差多大时才能成为模糊的一部分，色调值差小于阈值的像素被排除在模糊之外。执行“表面模糊”滤镜效果如图 9-81 所示。

图 9-79 打开的素材图像（十九）

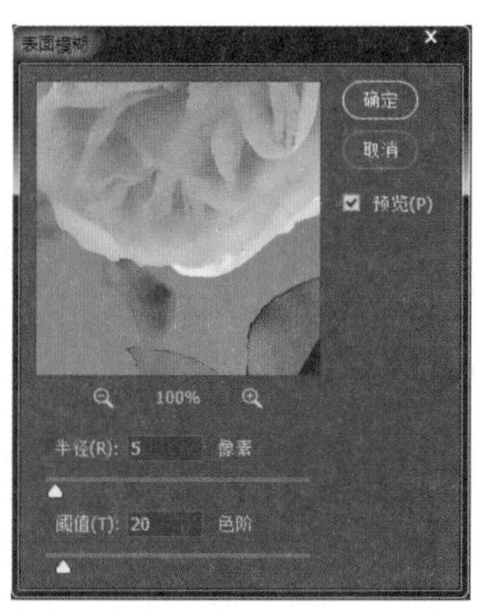

图 9-80 “表面模糊”对话框

图 9-81 “表面模糊”滤镜执行效果

7）“镜头模糊”滤镜

利用“镜头模糊”滤镜可以使图像产生更浅的景深效果（景深是摄影学术语，指被摄物体前后图像清晰范围的深度）。如果在拍摄时由于设置镜头光圈和焦距不当使得照出来的照片景深过深，可以使用“镜头模糊”滤镜对照片进行修饰，以达到预期的效果。

打开下载的源文件中的图像“桥”，图 9-82 所示，由于景深太深，远处的景色都很清晰，这不利于突出照片的主题。因此，尝试用“镜头模糊”滤镜使景深变浅，突出主题。

首先复制背景图层，得到“背景”图层，图层控制面板如图 9-83 所示。

图 9-82　打开的素材图像（二十）

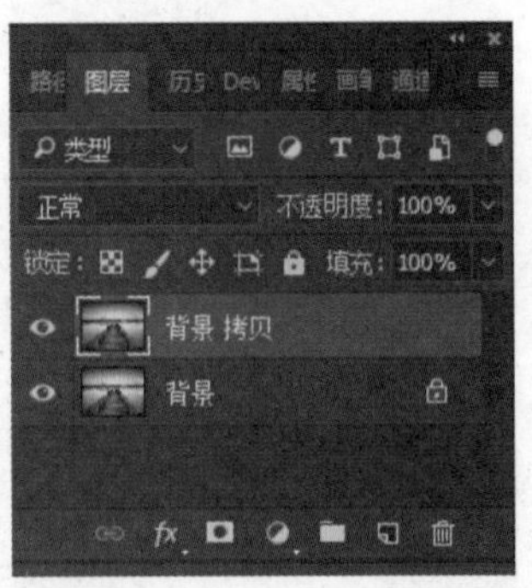

图 9-83　图层控制面板

在通道控制面板中单击“创建新通道”按钮新建 Alpha1 通道，并制作黑白渐变如图 9-84 所示。

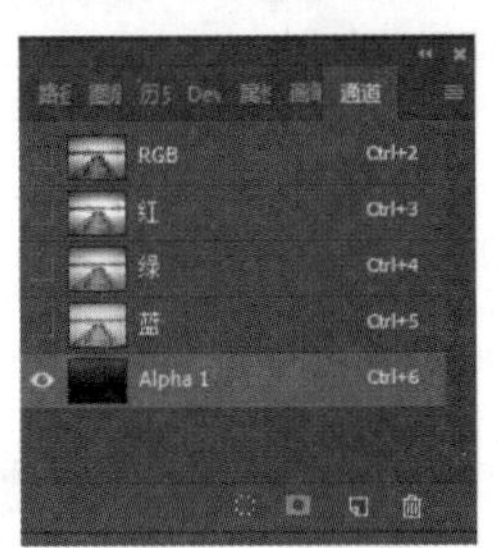

图 9-84　新建 Alpha1 通道

选中“背景拷贝”图层,执行“滤镜”→“模糊”→“镜头模糊”命令,打开“镜头模糊”对话框,在“深度映射”中选择源 Alpha1 通道，适当调整光圈半径等参数，“镜头模糊”对话框参数设置如图 9-85 所示。

图 9-85　“镜头模糊”对话框

“镜头模糊”参数设置完成后，单击“确定”按钮，得到如图 9-86 所示图像。

从图 9-86 中可看出，由于事先没有制作选区，桥的部分区域也被模糊了，这不是希望的结果，因此在工具箱中选取“橡皮擦工具”，擦除“背景拷贝”图层中桥被模糊的区域，露出“背景”图层中的对应区域图像，最后的图像如图 9-87 所示。

图 9-86 “镜头模糊”效果

图 9-87 最终效果

8）“高斯模糊”滤镜

“高斯模糊”滤镜利用钟形高斯曲线的分布模式，有选择地模糊图像。打开下载的源文件中的图像“眼镜”，如图 9-88 所示。执行“滤镜”→“模糊”→“高斯模糊”命令，弹出“高斯模糊”滤镜对话框如图 9-89 所示。在“高斯模糊”滤镜对话框中可设置模糊半径，其变化范围为 0.1～250，模糊半径越大，高斯模糊效果越明显。“高斯模糊”滤镜的执行效果如图 9-90 所示。

图 9-88 打开的素材图像（二十一）

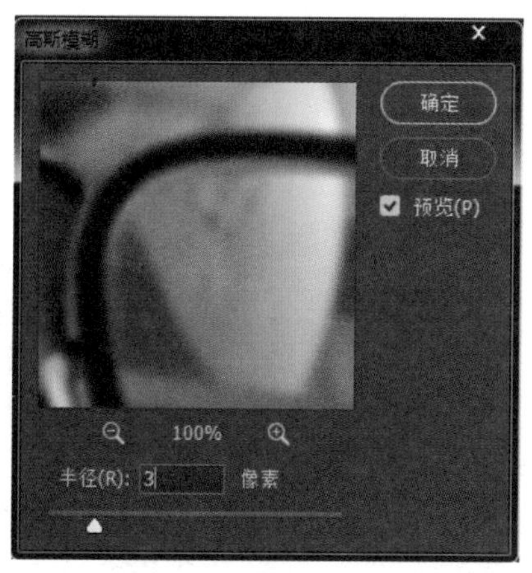

图 9-89 “高斯模糊”滤镜对话框

图 9-90 “高斯模糊”滤镜执行效果

“模糊”滤镜组中还有另外两个滤镜，分别是“模糊”滤镜和“进一步模糊”滤镜。它们的作用和“高斯模糊”滤镜基本相同，区别在于，“高斯模糊”滤镜是根据高斯曲线的分布模式对图像中的像素有选择地进行模糊，而这两个滤镜则对所有的像素一视同仁地进行模糊处理。而且执行这两个滤镜命令时，没有可供用户设置的模糊参数，而“高斯模糊”则可调整模糊半径，因此在实际运用过程中，用户大多选择“高斯模糊”滤镜来制作模糊效果。在执行效果上，“进一步模糊”滤镜的强度是“模糊”滤镜强度的 3～4 倍。

9）“进一步模糊”滤镜

“进一步模糊”滤镜是对图像轻微模糊的滤镜，可以在图像中有显著颜色变化的地方消除杂色，“进一步模糊”滤镜产生的效果比“模糊”滤镜强 3～4 倍。

10）“平均”滤镜

“平均”滤镜相当于填充原图层，但“填充色”取决于该图颜色的平均色值。打开下载的源文件中的图像“花朵（2）”，如图 9-91（a）所示，与原图对比，执行“平均”滤镜的效果如图 9-91（b）所示。

(a)

(b)

图 9-91　原图与“平均”滤镜效果对比图

5.“渲染”滤镜组

可利用“渲染”滤镜组中的滤镜制作云彩和各种光照效果。

1）“云彩”滤镜和“分层云彩”滤镜

“云彩”滤镜和“分层云彩”滤镜都用来生成云彩，但两者产生云彩的方法不同。“云彩”滤镜直接利用前景色和背景色之间的随机像素的值将图像转换为柔和的云彩，而“分层云彩”滤镜则是将“云彩”滤镜得到的云彩和原图像以“差值”色彩混合模式进行混合。

打开下载的源文件中的图像“小镇风景”，如图 9-92 所示，图 9-93 显示了“云彩”滤镜和“分层云彩”滤镜的执行效果。前景色和背景色分别设为白色和蓝色。

图 9-92　原始图像

(a)

(b)

图 9-93　“云彩”滤镜和“分层云彩”滤镜的执行效果

按住 Shift 键执行“云彩”滤镜和“分层云彩”滤镜可增强色彩效果。

2）“光照效果”滤镜

“光照效果”滤镜是一个功能极强的滤镜，它的主要作用是产生光照效果，并可通过使用灰度图像的纹理产生类似 3D 的效果。

打开下载的源文件中的图像“小汽车”，执行“滤镜”→“渲染”→“光照效果”命令，打开“光照效果”属性面板，如图 9-94 所示。

(a)

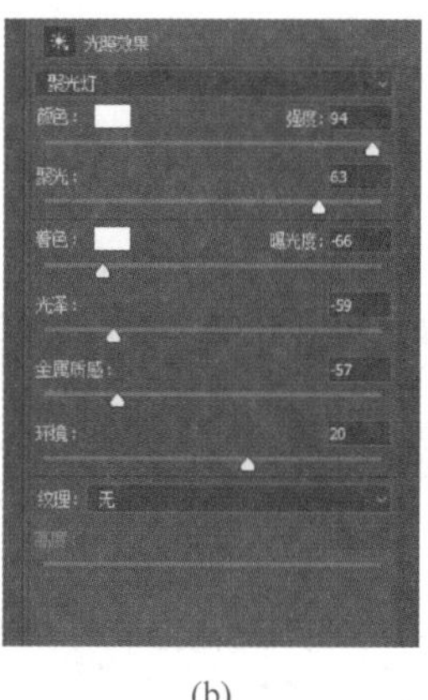

(b)

图 9-94 “光照效果”属性面板

从图中可以看出，应用“光照效果”可分为两个部分：左侧的图像预览区和右侧的设置区。

Photoshop 最多允许用户建立 16 个光源，选中某光源，单击光源属性面板下侧的垃圾箱按钮可将该光源删除。

在设置区中，Photoshop 提供了点光、聚光灯、无限光 3 种光照类型供用户选择，另外，用户还可调整光的强度和聚焦度，并更改光照的 4 种属性，以达到各种不同的光照效果。各组参数设置产生的光照效果，读者应该在实践中去尝试，找出符合自己设计意图的效果。

在“光照效果”滤镜属性栏中可以设置各种光照效果，如图 9-95 所示。

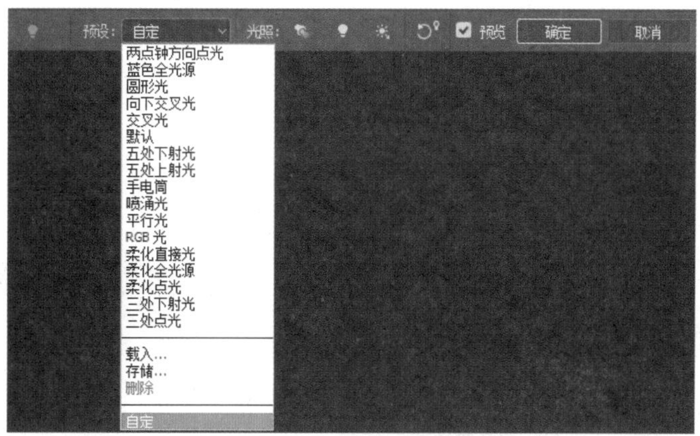

图 9-95 “光照效果”滤镜属性栏

3）“镜头光晕”滤镜

“镜头光晕”滤镜模拟亮光照射到相机镜头所产生的折射效果，打开下载的源文件中的图像“SUV”，如图 9-96 所示。执行“滤镜”→“渲染”→“镜头光晕”命令，弹出“镜头光晕”滤镜对话框，如图 9-97 所示。在“镜头光晕”滤镜对话框中可设置光晕的亮度，其变化范围为 10%～300%；用鼠标在预览窗口中单击并拖动可设定光晕中心；可供选择的镜头类型有四种：50～300 毫米变焦、35 毫米聚焦、105 毫米聚焦和电影镜头，其中 105 毫米聚焦镜头产生的光芒最多。“镜头光晕”滤镜的效果如图 9-98 所示。

图 9-96　打开的素材图像（二十二）

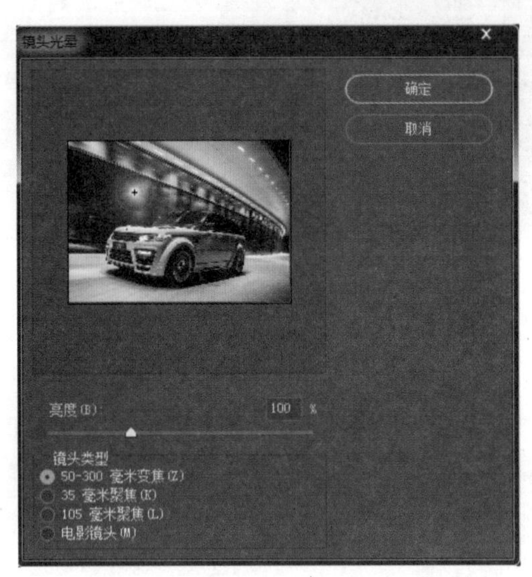

图 9-97　“镜头光晕”滤镜对话框

图 9-98　“镜头光晕”滤镜执行效果

4）“纤维”滤镜

下面通过一个实例来介绍“纤维”滤镜的使用方法以及效果展示。

新建一个文件，背景色设置为黑色。再新建一个图层 1，填充为白色，然后选择图层 1，选择“滤镜”→“渲染”→“纤维”命令，在弹出的如图 9-99 所示的对话框中设置好参数，单击“确定”按钮。然后再选择“滤镜”→“模糊”→“动感模糊”命令，在弹出的对话框中设置好参数，单击“确定”按钮，如图 9-100 所示。

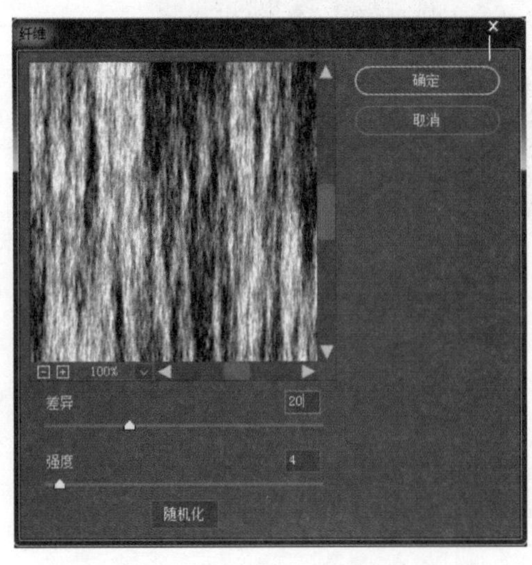

图 9-99　“纤维”对话框

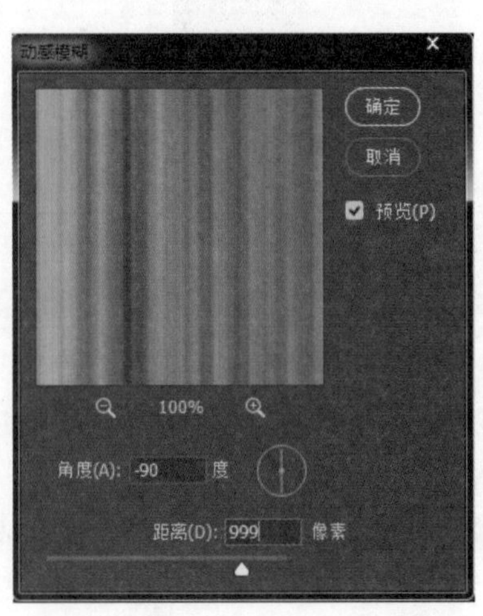

图 9-100　“动感模糊”对话框

双击图层 1 弹出图层样式对话框，为图层 1 添加”渐变叠加”，在系统自带的渐变颜色中选择五彩的渐变，并设置图层混合模式选择“叠加”，角度为 0°。执行效果如图 9-101 所示。

选择图层 1 单击右键，在弹出的菜单命令中选择转换为智能对象。然后复制一个新图层“图层 1 拷贝”，选择“图层 1 拷贝”，把图层混合模式设置为“叠加”，接下来单击滤镜→其他→高反差保留，在弹出的如图 9-102 所示的对话框中设置半径为 10，单击“确定”按钮。执行效果如图 9-103 所示。

图 9-101　渐变叠加

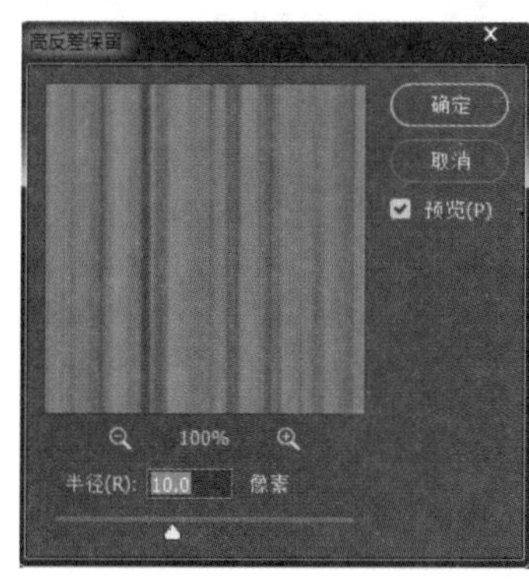

图 9-102　“高反差保留”对话框

图 9-103　执行效果

隐藏背景图层并选择“图层 1 拷贝”单击右键，在弹出的菜单命令中选择合并为可见图层，这时“图层 1”和“图层 1 拷贝”合并成一个图层。把合并图层旋转 45° 并向两个对角拉伸，然后选择“图像”→“调整”→“色阶”命令，在弹出的对话框中拖动浮动条设置好颜色的对比度。再调整合并图层的大小位置，并显示背景图层，结果如图 9-104 所示。

5)“纤维”滤镜

下面通过一个实例来介绍“纤维”滤镜的使用方法以及效果展示。

新建一个文件，背景色设置为黑色，以突显火焰的效果。使用钢笔工具，随意画曲线，如图 9-105 所示。在菜单栏中选择“滤镜”→“渲染”→“火焰”滤镜命令，弹出如图 9-106 所示的对话框，在对话框中提供了 6 种火焰类型，可以任意选择。在设置好基本参数后，也可以进行高级参数的设置。设置好详细的参数后单击“确定”按钮，效果如图 9-107 所示。

图 9-104　最后效果图

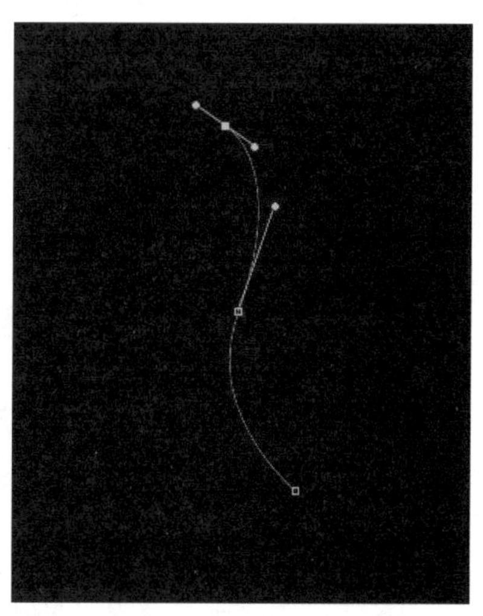
图 9-105　曲线

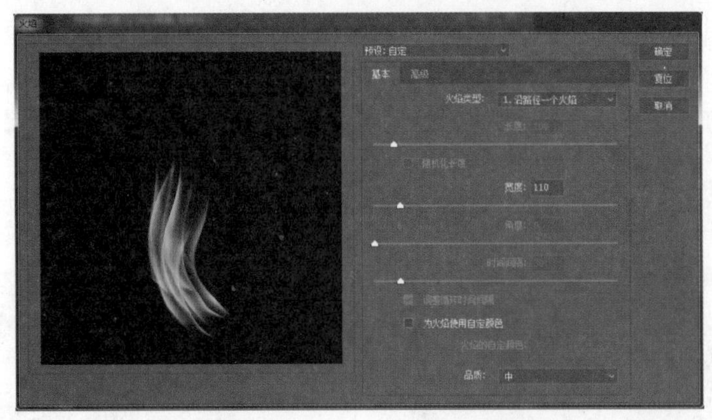

图 9-106 “火焰”滤镜对话框

图 9-107 最终效果图

6）“图片框”滤镜

下面通过一个实例来介绍“图片框”滤镜的使用方法以及效果展示。

打开下载的源文件中的图像“花盆”，在菜单栏中选择“滤镜”→“渲染”→“图片框”滤镜命令，弹出如图 9-108 所示的对话框。在对话框中图案和花型选项里各提供了 47 种和 22 种不同类型的图片框和花型，在花色选项里还可以设置花型的颜色，如图 9-109 所示。在设置好基本参数后也可以进行高级参数的设置。设置好详细的参数后单击“确定”按钮，效果如图 9-110 所示。

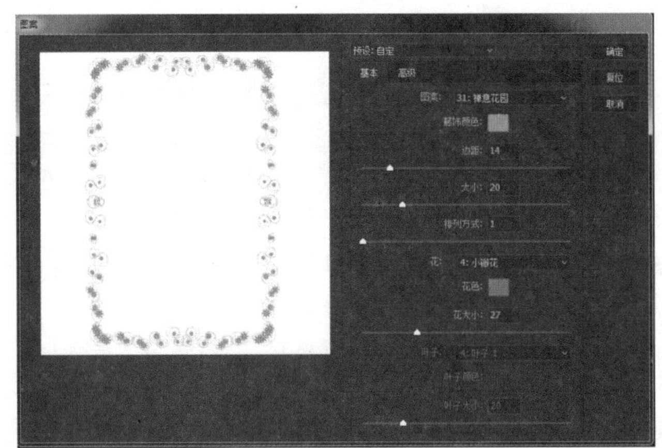

图 9-108 “图案”对话框

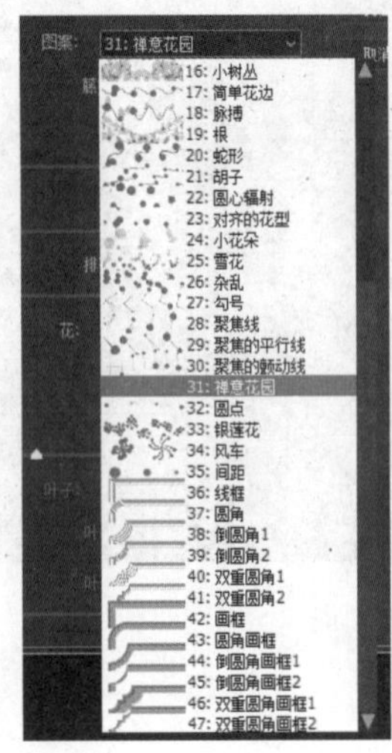

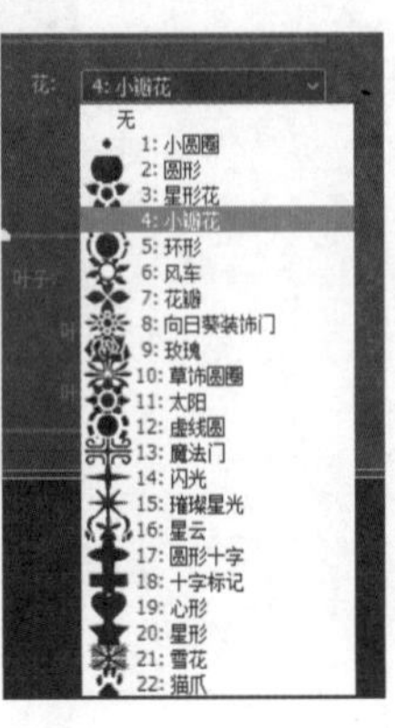

图 9-109 图案和花型选项

图 9-110 效果图

7）“树”滤镜

下面通过一个实例来介绍“树”滤镜的使用方法以及效果展示。

新建一个文件，设备背景色为白色，在菜单栏中选择“滤镜”→“渲染”→“树”滤镜命令，弹出如图 9-111 所示的对话框。在对话框中可以设置光照方向、叶子数量、叶子大小、树枝高度、树枝粗细。在对话框中基本树类型选项里提供了 34 种不同类型的树，可以根据自己的喜好选择，如图 9-112 所示。如果去掉默认叶子选中项，还可以对叶子进行不同类型的选择，如图 9-113 所示。设置好详细的参数后单击“确定”按钮，效果如图 9-114 所示，一棵立体效果的树就插入到当前图层中。

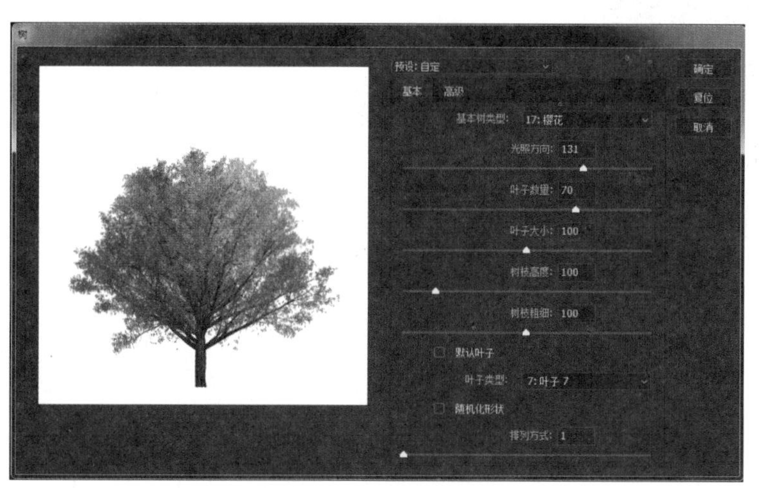

图 9-111 “树”对话框

图 9-112 基本树类型

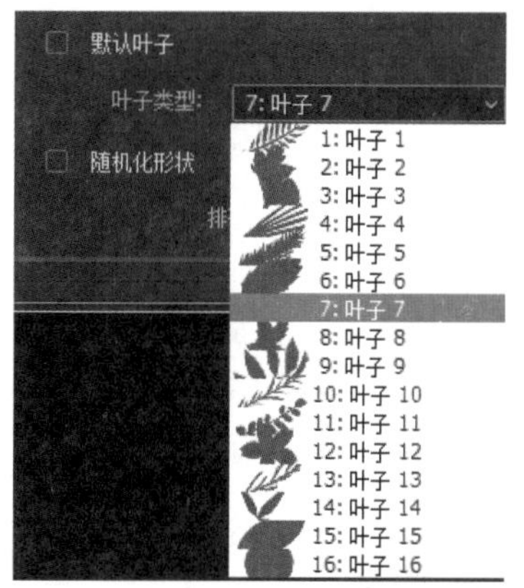

图 9-113 叶子类型

图 9-114 效果图

6.“风格化”滤镜组

“风格化”滤镜主要作用于图像的像素，可以强化图像的色彩边界，所以图像的对比度对此类滤镜的影响较大，“风格化”滤镜最终营造出的是一种印象派的图像效果。

1）“查找边缘”滤镜

此滤镜主要用相对于白色背景的深色线条来勾画图像的边缘，得到图像的大致轮廓。如果先加大图像的对比度，然后再应用此滤镜，可以得到更多更细致的边缘。打开下载的源文件中的图像“松鼠”，接下来用图像来展示“查找边缘”滤镜的具体效果，如图 9-115 与图 9-116 所示。

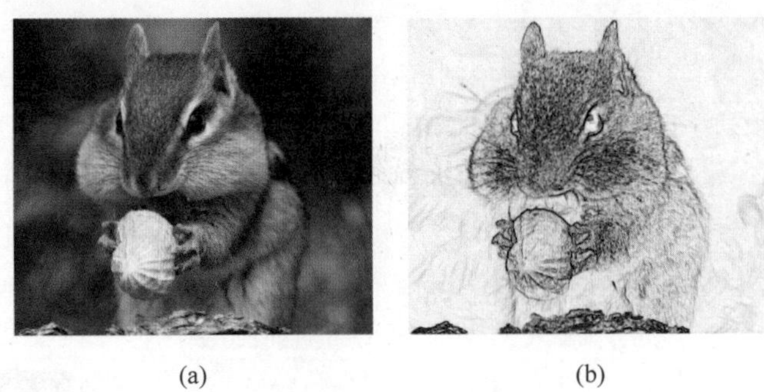

(a) (b)

图 9-115 原图与应用“查找边缘”滤镜后的对比

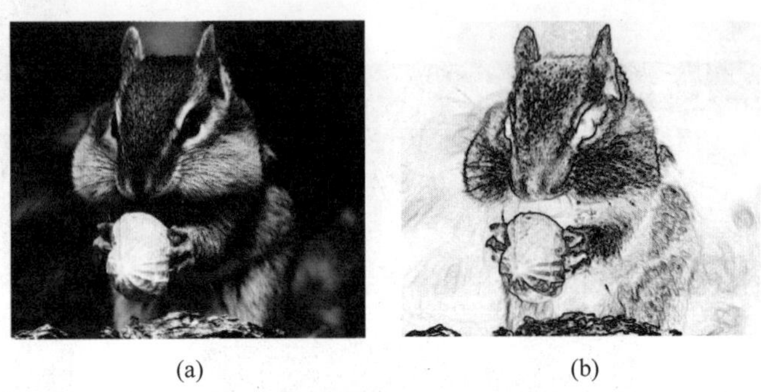

(a) (b)

图 9-116 原图调整对比度后与应用“查找边缘”滤镜后的对比

2）“等高线”滤镜

此滤镜类似于查找边缘滤镜的效果，但允许指定过渡区域的色调水平，其主要作用是勾画图像的色阶范围。在菜单栏中选择“滤镜”→“风格化”→“等高线”滤镜命令，弹出如图 9-117 所示的对话框。

➢ 色阶：可以通过拖动三角滑块或输入数值来指定色阶的阈值（0 ～255）。

➢ 较低：勾画像素的颜色低于指定色阶的区域。

➢ 较高：勾画像素的颜色高于指定色阶的区域。

打开下载的源文件中的图像“长嘴鸟”，图 9-118 展示了原图与应用“等高线”滤镜后的效果对比。

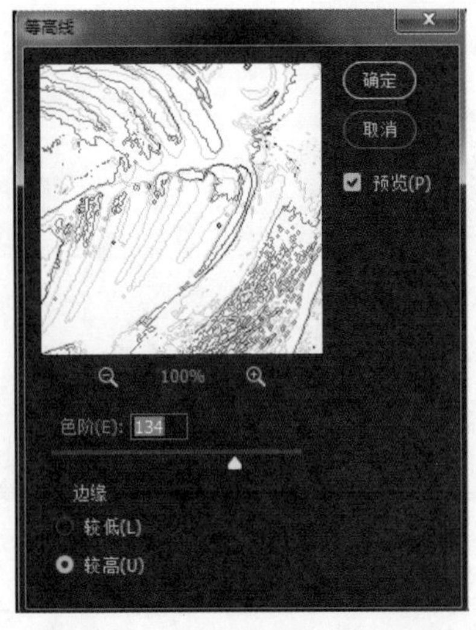

图 9-117 “等高线”对话框

图 9-118 原图与应用“等高线”滤镜后的对比

3）"风"滤镜

此滤镜在图像中色彩相差较大的边界上增加细小的水平短线来模拟风的效果。打开下载的源文件中的图像"小猫咪"，在菜单栏中选择"滤镜"→"风格化"→"风"滤镜命令，弹出如图 9-119 所示的对话框。

➢ 风：细腻的微风效果。

➢ 大风：比风效果要强烈得多，图像改变很大。

➢ 飓风：最强烈的风效果，图像已发生变形。在对话框底部，还可以调整风向的位置。

图 9-120 展示了原图与应用"风"滤镜后的效果对比。

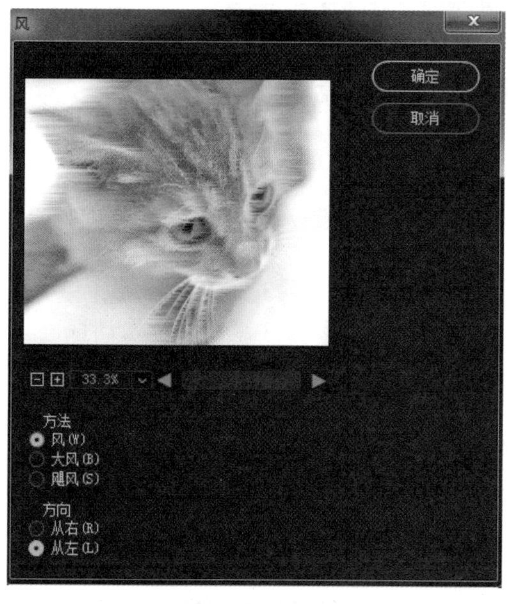

图 9-119 "风"对话框

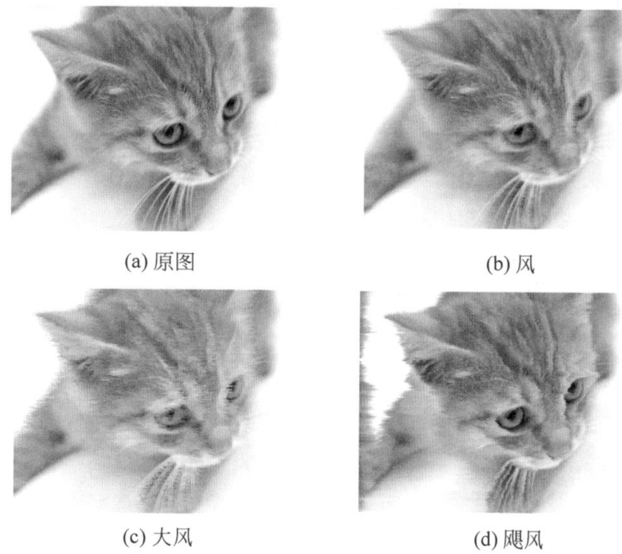

图 9-120 原图与应用"风"滤镜后的效果对比

4）"浮雕效果"滤镜

此滤镜可生成凸出和浮雕的效果，对比度越大的图像浮雕的效果越明显。打开下载的源文件中的图像"紫色花"，在菜单栏中选择"滤镜"→"风格化"→"浮雕效果"滤镜命令，弹出如图 9-121 所示的对话框。

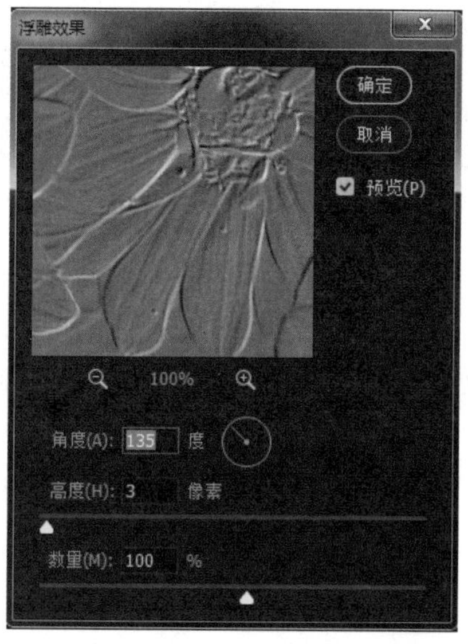

图 9-121 "浮雕效果"滤镜对话框

➢ 角度：为光源照射的方向。

➢ 高度：为凸出的高度。

➢ 数量：为颜色数量的百分比，可以突出图像的细节。

图 9-122 展示了原图与应用“浮雕效果”滤镜后的效果对比。

(a)

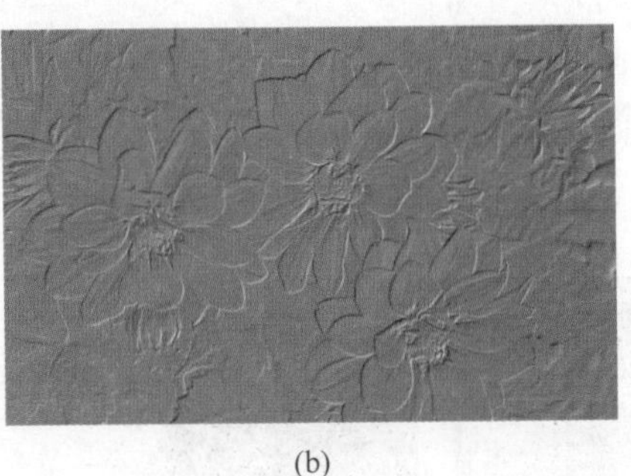

(b)

图 9-122 原图与应用“浮雕效果”滤镜后的效果对比

5）“扩散”滤镜

此滤镜搅动图像的像素，产生类似透过磨砂玻璃观看图像的效果。打开下载的源文件中的图像“红色花”，在菜单栏中选择“滤镜”→“风格化”→“扩散”滤镜命令，弹出如图 9-123 所示的对话框。

➢ 正常：为随机移动像素，使图像的色彩边界产生毛边的效果。

➢ 变暗优先：用较暗的像素替换较亮的像素。

➢ 变亮优先：用较亮的像素替换较暗的像素。

➢ 各向异性：创建出柔和模糊的图像效果。

图 9-124 展示了原图与应用“扩散”滤镜后的效果对比。

图 9-123 “扩散”滤镜对话框

(a) (b)

图 9-124 原图与应用“扩散”滤镜后的效果对比

6）“拼贴”滤镜

此滤镜将图像按指定的值分裂为若干个正方形的拼贴图块，并按设置的位移百分比的值进行随机偏移。

打开下载的源文件中的图像“花蕾”，在菜单栏中选择“滤镜”→“风格化”→“拼贴”滤镜命令，弹出如图 9-125 所示的对话框。

➢ 拼贴数：设置行或列中分裂出的最小拼贴块数。

➢ 最大位移：为贴块偏移其原始位置的最大距离（百分数）。

➢ 背景色：用背景色填充拼贴块之间的缝隙。

➢ 前景颜色：用前景色填充拼贴块之间的缝隙。
➢ 反向图像：用原图像的反相图像填充拼贴块之间的缝隙。
➢ 未改变的图像：使用原图像填充拼贴块之间的缝隙。

图 9-126 展示了原图与应用“拼贴”滤镜后的效果对比。

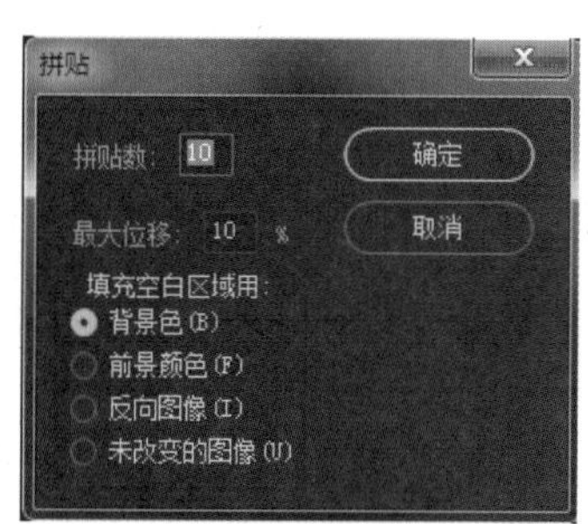

图 9-125 “拼贴”滤镜对话框

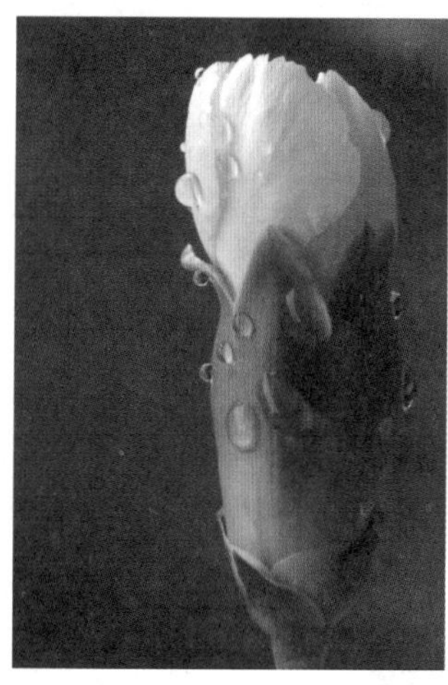

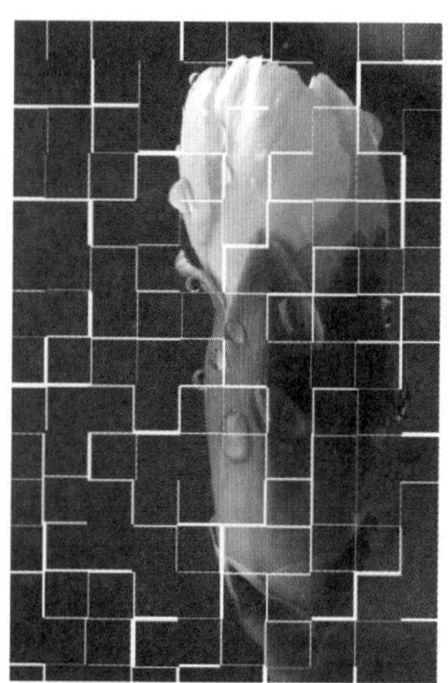

图 9-126 原图与应用“拼贴”滤镜后的效果对比

7）“曝光过度”滤镜

此滤镜使图像产生原图像与原图像的反相进行混合后的效果。

此滤镜不能应用在 Lab 模式下。

打开下载的源文件中的图像“花儿”，在菜单栏中选择“滤镜”→“风格化”→“曝光过度”滤镜命令。图 9-127 展示了原图与应用“曝光过度”滤镜后的效果对比。

(a)

(b)

图 9-127 原图与应用“曝光过度”滤镜后的效果对比

8）“凸出”滤镜

此滤镜将图像分割为指定的三维立方块或棱锥体（注：此滤镜不能应用在 Lab 模式下）。打开下载的源文件中的图像“红花”，在菜单栏中选择“滤镜”→“风格化”→“凸出”滤镜命令，弹出如图 9-128 所示的对话框。

- 块：将图像分解为三维立方块，将用图像填充立方块的正面。
- 金字塔：将图像分解为类似金字塔型的三棱锥体。
- 大小：设置块或金字塔的底面尺寸。
- 深度：控制块突出的深度。
- 随机：选中此项后使块的深度取随机数。
- 基于色阶：选中此项后使块的深度随色阶的不同而定。
- 立方体正面：选中此项，将用该块的平均颜色填充立方块的正面。
- 蒙版不完整块：使所有块的突起包括在颜色区域。

图 9-129 展示了原图与应用“凸出”滤镜后的效果对比。

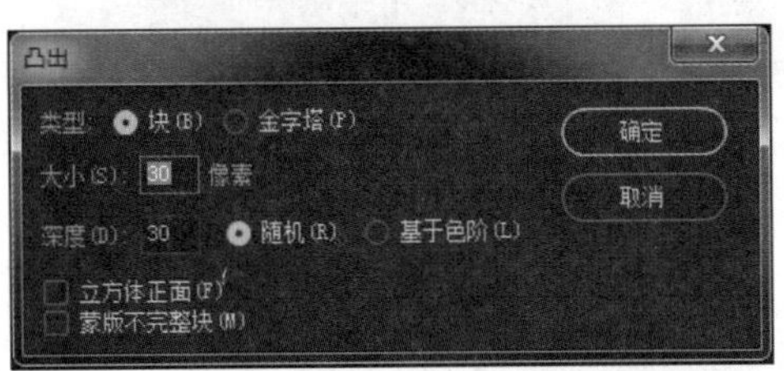

图 9-128 “凸出”滤镜对话框

(a)

(b)

图 9-129 原图与应用“凸出”滤镜后的效果对比

7.“锐化”滤镜组

“锐化”滤镜组主要通过增强相邻像素间的对比度来聚焦模糊的图像，获得清晰的效果。

1）“USM 锐化”滤镜

“USM 锐化”是在图像处理中用于锐化边缘的传统胶片复合技术。“USM 锐化”滤镜可校正摄影、扫描、重新取样或打印过程中图像产生的模糊，它对既用于打印又用于联机查看的图像很有用。

“USM 锐化”滤镜按指定的阈值定位不同于周围像素的像素，并按指定的数量增加像素的对比度。此外，用户还可以指定与每个像素相比较的区域半径。打开下载的源文件中的图像“鸟”，在菜单栏中选择“滤镜”→“锐化”→“USM 锐化”滤镜命令，弹出如图 9-130 所示的对话框。

“USM 锐化”滤镜的效果如图 9-131 所示。

图 9-130 “USM 锐化”滤镜对话框

(a)

(b)

图 9-131 原图与应用“USM 锐化”滤镜后的效果对比

2）“智能锐化”滤镜

使用“智能锐化”滤镜，用户可以选择锐化算法，在高级模式下，用户还可以分别对阴影和高光区域的锐化参数进行设置以达到最佳的锐化效果。

打开下载的源文件中的图像“小桥流水”，在菜单栏中选择“滤镜”→“锐化”→“智能锐化”命令，弹出如图 9-132 所示的对话框，设置好参数，图 9-133 所示分别是原图与应用“智能锐化”滤镜后的效果对比。

图 9-132 “智能锐化”滤镜对话框

(a)

(b)

图 9-133 原图与应用“智能锐化”滤镜后的效果对比

在“智能锐化”对话框中的“移去”下拉列表中可选取锐化的方式：高斯模糊、镜头模糊和动感模糊，用户可根据图像模糊的方式来选取相应的锐化方式。单击对话框中的“阴影”按钮，还可对阴影和高光的参数进行详细设置，以达到最佳锐化效果。

3）“锐化”和“进一步锐化”滤镜

“锐化”滤镜和“进一步锐化”滤镜的主要功能都是提高相邻像素点之间的对比度，使图像清晰，其不同在于“进一步锐化”滤镜比“锐化”滤镜的效果更为强烈。

4）“锐化边缘”滤镜

“锐化边缘”滤镜会自动查找图像中颜色发生显著变化的区域，然后将其锐化，从而得到较清晰的效果。该滤镜只锐化图像的边缘，同时保留总体的平滑度，不会影响图像的细节。

8.“视频”滤镜组

“视频”滤镜组中包含“NTSC 颜色”滤镜和“逐行”滤镜。

1）“NTSC 颜色”滤镜

“NTSC 颜色”滤镜将色域限制在电视机重现可接受的范围内，以防止过饱和颜色渗到电视扫描行中。

2）“逐行”滤镜

“逐行”滤镜通过移去视频图像中的奇数或偶数隔行线，使在视频上捕捉的运动图像变得平滑。用户可以选择通过复制或插值来替换扔掉的线条。

9. “其他”滤镜组

“其他”滤镜组中的滤镜允许用户创建自己的滤镜、使用滤镜修改蒙版、在图像中使选区发生位移和快速调整颜色等。

1）“高反差保留”滤镜

“高反差保留”滤镜按指定的半径保留图像边缘的细节，打开下载的源文件中的图像“粉花”，在菜单栏中选择“滤镜”→“其他”→“高反差保留”滤镜命令，在弹出的如图 9-134 所示的对话框中设置半径参数。图 9-135 所示的是原图与应用“高反差保留”滤镜后的效果对比图。

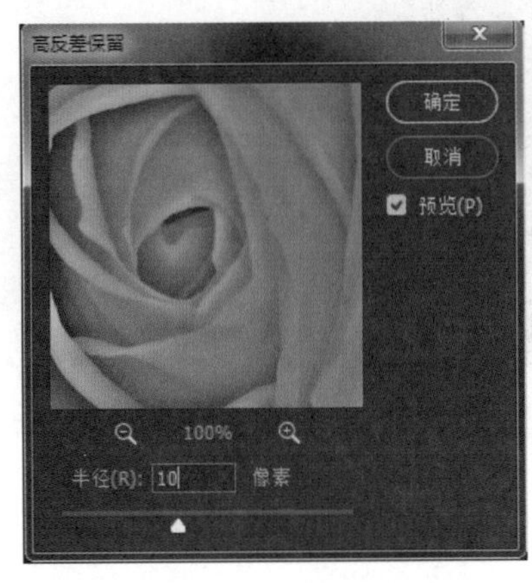

图 9-134 “高反差保留”滤镜对话框

(a)

(b)

图 9-135 原图与应用“高反差保留”滤镜后的效果对比

2）“位移”滤镜

“位移”滤镜将选区内的图像按指定的水平量或垂直量进行移动，而选区的原位置变成空白区域。用户可以用当前背景色、图像的边缘像素填充这块区域，或者如果选区靠近图像边缘，也可以使用被移出图像的部分对其进行填充（折回）。打开下载的源文件中的图像“鲜花”，在菜单栏中选择“滤镜”→“其他”→“位移”滤镜命令，在弹出的如图 9-136 所示的对话框中设置水平或垂直位移。应用“位移”滤镜的效果对比如图 9-137 所示。

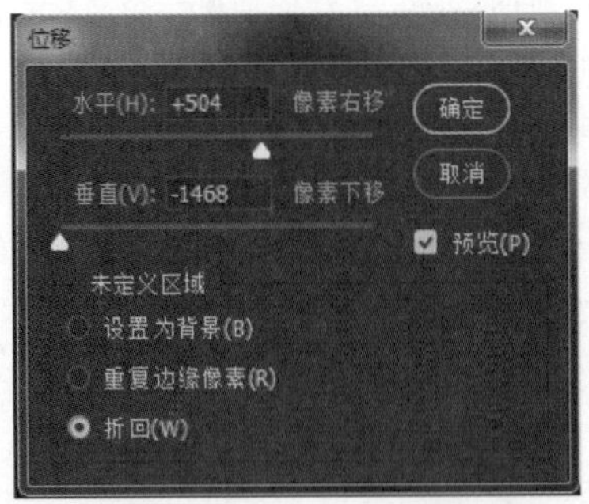

图 9-136 “位移”滤镜对话框

(a)

(b)

图 9-137 原图与应用“位移”滤镜后的效果对比

3）“最大值”和“最小值”滤镜

“最大值”滤镜用于加强图像的亮部色调，削弱暗部色调；“最小值”滤镜刚好相反，它加强图像的暗部色调，削弱亮部色调。

4）“自定”滤镜

“自定”滤镜使用户可以设计自己的滤镜效果。使用“自定”滤镜，根据预定义的数学运算（称为卷积），可以更改图像中每个像素的亮度值，根据周围的像素值为每个像素重新指定一个值。此操作与通道的加、减计算类似。“自定”滤镜对话框如图 9-138 所示。

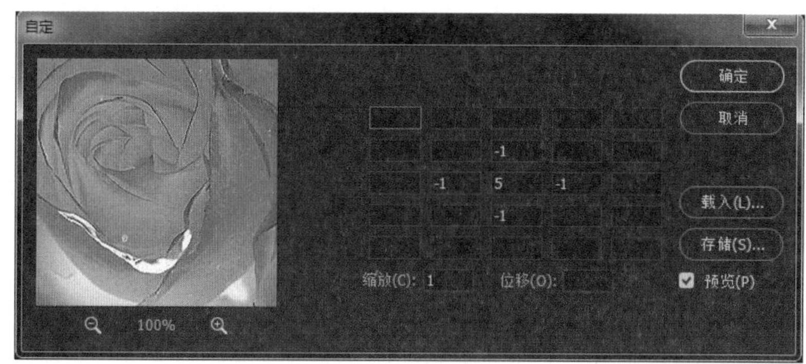

图 9-138 “自定”滤镜对话框

“自定”滤镜对话框的中间为一个 5×5 的矩阵，正中间的格子代表要处理的目标像素，其余的格子则代表它周围相对应的像素。格子内的数值为每个像素的参数值，参数的大小代表这个像素的色调对目标像素的影响力的大小，其变化范围为 –999 ～ 999。

利用“自定”滤镜可以自己创建浮雕、锐化和模糊等效果，其功能非常强大，读者应该在实践中去尝试，创建符合自己需要的滤镜效果。

9.2 综合实例

9.2.1 彩色贝壳

这个实例步骤简单，效果也比较可爱，适合初学者练习。在绘制过程中主要用到扭曲滤镜、液化膨胀滤镜、钢笔造型，以及图层样式特效等。

9-1 彩色贝壳

具体绘制步骤如下：

（1）在 Photoshop 中新建 10cm×10cm、分辨率为 300dpi、背景色为白色的画布。

（2）新建图层 1，用“矩形选框工具”拉出 0.25×10 的竖条选区，填充颜色“R：212，G：204，B：129”，用方向键将该矩形选区右移 15 个像素，继续填充，以此类推，填满画布（用图章工具或图层渐变也可达到这种效果，读者可以试试），如图 9-139 所示。

图 9-139 填充画布

（3）调整图层 1 的大小（快捷键 Ctrl+T），在菜单栏上选择“滤镜”→“扭曲”→“球面化”命令，数量值设为 100%，效果如图 9-140 所示。

（4）选择“椭圆选框工具”并按住 Shift 键绘制出一个正圆框住图中心形成的圆，在菜单栏上选择“选择”→“反选”（快捷键 Ctrl+Shift+I），按 Delete 键删除多余部分，如图 9-141 所示。然后复制图层 1，得到图层 1 的拷贝，将此拷贝图层前的小“眼睛”关闭，暂时不用此图层。

图 9-140 球面化

图 9-141 删除多余部分

（5）将图层 1 用自由变换（Ctrl+T 组合键）缩小至 1/4 画布大小，放置在画布中心，不要取消自由变换的选框，在菜单栏上选择“编辑”→“变换”→“透视”命令，在选框上部的两个控制点中任选一点向外拉，下部的两个控制点中任选一个向内拉，直至重叠，如图 9-142 所示。

（6）保持图层 1 为当前图层，选择菜单栏中“滤镜”→“液化”命令，弹出新窗口，选择左侧的“膨胀工具”，画笔大小设成 250，画笔压力设成 50，模式为“平滑的”，在扇形底部点按 5～6 次（也可点压住不动，停留时间不要太长），使其具有膨胀效果，如图 9-143 所示。

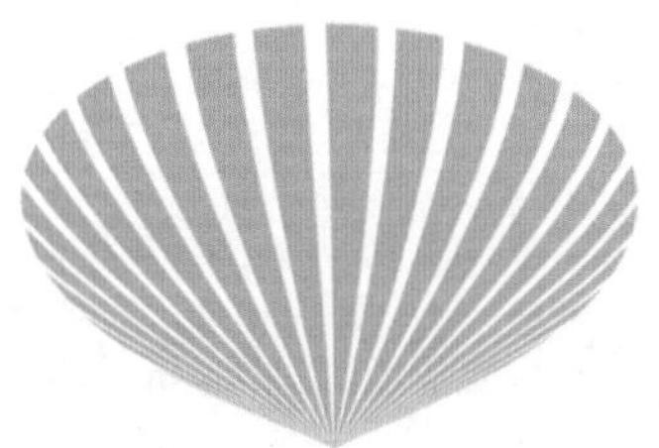
图 9-142 透视变形后形成的贝壳图像

图 9-143 “膨胀”效果

（7）新建图层 2，将其放置在图层 1 的下面，用“钢笔工具”将整个扇形勾画出来，用“直接选择工具”调整好路径。按住 Ctrl 键不放，单击路径面板上的路径，将路径转换成选区（也可按面板底部的“将路径作为选区载入”图标），填充颜色“R：242，G：230，B：112”，如图 9-144 所示。

（8）选择“图层”→“应用图层样式”→“投影”命令，不透明度设置为 53%，角度设置为 148º，距离为 12 像素，扩展为 4%，大小为 16 像素，其余设置不变，效果如图 9-145 所示。在图层面板中选择图层 1 与图层 2，然后在菜单栏中选择“图层”→“合并图层”命令，快捷键为 Ctrl+E，将此两图层合并为 1 个图层。

图 9-144 填充图层

图 9-145 添加图层样式

（9）新建图层 2，填充颜色“R：255，G：255，B：255”，应用“图层样式”→“渐变叠加”，将渐变编辑器设置成透明条纹，并将颜色改为“R:242，G:230，B:112”，将样式设置为“径向”，其余不变，得到同心圆。新建图层 3，与图层 2 链接后合并，使图层 2 变为普通图层。将最里层的白圈填充颜色“R:242，G:230，B:112”，如图 9-146 所示。然后在菜单栏上选择“选择”→“色彩范围”命令，弹出对话框，用变为吸管工具的指针吸取画面上白色部分，色彩容差调整为 100%，按 Delete 键删除全部白色部分。

（10）将图层 2 用自由变换工具压成椭圆形，在菜单栏上选择“滤镜”→“扭曲”→“球面化”命令，数量为 100%，并重复两次球面化动作（Ctrl+F 键），如图 9-147 所示。

图 9-146 渐变叠加

图 9-147 球面化

（11）用自由变换（Ctrl+T 键）将图层 2 放至合适大小，保持当前图层为图层 2，按住 Ctrl 键不放，用鼠标左键在图层面板上点按图层 1，再在菜单栏上选择“选择”→“反选”命令，按 Delete 键删除多余部分，如图 9-148 所示。保持图层 2 为当前图层，在菜单栏上选择“滤镜”→“滤镜库”命令，在弹出的对话框中选择“纹理化”→“颗粒”命令。单击“确定”按钮后，在图层面板上将图层 2 模式设为“正片叠底”，不透明度设为 58%。效果如图 9-149 所示。

图 9-148 “纹理化”滤镜

图 9-149 添加图层混合模式

链接图层 1 与图层 2，将两图层合并。用“多边形选择工具”，在贝壳边沿勾出齿状，按 Delete 键删除多余部分。如图 9-150 所示。

打开隐藏的图层 1 拷贝，并将此层放置于最底层，在菜单栏上选择“编辑”→“变换”→“旋转 90°”命令，并用自由变换工具将其压扁成椭圆形。然后将图层 1 拷贝应用图层样式——投影，不透明度设置为 53%，角度设置为 148°，距离为 12 像素，扩展为 4%，大小为 16 像素，其余设置不变，效果如图 9-151 所示。

新建图层 3，用“圆形选框工具”拉出一个与图层 1 拷贝一样大小的椭圆来，填充颜色“R:242，G:230，B：112”，并链接图层 1 副本与图层 3，再合并，如图 9-152 所示。

图 9-150 “纹理化”滤镜

图 9-151 添加图层混合模式

图 9-152 合并图层

保持合并后的图层 1 拷贝为当前图层，在菜单栏上选择“滤镜”→“扭曲”→“球面化”命令，数量为 100%。在菜单栏中选择“编辑”→“变换”→“旋转 180°”命令，单击“确定”按钮后，用“多边形选择工具”切出贝壳下部的棱角，如图 9-153 所示。

合并图层 1 副本与图层 2。用大小为 60、强度为 50% 的“模糊工具”对贝壳边缘以及底部进行模糊。用大小为 67、不透明度为 52% 的“橡皮擦工具”将贝壳边缘擦出半透明效果。用大小为 70、曝光度为 46% 的“减淡工具”，对贝壳底部凸出的部分进行减淡。用大小为 250、曝光度为 25% 的“加深工具”对贝壳底部与扇面部进行加深。最终效果如图 9-154 所示。

图 9-153 绘制贝壳底部

图 9-154 最终效果图

最后，可以把做好的贝壳调整颜色，任意组合，效果如图 9-155 所示。

图 9-155 彩色贝壳

9.2.2 绚丽多彩的背景

9-2 炫彩背景

（1）新建一个文件。双击背景图层，在弹出的对话框中保留默认设置，单击“确定”按钮，将背景图层转换为普通图层。将图层 0 填充为黑色，选择图层 0，执行菜单栏中的“滤镜”→“渲染”→“镜头光晕”命令，弹出“镜头光晕”对话框，设置参数如图 9-156 所示，图像效果如图 9-157 所示。

（2）再重复执行 7 次镜头光晕，图像效果如图 9-158 所示。选择图层 0，执行菜单栏中的“图像”→“调整”→“色相 / 饱和度”命令，在弹出的对话框中设置饱和度为 –100，图像效果如图 9-159 所示。

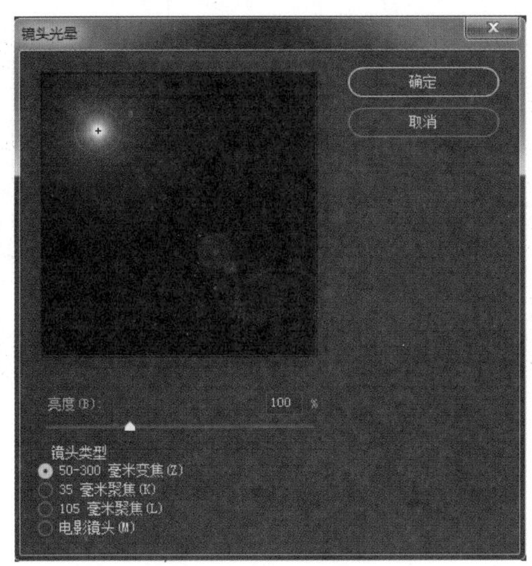

图 9-156 “镜头光晕”对话框

图 9-157 图像效果

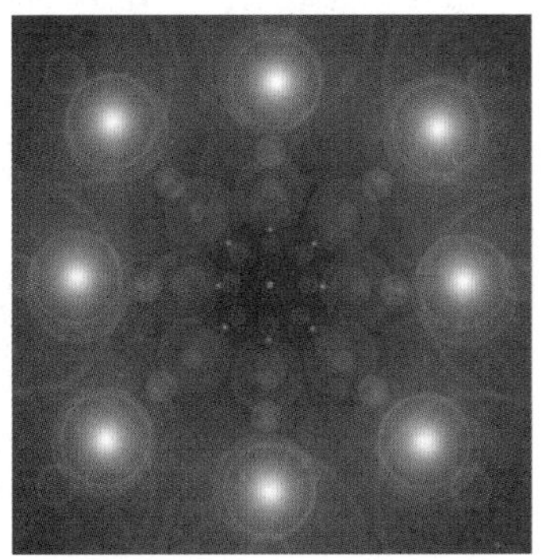

图 9-158 重复执行镜头光晕

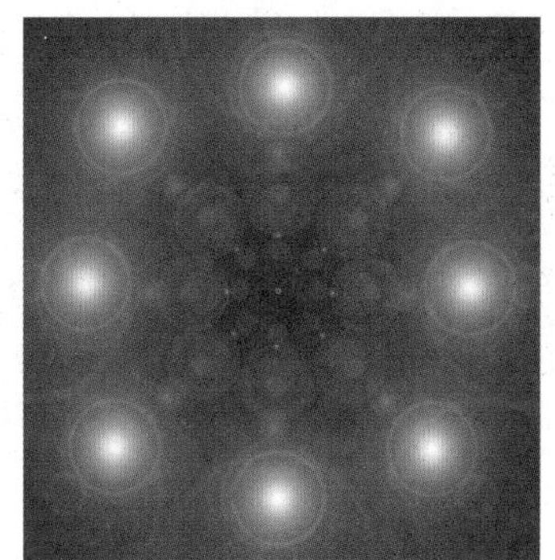

图 9-159 调整图层饱和度

（3）执行菜单栏中的“滤镜”→“像素化”→“铜板雕刻”命令，弹出的对话框设置参数如图 9-160 所示，图像效果如图 9-161 所示。

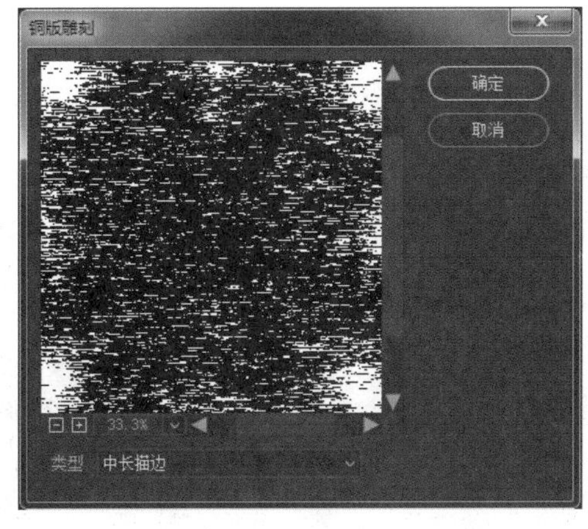

图 9-160 “铜板雕刻”对话框

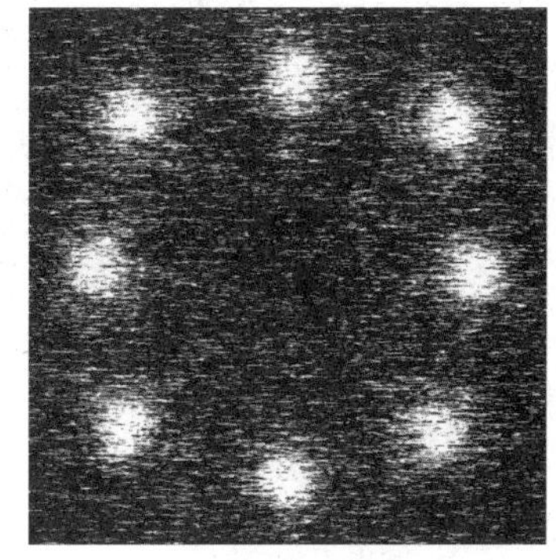

图 9-161 图像效果

（4）执行菜单栏中的“滤镜”→“模糊”→“径向模糊”命令，弹出的对话框设置参数如图 9-162 所示，图像效果如图 9-163 所示。

（5）按快捷键 Ctrl+Alt+F，重复执行径向模糊命令，图像效果如图 9-164 所示。

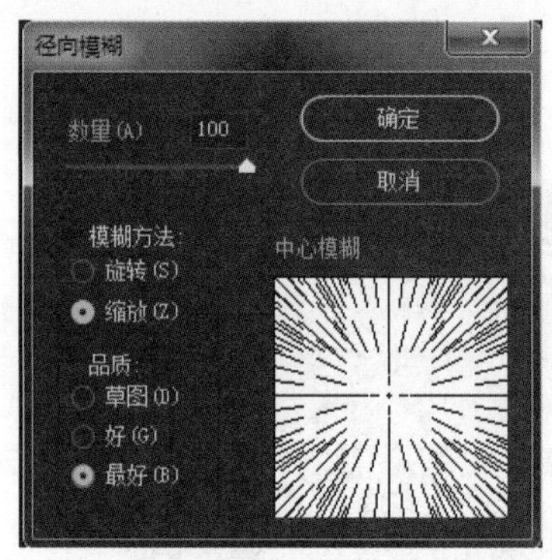

图 9-162 “径向模糊”对话框

图 9-163 图像效果（一）

图 9-164 图像效果（二）

（6）按快捷键 Ctrl+U，弹出“色相 / 饱和度”对话框，设置参数如图 9-165 所示，图像效果如图 9-166 所示。

图 9-165 “色相 / 饱和度”对话框

图 9-166 图像效果（三）

（7）复制图层 0，并设置“图层 0 拷贝”的混合模式为“变亮”。选择“图层 0 拷贝”，执行菜单栏中的“滤镜”→“扭曲”→“旋转扭曲”命令，弹出的对话框中设置参数如图 9-167 所示，图像效果如图 9-168 所示。复制“图层 0 拷贝”，重复执行旋转扭曲命令，并设置角度为 –100°，图像效果如图 9-169 所示。

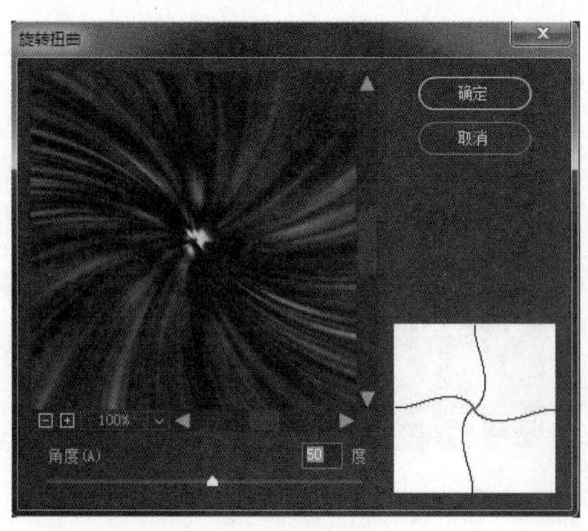

图 9-167 “旋转扭曲”对话框

图 9-168 图像效果（四）

图 9-169 重复旋转扭曲

（8）选择“图层 0 拷贝 2”，执行菜单栏中的“滤镜”→“扭曲”→“波浪”命令，在弹出的对话框中设置参数如图 9-170 所示，图像效果如图 9-171 所示。

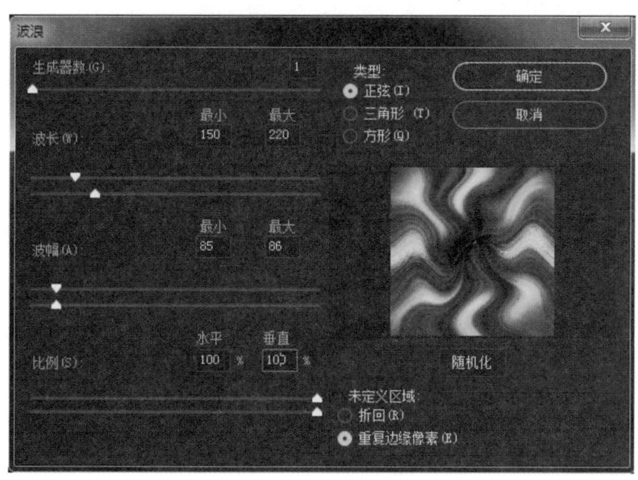

图 9-170 “波浪”对话框

图 9-171 图像效果

（9）复制“图层 0 拷贝 2”，执行快捷方式 Ctrl+T 逆时针旋转图像，效果如图 9-172 所示。还可以对四个图层进行色相 / 饱和度的调整并对每个图层加以不同颜色的着色。最终效果如图 9-173 所示。

图 9-172 效果图

图 9-173 最终效果图

9.3 答疑解惑

1. 由于文档的分辨率设置得太高，所以在选择所要应用的滤镜时，为了查看应用后的图像效果会浪费太多等待的时间，在这种情况下该采用何种方法来更快地选择所需要的滤镜呢?

答：在对分辨率较高的图像文件应用某些滤镜效果时，会占用较多的内存空间，这时会造成计算机的运行速度减慢。建议在应用滤镜功能前，可以先将局部图像创建为选区，先对部分图像应用滤镜效果，待得到满意效果后，再对整个图像应用滤镜效果，这样可提高工作效率。

2. 为什么在有些图像中不能应用滤镜效果呢?

答：滤镜效果不能应用于位图模式、索引颜色以及 16 位 / 通道的图像，并且有些滤镜只能应用于 RGB 颜色模式的图像，而不能应用于 CMYK 颜色模式的图像。

3. 在应用滤镜库时，怎样为图像同时应用多种滤镜效果?

答：在“滤镜库”对话框中，单击对话框右下角的“新建效果图层”按钮，新建一个效果图层，然后单击命令选择区中所需的滤镜效果图标，即可为图像应用两种滤镜效果。按照此种方法，即可为图像同时应用多种滤镜效果。

9.4 学习效果自测

1. 下面哪种滤镜可以用来去掉扫描的照片上的斑点，使图像更清晰？（　　）

A. 模糊 — 高斯模糊　　B. 艺术效果—海绵　　C. 杂色—去斑　　D. 素描—水彩画笔

2. 下列对滤镜描述不正确的是（　　）。

A. Photoshop 可以对选区进行滤镜效果处理，如果没有定义选区，则默认为对整个图像进行操作

B. 在索引模式下不可以使用滤镜，有些滤镜不能使用 RGB 模式

C. 扭曲滤镜的主要功能是让一幅图像产生扭曲效果

D. “3D 变换”滤镜可以将平面图像转换成为有立体感的图像

3. 当图像是何种模式时，所有的滤镜都不可以使用（假设图像是 8 位 / 通道）？（　　）

A. CMYK　　B. 灰度　　C. 多通道　　D. 索引颜色

4. 下列哪个滤镜可以减少渐变中的色带？（　　）

A. 滤镜 > 噪声　　B. 滤镜 > 风格 > 四散

C. 滤镜 > 扭曲 > 取代　　D. 滤镜 > 锐化 > USM

5. 下列关于背景层的描述哪个是正确的？（　　）

A. 在图层调板上背景层是不能上下移动的，只能是最下面一层

B. 背景层可以设置图层蒙版

C. 背景层不能转换为其他类型的图层

D. 背景层不可以执行滤镜效果

6. 下列哪些滤镜只对 RGB 滤镜起作用？（　　）

A. 马赛克　　B. 光照效果　　C. 波纹　　D. 浮雕效果

7. 下列哪个内部滤镜可以实现立体化效果？（　　）

A. 风　　B. 等高线　　C. 浮雕效果　　D. 撕边

8. 在 Photoshop 中，（　　）是最重要、最精彩、最不可缺少的一部分，是一种特殊的软件处理模块，也是一种特殊的图像效果处理技术。

A. 图层　　B. 蒙版　　C. 工具　　D. 滤镜

9. 滤镜中的（　　）效果，可以使图像呈现塑料纸包住的效果；该滤镜使图像表面产生高光区域，好像用塑料纸包住物体时产生的效果。

A. 塑料包装　　B. 塑料效果　　C. 基底凸现　　D. 底纹效果

第 10 章

通　道

学习要点

本章主要介绍在用 Photoshop 进行比较复杂的操作时经常用到的技术——通道技术。从通道的作用入手，讲解通道控制面板的组成及相关命令的用途。在使用 Photoshop 时，几乎都会使用到图层、蒙版、通道，它们是 Photoshop 学习中的三只拦路虎。尤其是通道最难理解，但是要学习 Photoshop，又处处碰到它、离不开它。通道是 Photoshop 中最重要的核心内容之一，掌握了通道，就掌握了 Photoshop 1/3 的内容，由此可以看出通道的重要性了。

学习提要

- ❖ 通道概述
- ❖ 通道控制面板
- ❖ 通道的操作
- ❖ 通道的应用

10.1 通道概述

前面的章节中已经接触到通道的一些应用。到底什么是通道呢？通道实际上是用来存放图像信息的地方。Photoshop 将图像的原色数据信息分开保存，把保存这些原色信息的数据带称为“颜色通道”，简称为通道。

需要强调的是，单纯的通道操作不可能对图像本身产生任何效果，必须同其他工具结合，如选区和蒙版（其中蒙版是最重要的），所以在理解通道时最好与这些工具联系起来，才能知道精心制作的通道可以在图像中起到什么样的作用。

10.1.1 通道的作用

通道的作用主要包括以下几点：

- 建立、编辑和存储选区。利用通道，可以建立头发丝这样的精确选区。
- 表示色彩的强度。利用信息面板可以体会到这一点，不同通道都可以用256级灰度来表示不同亮度。在 Red 通道里的一个纯红色的点，在其他的通道上显示就是纯黑色，即亮度为 0。
- 表示不透明度。

另外，可以利用通道生成纹理效果、透明图像或为 Web 优化图像等。在实际中，通道有着最广泛的应用，因为在一切显示屏显示格式中，色彩分为三原色：红、绿、蓝。因此，这就为它的抠图提供了依据。

10.1.2 通道的分类

通道作为图像的组成部分，与图像的格式密不可分，图像颜色、格式的不同决定了通道的数量和模式，通道不同，它们的命名就不同。

Photoshop 中涉及的通道主要有以下几种。

1）复合通道

复合通道不包含任何信息，实际上它只是同时预览并编辑所有颜色通道的一个快捷方式。它通常被用来在单独编辑完一个或多个颜色通道后使通道面板返回到它的默认状态。对于不同模式的图像，其通道的数量不同。在 Photoshop 之中，通道涉及三个模式。对于一个 RGB 图像，有 RGB、R、G、B 四个通道；对于一个 CMYK 图像，有 CMYK、C、M、Y、K 五个通道；对于一个 Lab 模式的图像，有 Lab、L、a、b 四个通道。

2）颜色通道

当在 Photoshop 中编辑图像时，实际上就是在编辑颜色通道。这些通道把图像分解成一个或多个色彩成分，图像的模式决定了颜色通道的数量，RGB 模式有三个颜色通道，CMYK 图像有四个颜色通道，灰度图只有一个颜色通道，它们包含了所有将打印或显示的颜色。

在一幅图像中，像素点的颜色就是由这些颜色模式中原色信息来进行描述的，那么所有像素点所包含的某一种原色信息，便构成一个颜色通道，例如一幅 RGB 图像的红色通道便是由图像中所有像素点的红色信息所组成，同样，绿色通道和蓝色通道也是如此，它们都是颜色通道，这些颜色通道的不同信息配比便构成了图像中的不同颜色的变化。

每个颜色通道都是一幅灰度图像，它只代表一种颜色的明暗的变化，所有的颜色通道混合在一起时，便可形成图像的彩色效果，也就是构成了彩色的复合通道。RGB 模式的图像，颜色通道中较亮的部分表示这种颜色用量大，较暗的部分表示该颜色用量少；而对于 CMYK 图像说，颜色通道中较亮的部分表示该颜色的用量少，较暗的部分表示该颜色用量大。

所以当图像中存在整体的颜色偏差时，可以方便地选择图像中的一个颜色通道，并对其进行相应的校正，如果某个 RGB 图像中红色不够，在对其进行校正时，就可以单独选择其中的红色通道来对图像进行调整。红色通道是由图像中所有像素点为红色的信息组成的，可以选择红色通道，提高整个通道的亮度，或使用填充命令在红色通道内填入具有一定透明度的白色，便可增加图像中红色的用量，达到调节图像的目的。

打开下载的源文件中的图像“树叶”，图 10-1 ~ 图 10-4 显示了一幅 RGB 图像的 4 个色彩通道。

图 10-1 RGB 通道

图 10-2 红色通道

图 10-3 绿色通道

图 10-4 蓝色通道

3）专色通道

专色通道是一种特殊的颜色通道，它可以使用青色、洋红（有人叫品红）、黄色、黑色以外的颜色来绘制图像。一般人用专色通道较少，且多与打印相关。

4）Alpha 通道

Alpha 通道是计算机图形学中的术语，指的是特别的通道。有时，它特指透明信息，但通常的意思是“非彩色”通道。这是真正需要了解的通道，可以说在 Photoshop 中制作出的各种特殊效果都离不开 Alpha 通道，它最基本的用处在于保存选区范围，并不会影响图像的显示和印刷效果。

它具有以下的属性：每个图像（16 位图像除外）最多可包含 24 个通道，包括所有颜色通道和 Alpha 通道。所有通道具有 8 位灰度图像，可显示 256 级灰阶。可以随时增加或删除 Alpha 通道，可为每个通道指定名称、颜色、蒙版选项、不透明度，不透明度影响通道的预览，但不影响原来的图像。所有的新通道都具有与原图像相同的尺寸和像素数目，使用工具可编辑它。将选区存储在 Alpha 通道中可使选区永久保留，可在以后随时调用，也可用于其他图像中。

5）单色通道

这种通道的产生比较特别，也可以说是非正常的。试一下，如果在通道面板中随便删除其中一个通道，就会发现所有的通道都变成“黑白”的，原有的彩色通道即使不删除也变成灰度的了。

10.1.3 通道的编辑

对图像的编辑实质上是对通道的编辑。因为通道是真正记录图像信息的地方，色彩的改变、选区的增减、渐变的产生，都可以追溯到通道中去。

对于特殊的编辑方法，在此不做介绍，看看常规的有哪些。

1）利用选择工具

Photoshop 中的选择工具包括遮罩工具（Marquee）、套索工具（Lasso）、魔术棒（Magic Wand）、字体遮罩（Type Mask）以及由路径转换来的选区等，其中包括不同羽化值的设置。利用这些工具在通道中进行编辑与对一个图像的操作是相同的。

2）利用绘图工具

绘图工具包括喷枪（Airbrush）、画笔（Paintbrush）、铅笔（Pencil）、图章（Stamp）、橡皮擦（Eraser）、渐变（Gradient）、油漆桶（Paint Bucket）、模糊锐化和涂抹（Blur、Sharpen、Smudge）、加深减淡和海绵（Dodge、Burn、Sponge）。

任何选择区域都可以用绘图工具去创建，其间唯一的区别也许只是看不到那些黑白相间不断行动的线条。利用绘图工具编辑通道的一个优势在于可以精确地控制笔触（虽然比不上绘图板），从而可以得到更为柔和以及足够复杂的边缘。

这里要提一下的是渐变工具。因为这种工具比较特别，不是说它特别复杂，而是说它特别容易被人忽视。但相对于通道却又是特别有用。它是 Photoshop 中严格意义上的一次可以涂画多种颜色而且包含平滑过渡的绘画工具，针对于通道而言，也就是带来了平滑细腻的渐变。

3）利用滤镜

在通道中进行滤镜操作，通常是在有不同灰度的情况下，而运用滤镜的原因，通常是刻意追求一种出乎意料的效果，或者只是为了控制边缘。

原则上讲，可以在通道中运用任何一个滤镜去试验，当然这只是在没有任何目的的时候，实际上大部分人在运用滤镜操作通道时通常有着较为明确的愿望，比如锐化或者虚化边缘，从而建立更适合的选区。各种情况比较复杂，需要根据目的的不同做相应处理。

4）利用调节工具

特别有用的调节工具包括色阶（Level）和曲线（Curves）。在用这些工具调节图像时，会看到对话框上有一个 Channel 选单，在这里可以看到所要编辑的颜色通道。当选中希望调整的通道时，按住 Shift 键，再单击另一个通道，最后打开图像中的复合通道，这样就可以强制这些工具同时作用于一个通道。

对于编辑通道来说，这当然是有用的，但在实际操作中并不常用，因为完全可以建立调节图层而不必破坏最原始的信息。

10.2 通道控制面板

执行“窗口”→“通道”命令，将显示如图 10-5 所示的通道控制面板。由图 10-5 可知，通道控制面板比图层控制面板简单得多，它仅有通道列表区、显示标志列、通道操作按钮和快捷菜单按钮。通道控制面板的操作和图层控制面板相同，不同的是，每个通道都有一个对应的快捷键，用户可以在没有打开通道控制面板的情况下选中某个通道。

单击通道控制面板右上角的≡按钮，将打开如图 10-6 所示的快捷菜单。

在此菜单中可选择相关命令来新建通道、复制通道、删除通道、分离通道、合并通道等。其中，选择“分离通道”命令，系统会将当前文件分离为仅包含各原色通道信息的若干个单通道灰度图像文件，如 RGB 图像将被分离为 3 个文件，CMYK 图像被分离为 4 个文件。选择“合并通道”命令又可将分离后的文件合并。选择“面板选项”命令将弹出如图 10-7 所示的对话框，在这个对话框中可设置通道列表区中缩略图显示的大小，在图层控制面板中也能找到相应的选项。

图 10-5　通道控制面板

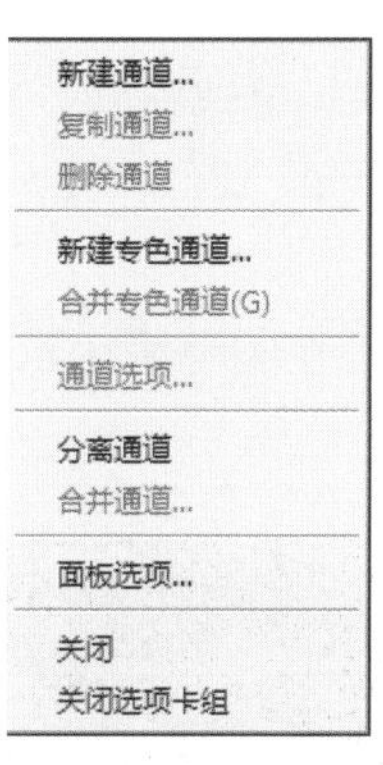

图 10-6　快捷菜单

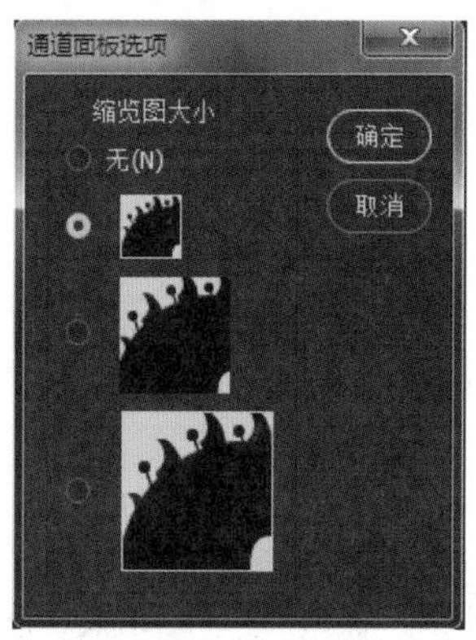

图 10-7　“通道面板选项”对话框

通道控制面板中各按钮的意义如下：

➢ 按钮：用于安装选区按钮。如果用户希望将通道中的图像内容转换为选区，可在选中该通道后单击此按钮。这和按住 Ctrl 键单击该通道的效果相同。

➢ 按钮:将选区存储为通道。打开下载的源文件中的图像“海”,使用“矩形选框工具”创建选区，如图 10-8 所示，然后单击此按钮可将当前图像中的选区转变为一个通道，并保存到新增的 Alpha 通道中，通道以白色显示选择区域，如图 10-9 所示。

图 10-8　创建选区

图 10-9　将选区转换为通道

➢ 按钮：创建新通道按钮，最多可创建 24 个通道。新建的通道均为 Alpha 通道。

➢ 按钮：删除当前通道按钮，不能删除 RGB、CMYK 等通道。

由于 RGB 通道和各原色通道的特殊关系，若单击 RGB 通道，则各原色通道将自动显示；反之，若单击任一个原色通道，则 RGB 通道自动隐藏。

10.3　通道的操作

10.3.1　创建 Alpha 通道

单击通道控制面板中的按钮，或者单击通道面板右上角的按钮，在弹出的快捷菜单中选择“新建通道”命令，即可创建新的 Alpha 通道。选择该命令时系统会打开如图 10-10 所示的“新建通道”对话框。

用户可通过此对话框设置通道名称、通道指示颜色和不透明度等。“色彩指示”选项组有两个选项，表示通道不同的颜色显示方式。若选择“被蒙版区域”单选按钮，表示新建通道中黑色区域代表蒙版区，白色区域代表保存的选区；若选择“所选区域”单选按钮，则表示新建通道中白色区域代表蒙版区，黑色区域代表保存的选区。

下面来看一个实例。

（1）打开下载的源文件中的图像“猫咪”，在菜单栏中选择“窗口”→“通道”命令，该图像及其通道控制面板如图 10-11 所示。

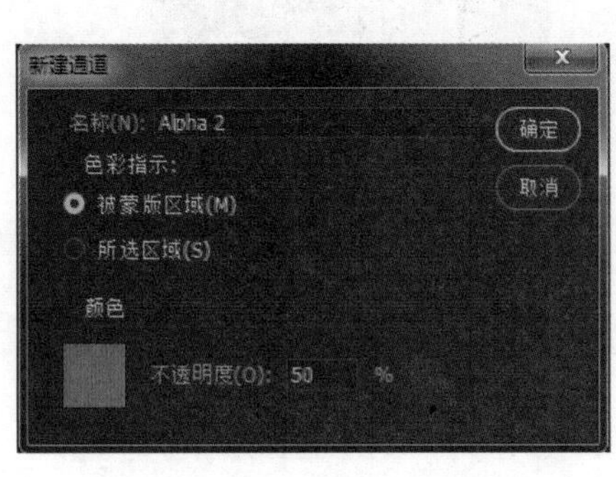

图 10-10 “新建通道”对话框

(a)
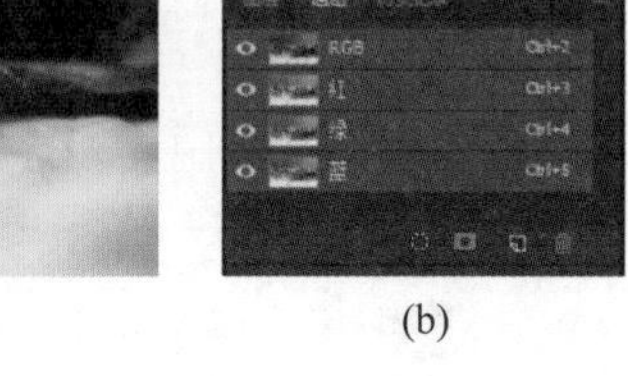
(b)
图 10-11 原始图像及通道控制面板

（2）单击通道控制面板右上角的☰按钮，在打开的快捷菜单中选择“新建通道”命令，按图 10-10 所示设置“新建通道”对话框，结果如图 10-12 所示。

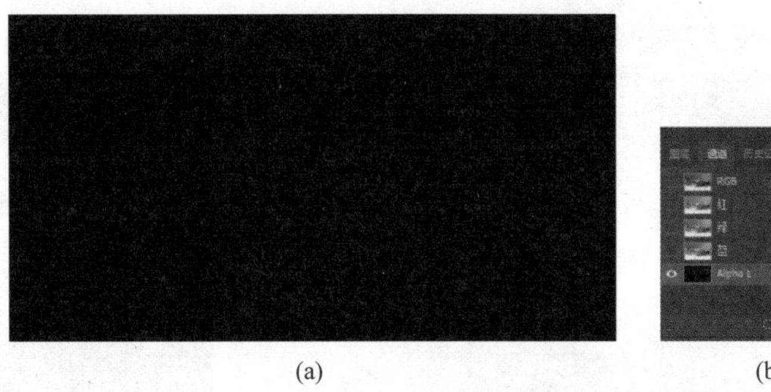
(a) (b)
图 10-12 新建通道后的图像窗口和通道控制面板

（3）单击通道控制面板中 RGB 通道对应的显示标志列，显示图像，结果如图 10-13 所示。图像被蒙上一层红色的薄雾，其颜色和不透明度是在“新建通道”对话框中设置好的，系统的默认颜色为红色，不透明度为 50%。此时图像被完全遮蔽，即通道中未保存任何选区。

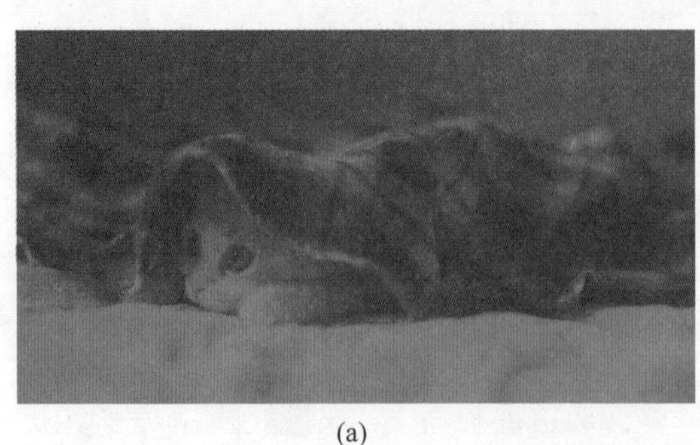
(a)
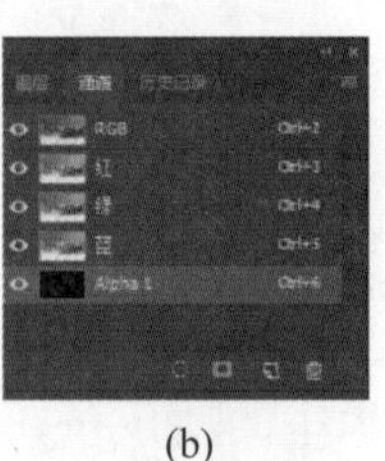
(b)
图 10-13 显示图像

（4）选择工具箱中的“橡皮擦工具”，擦拭左侧的小猫，使其显露出来，如图 10-14 所示。

(a)

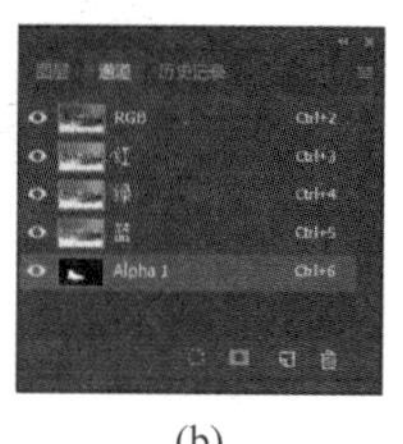

(b)

图 10-14 擦出小猫区域

（5）此时，可发现 Alpha1 通道出现了一个相应的白色区域，刚才擦拭的区域自动保存到了 Alpha1 通道中，单击 Alpha1 通道显示该通道内容，结果如图 10-15 所示。

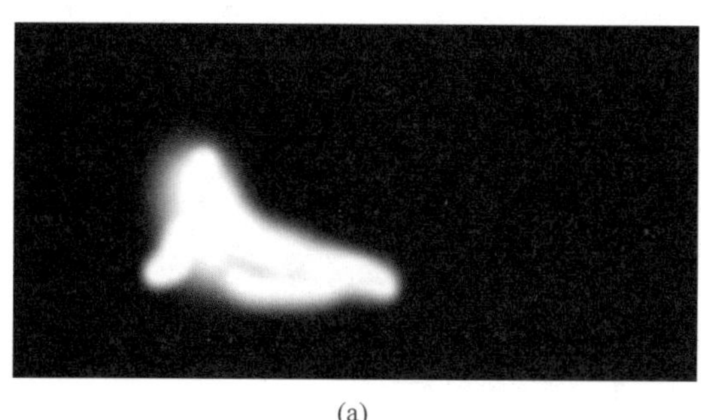

(a)

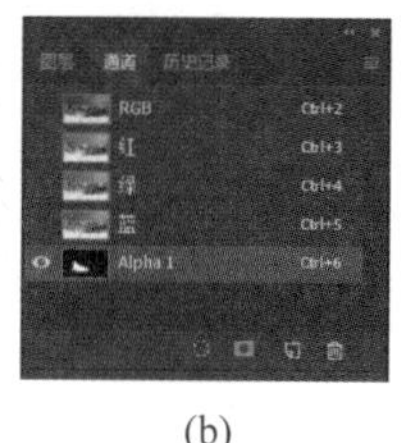

(b)

图 10-15 显示 Alpha1 通道内容

（6）白色区域表示存储在 Alpha1 通道中的选区。单击 RGB 通道，显示图像，然后按住 Ctrl 键单击 Alpha1 通道，载入选区，结果如图 10-16 所示，即选出了小猫区域。

(a)

(b)

图 10-16 载入 Alpha1 通道保存的区域

10.3.2 创建专色通道

专色通道主要用于辅助印刷，它可以使用一种特殊的混合油墨替代或附加到图像颜色油墨中。印刷彩色图像时，图像中的各种颜色都是通过混合 CMYK 四色油墨获得的。而基于色域的原因，通过混合 CMYK 四色油墨无法得到某些特殊的颜色，此时便可借助专色通道为图像增加一些特殊混合油墨来辅助印刷。在印刷时，每个专色通道都有一个属于自己的印板。也就是说，当打印一个包含有专色通道的图像时，该通道将被单独打印输出。

要创建专色通道，可执行通道快捷菜单中的“新建专色通道”命令，此时将弹出如图 10-17 所示的“新建专色通道”对话框。用户可通过该对话框设置通道名称、油墨颜色和油墨密度。

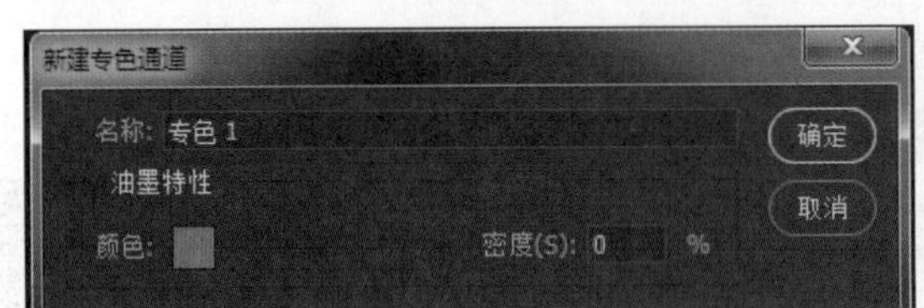

图 10-17 “新建专色通道”对话框

“密度”设置只是用来在屏幕上显示模拟打印效果，对实际打印输出并无影响。如果在新建专色通道前制作了选区，则新建专色通道后，系统将在选区内填充专色通道颜色。例如在上述图像中用文字蒙版工具制作“Cat”字形选区，如图 10-18 所示，然后单击通道控制面板右上角的≡按钮打开快捷菜单，执行“新建专色通道”命令并设置密度为 30%，然后单击“确定”按钮，此时图像和通道控制面板如图 10-19 所示。

图 10-18 制作字形选区

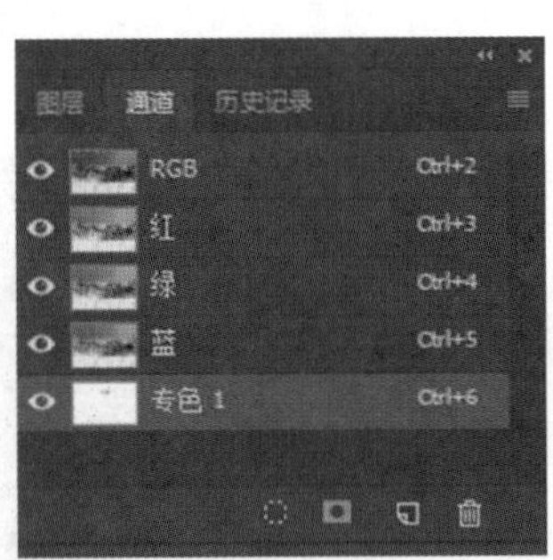

图 10-19 新建专色通道后的图像和通道控制面板

建立专色通道后，通道快捷菜单的“合并专色通道”命令将变为可用，执行该命令，可将专色通道合并到各原色通道中。不过，在执行该命令之前，应该将所有的图层合并，否则系统会给出一个是否合并图层的询问对话框，如果单击“确定”按钮，系统会首先合并图像中的所有图层，然后合并专色通道。对于上面的例子，执行“合并专色通道”命令后，“Cat”字样将被真正融合到图像当中，合并专色通道后的通道控制面板如图 10-20 所示。

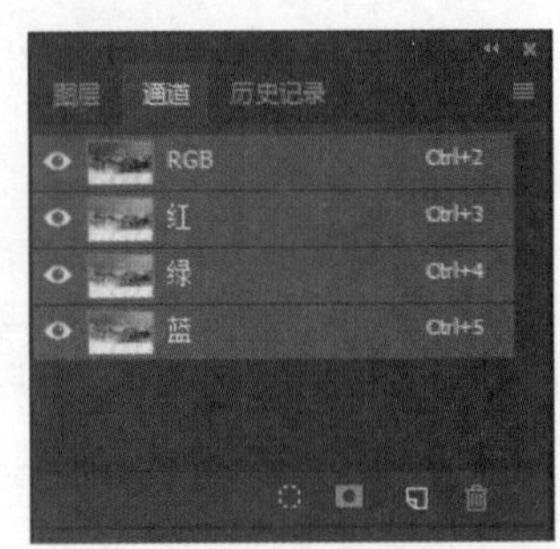

图 10-20 合并专色通道

10.3.3 复制和删除通道

在使用通道的过程中，为了图像处理的需要，或者为了防止因为不可恢复的操作使得通道不能还原，往往需要复制通道。

复制通道的方法和复制图层的方法基本相同。首先应选中要复制的通道，然后执行通道快捷菜单中的“复制通道”命令，此时系统将打开如图 10-21 所示的“复制通道”对话框。用户可通过该对话框设置通道的名称，指定通道复制到的文件（默认为通道所在的文件），以及是否将通道内容取反。

用户也可在通道控制面板中直接将通道拖至按钮上复制通道，不过，用这种方法复制通道系统将不会给出“新建专色通道”对话框。复制的通道名称也是系统默认给出。

每一个通道都将占用一定的系统资源，因此，为了节省文件存储空间，提高图像处理速度，应该将一些不再使用的通道删除。为此，可在通道控制面板中选中要删除的通道后，执行通道快捷菜单中的“删除通道”命令，或单击通道控制面板中的按钮，即可将通道删除。

如果删除了某个原色通道，则通道的色彩模式将变为多通道模式。如图 10-22 所示为删除了红色通道后的图像和通道控制面板。在删除原色通道前，应合并所有图层，否则系统会给出提示。

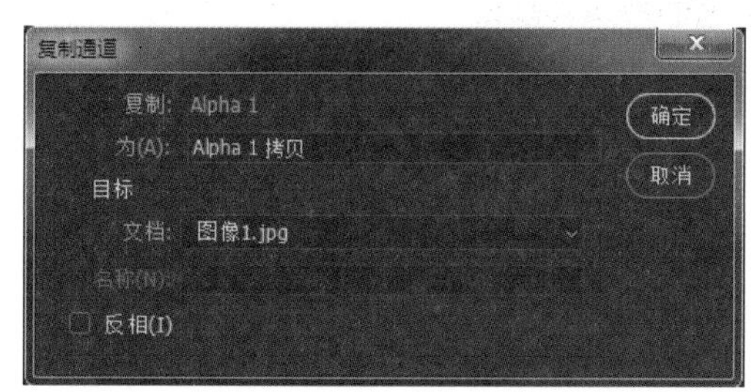

图 10-21 “复制通道”对话框

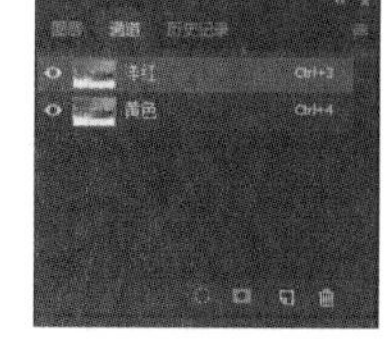

图 10-22 删除红色通道后的图像和通道控制面板

10.3.4 分离和合并通道

利用通道快捷菜单中的“分离通道”命令，可将一个图像文件中的各通道分离出来，各自成为一个单独文件。不过，在分离通道之前，应首先将所有图层合并，否则此命令将不可使用。

分离后的各个文件都将以单独的窗口显示在屏幕上，且均为灰度图像，用户可分别对每个文件进行编辑。执行通道快捷菜单中的“合并通道”命令可将分离后的通道再次合并。执行该命令后，系统将弹出如图 10-23 所示的“合并通道”对话框，用户可在该对话框中选择合并后图像的色彩模式，并可在“通道”编辑框中输入合并通道的数目，此数目应小于或等于文件分离前拥有的通道数目，但至少应合并两个通道。设置好后单击“确定”按钮，系统将弹出如图 10-24 所示的对话框，供用户选择要合并的文件，单击“模式”按钮可回到图 10-23 所示对话框。

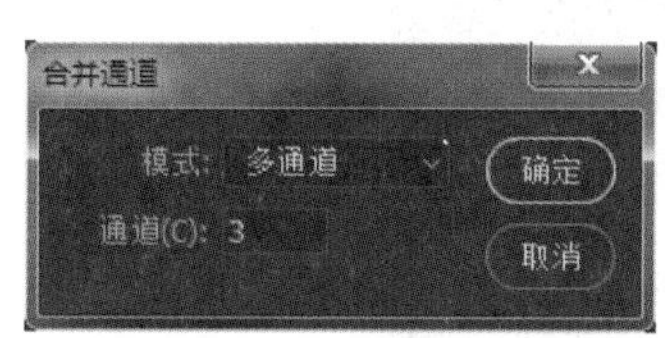

图 10-23 “合并通道”对话框

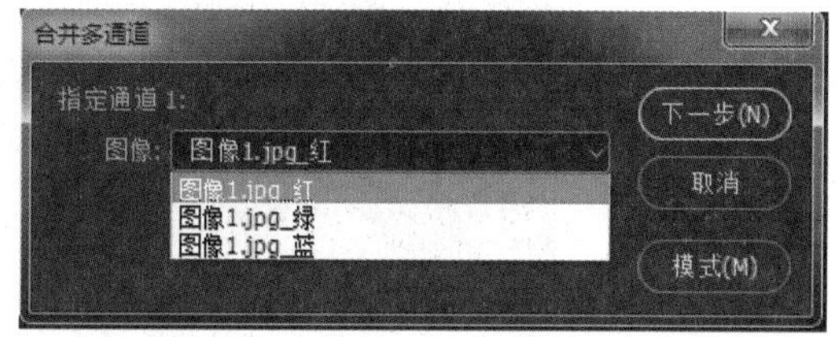

图 10-24 “合并多通道”对话框

经过“分离通道”分离出来的不同文件不可交叉合并，原文件中的 Alpha 通道文件也可一起合并。同样，在合并通道前，应合并各单独文件的所有图层。

10.3.5 图像合成

这里主要介绍 Photoshop 提供的两个图像合成命令。

1. "应用图像"命令

执行"图像"→"应用图像"命令，系统将弹出如图 10-25 所示的"应用图像"对话框。

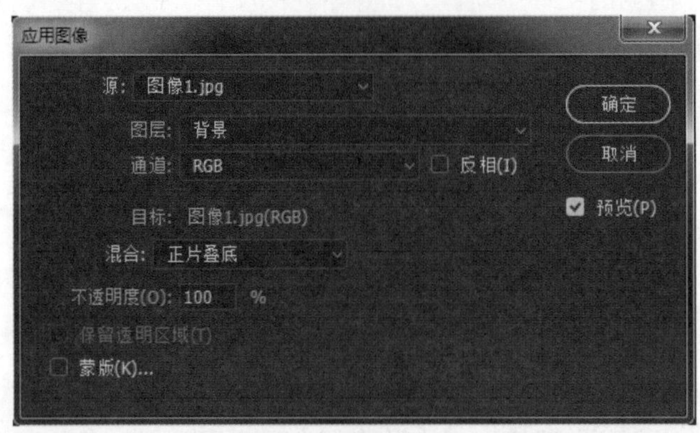

图 10-25 "应用图像"对话框

对话框中各选项的意义如下：

- "源"下拉列表：在该下拉列表中可选择与当前图像合成的源图像文件（默认为当前文件），只有与当前图像文件具有相同尺寸和分辨率，并且已经打开的图像文件，才能出现在该下拉列表中。
- "图层"下拉列表：此下拉列表用于选择源图像文件中与当前图像文件进行合成的图层。如果源图像文件有多个图层，列表中会有一个"合并图层"选项，选择该选项表示以源图像中所有图层的合并效果（以当前显示为准）与当前图像进行合成，源图像文件的图层并未真正合并。
- "通道"下拉列表：在此选择源图像中用于合成的通道。
- "目标"文件：指明存放图像合成结果的目标文件，即当前文件，不可更改。
- "混合"下拉列表：指明图像合成的色彩混合模式，默认为正片叠底。
- "不透明度"文本框：设置不透明度。
- "保留透明区域"复选框：若选中该复选框，表示保护透明区域，即只对非透明区域进行合成。若当前层为背景层，则该复选框将不可用。
- "蒙版"复选框：选中该复选框，"应用图像"对话框将变为如图 10-26 所示。用户可从下拉列表中选择一幅图像作为合成图像时的蒙版。

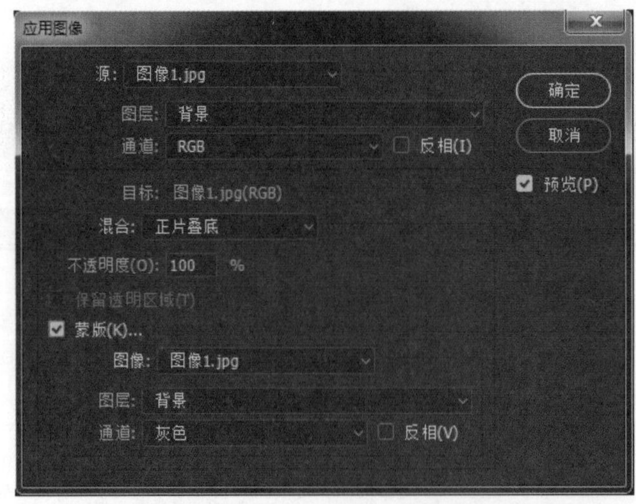

图 10-26 选中"蒙版"后的"应用图像"对话框

下面来看一个应用实例。

(1)打开下载的源文件中的图像“黄昏”和“情侣”,如图 10-27 和图 10-28 所示,将“人物”粘贴到“黄昏”文件中，且位于底层。

图 10-27 素材图像（黄昏）

图 10-28 素材图像（情侣）

(2)选择“黄昏”为当前文件，执行“图像”→“应用图像”命令，打开“应用图像”对话框，如图 10-29 所示，图像合成后的效果如图 10-30 所示。

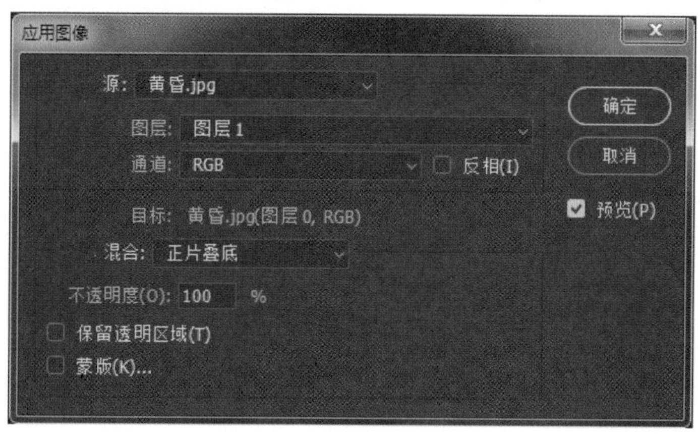

图 10-29 “应用图像”对话框

图 10-30 “应用图像”命令执行结果

其实，“应用图像”命令产生的效果完全可以由手工操作完成，操作也很简单。首先将“情侣”图像文件中要合成的图层复制到“黄昏”图像文件中，此图层应该在“黄昏”文件中其他图层之上，然后在图层控制面板中调整复制图层的色彩混合模式即可。这种方法虽然比直接执行“应用图像”命令稍显麻烦，却增加了图像编辑的弹性，因为在图层合并之前，随时都可对图层色彩混合模式和不透明度进行调整，而“应用图像”命令执行之后，结果是不可更改的。

2. “计算”命令

“计算”命令可以将同一幅图像，或具有相同尺寸和分辨率的两幅图像中的两个通道进行合并，并将结果保存到一幅新图像或当前图像的新通道中，还可直接将结果转换为选区。

执行“图像”→“计算”命令将打开“计算”对话框，对话框中各项的意义和应用图像对话框基本相同，不再赘述。图 10-31 显示了对图 10-27 和图 10-28 所示的两幅图像的红色通道进行合并的效果和“计算”对话框设置。

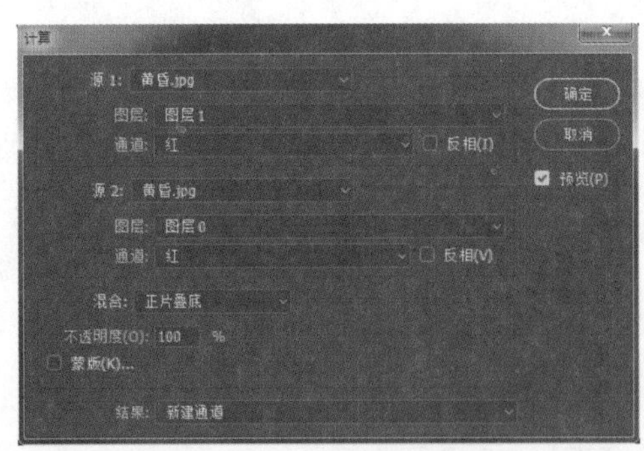

(a)

(b)

图 10-31 “计算”命令执行结果

10.4 通道的应用

图层是 Photoshop 的核心，而通道则是辅助图层完成各种特殊操作的必不可少的助手。在处理图像中经常用到的 Alpha 通道实际存储的是带透明度的选区，近似于为选区设置了羽化半径，不同的是，Alpha 通道如图层一样，具有很强的可编辑性，可以对 Alpha 通道进行各种操作（如绘画、变换图像、执行各种滤镜等）来制作具有特殊用途的选区，从而制作各种特殊的效果。

利用通道技术巧妙地处理图像属于 Photoshop 比较高级的运用，对于初学者来说，似乎不太容易掌握。其实，通道技术并不像想象的那么复杂，只要理解了通道的基本知识，对照实例多加练习，通道不会是学习 Photoshop 的障碍，相反，它将成为技术人员手中的利器，协助大家将想象变为现实。

10.4.1 通道的简单应用

下面通过一个实例来了解通道的具体应用方法。从这个实例上，可以体会到通道加工的力量。大家一起来制作吧。

1. 利用通道抠图

处理图片时，抠图是大家常会遇到的问题，对于边缘整齐、像素对比强烈的，可以用魔棒或是路径工具进行抠图处理。但是如果对于人物的飘飘长发，用这些工具就无从下手了。事实上，抠图的方法很多，不同的图片有不同的抠法。严格要求作品质量，甚至采用多种抠图技巧来进行混合抠图也是必要的。一种最常用而且最有效的方法——通道抠图法。

10-1 利用通道抠图

用一句话可以概括“通道”在抠图时的运用精髓：“通道”就是选区！也就是说：建立通道，就是建立选区；修改通道，就是修改选择范围。

使用通道抠图，因为是利用图像本身制作出来的选择区，所以十分精准。另外，对于一些毛绒绒的画面，使用通道抠取出来的图像会带有非常自然的颜色过渡，并且最大程度地保留了毛发，质量高，效率也高。再说说通道的缺点，通道知识相对较难，初学者掌握起来需要一些时间，如果是要制作一个规则的选择区，使用普通工具即可，没有必要事事都动用通道。

（1）打开下载的源文件中的图像“模特 1”，如图 10-32 所示。切换到通道面板，发现红色通道的黑白对比比较强烈，如图 10-33 所示。因此我们把红色通道复制出来，用于接下来的抠图操作。

图 10-32 素材图像

图 10-33 通道面板

（2）选择菜单栏中“图像”→“调整”→“色阶”命令。或者使用快捷键 Ctrl+L，弹出如图 10-34 所示的对话框，调整好后进一步加强了红色通道拷贝的黑白度，如图 10-35 所示。

（3）选择菜单栏中“图像”→“调整”→“反相”命令。或者使用快捷键 Ctrl+I 执行反相操作，如图 10-36 所示。再次使用色阶命令调整黑白对比度。

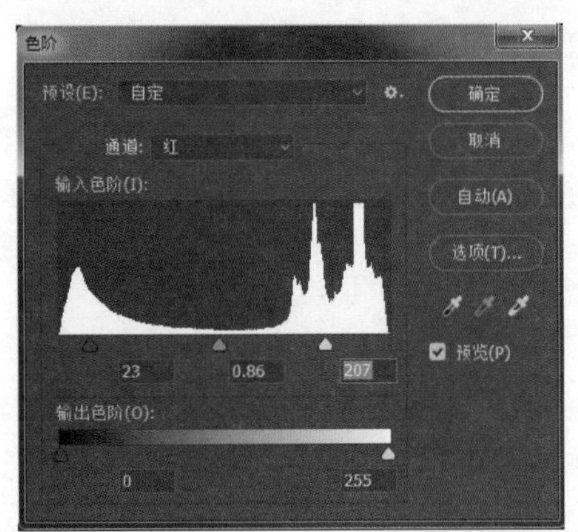

图 10-34 “色阶”对话框

图 10-35 增强黑白对比度

图 10-36 反相

（4）选择菜单栏中“图像”→“调整”→“曲线”命令，或者使用快捷键 Ctrl+M。在弹出如图 10-37 所示的对话框中调整好参数，进一步加强图像的黑白对比度，如图 10-38 所示。

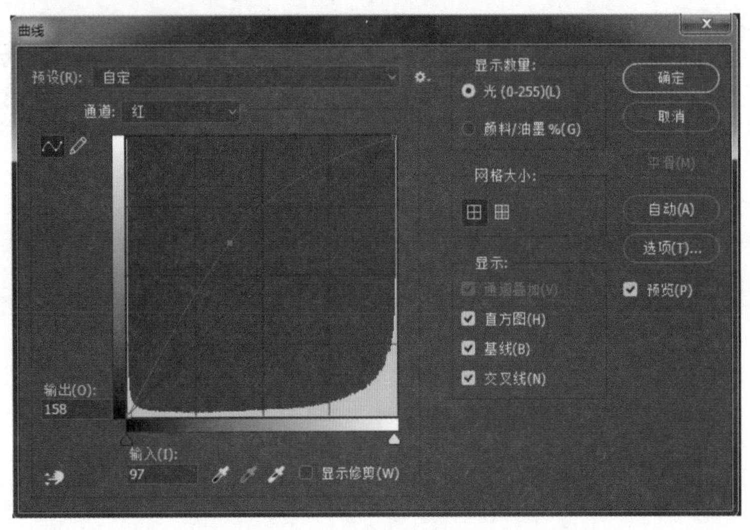

图 10-37 “曲线”对话框

图 10-38 加强黑白对比度

（5）使用画笔工具，设置画笔像素为 300，将人物的黑色部分全部涂白，如图 10-39 所示。

（6）确定红色通道拷贝图层为当前图层，然后单击面板上的“将通道作为选区载入”按钮，这时人物的轮廓呈选区状态，如图 10-40 所示。

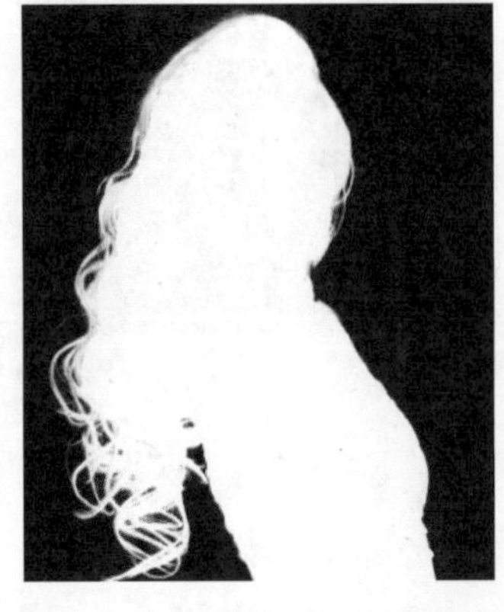

图 10-39 将人物的黑色部分全部涂白

图 10-40 创建选区

（7）选择 RGB 通道，显示完整的彩色图片效果，如图 10-41 所示。切换到图层面板，使用快捷方式 Ctrl+J 复制选区内容得到一个新图层，如图 10-42 所示。

图 10-41　显示 RGB 通道

图 10-42　复制新图层

（8）这样就把一个人物半身像完整地抠出来了，可以随意更换背景颜色以及添加背景图片了。接下来打开一张素材背景图片，将它拖动到图像的下层，并调整好位置，如图 10-43 所示。

（9）当背景颜色相对较深的时候，发现人物的发尾部有些许白色的边缘，这时要利用“加深工具”，对发尾部分进行适当的加深，最终效果如图 10-44 所示。

图 10-43　添加背景

图 10-44　最终效果图

2. 利用通道移除色斑

10-2　利用通道移除色斑

下面通过一个实例来详细介绍怎样利用通道移除脸上的色斑。

（1）打开下载的源文件中的图像“模特 2”，如图 10-45 所示。进入通道面板，如图 10-46 所示，发现蓝色通道的颜色对比比较强烈，所以选择蓝色通道，并复制蓝色通道，用于接下来的操作。

图 10-45　素材图像

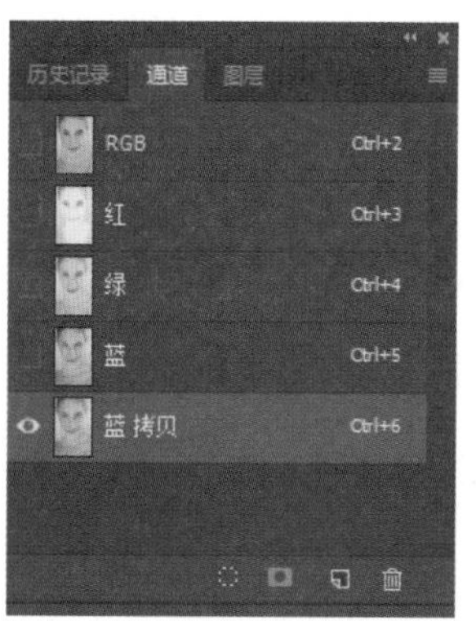

图 10-46　通道面板

（2）选择菜单栏中“滤镜”→“其他”→“高反差保留”命令，在弹出的如图 10-47 所示的对话框中设置半径参数为 4.5，单击“确定”按钮。然后用“吸管工具”吸取邻近的色后用画笔覆盖要保护的部分，包括眼、鼻、眉、嘴、发丝的阴影细节，如图 10-48 所示。

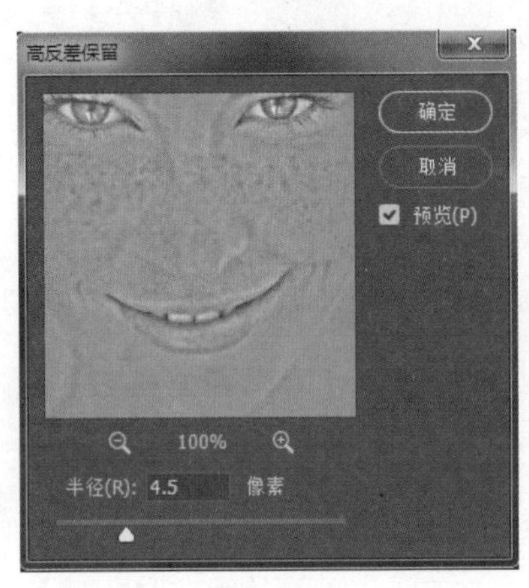

图 10-47 “高反差保留”对话框

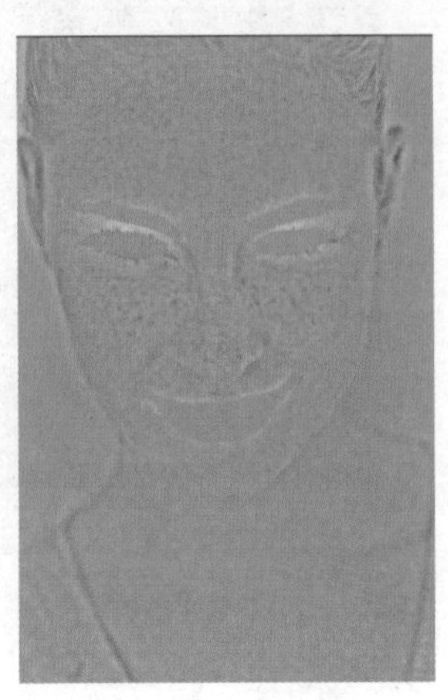

图 10-48 覆盖细节

（3）选择“图像”→“计算”命令，生成 Alpha1 通道，设置参数如图 10-49 所示。单击“确定”按钮。然后按住 Ctrl 键用鼠标单击 Alpha1 通道载入选区，或者直接单击面板上的载入选区按钮，如图 10-50 所示。

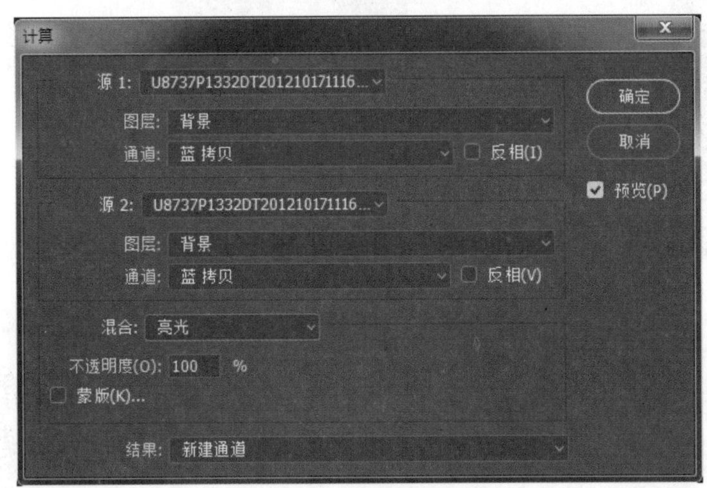

图 10-49 “计算”对话框

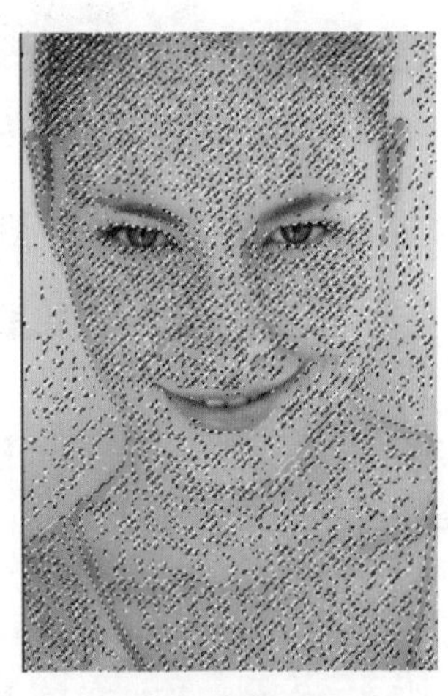

图 10-50 载入选区

（4）返回图层调板单击激活背景层，使背景图层转换为普通图层。然后选择“图像”→“调整”→“曲线”命令，一边调整曲线，一边观察图像的变化。如果效果不明显，可以重复一次前面的操作（新手注意直接按曲线的输出、输入参数输入数值，如图 10-51 所示）。调整后的效果如图 10-52 所示。

（5）如果对图片进行上述一系列的操作之后，发现暗处还有黄色的色斑，包括脸上的发丝，那就在工具箱中选择海绵工具，模式选项为去色。设一个较小的数值小心擦拭色斑。然后用画笔工具，选取邻近的颜色对图像进行上色（画笔用颜色模式）。

运用“高反差保留”突出斑点，用中性灰色限制对细节的改变并且平滑过渡。循序渐进，逐步减弱斑点。

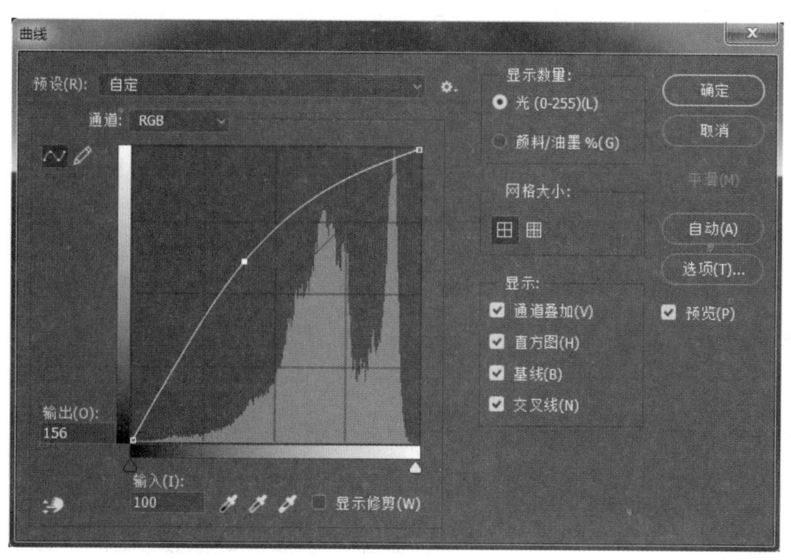

图 10-51 “曲线”对话框

图 10-52 效果图

10.4.2 通道的高级应用

下面来设计一幅广告作品。

京剧是中国的国粹，最能体现中国风元素。设计此广告以进一步加深中国风的一些元素在受众心目中的印象。

10-3 中国印象

本作品的关键是如何将品牌与中国风的元素融合到一起。通过这个实例，读者应该掌握利用通道技术表现纹理光泽度的方法，这是通道比较高级的应用。

下面来看看这幅作品的具体制作过程。

（1）新建一个 800 像素 ×600 像素的 RGB 图像，文件名为“中国印象”，背景设置为透明，如图 10-53 所示。

（2）设置前景色为“R：0，G：172，B：136”，按 Alt+Delete 键填充图像，如图 10-54 所示。

图 10-53 新建文件

图 10-54 填充文件

（3）按 Ctrl+A 键全选图像，并按 Ctrl+C 键复制，切换到通道控制面板，新建通道 Alpha1，按 Ctrl+V 键粘贴刚才复制的图像，结果如图 10-55 所示。

（4）执行“滤镜”→“杂色”→“添加杂色”命令，“添加杂色”对话框的参数设置如图 10-56 所示。

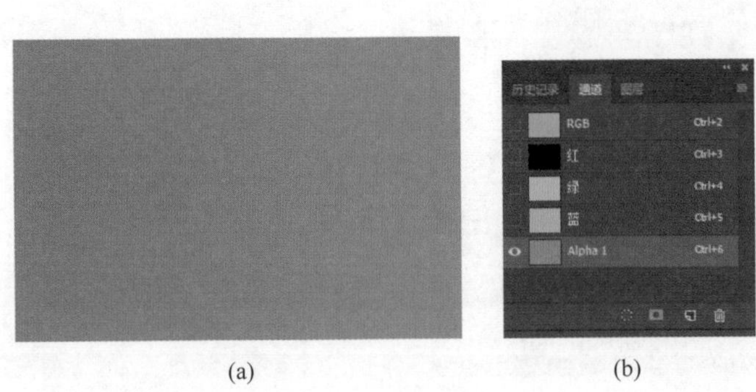
(a) (b)

图 10-55 复制图像到 Alpha1 通道

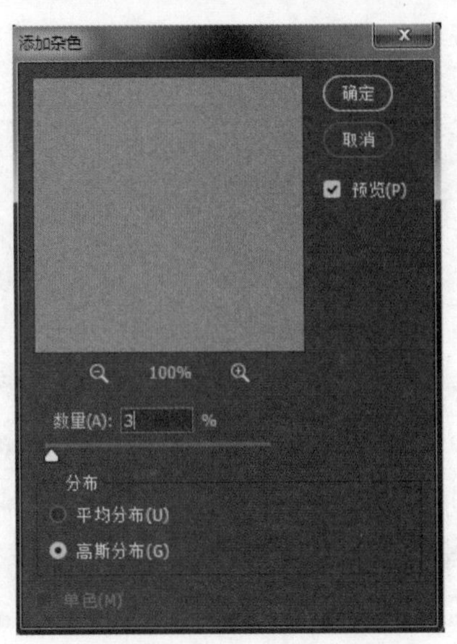

图 10-56 “添加杂色”对话框

（5）回到图层控制面板，执行“滤镜”→“渲染”→“光照效果”命令，在弹出的对话框的“纹理”下拉列表中选择 Alpha1 通道，“光照效果”选择“聚光灯”，“光照效果”属性面板参数设置和执行结果如图 10-57 所示，石头纹理已显现出来。

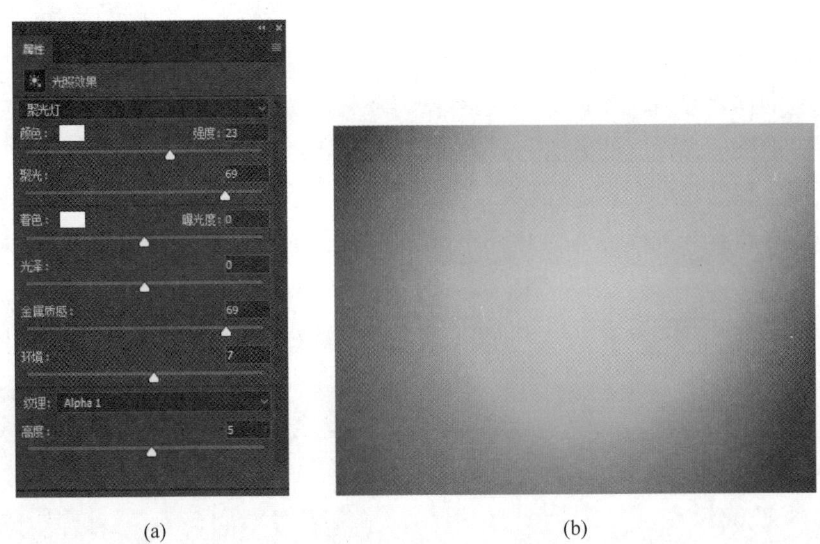

(a) (b)

图 10-57 添加光照效果

（6）打开下载的源文件中的图像“牡丹花纹”，如图 10-58 所示。

（7）按住 Ctrl+Alt 键拖动图像到主图（“中国印象”图像文件）中，即复制图像到主图中，系统将自动创建“图层 2”，执行“编辑”→“自由变换”命令适当调整图像大小，并将其移至左侧位置，如图 10-59 所示。

（8）接下来要制作牡丹的雕刻效果。选择通道面板新建 Alpha2 通道，然后回到图层面板按住 Ctrl 键单击“图层 2”，载入选区，并执行“选择”→“存储选区”命令将选区存储为 Alpha2 通道，Alpha2 通道的图像及此时通道控制面板如图 10-60 所示。“图层 2”不再使用，将其删除。

（9）执行“滤镜”→“风格化”→“浮雕效果”命令，为 Alpha2 通道制作浮雕效果，“浮雕效果”对话框参数设置和执行结果如图 10-61 所示。

图 10-58 素材图像

图 10-59 复制并变换图像

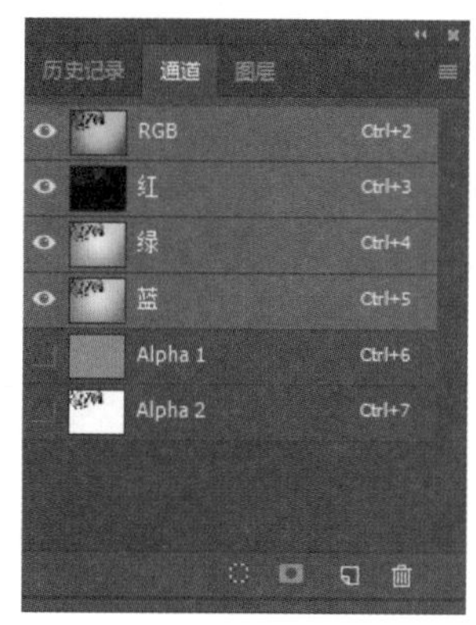

图 10-60 存储选区为 Alpha2 通道

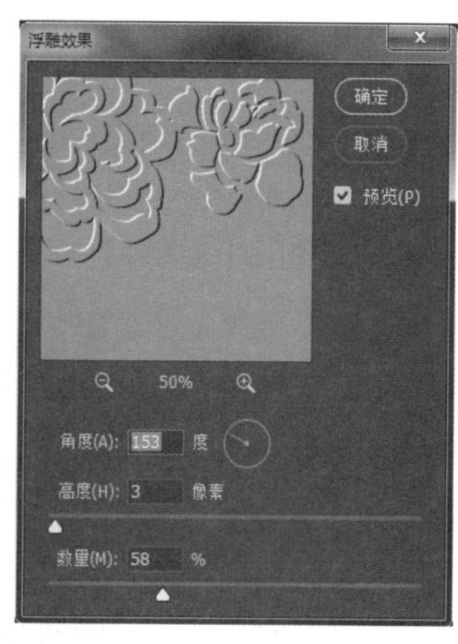

图 10-61 “浮雕效果”对话框

（10）制作雕刻效果的暗部和亮部两个调整选区。首先复制 Alpha2 通道，得到 Alpha2 拷贝通道，通道控制面板如图 10-62 所示。

（11）先制作亮部选区，选中 Alpha2 拷贝通道，执行“图像”→“调整”→“色阶”命令打开“色阶”对话框，选择其中的黑色吸管在图像的灰色部分单击，结果如图 10-63 所示。图中的白色部分就是需要的亮部选区。

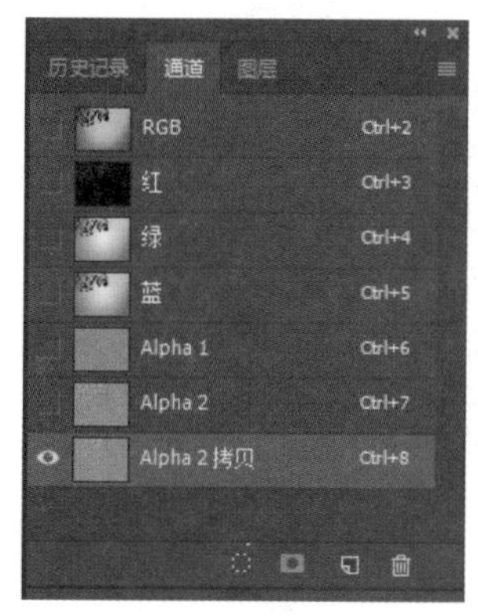

图 10-62 复制 Alpha2 通道

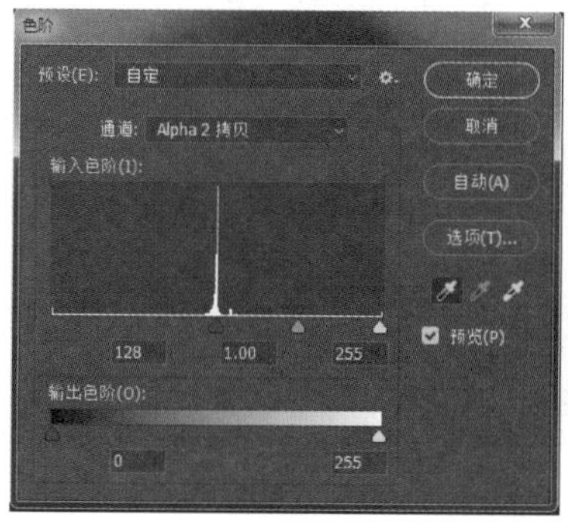

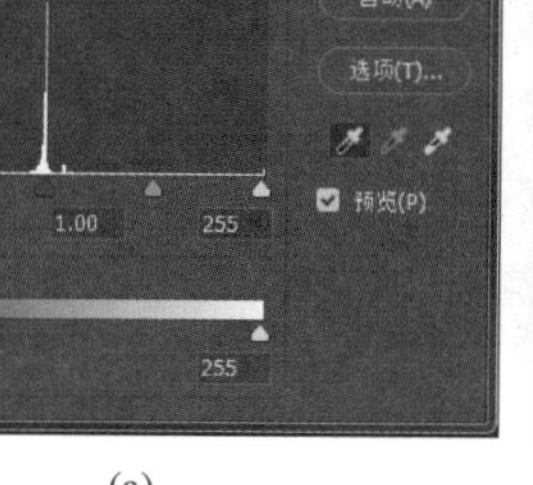

(a)

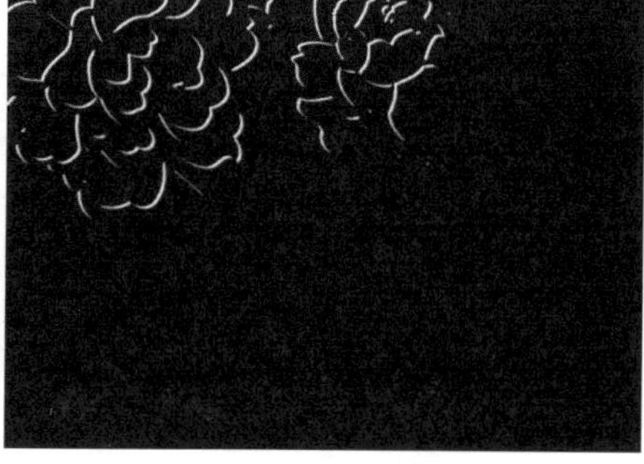

(b)

图 10-63 “色阶”调整制作亮部选区

（12）制作暗部选区，选中 Alpha2 通道，同样执行“图像”→“调整”→“色阶”命令打开“色阶”对话框，这回选择其中的白色吸管在图像中的灰色部分单击，结果如图 10-64 所示。

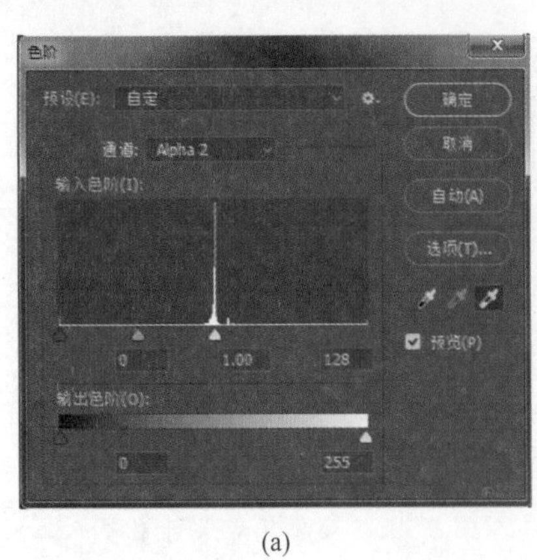

(a) (b)

图 10-64 “色阶”调整

（13）需要将图 10-64 所示的图像反相才能得到暗部选区，为此，执行“图像”→“调整”→“反相”命令将图像反相，结果如图 10-65 所示。图中的白色部分就是需要的暗部选区。

（14）按住 Ctrl 键单击 Alpha2 通道载入暗部选区，回到图层控制面板，设置“图层 1”为当前图层，然后执行“图像”→“调整”→“亮度 / 对比度”命令，降低选区内图像的亮度，如图 10-66 所示。

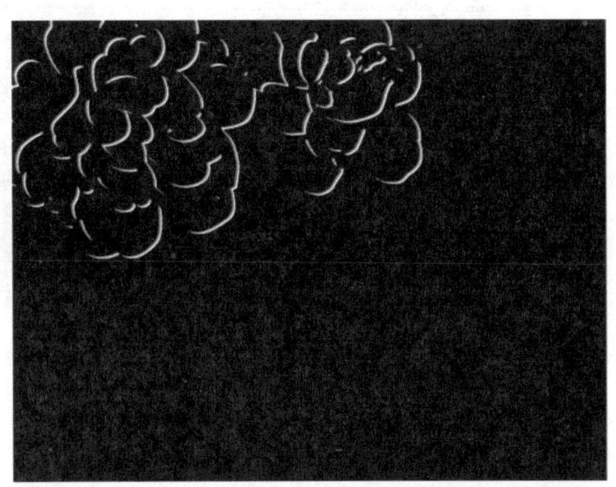

图 10-65 “反相”得到暗部选区

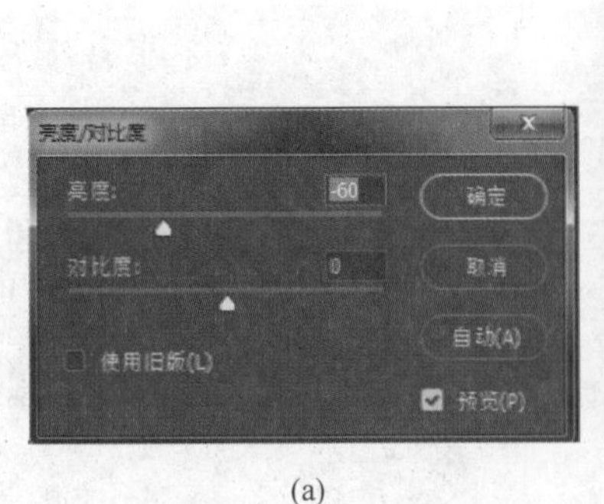

(a) (b)

图 10-66 调整暗部选区

（15）按住 Ctrl 键单击 Alpha2 拷贝通道载入亮部选区，仍然执行“图像”→“调整”→“亮度 / 对比度”命令，增加选区内图像的亮度，结果如图 10-67 所示。此时，石头表面已出现了牡丹图像的雕刻效果。

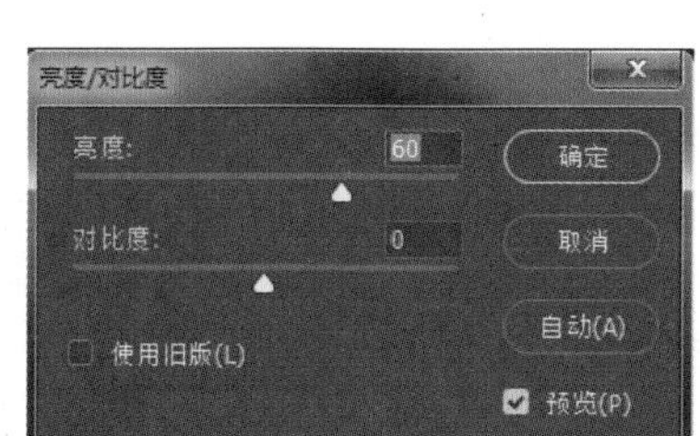

图 10-67　调整亮部选区

（16）接下来继续添加一些中国风的元素。这个广告的主题是京剧，所以一些灵魂的元素是必不可少的，打开下载的源文件中的图像“戏曲人物”，如图 10-68 所示。按住 Ctrl+Alt 键拖动图像到主图（“中国印象”图像文件）中，即复制图像到主图中，系统将自动创建新图层，执行“编辑”→“自由变换”命令适当调整图像大小，并将其移至右下侧位置，如图 10-69 所示。

图 10-68　素材图像

图 10-69　调整位置和大小

（17）为了让整个画面更加协调匀称，需要在整幅图像的左上角再添加一幅梅花的图像，打开下载的源文件中的图像“梅花”，如图 10-70 所示，使其与京剧人物遥相呼应。然后按照上述的操作步骤调整花朵图像的大小和位置，效果如图 10-71 所示。

图 10-70　素材图像

图 10-71　调整位置和大小

（18）现在整个画面的感觉是背景颜色太亮，衬托不出主题，我们需要把背景加重一些，可以适当地调整背景明暗度，也可以加一些颜色比较暗的素材，比如水墨的晕染。打开下载的源文件中的图像“水墨”，如图 10-72 所示。然后将水墨晕染素材复制并拖动到主图（“中国印象”图像文件）中，调整位置和大小后如图 10-73 所示。

图 10-72 素材图像

图 10-73 调整位置和大小

（19）这样整幅图像看起来更加生动一些。接下来输入文字。有时候文字的加入可谓是整幅图像的点睛之笔，可见文字艺术在设计中的重要性。选择文字工具输入“中国印象”，如图 10-74 所示。这个广告设计的主题灵魂就是中国元素，所以文字字体的设置也很关键，此处选择“沙孟海书法字体”，然后调整字体的大小和位置，使其在画面当中更加和谐，最终效果如图 10-75 所示。

图 10-74 素材图像

图 10-75 调整位置和大小

（20）这样，一幅主题鲜明、充满中国风的广告设计就完成了。

10.5 答疑解惑

1. 怎样查看 Alpha 通道中存储的选区?

答：默认状态下，Alpha 通道中的白色部分为选取区域，黑色部分为非选取区域，灰色部分为半透明区域。

2. 如何利用键盘载入 Alpha 通道中的选区?

答：当图像中已经存在选区时，可以通过以下方式载入存储在通道中的选区。按住 Ctrl 键单击 Alpha 通道缩览图，可载入保存在通道中的选区，原来的选区将被替换。按住 Ctrl+Shift 键单击 Alpha 通道缩览图，将载入通道中保存的选区与原选区相加后得到的新选区。按住 Ctrl+Alt 键单击 Alpha 通道缩览图，将载入原选区减去通道中保存的选区后得到的新选区。按住 Ctrl+Shift+Alt 键单击 Alpha 通道缩览图，将载入原选区与通道中保存的选区的交集部分。

10.6 学习效果自测

1. 编辑保存过的 Alpha 通道的方法是（　　）。

A. 在快速蒙版上绘画　　B. 在黑、白或灰色的 Alpha 通道上绘画

C. 在图层上绘画　　D. 在路径上绘画

2. 当将 CMYK 模式的图像转换为多通道模式时，产生的通道名称是（　　）。

A. 青色、洋红、黄色、黑色　　B. 青色、洋红、黄色

C. 四个名称都是 Alpha 通道　　D. 四个名称都是 Black（黑色通道）

3. Alpha 通道最主要的用途是（　　）。

A. 保存图像色彩信息　　B. 创建新通道

C. 用来存储和建立选择范围　　D. 为路径提供通道

4. 下面有关 Photoshop 中通道的作用描述正确的是（　　）。

A. Photoshop 利用通道存储颜色信息和专色信息

B. 通道是可以打印的

C. 不可以利用 Channels（通道）调板来观察和使用 Alpha 通道

D. 通道中也可以保存路径信息

5. 在 Photoshop 中，以下哪个选项不在通道的分类之中？（　　）

A. 颜色通道　　B. 专色通道　　C. Alpha 通道　　D. 快速蒙版通道

6. 下面对于 Photoshop 中 Alpha 通道描述正确的是哪几项？（　　）

A. 使用“选择 - 存储选区”命令保存一个选区后，则不可以创建一个 Alpha 通道

B. Alpha 通道的作用之一是将选区保存成为 8 位灰度图像

C. 通过选择一个相关命令，可以将 Alpha 通道直接转换成为图层

D. 专色通道的本质是一种 Alpha 通道

7. 在 RGB 模式的图像中加入一个新通道时，该通道是下面哪一种？（　　）

A. 红色通道　　B. 绿色通道　　C. Alpha 通道　　D. 蓝色通道

8. 在 Photoshop 中，下列哪组色彩模式的图像只有一个通道？（　　）

A. 位图模式、灰度模式、RGB 模式、Lab 模式

B. 位图模式、灰度模式、双色调模式、索引颜色模式

C. 位图模式、灰度模式、双色调模式、Lab 模式

D. 灰度模式、双色调模式、索引颜色模式、Lab 模式

第11章

图层的概念及应用

学习要点

图层是 Photoshop 的核心概念。本章主要讲解图层的基本概念、图层的基本操作方法、图层蒙版、剪贴蒙版、图层组、图层复合、图层样式、图层的混合选项、调整图层和填充图层等操作。通过本章的学习，可以掌握图层的概念及应用，学会使用图层技术进行图像处理，例如创建普通图层、编辑图层、使用图层蒙版、剪贴蒙版、创建图层组、创建调整图层和填充图层等操作。除此之外，还能够使用图层样式和图层混合选项制作图像特效。

学习提要

- ❖ 认识图层
- ❖ 图层的编辑
- ❖ 图层的高级应用

11.1 认 识 图 层

本章主要了解图层的概念，学习图层的新建、复制、删除、选择、链接、对齐、锁定、复制、不透明度等操作，掌握图层混合和图层样式的操作 。

11.1.1 图层的概念

所谓图层，“图”指的是图像，“层”指的是层次、分层。图层是 Photoshop 处理图像的一个非常重要的概念，一般来说在 Photoshop 中处理的图像是类似三明治的分有几个层次的图像，每个图层之间相互独立又相互关联，这种特性在图像编辑过程中千变万化，可以说 Photoshop 对图像进行处理的功能十分强大，在很大程度上是依赖于图层。所以在 Photoshop 中观察图像要“带着图层的眼光”去观察图像。

要想充分运用好图层，首先必须熟悉图层控制面板。图层控制面板的各个组成部分如下 ：

- 图层色彩混合模式 ：利用它可以制作出不同的图像合成效果。
- 图层眼睛 ：控制图层的可见性。
- 图层缩览图 ：用来显示每个图层上图像的预览。
- 图层效果 ：给图层添加许多特效的命令，这是 Photoshop 图层的强大功能。
- 图层蒙版 ：添加图层蒙版可以更加方便地合成图像，是图层应用的高级内容。
- 图层组 ：通常文件会有很多个图层，将图层合组便于管理。
- 添加调节层或填充层 ：这也是图层的高级应用部分，是与 Photoshop 的色彩调整命令相结合的功能。
- 新建图层 ：新建一个普通的图层。
- 删除图层 ：删除图层或图层组。
- 图层透明度 ：设定图层的透明程度。
- 图层面板弹出菜单。

单击图层面板中右上角的处，会弹出如图 11-1 所示的快捷菜单，选择其中的“面板选项”，会出现如图 11-2 所示的“图层面板选项”对话框，可以看到缩览图的大小是可以按照自己的喜好改变的。

11.1.2 图层的类型

1. 背景层

背景层是 Photoshop 新建文件时的默认图层，是基础的底层，其默认是被锁定的。背景层不具备很多普通图层所拥有的功能，如改变透明度、改变图层色彩混合模式、设置图层样式等。

2. 普通层

通过单击图层下的按钮新建“图层 1”，默认的普通图层是透明的，可以看到“图层 1”的缩览图以灰白相间的方格表示透明。

也可以将背景层转换成能随意编辑变换的普通层。在背景图层名称反蓝的地方双击鼠标，会弹出“新图层”对话框，单击“确定”按钮就会发现背景层名称变成了普通层——“图层 0”，这时可以对“图层 0”进行更多的功能应用。

3. 文本层

文本层指在 Photoshop 中通过文本工具在图像上单击生成的图层，当创建和输入文本时，文本层自动成一个图层，可以看到在图层缩览图前带有 T 图标，表示当前图层是文本层。文本层的特点是其具有优质的文本属性，即可以对字体、字号、字的方向等属性进行编辑。

下面通过一个实例来详细介绍图层的概念。

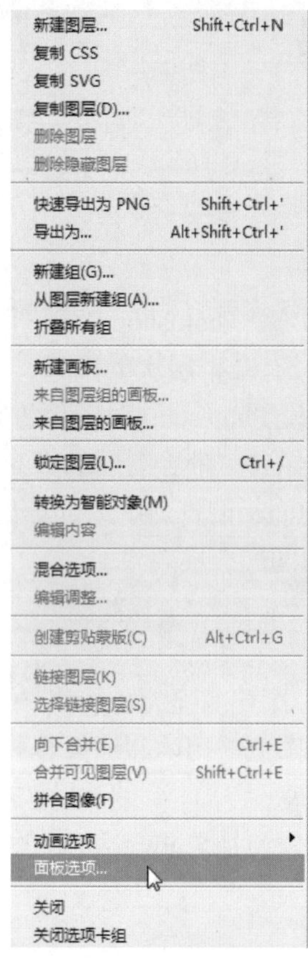

图 11-1 快捷菜单

图 11-2 "图层面板选项"对话框

打开下载的源文件中的图像"樱花节",如图 11-3 所示。

(a)

(b)

图 11-3 素材图像与图层面板

图中的各种物体都在不同的图层中,这些图层叠加起来,就形成了一幅画。要注意的是,图层是有上下顺序的,上面的图层会遮住下面的图层。图中的物体,比如燕子,除了燕子本身的区域,其余部分是透明的,所以燕子图层下面的樱花能够显示出来。

下面来看一下图层面板。每个图层都有一个图层缩略图和图层名称。在图层前面有个眼睛的标志,按一下可以关闭图层,该图层就不显示了。再按一下就打开图层,图层就显示了。双击图层的名称,可以对图层的名称进行修改。在图层面板右下角还有一系列的按钮，下面会详细讲解它们的用法。

11.1.3 图层的特点

图层是承载图像、色彩、文字、图形的载体，可保存其颜色、形状、大小等图像信息。图层具有以下特点：

- 可以随时更换其编辑内容；
- 可以任意调换图层之间的顺序；
- 可以通过编辑蒙版制作融合效果；
- 可以通过滤镜制作特殊效果；
- 可以导入矢量图进行编辑和修改。

11.2 图层的编辑

11.2.1 背景层的解锁

图 11-3 中的背景层，右边有个锁定的标志。一般来说背景层位于最下面，只有一个。对于该层，不能进行移动，也无法更改图层的透明度。如果需要对背景层进行操作，首先需对它进行解锁。

执行菜单栏的“图层”→“新建”→“背景图层”命令，弹出如图 11-4 所示的“新建图层”对话框，输入图层的名称，就将背景层转换为普通图层。这时可以看到背景层那里的锁定标志已经不见了。还有一种简便的方法就是双击背景层，就可以直接将背景层转换为普通层，如图 11-5 所示。

图 11-4 “新建图层”对话框

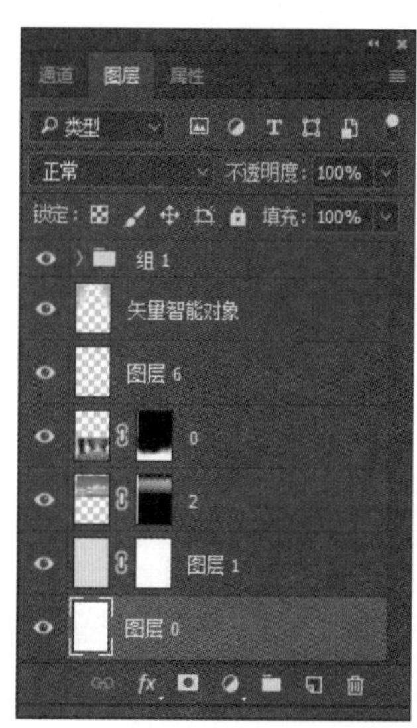

图 11-5 将背景层转换为普通层

11.2.2 新建图层和组以及图层组的编辑

可以直接单击图层面板下面的“创建新图层”按钮新建图层，也可以单击图层面板右上角按钮▤，在弹出的快捷菜单中单击里面的“新建图层”，如图 11-6 所示。

新建组与新建图层的操作类似，当在一幅作品中建立了很多图层时，为了对这些图层进行管理，就需要分组，如图 11-7 所示，这样分组之后就很清楚了，便于以后再进行修改。因此建议大家在作图时，注意对图层进行分组管理，以便于厘清思路。

图 11-6 快捷菜单

(a)

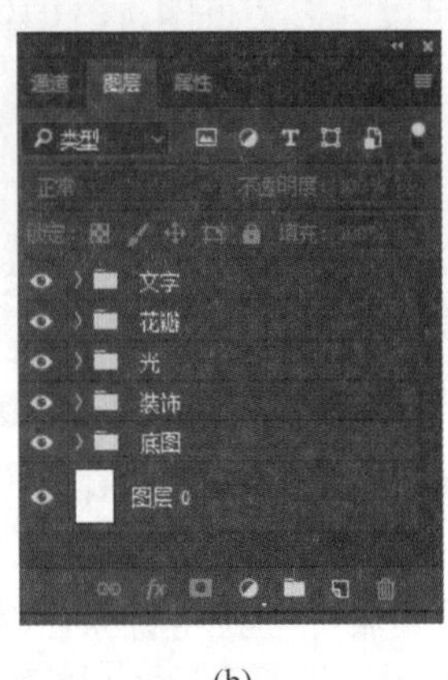

(b)

图 11-7 图像及图层分组

创建图层组后，可对图层组进行图层的加入和脱离、复制与删除图层组、锁定图层组等操作。

1. 加入和脱离图层组

将图层加入图层组时，将所选图层拖曳到图层组名称上，当图层组高亮显示时，松开鼠标，图层就加入了图层组，且被置于图层组的底部。也可以选中所有要分组的图层，然后单击“创建新组”图标，这时可以发现图层都已经在图层组中。

若图层组是展开的，将图层拖到图层组相应位置，当高亮线出现时松开鼠标，可将图层加入到图层中的指定位置。

将图层组的图层拖曳到图层组外的相应位置，可使图层脱离当前图层组。

2. 复制与删除图层组

选取“图层”→“复制组”菜单命令，或者在“图层”面板中选择需要复制的图层组右击，在快捷菜单中选择“复制组”，弹出“复制组”对话框，如图 11-8 所示。在对话框中设置图层组的名称和目标即可复制当前图层组。

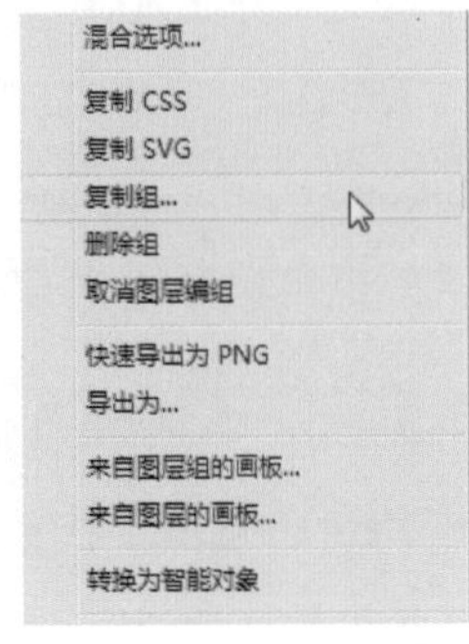

(a)

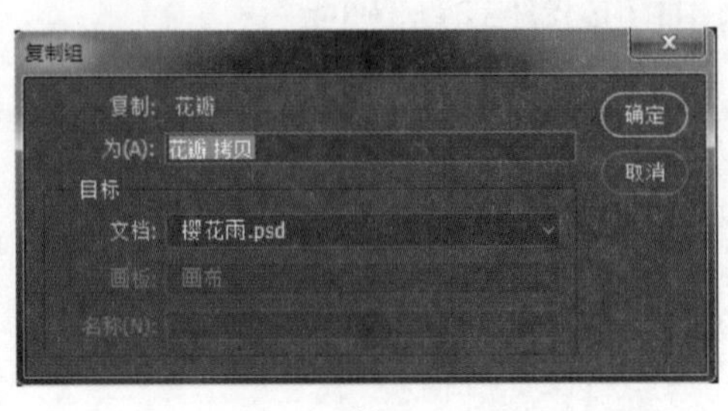

(b)

图 11-8 快捷菜单及“复制组”对话框

单击图层组前面的小三角▶，就可以展开或关闭图层组，显示或隐藏图层组中的图层，如图 11-9 所示。

如果要删除整个图层组，选择要删除的图层组，单击“图层”面板中的按钮☰，也可以右击选中的图层组。或者执行菜单命令“图层”→“删除”→“组”，界面将弹出如图 11-10 所示的对话框，各功能按钮如下：

➢ 组和内容：删除整个图层组，包含组内的所有图层。
➢ 仅组：只删除图层组，组内的图层被脱离出来，其功能相当于取消图层编组。
➢ 取消：取消本次操作。

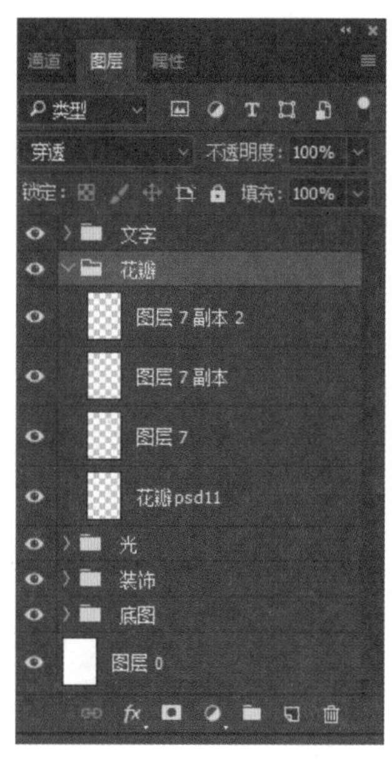

图 11-9 显示或隐藏图层组图层

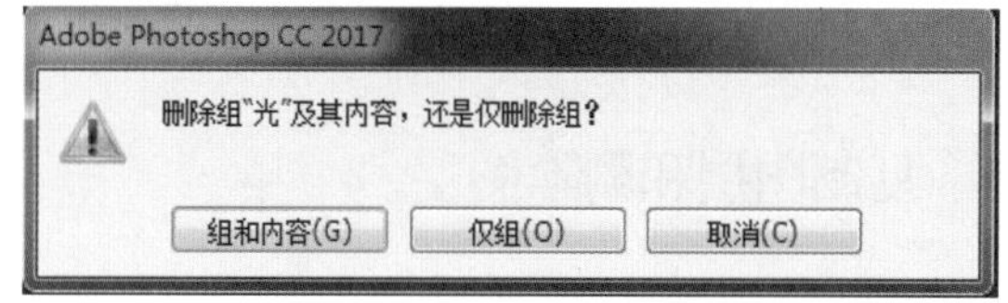

图 11-10 “删除组”对话框

11.2.3 图层的填充

执行菜单栏的“编辑”→“填充”命令，如图 11-11 所示，在弹出的如图 11-12 所示的对话框中可以选择前景色、背景色、颜色或者图案对图层进行填充。如果要用前景色对图层进行填充，快捷键为 Alt ＋ Delete。如果要用背景色对图层进行填充，快捷键为 Ctrl ＋ Delete。

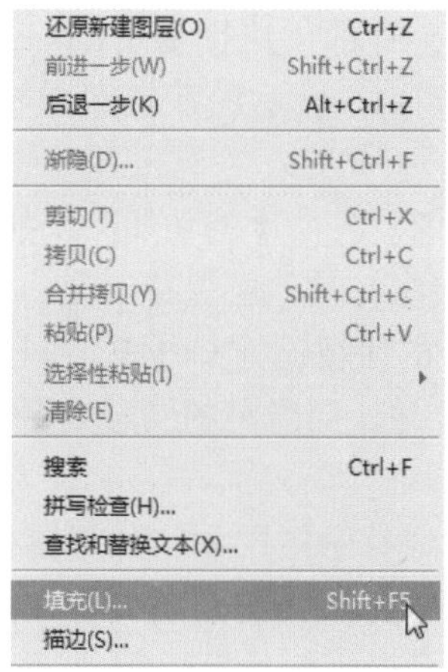

图 11-11 快捷菜单

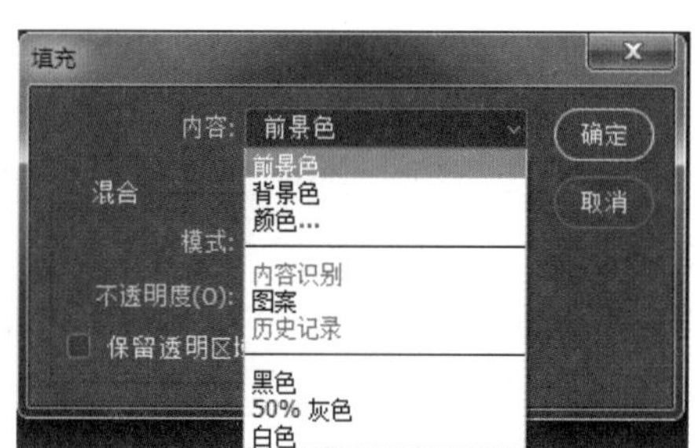

图 11-12 “填充”对话框

11.2.4 图层的选择和移动

前面章节中提到过选择图层，只要用鼠标单击图层即可选中。如果要多选，就按住 Ctrl 键进行连续的选择。还有一种选择方式就是直接在画面上进行选择，如图 11-13 所示，要选择“燕子”图层，就在“燕子”图像上单击，图层中就会自动选择“燕子”图层，如果要移动图层，只要选中图层拖动即可。

(a)

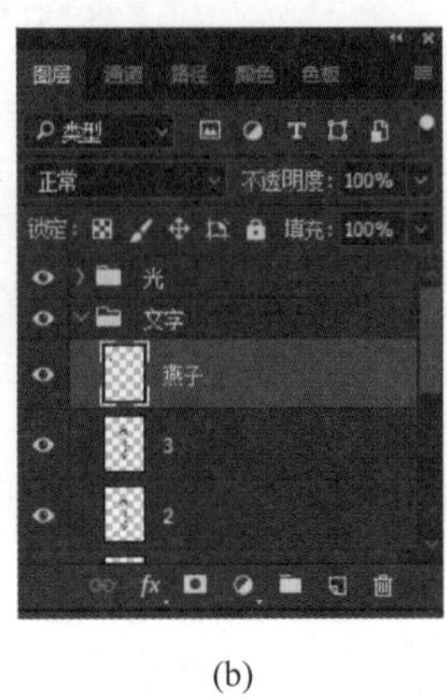

(b)

图 11-13 选择图层

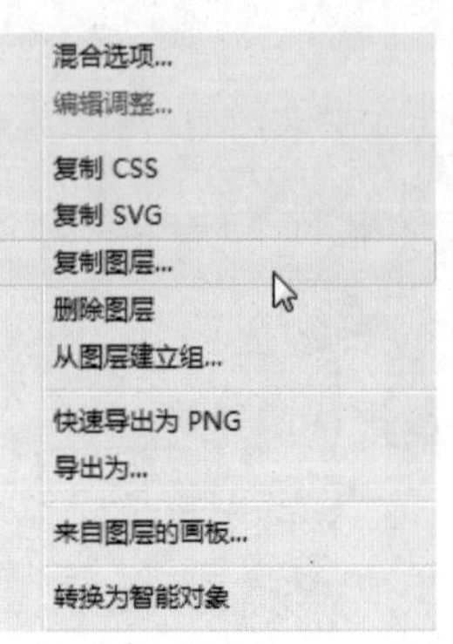

图 11-14 快捷菜单

11.2.5 复制图层和删除图层

如果要复制图层，可以在图层上右击，选择“复制图层”，如图 11-14 所示。也可以将需要复制的图层直接拖入图层属性面板右下角的“创建新图层”按钮中。

如果要删除图层，可以在图层上右击，选择“删除图层”，也可以将需要删除的图层直接拖入图层属性面板右下角的“删除图层”按钮中。

11.2.6 合并图层

在作图的过程中，如果图层很多，有时候需要用到合并图层。值得注意的是，图层合并后不能再进行单独的修改，因此合并之前一定要确定合并的图层已经不需要做任何改动。选中需要合并的图层，执行菜单栏的“图层”→“合并图层”命令，如图 11-15 所示（快捷键 Ctrl+E），就可以合并图层了。也可以选中需要合并的图层后右击，在弹出的如图 11-16 所示的快捷菜单中选择合并图层。

合并图层的快捷菜单中包括合并图层、合并可见图层、拼合图像。各命令的功能分别如下：

- 合并图层：选取此命令，可以将当前图层合并到下方的图层中，其他层保持不变。使用此命令合并层时，需要将当前图层的下一图层设为显示状态。该命令的快捷键为 Ctrl+E。
- 合并可见图层：选取此命令，可将图像中所有显示的图层合并，而隐藏的图层则保持不变。该命令的快捷键为 Ctrl+Shift+E。
- 拼合图像：选取此命令，可将图像中所有显示的图层拼合到背景图层中，如果图像中没有背景图层，将自动把拼合后的图层作为背景图层。如果图像中含有隐藏的图层，将在拼合过程中丢弃隐藏的图层。在丢弃隐藏图层时，Photoshop 会弹出提示对话框，提示用户是否确实要丢弃隐藏的图层。

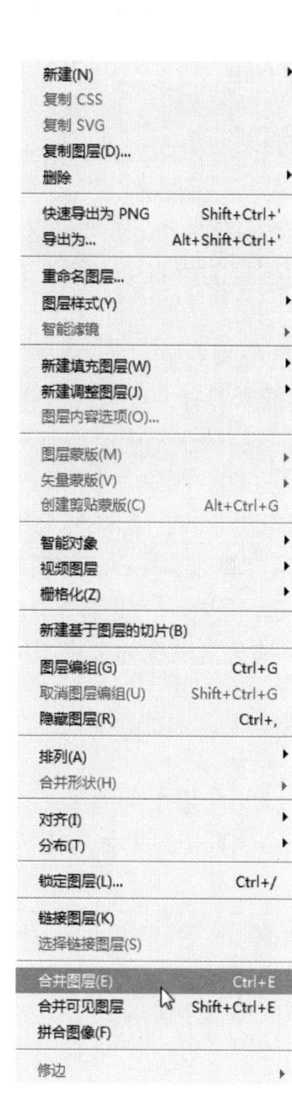

图 11-15 “合并图层”快捷菜单 1

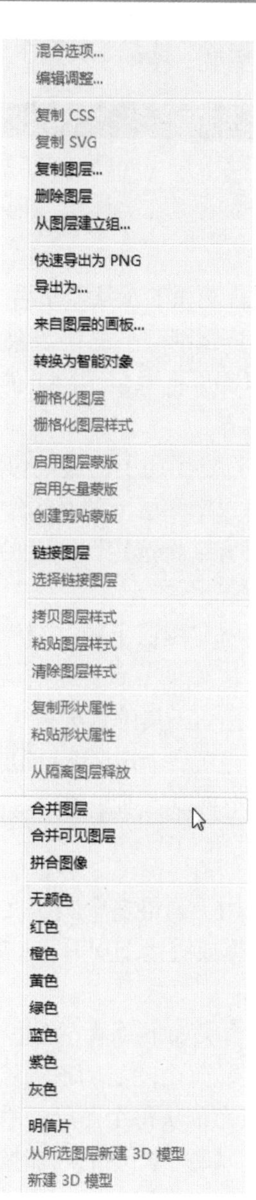

图 11-16 “合并图层”快捷菜单 2

11.2.7 链接图层

在实际作图中，有时候需要对几个图层同时进行变换大小的处理，这时候就需要用到图层链接功能。将几个图层选中，单击“链接图层”按钮，就链接了图层。也可以选中需要链接的图层右击，在弹出的如图 11-15 所示的快捷菜单中选择链接图层。

11.2.8 对齐和分布图层

在 Photoshop 中，可以重新调整图层的位置，按照一定的方法沿直线自动对齐或按一定的比例分布。

1. 对齐图层

要对齐多个图层，必须选择两个或两个以上的图层，或链接两个或两个以上的图层。若要将一个或多个图层的内容与某个选区边框对齐，要在图像内建立一个选区，然后在“图层”面板中选择图层。使用此方法可对齐图像中任何指定的点。

选择或链接图层后，选择工具箱中的移动工具，在选项栏中可见对齐按钮被激活，如图 11-17 所示。

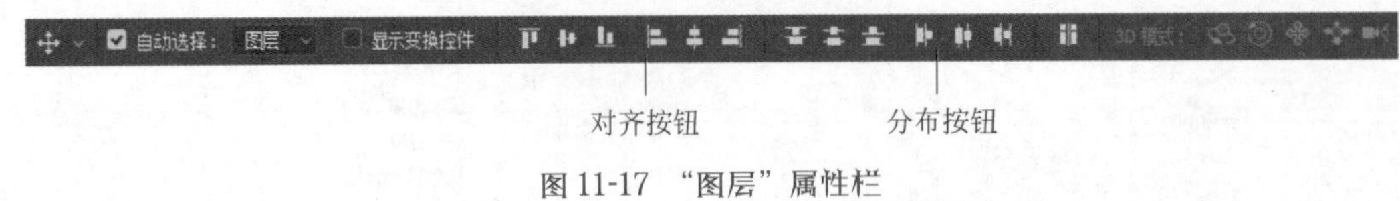

图 11-17 “图层”属性栏

对齐按钮各项含义如下（从左至右）：

➢ 顶对齐：将选定图层上的顶端像素与所有选定图层最顶端的像素对齐，或与选区边框的顶边对齐。
➢ 垂直居中对齐：将选定图层上的垂直中心像素与所有选定图层的垂直中心像素对齐，或与选区的垂直中心对齐。
➢ 底对齐：将选定图层上的底端像素与所有选定图层最底端的像素对齐，或与选区边框的底边对齐。
➢ 左对齐：将选定图层上的左端像素与所有选定图层最左端像素对齐，或与选区边框的左边对齐。
➢ 水平居中对齐：将选定图层上的水平中心像素与所有选定图层的水平中心像素对齐，或与选区的水平中心对齐。
➢ 右对齐：将选定图层上的右端像素与所有选定图层最右端像素对齐，或与选区边框的右边对齐。

对齐图层的方法如下：首先选择需要对齐的图层，然后选取“图层”→“对齐”子菜单中的相应对齐命令，或者在移动工具的选项栏中单击对齐方式所对应的按钮，即可对齐选择的图层。

如果在图像中建立一个选区，“图层”菜单中的“对齐”菜单项会自动变为“将图层与选区对齐”菜单项，此时对齐将不再以当前层为标准，而以选择范围为标准。

2. 分布图层

分布图层命令用于调整多个图层之间的距离。首先选择三个或三个以上的图层，也可链接三个或三个以上的图层。选择或链接图层后，选择工具箱中的移动工具，在选项栏中可见分布按钮（图 11-17 所示）被激活。

分布按钮各项含义如下（从左至右）：

➢ 按顶分布：从每个图层的顶端像素开始，间隔均匀地分布图层。
➢ 垂直居中分布：从每个图层的垂直中心像素开始，间隔均匀地分布图层。
➢ 按底分布：从每个图层的底端像素开始，间隔均匀地分布图层。
➢ 按左分布：从每个图层的左端像素开始，间隔均匀地分布图层。
➢ 水平居中分布：从每个图层的水平中心开始，间隔均匀地分布图层。
➢ 按右分布：从每个图层的右端像素开始，间隔均匀地分布图层。

分布图层的方法如下：首先选择需要分布的图层，然后选取“图层”→“分布”子菜单中的相应分布命令，或者在移动工具的选项栏中单击分布方式所对应的按钮，即可对选择的图层进行分布。

11.2.9 锁定图层

对图层进行锁定是为了在作图的过程中，不影响锁定的图层。锁定有 5 种模式，如图 11-18 所示。选择图层进行相应的锁定。

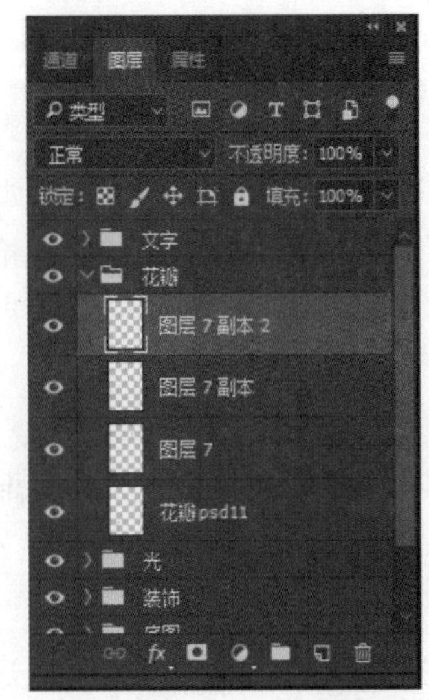

图 11-18 面板中的 5 种锁定模式

其中，各个按钮的含义如下：

➢ 锁定透明像素：只锁定画面中透明的部分，而有颜色像素的地方可以进行修改和移动；
➢ 锁定图像像素：锁定有颜色像素的地方，这时候不能对图片进行修改，但是可以移动；

- 锁定位置：锁定后可以对图片进行修改，但是不能移动位置；
- 防止在画板内外自动嵌套：锁定后可以对图片进行修改，也可以移动位置；
- 锁定全部：不能进行修改，也不能移动。

11.2.10 图层的不透明度

透明度有两种模式，一种是对整个图层的不透明度进行修改，包括图层样式。另一种是只降低图层中像素的不透明度，而不改变其图层样式的透明度。图层的不透明度直接影响图层中图像的透明效果，设置数值在 0% ~ 100% 之间，数值越大，则图像的透明效果越弱。

下面通过调整图层的不透明度来混合一幅图像。

（1）打开下载的源文件中的图像“晚霞”，如图 11-19 所示。

(a)

(b)

图 11-19 素材图像

（2）单击“移动工具”，将人物文件拖曳到风景文件中，适当调整人物位置。然后在不透明度数值框中输入百分比设置不透明度为 40%，如图 11-20 所示。此时人物图像和风景图像融合，呈现出一种淡入淡出的画面效果，如图 11-21 所示。

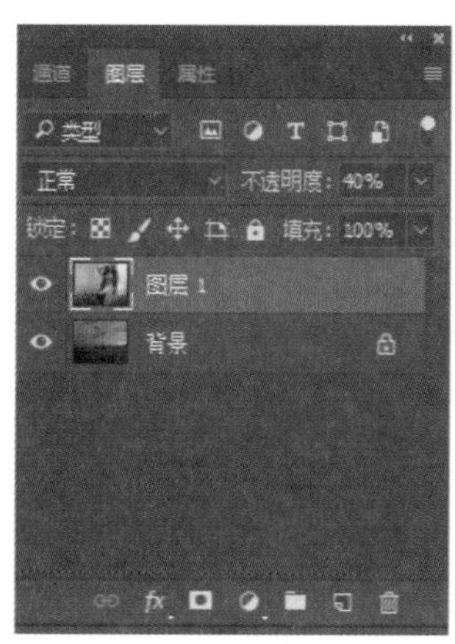

图 11-20 设置不透明度

图 11-21 效果图

11.3 图层的高级应用

11.3.1 图层的混合模式

图层混合就是按照某种算法混合上、下两个图层的像素，以做出特殊的效果。在如图 11-22 所示的图层面板中，可以看到很多种图层的混合模式。

下面通过一个简单的例子来说明图层的混合模式。打开下载的源文件中的图像“樱花”，图层中有一个背景图层，还有一个矢量智能对象图层，如图 11-23 所示的是在正常的模式之下。如果将图层混合模式改为“明度”，就会出现如图 11-24 所示的效果。图层的混合模式有很多种，大家要通过平时的勤加练习去寻找规律，并不需要死记硬背，作图的时候多多尝试。

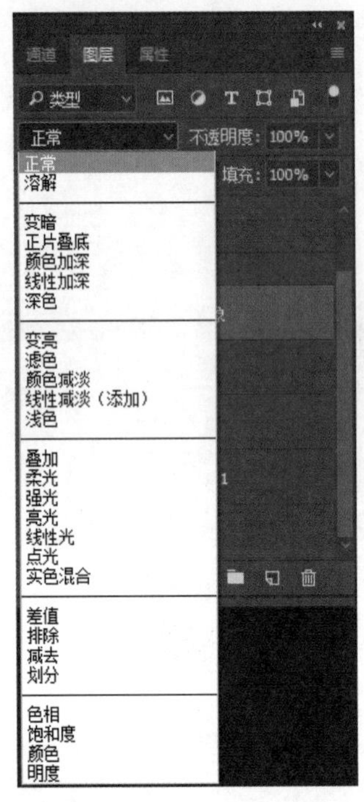

图 11-22　面板中的 5 种混合模式

图 11-23　正常模式下的图层

图 11-24　“明度”模式下的图层

11.3.2　图层样式

在 Photoshop 中，可以为图层的图像和文字加上各种各样的效果，这就是图层样式。Photoshop 已经预置了很多样式。选择“图层”→“图层样式”→“混合选项”，界面弹出如图 11-25 所示的样式面板，从中可以看到多种图层样式。也可以双击需要添加图层样式的图层，同样可以弹出“图层样式”的对话框。

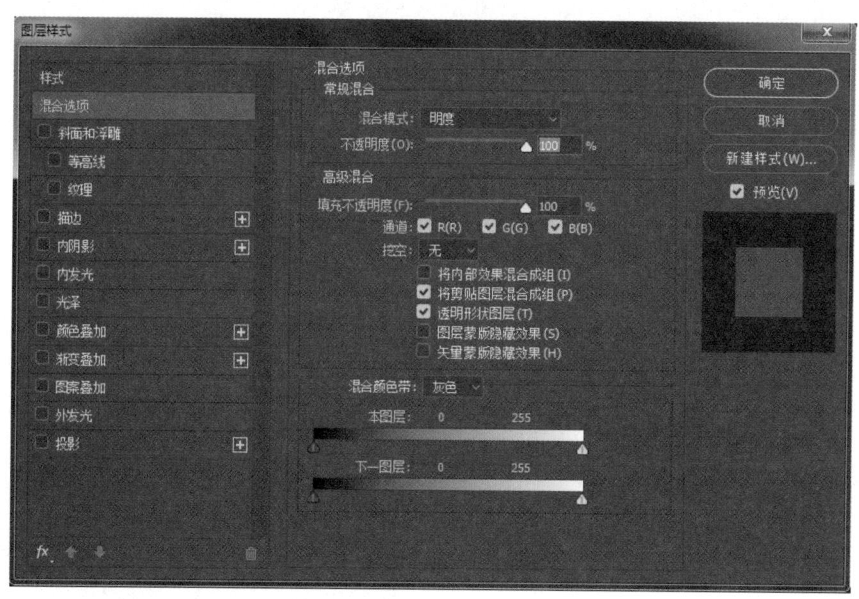

图 11-25 “图层样式”对话框

除了 10 种默认的图层效果。“图层样式”对话框中还有两种额外的选项，即“样式”和“混合选项”。“样式”显示了所有被存储在“样式”面板中的样式。所谓样式，就是一种或更多的图层效果或图层混合选项的组合。单击旁边的设置按钮，如图 11-26 所示，出现的下拉菜单中会出现替换、载入样式等命令，还可以在此改变样式缩览图的大小。在选中某种样式后，可以对它进行重命名和删除。在创建并保存了自己的样式后，它们会同时出现在“图层样式”对话框中的“样式”选项和“样式”调板中。

1. 投影效果

下面通过一个简单的举例来说明添加图层样式“投影”后的效果。

（1）新建一个空白文档，设置前景色颜色“R:250，G:141，B: 145”，利用椭圆工具，绘制一个椭圆形。然后在“图层样式中”勾选投影，在如图 11-27 所示的“投影”选项下可以根据自己的需要设置好参数。各参数的含义如下：

- 混合模式：可以在此选项中选择投影的混合模式。
- 不透明度：此选项决定了投影的不透明度。
- 角度：此选项决定了投影的角度。

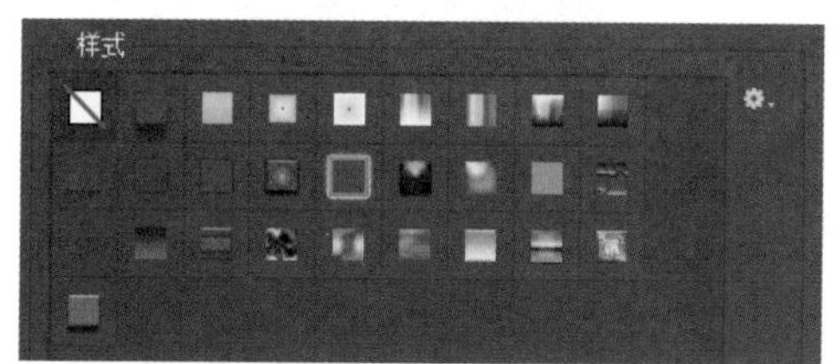

图 11-26 “样式”调板

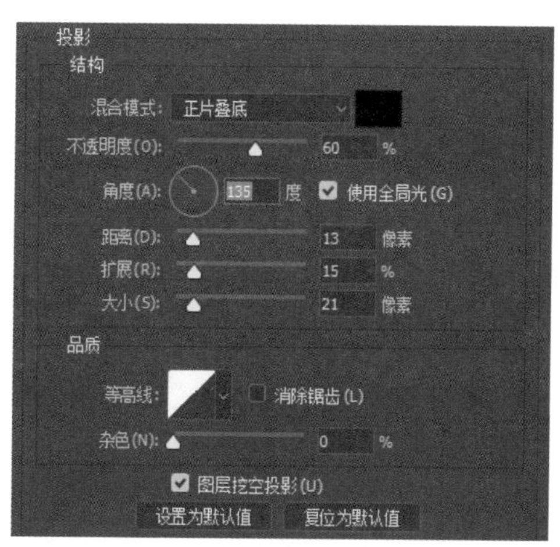

图 11-27 “投影”选项

➢ 使用全局光：选中此选项，可使图层上所有的光源角度相同。如果不选中此选项，设置的光源角度只作用于当前图层效果，其他图层效果可以设置其他光源角度。

➢ 距离：此选项决定了图像的投影与原图像之间的距离。数值越大，投影离原图像越远。

➢ 扩展：此选项决定了投影边缘的扩散程度，当其下方的“大小”选项值为 0 时，此选项不起作用。

➢ 大小：此选项决定了产生的投影大小。数值越大，投影越大，且会产生一种逐渐从阴影色到透明的渐变效果。

➢ 等高线：在此选项中，可以调整阴影的投射样式，设计者可以选择预设的样式，如图 11-28 所示。也可以根据自己的想法自定义投射样式，单击“等高线”选项右侧的图标，将弹出如图 11-29 所示的对话框，在此对话框中可以重新编辑等高线的样式。

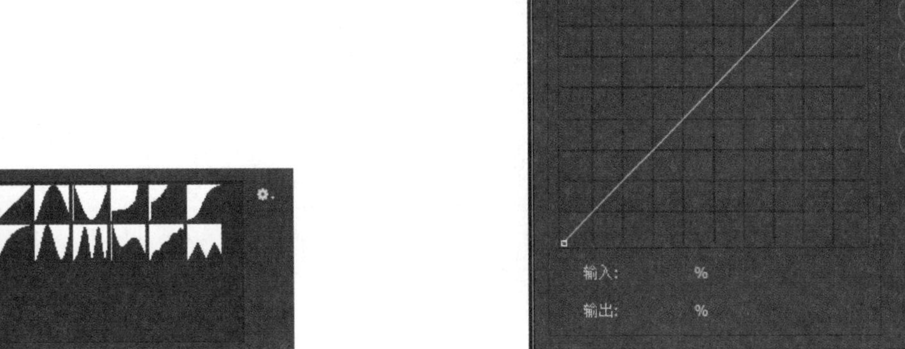

图 11-28　预设样式

图 11-29　“等高线编辑器”对话框

➢ 消除锯齿：选中此选项，可以使投影周围像素变得平滑。

➢ 杂色：决定投影生成杂点的多少，数值越大生成的杂点越多。

设置好参数后效果如图 11-30 所示。

（2）当图层面板添加了效果之后，图层后面就会多出一个“fx”字样，如图 11-31 所示。这时的椭圆形加了投影的效果。如果要关闭效果，单击效果前面的眼睛按钮即可。

图 11-30　添加投影效果

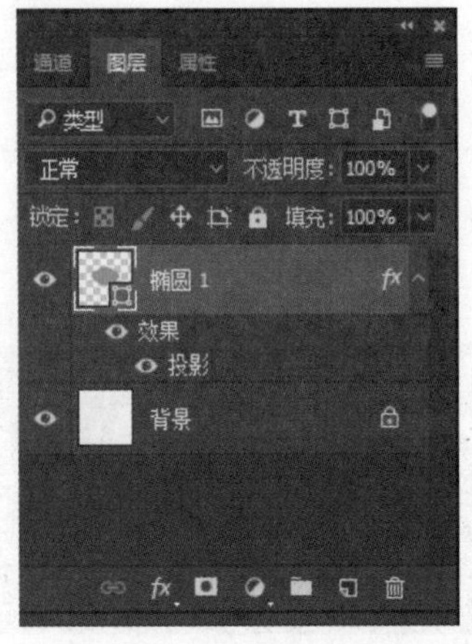

图 11-31　添加图层样式后的图层面板

“投影”效果是给图形添加一个阴影，可以调节阴影的混合模式、阴影的颜色、阴影的不透明度、阴影的角度、阴影的大小和距离等。改变等高线的样式，就可以改变阴影的样子。需要注意的是如果选中“预览”，就可以马上看到图形阴影的变化情况。在图形上可以直接拖动阴影移动阴影的位置。当多个图形都使用了阴影，其阴影的角度都是一样的，如果要改变其中一个，其他的也会跟着改变。如果取消使用全局光，改变一个其他的则不会改变。其他的样式和投影的设置，都大同小异。样式的选项设置非常多，不可能一一去讲解其作用，还是需要多去练习多去做，才可以掌握其规律。

2. “斜面和浮雕”效果

“斜面和浮雕”效果可以使当前图层中的图像产生不同样式的浮雕效果，其右侧为参数设置区，如图 11-32 所示。各参数的含义如下：

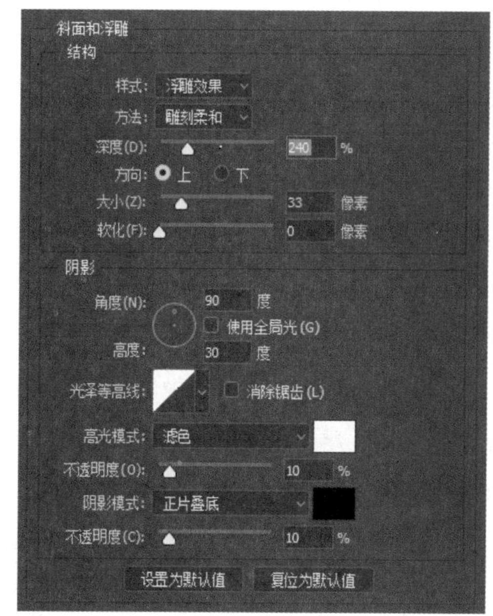

图 11-32 “斜面和浮雕”选项

- 样式：在此选项中包括“外斜面”“内斜面”“浮雕效果”“枕状浮雕”“描边浮雕”五种浮雕样式，选择不同的选项会产生不同的浮雕效果。
- 方法：其右侧的下拉列表中包括“平滑”“雕刻清晰”“雕刻柔和”选项，选择“雕刻清晰”选项，得到的效果边缘变化明显，立体感强；选择“雕刻柔和”选项得到的效果边缘界于平滑与清晰之间。
- 深度：决定生成浮雕效果后的阴影强度，数值越大，阴影颜色越深。
- 方向：决定生成浮雕效果亮部和阴影的方向，选择“上”选项表示亮部在上面，选择“下”选项表示亮部在下面。
- 大小：决定生成浮雕效果阴影面积的大小。
- 软化：决定生成浮雕效果阴影边缘的模糊度，数值越大边缘越模糊。
- 角度：此选项决定光照的方向。
- 高度：此选项决定光源的位置。将光标移动到圆内单击，可改变光照的方向及位置。
- 光泽等高线：决定生成的浮雕图层的光泽质感，可以选择原有的样式，也可以根据自己的意愿设置自己满意的样式。
- 高光模式：决定浮雕效果亮部的模式，单击其右侧的色块，可以修改亮部的颜色，调整下方的不透明度可以改变亮部颜色的透明程度。
- 阴影模式：决定浮雕效果暗部的模式，单击其右侧的色块，可以修改暗部的颜色，调整下方的不透明度可以改变暗部颜色的透明程度。

“斜面和浮雕”效果下还包括“等高线”和“纹理”选项，其“等高线”选项与“光泽等高线”选项相似。其中“等高线”选项中的范围决定了应用等高线的范围，数值越大范围越大。“纹理”选项参数设置区如图 11-33 所示。参数含义如下：

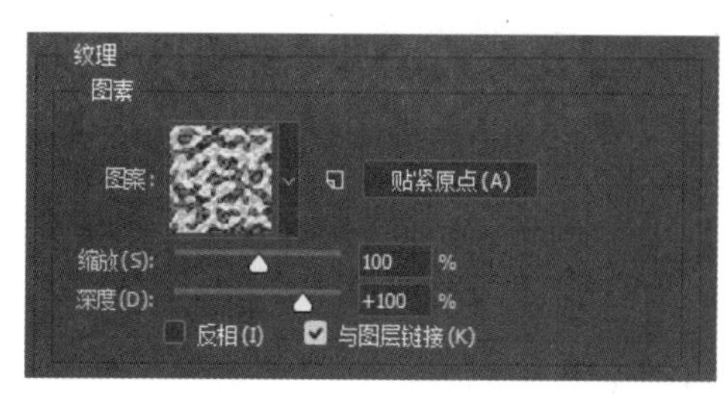

图 11-33 “纹理”选项

- 图案：单击此选项右侧的小三角按钮，可弹出“图案”选项面板，在此面板中可以选择应用于浮雕效果的图案。
- “新建图案”按钮：可以将当前图案创建一个新的预设图案，保存在“图案”选项面板中，当下次使用时可以调出使用。
- 贴紧原点：单击此按钮，可以使图案的浮雕效果从图像的角落开始。

➢ 缩放：拖动右侧的滑块或修改其右侧窗口中的数值可以设置图案浮雕的深度，数值为正值时，表示浮雕效果凹进去；数值为负值时，表示浮雕效果凸出来。

➢ 反相：选中此选项，可以将应用于浮雕效果的图像翻转，在图像文件中得到一种与当前状态相反的效果。

➢ 与图层链接：用于链接图案与图层。

样式的选项设置非常多，本书不能一一去讲解其作用，读者平时多练习，就可以掌握其规律。

11.3.3 图层蒙版

1. 创建图层蒙版

1）直接添加图层蒙版

单击“图层”面板中的“添加图层蒙版”按钮▣，可为当前图层创建一个白色的图层蒙版，画面中会显示当前图层的内容，相当于执行“图层”→“图层蒙版”→“显示全部”菜单命令。按住 Alt 键并单击“添加图层蒙版”按钮▣，可创建一个黑色的蒙版，黑色的蒙版会遮住当前图层的所有内容，相当于执行“图层”→“图层蒙版”→“隐藏全部”菜单命令。

2）从选区创建蒙版

在创建蒙版时，如果当前文件中存在选区，则可以从选区中创建蒙版。下面通过实例来掌握如何从选区创建图层蒙版从而合成图像。具体操作步骤如下：

（1）打开下载的源文件中的图像“大海”和“父子”，如图 11-34 所示，将人物图像素材（b）拖曳到背景图像文件（a）中。

(a)

(b)

图 11-34 素材图像

（2）当图像中的主体与背景之间的颜色差别较大，界限较为清晰时，可以使用磁性索套工具进行选择以得到理想的选区。设置人物图像图层为当前图层，选择工具箱中的“磁性索套工具”，在选项栏中设置羽化值为 1 个像素，宽度为 5 个像素，边对比度为 10%，频率为 57，在人物边缘单击，然后沿人物边缘移动鼠标指针得到选区，如图 11-35 所示。

（3）单击“图层”面板中的“添加图层蒙版”按钮▣创建蒙版即可合成两个图像，如图 11-36 所示。从图中可以看到，从当前文件的选区中创建了图层蒙版，选区内的图像呈显示状态，而选区外的图像则被隐藏。

2. 编辑图层蒙版

创建图层蒙版以后，可以使用绘画工具、渐变工具和滤镜编辑图层蒙版等创建图像的合成效果。

1）用绘画工具编辑图层蒙版

图层蒙版可以使用大部分绘画工具进行编辑，例如画笔、加深、减淡、模糊、锐化、涂抹等工具，由于绘画工具可以设置画笔的样式和压力等属性，因此在编辑蒙版时具有较大的灵活性。

图 11-35 创建选区

(a)

(b)

图 11-36 添加图层蒙版

画笔工具是编辑蒙版时最常用的工具，当需要隐藏图像时，可以使用黑色在蒙版上涂抹；需要显示图像时，则用白色在蒙版上涂抹；需要显示当前图层与下面图层的融合效果时，则可以使用灰色在蒙版上涂抹，选择具有柔角的画笔可以使图像的边缘融合得更加自然。

下面通过实例来了解如何使用绘画工具编辑蒙版。

（1）打开两张图像素材，如图 11-37 所示，将向日葵拖曳到宝宝的文件中，得到“图层 1”。

(a)

(b)

图 11-37 素材图像

（2）单击“图层”面板中的“添加图层蒙版”按钮，为“图层 1”添加显示全部的图层蒙版。

（3）在图层蒙版缩览图上单击以选择图层蒙版，并设置前景色为黑色，选择画笔工具，设置鼻尖大小为 320 像素，硬度为 60%，在图层蒙版上涂抹，图像的合成效果如图 11-38 所示。

图 11-38 合成效果图

2）用渐变工具编辑图层蒙版

用渐变工具编辑图层蒙版可以创建平滑的图像合成效果，下面通过实例来了解如何使用渐变工具编辑图层蒙版。

（1）打开下载的源文件中的图像“女孩”，如图 11-39 所示，双击背景层，将背景层转换为普通图层 0，然后复制图层 0，得到图层 0 拷贝。

（2）新建图层 1，将新建的图层放置于图层 0 与图层 0 拷贝之间，然后隐藏图层 0，如图 11-40 所示。

（3）将新建的图层 1 填充颜色，以白色为例（白色比较容易搭配）。选“图层 0 拷贝”为当前图层，单击图层面板中的“添加图层蒙版”按钮，为此图层添加图层蒙版，如图 11-41 所示。

图 11-39　素材图像

图 11-40　图层面板

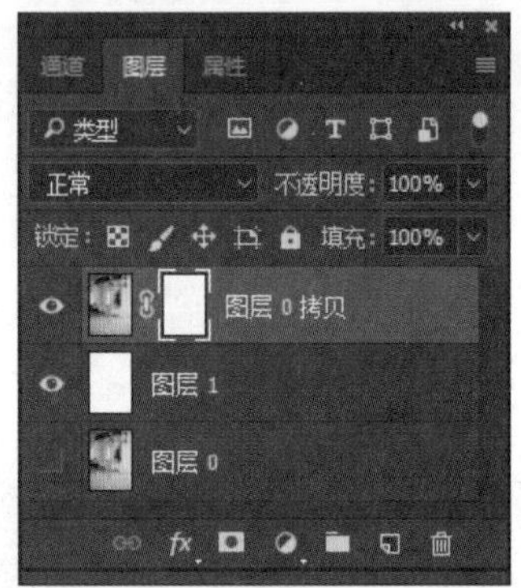

图 11-41　添加蒙版后的图层面板

（4）选中蒙版，在工具箱中使用“渐变工具”，并选择黑白渐变，“渐变工具”属性栏的选项设置如图 11-42 所示。设置参数完成后在蒙版上拖拉，效果如图 11-43 所示。

模式：正常　不透明度：100%　反向　仿色　透明区域

图 11-42　“渐变工具”属性栏

（5）改变图层 1 的填充颜色，就能改变图片的颜色氛围，做出各种不同的效果，如图 11-44 所示。

图 11-43　效果图

(a)

(b)

图 11-44　添加其他颜色氛围

3）用滤镜编辑图层蒙版

在图层蒙版上使用绘画工具涂抹或在图层蒙版中填充渐变后，可以用滤镜编辑图层蒙版，从而创建特殊的图像合成效果，如图 11-45 所示是使用“旋转扭曲”滤镜编辑图层蒙版创建的图像效果。

(a)

(b)

图 11-45　使用滤镜编辑图层蒙版后的效果

3. 图层蒙版应用技巧

1）切换图像与图层蒙版

单击图像缩览图可进入图像编辑状态，单击图层蒙版缩览图可进入图层蒙版的编辑状态。处于某一编辑状态时，相应的缩览图上会显示一个矩形框。

2）取消 / 链接图层与图层蒙版

为图层创建图层蒙版后，在“图层”面板中，图层缩览图与图层蒙版缩览图之间有一个链接图标，此时移动或变换图层，图层蒙版也一起移动或变换，反之移动或变换图层蒙版，图层也一起移动或变换。

在图层面板中单击链接图标将取消图层与图层蒙版的链接，此时移动或变换图层时，图层蒙版并不受影响。

3）启用 / 停用图层蒙版

按住 Shift 键单击图层蒙版缩览图或选择“图层”→“图层蒙版”→“停用”菜单命令，将暂时取消蒙版的作用，此时图层蒙版缩览图上会出现一个红色的叉，图像也恢复到应用图层蒙版前的状态。

4）删除 / 应用图层蒙版

选择图层蒙版后，单击“图层”面板中的删除图层按钮，将弹出如图 11-46 所示的对话框。单击“应用”按钮可删除蒙版并将蒙版效果应用到图像中，单击“删除”按钮可删除蒙版但不会将蒙版应用到图像中。选取“图层”→“图层蒙版”下的“应用”和“删除”菜单命令也可以应用或删除图层蒙版。

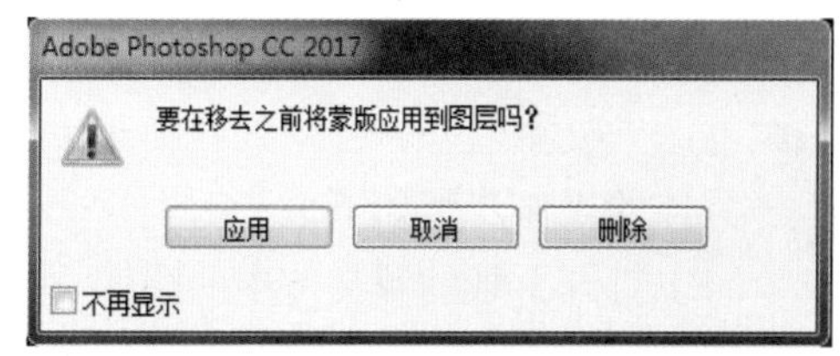

图 11-46　删除图层蒙版对话框

11.3.4　剪贴蒙版

剪贴蒙版使用下层图层（基底图层）中图像的形状来控制上层图像（内容图层）的显示区域。创建剪贴蒙版后，蒙版中的基底图层名称带有下划线，内容图层的缩览图是向后缩进的，并显示一个剪贴蒙版图标，如图 11-47 所示，移动基底图层的位置会改变图层的显示区域。

(a) (b)

图 11-47 创建剪贴蒙版

剪贴蒙版可有多个内容图层，但这些图层必须是相邻的、连续的图层，通过一个基底图层来控制多个图层的显示区域，不仅灵活多变，也是进行图像合成的主要方法。

创建剪贴蒙版有以下两种方法：

方法一：在“图层”面板中，按住 Alt 键，将鼠标指针放在两个图层之间，鼠标指针会变成带有一个向下箭头的标志，单击即可创建剪贴蒙版。

方法二：在“图层”面板中选择需要创建剪贴蒙版的图层后，选取“图层”→“创建剪贴蒙版”菜单命令或按快捷键 Alt+Ctrl+G，当前图层作为内容图层会与下面的图层创建剪贴蒙版，下面的图层作为基底图层控制上面图层的显示区域。

若想取消某一内容图层应用剪贴蒙版的效果，可执行下列操作之一释放剪贴蒙版中的图层：

选择剪贴蒙版组中的某一内容图层后选取“图层”→“释放剪贴蒙版”菜单命令可释放该内容图层，如果该图层上面有其他内容图层，则这些图层也会同时释放。

按住 Alt 键在图层面板中剪贴蒙版图层的分割线上单击可释放内容图层，若该图层上面有其他内容图层，则这些图层也会被同时释放。

选择剪贴蒙版中的基底图层，选取“图层”→“释放剪贴蒙版”菜单命令可释放全部内容图层。

按住 Alt 键单击图层调板中剪贴蒙版的基底图层与它上面第一个内容图层的分隔线，可释放全部内容图层。

11.4 综合实例——制作喷溅女性脸谱照片

此效果图的设计思路非常简单，利用液化滤镜把人物脸部进行扩散处理；然后添加图层蒙版，用喷溅画笔涂出喷溅效果，可以多复制几层分别涂出不同的效果；最后给底层的效果上色即可。

具体的操作步骤如下：

11-1 喷溅女性脸谱

（1）打开下载的源文件中的图像“脸部特色”，如图 11-48 所示。

（2）选择工具箱中的“钢笔工具”，沿着脸部轮廓圈出人物脸庞，如图 11-49 所示。

（3）在图像上右击，在弹出的快捷菜单中选择建立选区，设置羽化值为 0，单击“确定”按钮。这时人物的脸部轮廓呈选区状态，如图 11-50 所示。

图 11-48　素材图像

图 11-49　用钢笔创建轮廓

图 11-50　建立选区

（4）执行菜单命令“选择”→“反选”，如图 11-51 所示。也可以使用快捷方式 Ctrl+Shift+I，将脸部以外的部分删除掉，执行结果如图 11-52 所示。

图 11-51　反选

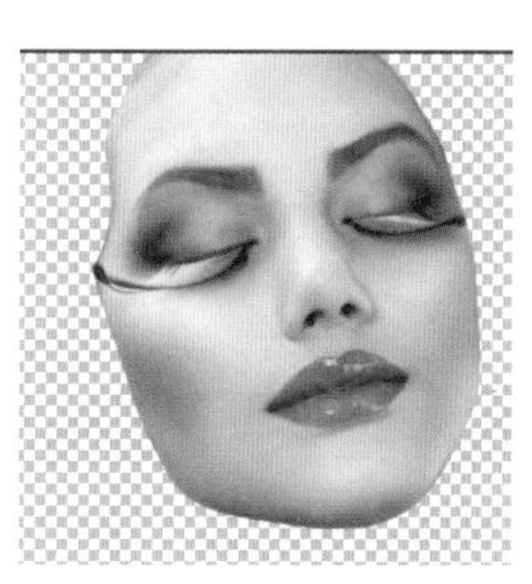
图 11-52　删除选区部分图像

（5）新建图层 1，并将该图层放置在图层 0 的下方。选择图层 0 为当前图层，使用“滤镜”→“液化”菜单命令，选择液化对话框中左上角的“向前变形工具”，具体参数设定如图 11-53 所示。然后对脸部周围进行涂抹，不要影响到脸部中心的位置。具体效果如图 11-54 所示。

图 11-53　使用“向前变形工具”

图 11-54　变形后的效果

（6）再选择液化对话框中的“冻结蒙版工具”，对人的眼睛、鼻子、嘴巴进行冻结，以保护这些重要部分不被向前变形工具影响到，如图 11-55 所示。继续使用“向前变形工具”调整画笔大小对其进行变形，效果如图 11-56 所示。

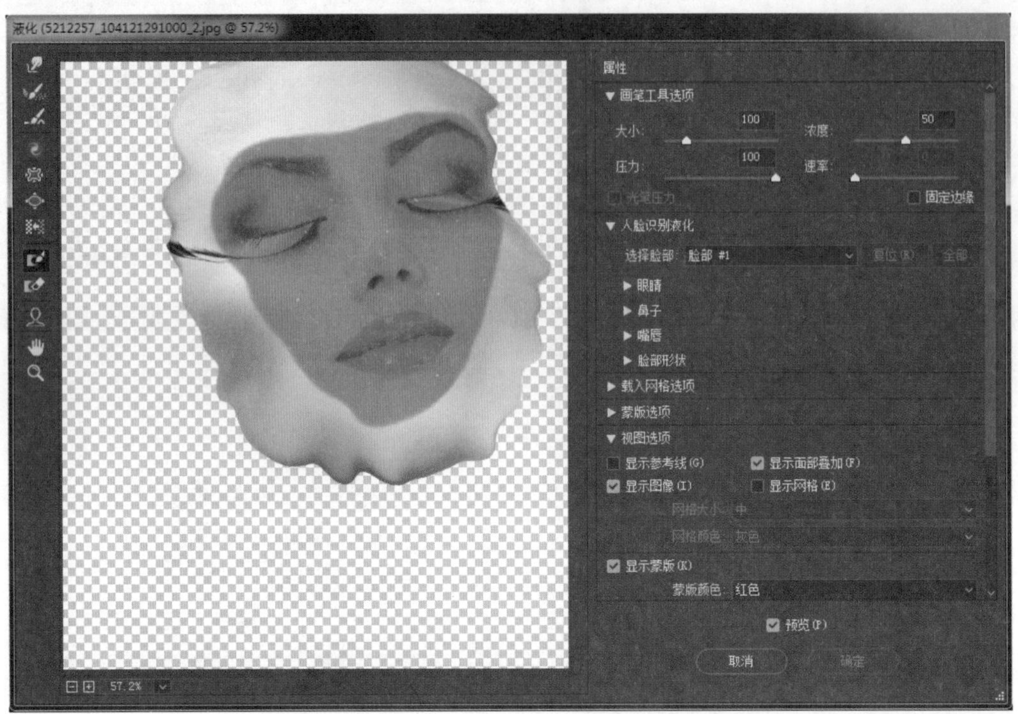

图 11-55　使用“冻结蒙版工具”

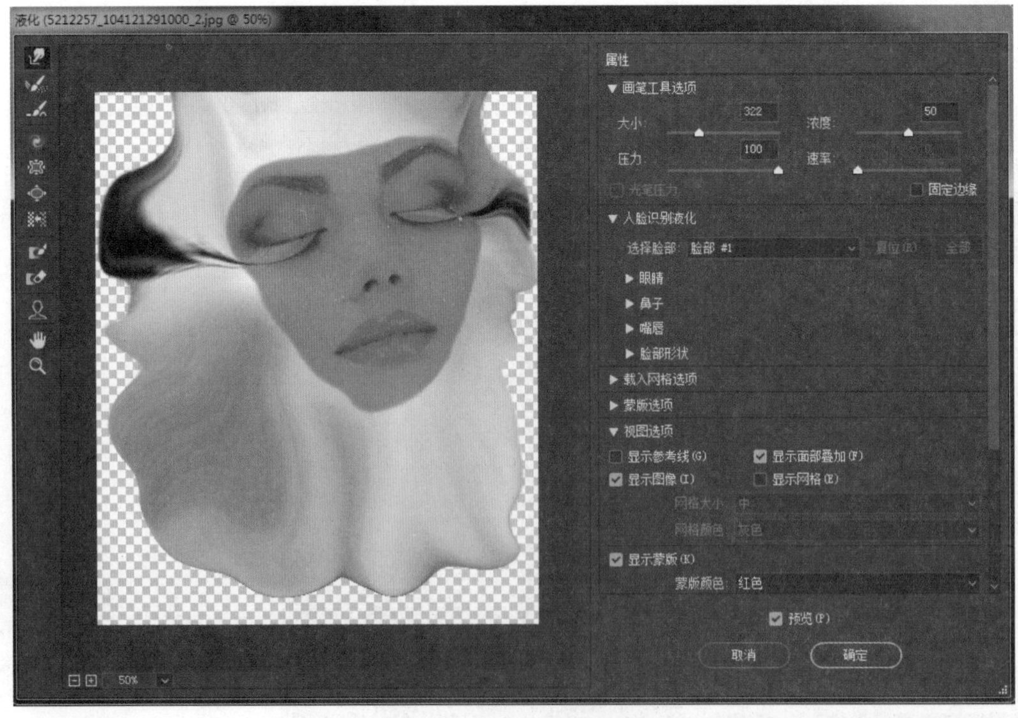

图 11-56　冻结蒙版后的效果

（7）选择液化对话框中的“解冻蒙版工具” ，对之前冻结的眼睛、鼻子、嘴巴的部分进行解冻，如图 11-57 所示，然后单击“确定”按钮。

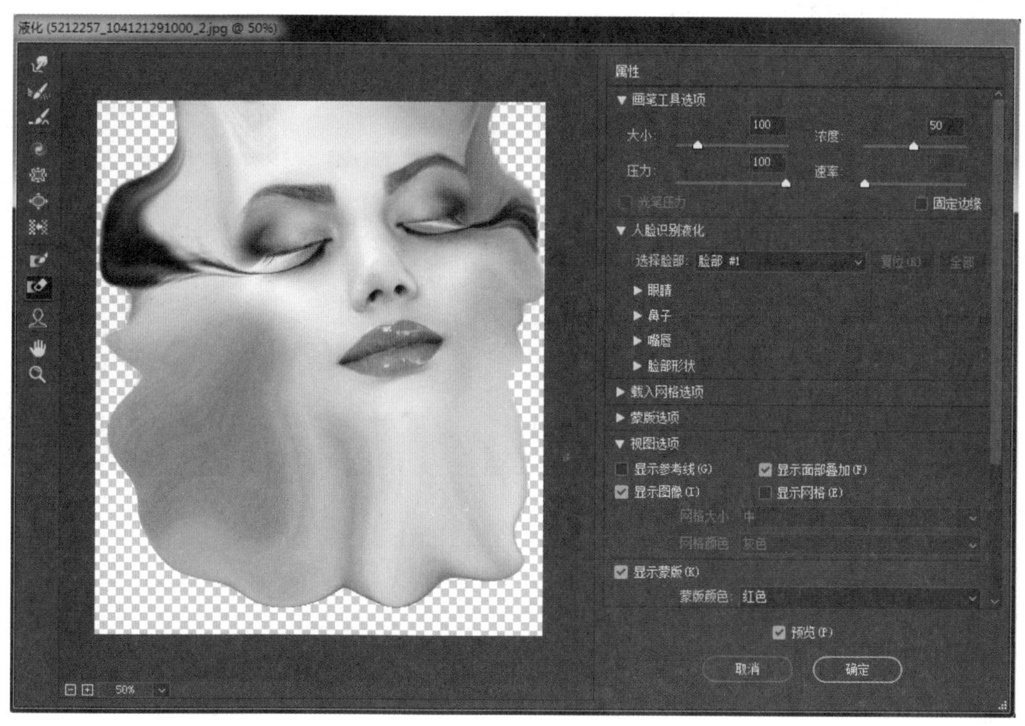

图 11-57　解冻蒙版

（8）回到主界面图层面板，确定人脸特写图层为当前图层，并为图层添加图层蒙版。此处回顾一下为图层添加蒙版的方法。直接单击图层面板上的添加图层蒙版按钮，或者选择“图层”→“图层蒙版”→“显示全部”命令为图层建立蒙版，然后再复制一个“图层 0 拷贝”，如图 11-58 所示。

（9）选择图层 0 中的蒙版进行反相，使蒙版变成纯黑色，如图 11-59 所示。隐藏图层 0 以及图层 0 拷贝，然后选择新建的图层 1 为当前图层，并为此图层填充径向渐变颜色，具体参数设置如图 11-60 所示。设置好参数后，在图层 1 上拖拉出渐变颜色，如图 11-61 所示。

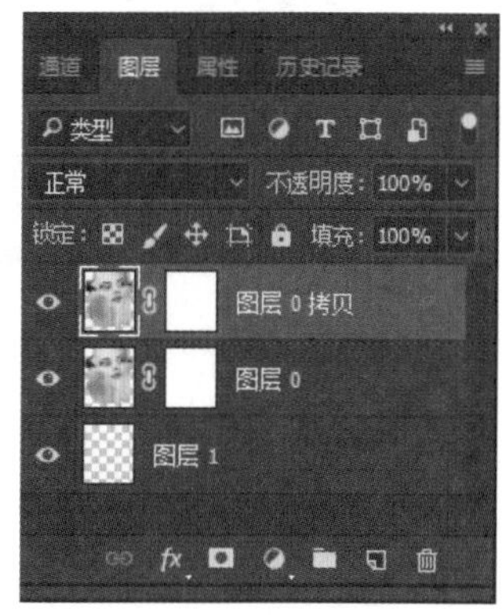

图 11-58　复制图层

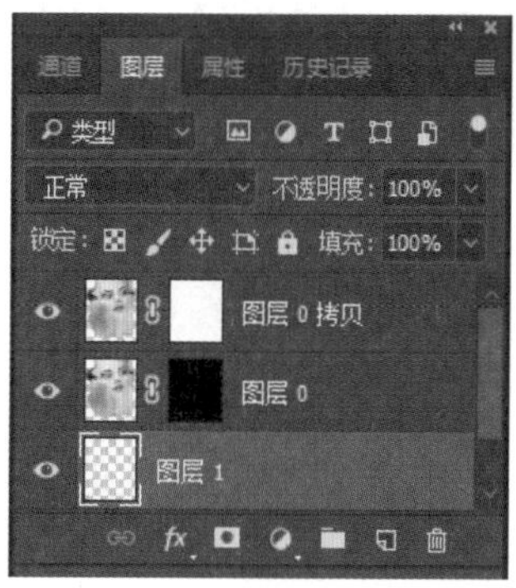

图 11-59　反相蒙版

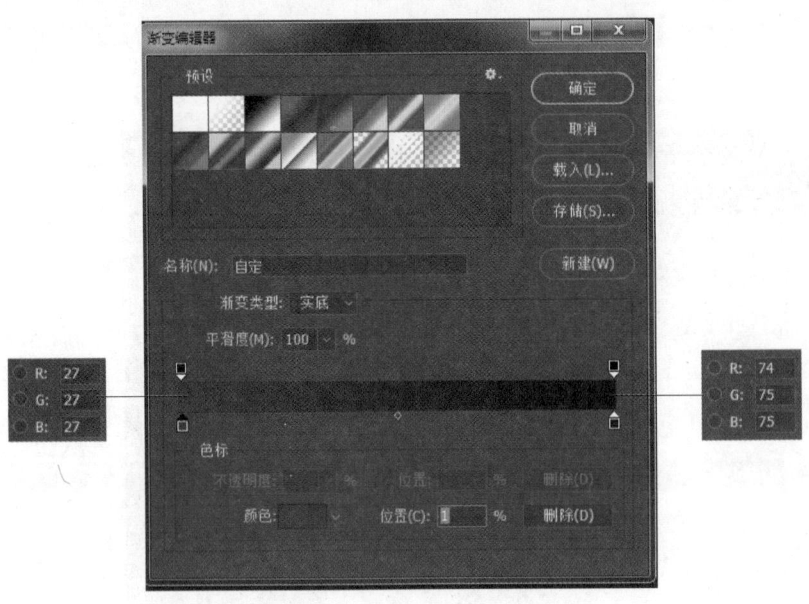

图 11-60 设置渐变颜色

图 11-61 填充渐变

（10）显示之前隐藏的图层 0 和图层 0 拷贝，并同时将这两个图层在图层蒙版中设置不透明度为 10%，如图 11-62 所示。

（11）选择图层 0 的图层蒙版，设置前景色为白色，在工具箱中使用“画笔工具”并选择泼墨形状的画笔笔刷（系统默认的笔刷没有自带的泼墨笔刷，可以提前在网上下载再载入画笔笔刷），设置画笔透明度以及填充都为 100%，然后在图层蒙版上单击出现图像，如图 11-63 所示。

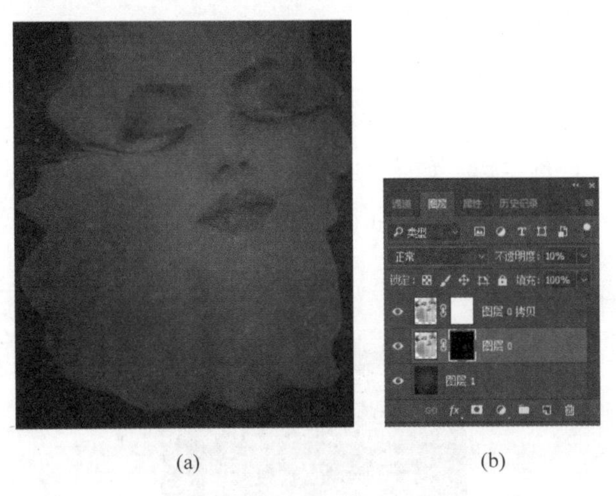

(a) (b)

图 11-62 设置图层不透明度

图 11-63 使用画笔工具编辑蒙版

（12）复制图层 0 得到“图层 0 拷贝 2”，隐藏“图层 0 拷贝”以及“图层 0 拷贝 2”，选择图层 0 为当前图层，并双击图层 0，弹出图层样式对话框，选择颜色叠加，并设置颜色为“R : 255，G : 0，B : 0”，混合模式为“减去”，然后单击“确定”按钮，效果如图 11-64 所示。

（13）选择“图层 0 拷贝 2”将其进行显示，选中这个图层的蒙版并填充黑色，然后选择合适的画笔笔刷，根据上述的操作方法，在“图层 0 拷贝 2”中做出新的效果，如图 11-65 所示。

（14）选择“图层 0 拷贝 2”，并复制图层得到“图层 0 拷贝 3”，选中这个图层的蒙版并填充黑色，然后选择“图层 0 拷贝 2”，并双击图层 0，弹出图层样式对话框，选择颜色叠加并设置颜色为“R: 255，G: 0，B: 0”，混合模式为“减去”，然后单击“确定”按钮，效果如图 11-66 所示。

图 11-64　添加图层样式

图 11-65　使用画笔工具编辑蒙版

图 11-66　添加图层样式

（15）按照上述的操作方法，得到如图 11-67 所示的效果。选择“图层 0 拷贝 3”为当前图层，并双击此图层，弹出图层样式对话框，为此图层添加投影效果，具体参数设置如图 11-68 所示。设置完成后单击“确定”按钮，最终效果如图 11-69 所示。

图 11-67　使用画笔工具编辑蒙版

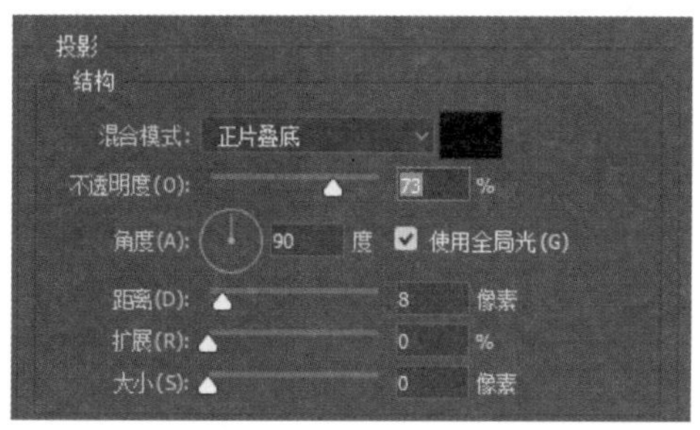

图 11-68　“投影”选项

图 11-69　最终效果图

11.5　答疑解惑

1. 怎样同时选择多个图层?

答：在“图层”调板中选取一个图层，然后按住 Shift 键单击另一个图层，则可以选择这两个图层以及它们之间的所有图层。另外，按住 Ctrl 键单击需要选择的图层，可选择不连续排列的多个图层。

2. 怎样在同一个图层中复制图像?

答：通常使用复制图层的方法，就可以复制图层以及图层中的图像。但是如果需要复制较多数量的图像时，就会产生很多的图层，这样会增加图像的大小，同时也不便于对图层进行管理。因此，在同一个图层中复制图像将会是个很好的方法，其操作步骤是，选择图像所在的图层，将图像创建为选区，然后选择移动工具，按住 Alt 键在选区内拖移图像，即可将该图像复制到目标位置。

3. 在为图层添加图层蒙版后，为什么所进行的操作不能作用于图层蒙版呢?

答：在为图层添加图层蒙版后，在该图层上会出现一个图层蒙版缩览图。要使所进行的操作都作用于图层蒙版，需要在“图层”调板中单击图层蒙版缩览图，当图层蒙版缩览图四周出现白色边框后，所进行的操作才会作用于图层蒙版。

4. 若要通过分布命令对图层进行重新分布，但是在执行分布命令时，该命令为什么会显示为灰色不可用状态呢?

答：要分布图层，首先需要选择所要分布的图层，或者将需要分布的图层创建为链接图层，并且用于分布的图层必须要 3 个或 3 个以上才能执行分布命令。

5. "自动对齐图层"与"自动混合图层"命令在功能上有什么区别?

答："自动对齐图层"命令常用于拼接全景图，该命令是根据不同图层中相似的图像内容自动对齐图层。执行自动对齐图层命令后，系统将分析所有图层，并选择位于最终合成图像中心的图层作为参考图层，用户也可指定其中一个图层作为参考图层来使其他图层与参考图层对齐，以便匹配的内容能够自行叠加，从而自动拼接全景图。拼接后的全景图会因源图像中的色差而产生比较明显的接缝，这时就可以利用"自动混合图层"命令来自动混合图像之间的色调差异，使图像之间产生自然过渡的色调。

11.6 学习效果自测

1. 哪种类型的图层可以将图像自动对齐和分布？（　　）

A. 调节图层　　B. 链接图层　　C. 填充图层　　D. 背景图层

2. 下列哪个不属于在图层面板中可以调节的参数？（　　）

A. 透明度　　B. 编辑锁定　　C. 显示隐藏当前图层　　D. 图层的大小

3. 合并不相邻的图层可以使用（　　）。

A. 拼合图层　　B. 合并图层　　C. 合并编组图层　　D. 合并链接图层

4. 在 Photoshop 中复制图像某一区域后，创建一个矩形选择区域，选择"编辑"→"粘贴入"命令，此操作的结果是下列哪一项？（　　）

A. 得到一个无蒙版的新图层

B. 得到一个有蒙版的图层，但蒙版与图层间没有链接关系

C. 得到一个有蒙版的图层，而且蒙版的形状为矩形，蒙版与图层间有链接关系

D. 如果当前操作的图层有蒙版，则得到一个新图层，否则不会得到新图层

5. 在 Photoshop 的当前图像中存在一个选区，按 Alt 键单击添加蒙版按钮，与不按 Alt 键单击添加蒙版按钮，其区别是下列哪一项所描述的？（　　）

A. 蒙版恰好是反相的关系

B. 没有区别

C. 前者无法创建蒙版，而后者能够创建蒙版

D. 前者在创建蒙版后选区仍然存在，而后者在创建蒙版后选区不再存在

6. 在 Photoshop 中，下面对于图层蒙版叙述正确的是（　　）。

A. 使用图层蒙版的好处在于，能够通过图层蒙版隐藏或显示部分图像

B. 使用蒙版不能够很好地混合两幅图像

C. 使用蒙版能够避免颜色损失

D. 使用蒙版可以减小文件大小

7. 在 Photoshop 中，下面哪种图层不能改变图层的不透明度？（　　）

A. 背景层　　B. 调节层　　C. 填充图层　　D. 显示的图层

8. 在 Photoshop 中，下列哪些操作不能删除当前图层？（　　）

A. 按键盘上的 Esc 键

B. 在图层调板上，将此图层用鼠标拖至垃圾桶图标上

C. 按键盘上的 Delete 键

D. 在图层调板的弹出菜单中选择 DeleteLayer（删除图层）命令

9. 在 Photoshop 中，下面对背景层的描述哪些是正确的？（　　）

A. 背景层始终在所有图层的最下面

B. 可以将背景层转化为普通的图层，但是不能改变名称

C. 背景层转化为普通的图层后，不可以执行图层所能执行的所有操作

D. 背景层不可以转化为普通的图层

10. 在 Photoshop 中，背景层与新建图层的区别说法不正确的是（　　）。

A. 背景层不是透明的，新建的图层是透明的

B. 背景层是不能移动的，新建的图层是能移动的

C. 背景层是不能修改的，新建的图层是能修改的

D. 背景层始终在图层调板最下面，只有将背景层转化为普通的图层后，才能改变其位置

第 12 章

Photoshop CC 2018的网络应用

学习要点

进入社会主义发展的新时期，电子产品的更新换代速度较快，各种网络终端也得到了有效的普及，尤其是互联网技术，在社会发展的各个领域都得到了全面的发展。而且现代社会是一个视觉效应不断提升的社会，因此，网页的设计效果直接影响到网站的浏览量。除此之外，网页的色彩和冲击力也给人们的生活带来极大的影响。在网页设计的最初，设计者就是采用 Photoshop 的设计方式来进行的，因此，需要对设计方法和流程进行详细的了解。为了优化网络的设计，本章主要讲解 Photoshop 的网页页面的设计方法以及流程等。

学习提要

- 用 Photoshop CC 2018 制作 Web 图像
- 在 Photoshop CC 2018 中实现网页的制作

12.1 用 Photoshop CC 2018 制作 Web 图像

随着网络的快速发展，制作精美的网页已成为一种时尚。很多人都在网页中放置漂亮的图片或添加一些简单的动画，使得网页更加生动活泼。Photoshop CC 2018 是制作网页很好的辅助工具，利用 Photoshop CC 2018 可以非常方便地制作用于 Web 的图片和 GIF 动画。本章主要就 Photoshop CC 2018 的网络功能进行介绍。

12.1.1 制作切片

Photoshop 中的“切片工具”是一种很好用的功能，它能根据需求截出图片中的任何一部分，同时一张图上可以切多个地方。Photoshop 的切片在“另存为”的时候就能将所切的各个部分分别保存为一张图片，完全区分开来。所以在制作网页或者截取图片某一部分时，经常会用到这个工具。

切片是图像的一块矩形区域，用于在 Web 页中创建链接、翻转和动画。用户可以通过为图像制作切片有选择地优化图像以便于 Web 查看。如果要做好一个页面，或是要做一个网站，可能就会用到这个“切片工具”，下面就介绍这个“切片工具”是如何使用的。

1. 创建切片

要为图像创建切片，首先选中工具箱中的“切片工具”，此时将在图像的左上角显示01，表示当前只有一个切片，即整个图像被作为一个切片，如图 12-1 所示。“切片工具”属性栏如图 12-2 所示，“样式”下拉列表中有三个选项：“正常”“固定长宽比”“固定大小”，当选择“正常”时，用户可以在图像中拖动鼠标指针，创建任意长宽比的切片；当选择另两项时，工具属性栏的“宽度”和“高度”文本框将变为可用，在这里可设置切片的长宽比例或大小。若图像窗口显示参考线，工具属性栏中的“基于参考线的切片”按钮将变为可用。

图 12-1 选中“切片工具”后的图像窗口

样式：正常 宽度： 高度： 基于参考线的切片

图 12-2 “切片工具”属性栏

设置好“样式”后，在图像窗口中单击并拖动鼠标即可创建切片，如图 12-3 所示。使用这种方法创建的切片，称为用户切片。

此外，还可根据图层创建切片。首先在图层控制面板中选中要创建为切片的图层，然后执行“图层”→“新建基于图层的切片”命令。例如，在图 12-4 中，要基于文字“THE BOX TRULLS”所在的图层创建切片，可先在图层控制面板中选中该图层，然后执行“图层”→“新建基于图层的切片”命令，则创建的切片如图 12-4 所示。

(a)

(b)

图 12-3　用户切片

图 12-4　创建基于图层的切片

从图 12-4 创建切片的例子中可以看到，虽然只想创建一个切片，系统却自动生成了另外四个附加自动切片，它们占据了图像中用户切片或基于图层的切片未定义的空间。每次添加或编辑用户切片或基于图层的切片时，系统都会重新生成自动切片。

创建好切片后，还可对切片的位置和尺寸进行调整。

若创建的是用户切片，当把鼠标指针移至切片区域时，鼠标指针会自动变为形状，此时单击拖动即可移动切片的位置；当把鼠标指针移至切片边界线上时，鼠标指针会变为双向箭头，此时单击并拖动即可改变切片的尺寸，如图 12-5 所示。

(a)

(b)

图 12-5　改变切片位置和尺寸

若创建的是基于图层的切片，又想改变切片的位置和大小，应首先在工具箱中选中“切片选择工具”

（此时“切片选择工具”属性栏如图 12-6 所示），并在属性栏上单击“提升到用户切片”按钮 提升 ，此时就可像更改用户切片那样更改该切片了。

图 12-6 “切片选择工具”属性栏

要删除切片，只需在用“切片选择工具” 选中该切片后按 Delete 键即可。

此外，用户还可以利用“切片选择工具”属性栏中的按钮进行划分用户切片、隐藏自动切片、调整切片层次和编辑切片选项等操作。

2. 设置切片选项

要设置切片选项，可单击“切片选择工具”属性栏上的“切片选项”按钮 ，系统将打开如图 12-7 所示的“切片选项”对话框。对话框中各选项的意义说明如下：

- “名称”（N）：设置切片名称。
- “URL”（U）：设置超链接地址。
- “目标”（R）：设置在何处打开链接网页。
- “信息文本”（M）：设置切片提示信息。当鼠标指针移至该切片区域时，系统将在浏览器的状态栏上显示该信息。
- “Alt 标记”（A）：对于非图形浏览器而言，可利用该文本框设置在切片位置显示的文字。
- “尺寸”选项组：设置切片的大小。
- “切片背景类型”下拉列表：选择一种背景色填充透明区域（适用于“图像”切片）或整个区域（适用于“无图像”切片）。

“切片类型”下拉列表：可分为“图像”或“无图像”两种类型。若选择“无图像”类型，“切片选项”对话框将如图 12-8 所示，用户可在该对话框中输入显示在单元格中的文本。

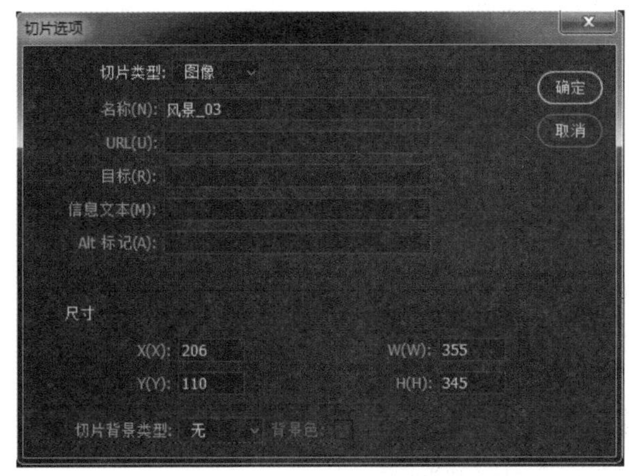

图 12-7 “切片选项”对话框

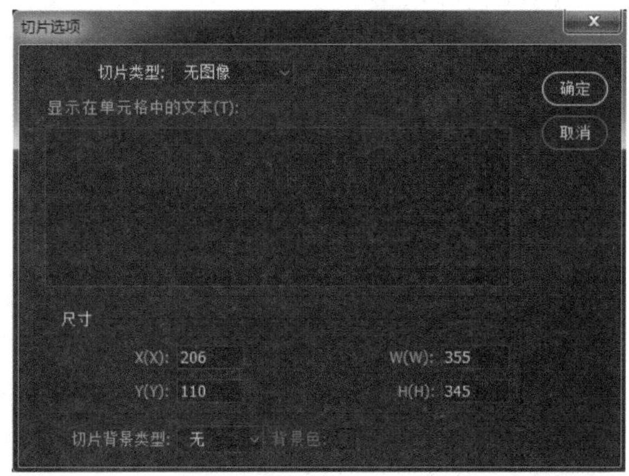

图 12-8 “无图像”类型“切片选项”对话框

切片是生成表格的依据，切片的过程要先总体后局部，即先把网页整体切分成几个大部分，再细切其中的小部分。

对于渐变的效果或圆角等图片特殊效果，需要在页面中表现出来的，要单独切出来。

12.1.2 制作按钮

网页中按钮的使用，一直是 UCD（是指以用户为中心的设计，是在设计过程中以用户体验为设计决策的中心，强调用户优先的设计模式）交互的重要内容。

下面通过一个实例来介绍按钮的具体制作方法。

（1）新建一个 300 像素 ×200 像素的文档，在矩形工具组中使用圆角矩形工具，并在属性栏中选择“形状”选项，然后设置圆角的半径为 10 像素，选择任意一种颜色为前景色后，创建一个合适大小的圆角矩形，如图 12-9 所示。

（2）复制圆角矩形 1 为“圆角矩形 1 拷贝”，并适当缩小当前拷贝图层，如图 12-10 所示。

图 12-9　绘制圆角矩形

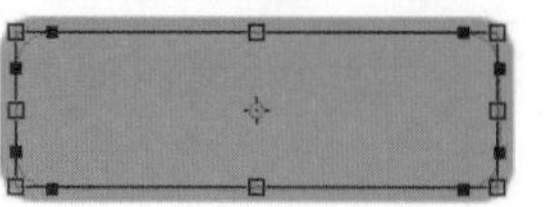

图 12-10　复制图层

（3）将圆角矩形设置为当前图层，双击此图层弹出“图层样式”对话框，选择“渐变叠加”，具体参数设置如图 12-11 所示。渐变颜色只要是同一色相调整不同明度即可，效果如图 12-12 所示。

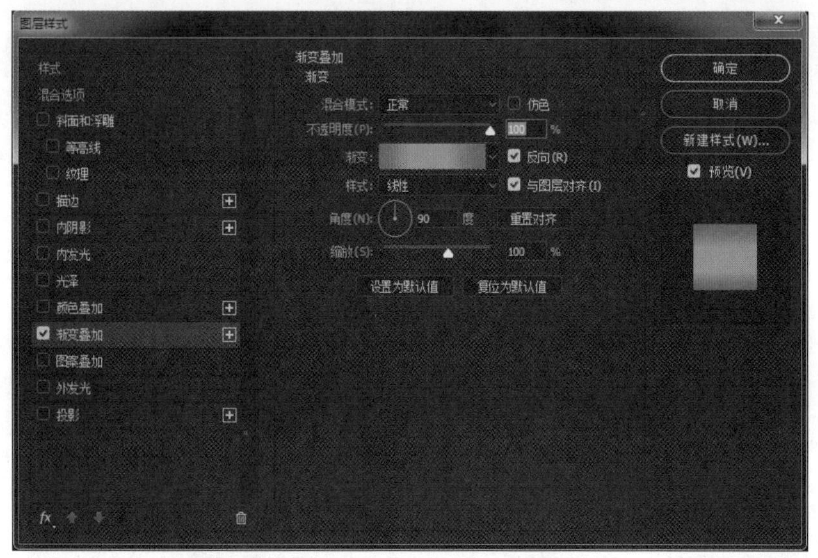

图 12-11　“图层样式”对话框

图 12-12　添加“渐变叠加”后的效果

（4）设置“圆角矩形 1 拷贝”为当前图层，接下来为此图层添加图层样式，详细的参数设置如图 12-13 所示。设置完毕后的效果图如图 12-14 所示。

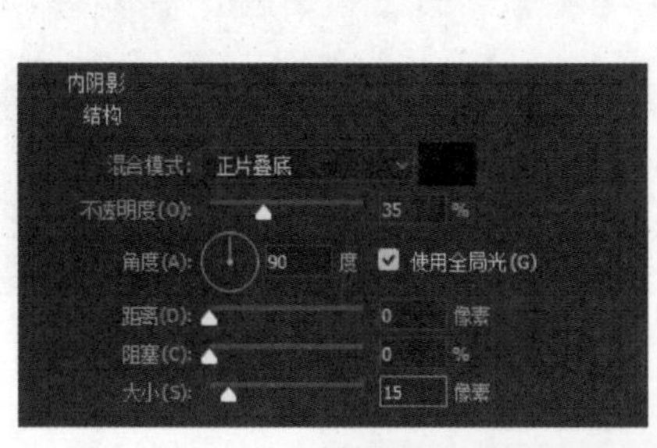

(a)

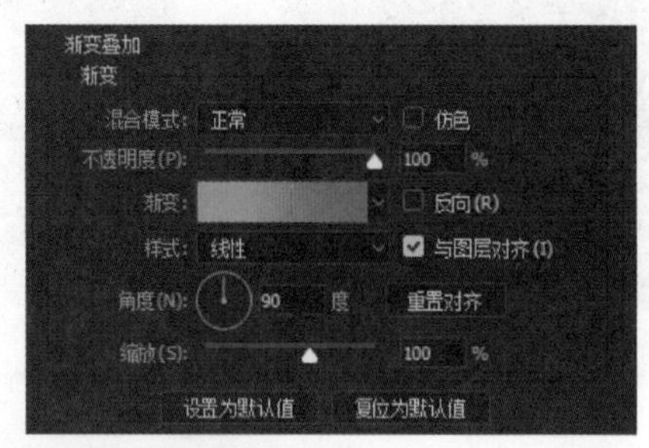

(b)

(c)

图 12-13　参数设置

图 12-14　效果图

（5）设置前景颜色为白色，使用“椭圆工具”按钮绘制椭圆，并设置不透明度为50%，结果如图12-15所示。然后将“圆角矩形1拷贝”载入选区，如图12-16所示。利用选区建立剪切蒙版。

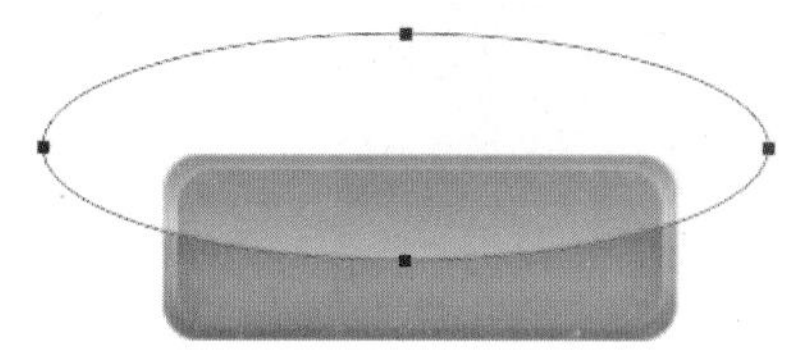

图12-15　绘制椭圆

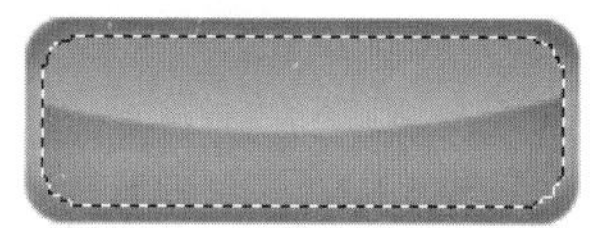

图12-16　载入选区并建立蒙版

（6）新建图层1，并将图层“圆角矩形1拷贝”载入选区，然后设置图层1为当前图层，并为该选区添加白色描边，设置描边的宽度为3像素，位置为内部，效果如图12-17所示。并给该图层添加一个蒙版，利用渐变工具作出如图12-18所示的效果。

图12-17　添加描边

图12-18　建立蒙版

（7）隐藏背景图层，将其余图层合并为一个图层，并复制该图层，使用自由变换工具将图层1拷贝进行旋转做成倒影。再为图层1拷贝添加图层蒙版，并使用渐变工具做出渐变的效果，然后在图层面板中设置不透明度为35%，最终效果如图12-19所示。

（8）为按钮添加文字，如图12-20所示。最后可以利用色相饱和度为该按钮进行不同颜色的改变，如图12-21所示。

图12-19　添加倒影

图12-20　添加文字

(a)　(b)　(c)

图12-21　改变色相饱和度

12.1.3　制作动画

利用时间轴面板，可以很方便地制作动画，执行“窗口”→“时间轴”命令打开动画面板，如图12-22所示。

其中，在面板左上角可设置播放动画的方式是只播放一次还是重复播放。按钮组用于控制动画的播放过程。单击按钮可选择过渡效果并拖动以应用。

图 12-22 “时间轴”面板

动画也要依赖于图层。动画的每一帧即为图层的一种组合状态，因此，通过打开、关闭图层显示，编辑图层内容，即可定义动画每一帧的状态。

下面通过一个简单的例子来说明动画的制作方法。

（1）新建图像，输入“Photoshop”字样，每个字母一种颜色，如图 12-23 所示。

Photoshop

图 12-23 输入“Photoshop”

（2）新建“图层 1”填充黑色，并复制该层的 8 个副本，此时图层控制面板如图 12-24 所示。

（3）编辑对应于每一帧的图层，但并不匹配，这样便于统一操作。将文字图层设置为最顶层方便观察，如图 12-25 所示。

（4）制作圆形选区，如图 12-26 所示。

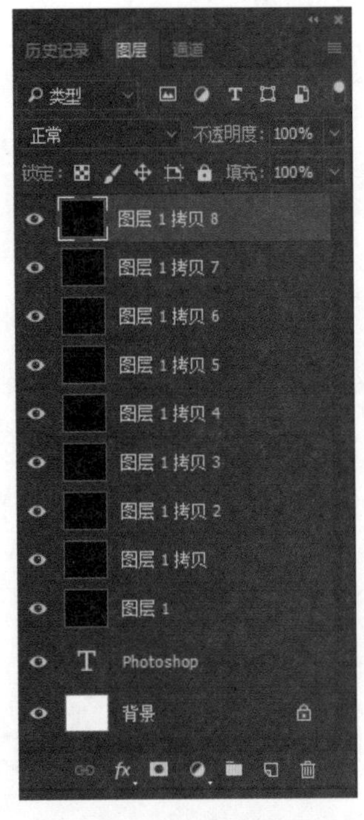

图 12-24 图层控制面板

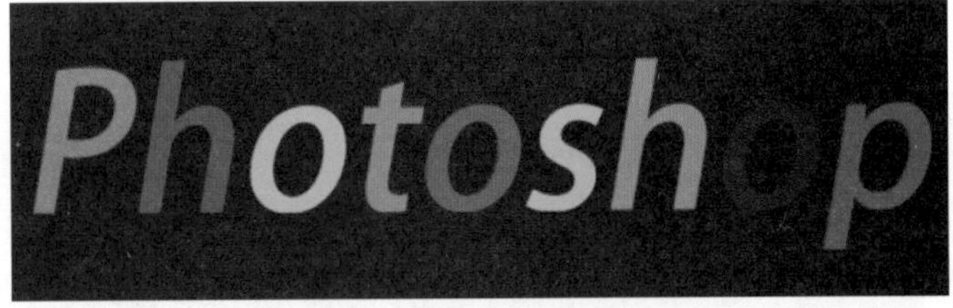

图 12-25 将文字层设置为最顶层

图 12-26 制作圆形选区

（5）设置“图层1拷贝8”为当前图层，按Delete键删除选区内内容。按键盘上的向右方向键移动选区，让选区将“h”字母框住，然后设置“图层1拷贝7”为当前图层，按Delete键删除。以此类推，直到删除“图层1”对应字母“p”的圆形区域，此时的图层控制面板如图12-27所示。

（6）对应于每一帧的图层已制作完毕，现在准备匹配图层与每一帧的关系。为此，将文字图层放置于“图层1”之下，此时图层控制面板如图12-28所示。

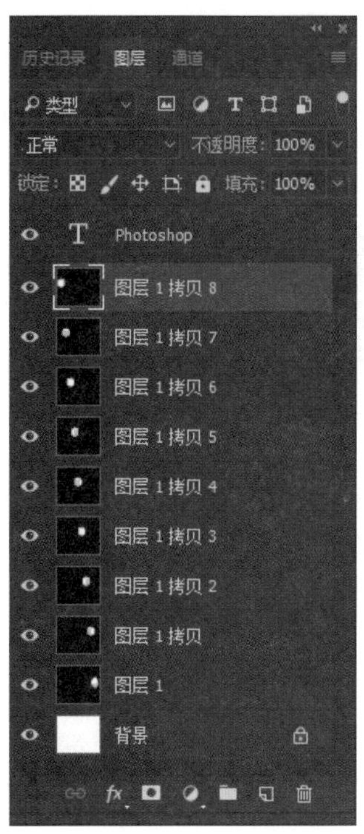

图12-27　编辑图层

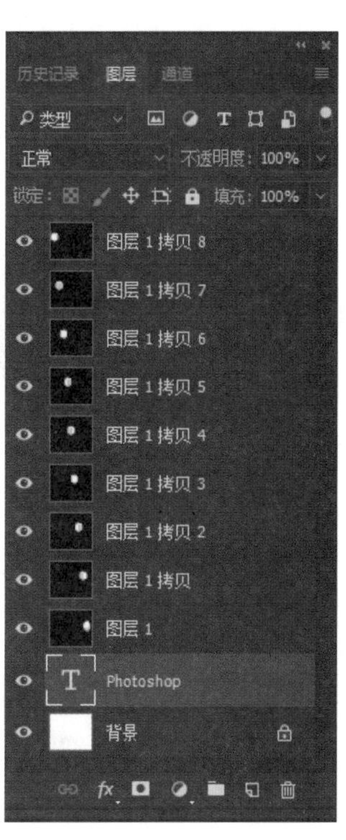

图12-28　调整文字层位置

（7）现在时间轴面板中存在第一帧的缩略图，如图12-29所示。

图12-29　时间轴面板

（8）为得到第一帧的图像，关闭“图层1”～“图层1拷贝7”的显示，此时时间轴面板如图12-30所示。

图12-30　匹配第一帧

（9）单击动画面板中的按钮，复制当前帧，然后关闭“图层1拷贝8”的显示，并显示“图层1拷贝7”，得到第二帧的图像，此时时间轴面板如图12-31所示。

图 12-31　匹配第二帧

（10）单击按钮，复制当前帧，然后关闭“图层 1 拷贝 7”的显示，并显示“图层 1 拷贝 6”，得到第三帧的图像。照此方法继续，直到得到第九帧的图像，不改变每帧的时间延迟，都设置为 0 秒，此时动画面板如图 12-32 所示。

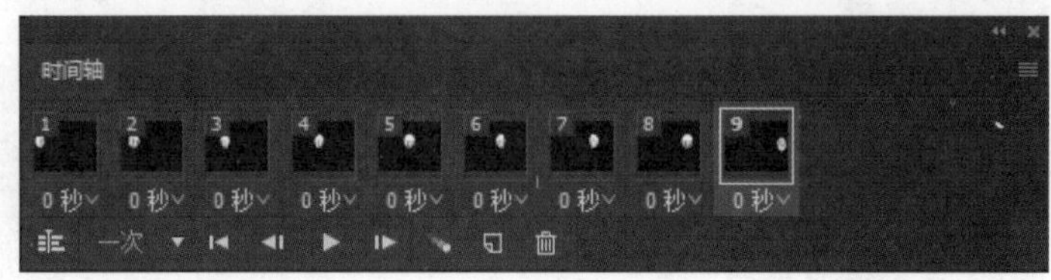

图 12-32　匹配第九帧

（11）动画制作完成后，单击动画面板中的按钮播放动画，可以看到“Photoshop”的 9 个字母相继在一个圆形的白色区域中显现的效果。

（12）保存动画，将其存储为 GIF 格式的文件，以便在制作网页时使用。为此，执行“文件”→“存储为 Web 所用格式”命令，在优化面板中将图像优化为 GIF 文档，如图 12-33 所示，然后单击“存储”按钮，系统将打开如图 12-34 所示的对话框，设置好后单击“保存”按钮，以后就可使用该 GIF 动画文件了。

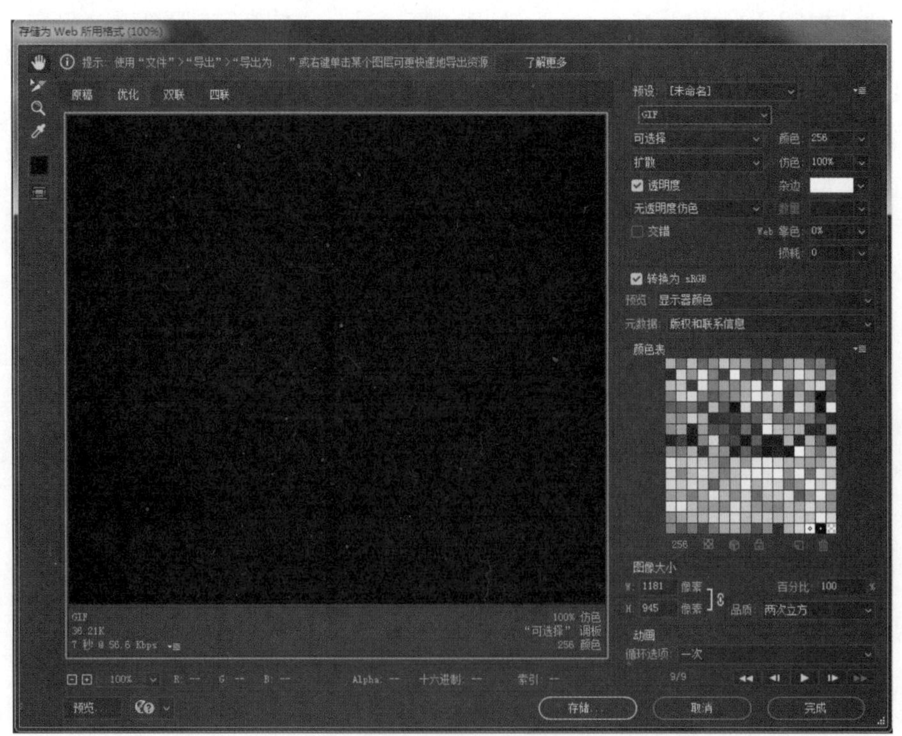

图 12-33　“优化”面板

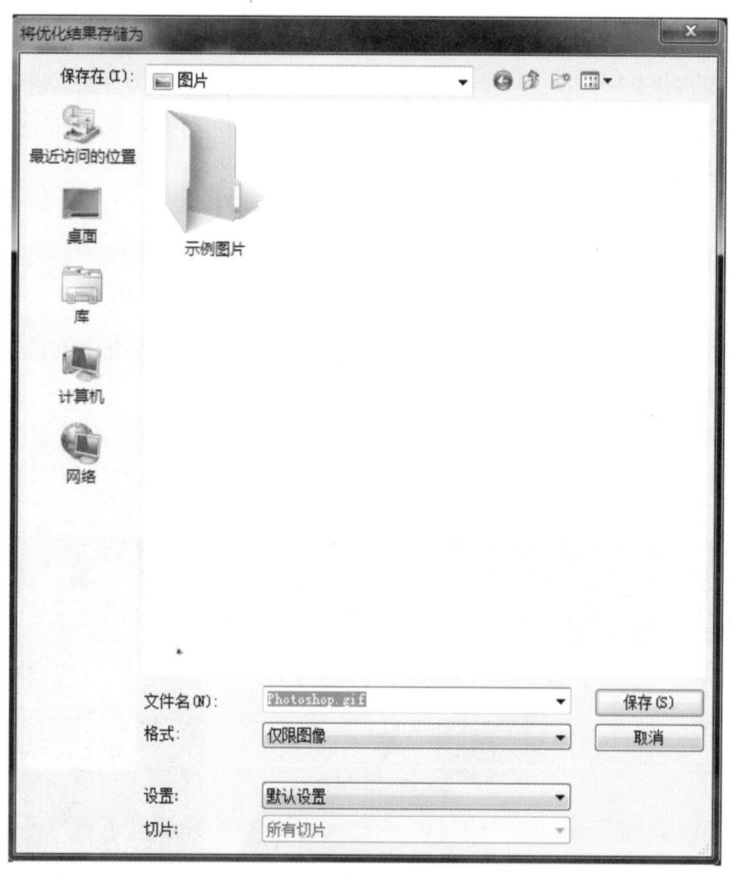

图 12-34 “将优化结果存储为”对话框

在上例中，如果只保留动画的第一帧和第九帧，选中第一帧后单击时间轴面板中的按钮，创建第一帧到第九帧的过渡，系统将打开如图 12-35 所示的对话框。按对话框所示设置各选项，单击“确定”按钮，系统将自动在第一帧和第九帧之间创建 7 帧图像，此时动画面板如图 12-36 所示。

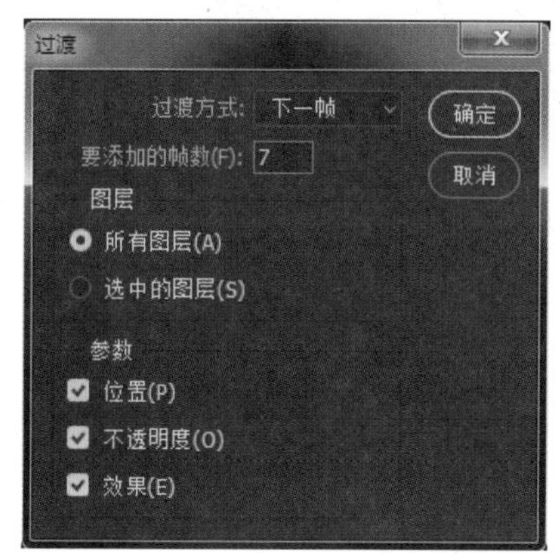

图 12-35 “过渡”对话框

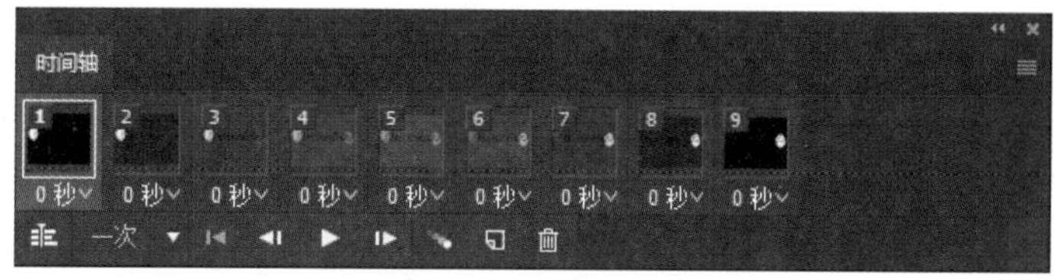

图 12-36 创建过渡

12.1.4 优化图像

优化是微调图像显示品质和文件大小的过程，以便用于 Web 或其他联机媒体。Adobe Photoshop 使用户可以在优化图像联机显示品质的同时，有效地控制图像文件的压缩大小。

优化图像有以下两种方法：

➢ 基本优化

对于基本优化，Photoshop CC 的“存储为”命令使用户可以将图像存储为 GIF、JPEG、PNG 或 BMP 格式的文件。根据文件格式的不同，可以指定图像品质、背景透明度或杂边、颜色显示和下载方法。但是，不保留添加到文件的任何 Web 特性（如切片、链接、动画和翻转）。

➢ 精确优化

对于精确优化，可以使用 Photoshop CC 2018 中的优化功能，以不同的文件格式和不同的文件属性预览优化图像。当预览图像时，可以同时查看图像的多个版本（双联、四联方式）并修改优化设置，选择最适合自己需要的设置组合。也可以指定透明度和杂边，选择用于控制仿色的选项，以及将图像大小调整到指定的像素尺寸或原大小的指定百分比。

要精确优化图像，可执行“文件”→“存储为 Web 所用格式”命令，此时系统将打开如图 12-37 所示的“存储为 Web 所用格式”对话框。

图 12-37 “存储为 Web 所用格式”对话框

对话框右侧设置区为优化输出的各种参数，通过设置各种参数可以达到优化输出的目的。其中，最上方的下拉列表中列出了系统自带的几种优化方案。预览区下方的信息显示区显示了优化输出图像文件的格式、容量、选定调制解调器速度下载图像所需的时间等。

要输出带透明区的图像，必须首先在原图像中进行设置，并且只有当输出图像文件格式为 GIF 时，才允许保留透明区。用户可为不同的切片选择不同的输出格式。

单击“四联”选项卡，即可同时查看图像的 4 个优化版本，如图 12-38 所示。

单击“预设”设置区的按钮可弹出如图 12-39 所示的快捷菜单，可以执行“优化文件大小”“编辑输出设置”等操作。

执行快捷菜单中的“编辑输出设置”命令，可打开如图 12-40 所示的“输出设置”对话框。

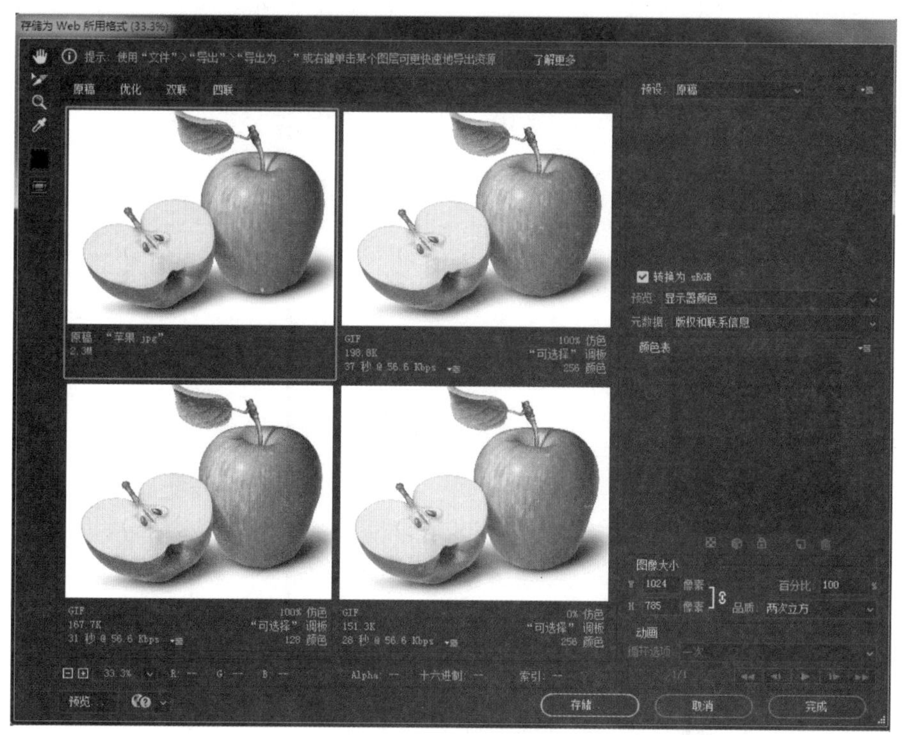

图 12-38 图像编辑窗口

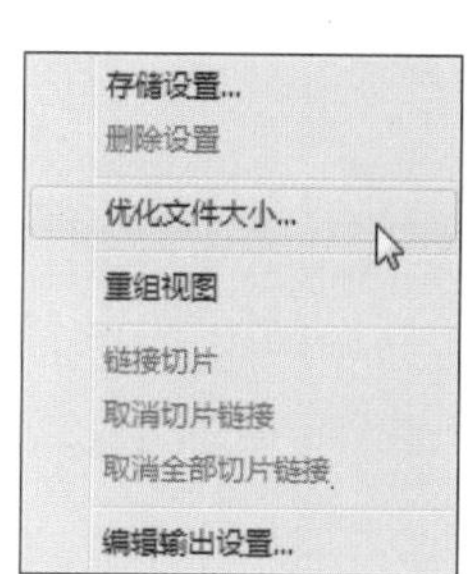

图 12-39 快捷菜单

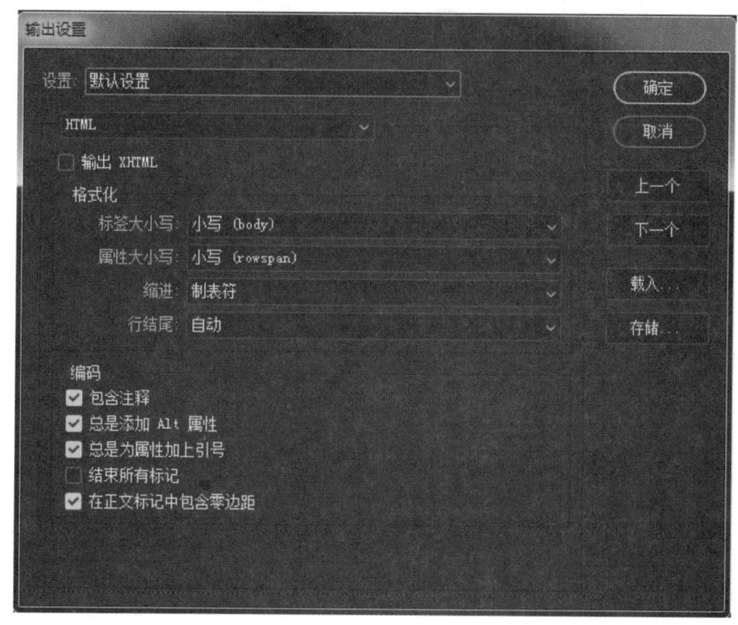

图 12-40 “输出设置”对话框

用户可利用该对话框设置 HTML 代码、网页背景图像和颜色、文件及切片的命名方式等。设置好后单击“确定”按钮返回“存储为 Web 所用格式”对话框并单击该对话框右下角的“存储”按钮，将打开如图 12-41 所示的“将优化结果存储为”对话框。

用户可利用该对话框设置保存类型（同时保存 HTML 与图像、仅限 HTML 或仅限图像）和输出切片的方式（输出所有切片或输出当前选中的切片）。保存好后，以后要在网页中使用此处输出的文件，只需简单地在网页中插入 HTML 文件即可。

图 12-41 “将优化结果存储为”对话框

12.2 在 Photoshop CC 2018 中实现网页的制作

在 Internet 迅猛发展的今天，网站的数量和规模迅速发展。在制作网站过程中 Photoshop 是必不可少的网页图像处理软件。在设计网站中，虽然可以用 Dreamweaver 和 Frontpage 等网页创作工具来完成，但是最方便的创作方式，还是使用Photoshop这样的专业图形图像处理软件。Photoshop具有极其强大的功能，在图像、图形、文字、视频等方面都有涉及。使用 Photoshop 制作网页的整体界面效果后，再进行优化和切片，使其达到更好的网页浏览效果。有效地运用 Photoshop 能在网站建设及后期发展中起到重要作用。

下面通过一个实例来体现如何利用 Photoshop 来制作网页。

（1）在 Photoshop 中新建一个文档，设置尺寸为 980 像素 ×830 像素，如果在 Photoshop 软件界面中，没有在画布的周围看到标尺，选择“试图”→“标尺”命令或者使用快捷方式 Ctrl+R 可以显示标尺。

12-1 网页

（2）在画布的四个边，分别拖曳四条标尺线，如图 12-42 所示，在这四条线中间绘制网页的页面。

（3）选择“圆角矩形工具”，设置圆角半径为 10px，设置颜色为“R：229，G：219，B：164”，在整个画布中拖曳一个圆角矩形，名称为“圆角矩形 1”，如图 12-43 所示。

图 12-42 添加辅助线

图 12-43 填充圆角矩形

（4）扩大画布。首先，缩小画布视图（快捷方式为 Ctrl+–），也可以按住 Alt 键利用鼠标滚轮进行放大或缩小。然后选择“图像”→“画布尺寸”命令或按快捷键 Alt+Ctrl+C，设置参数如图 12-44 所示。再一次选择“图像”→“画布尺寸”命令或按快捷键 Alt+Ctrl+C，然后根据图 12-45 所示设置参数。设置完成后画布的页面如图 12-46 所示。

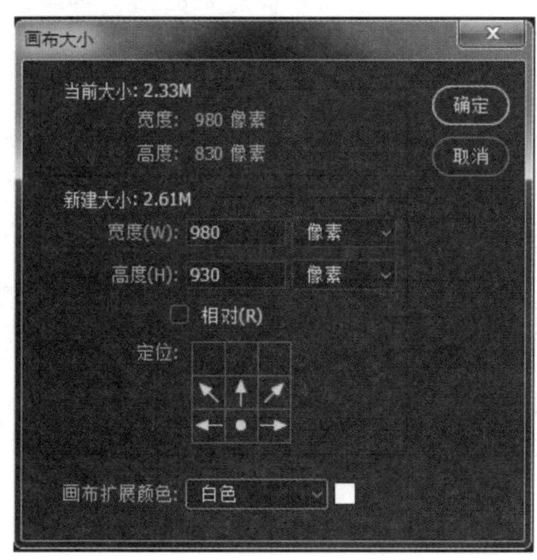

图 12-44 “画布大小”对话框 1

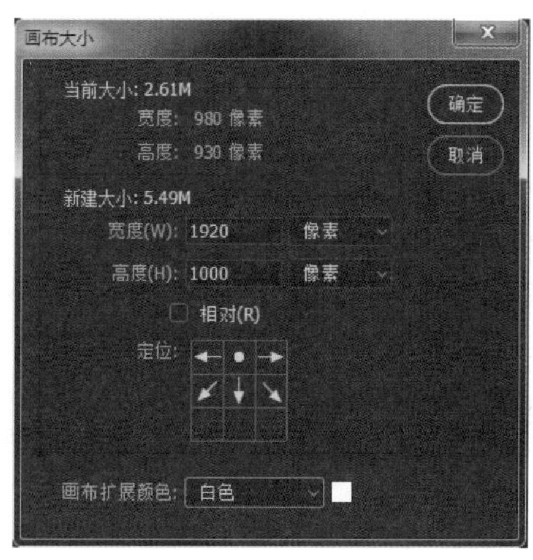

图 12-45 “画布大小”对话框 2

图 12-46 设置画布大小

（5）在图层面板中单击背景图层，设置前景色为“R:59，G:37，B:26”，然后使用“油漆桶工具”填充背景图层，如图 12-47 所示。在背景层上面新建图层 1，在工具栏中选择“渐变工具”，从画布

图 12-47 填充背景层

头部开始向下拖曳出一个从白色到黑色的渐变，如图 12-48 所示，设置该图层渲染模式为颜色加深，然后设置图层透明度为 10%。保持该图层仍为选定状态，选择“图层”→“图层蒙版”→“显示全部”命令，执行结果如图 12-49 所示。

图 12-48　添加渐变

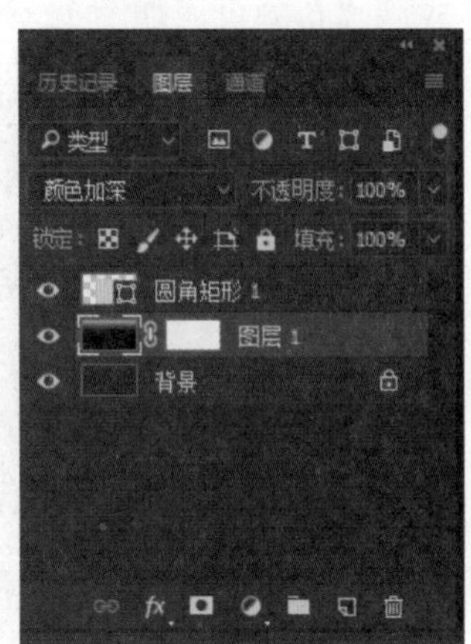

图 12-49　添加图层蒙版

（6）设置图层 1 为当前图层，选定该图层的图层蒙版，在工具栏中选择“渐变工具”，从画布底部向上拖曳一个从黑色到透明的渐变，可以根据如图 12-50 所示的设置进行拖曳。

（7）右击图层 1，在弹出的快捷菜单中，设置转换为智能对象。选择“滤镜”→“杂色”→“添加杂色”命令，根据如图 12-51 所示的对话框设置参数。

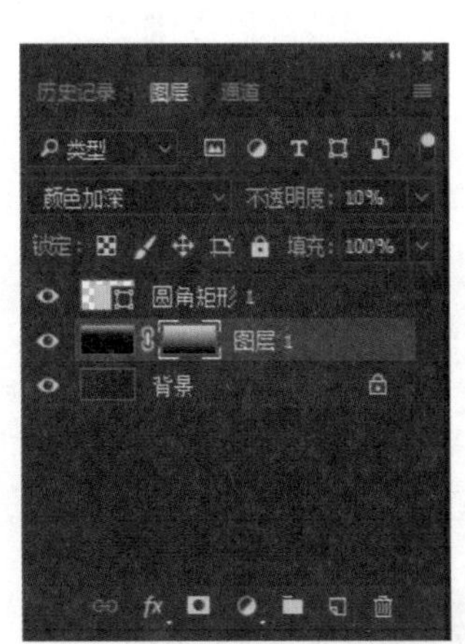

图 12-50　为图层蒙版添加渐变

图 12-51　“添加杂色”对话框

（8）新建一个图层 2，使用“画笔工具”，选择白色的软笔刷，直径为 300 像素，在画布顶端绘制一条白线，并设置这个图层的透明度为 50%，如图 12-52 所示。

（9）在圆角矩形 1 图层上面新建图层 3。单击键盘上的 D，设置成默认的前景、背景色（前景白色，背景黑色），然后选择“滤镜”→“渲染”→“云彩”命令，如图 12-53 所示。在图层面板上，右键单击该图层，在弹出的菜单中，将该图层转换为智能对象。

（10）保持图层 3 仍为选择状态。单击“滤镜”→“模糊”→“动感模糊”命令，根据如图 12-54 所示进行参数设定。然后选择“滤镜”→“锐化”→“锐化”命令，最后执行结果如图 12-55 所示。

图 12-52　绘制白线

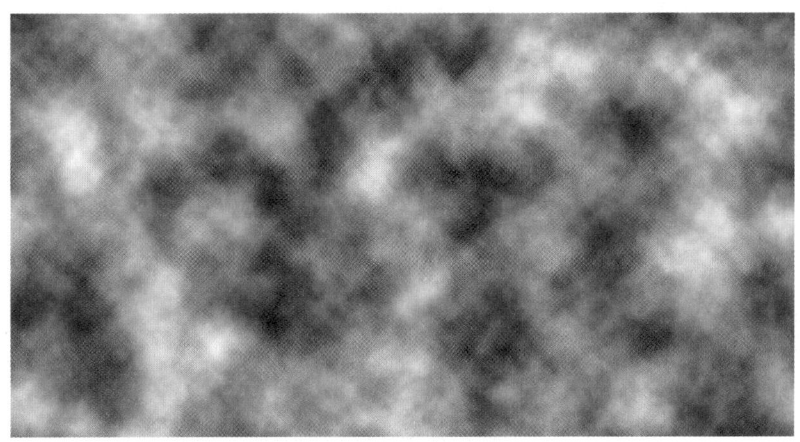

图 12-53　添加滤镜效果

图 12-54　“动感模糊”对话框

图 12-55　执行动感模糊和锐化后的效果

（11）给图层 3 添加蒙版，选择“图层”→“图层蒙版”→“显示全部”命令。选择渐变工具（G），从画布底部到顶端，拖曳一个黑色到透明的渐变。设置图层渲染模式为叠加，图层透明度为 40%，如图 12-56 所示。

图 12-56　添加蒙版

（12）双击圆角矩形 1 图层，打开图层属性面板。根据如图 12-57 所示进行外发光的参数设定。

（13）新建图层 4，设置前景色为黑色，选择“画笔工具”，用一个比较硬的直径为 25 像素的画笔，在圆角矩形的下边缘绘制一个圆，如图 12-58 所示。在图层面板中右击该图层，将图层转换为智能对象。

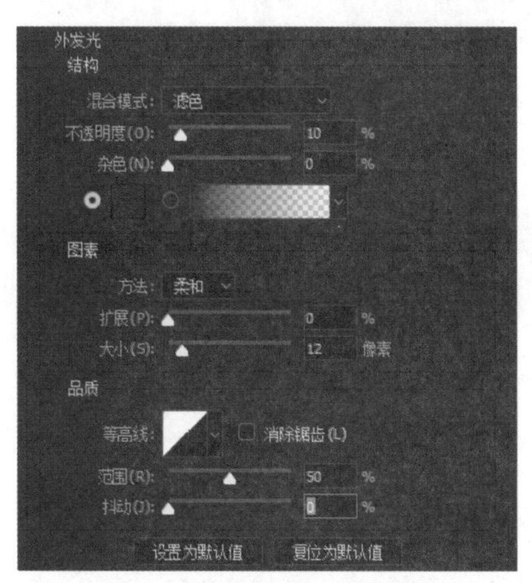

图 12-57　“图层样式”对话框

图 12-58　绘制圆

（14）选择“编辑”→“自由变化”命令，拖动鼠标指针对圆形进行变形，效果如图 12-59 所示。选择“滤镜”→“模糊”→“高斯模糊”命令，按照如图 12-60 所示进行参数设定。

图 12-59　将圆进行变形

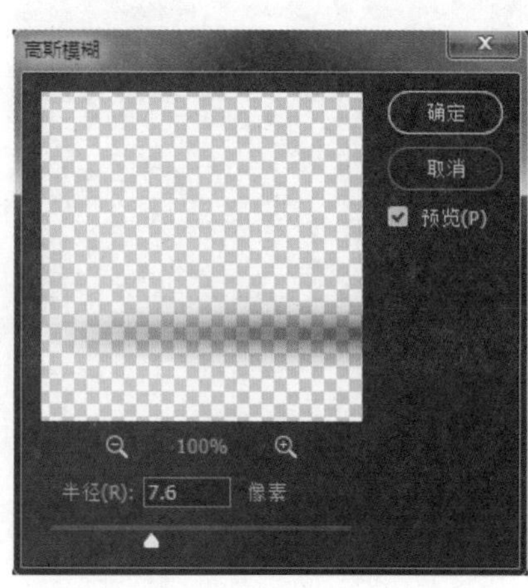

图 12-60　“高斯模糊”对话框

（15）设置该图层的渲染模式为正片叠底，透明度为 30%，然后把这个图层放在圆角矩形 1 图层的下面，效果如图 12-61 所示。

图 12-61 添加高斯模糊后的效果

（16）接下来绘制导航条。新建图层 5，选择“矩形工具”，设置颜色为“R：219，G：206，B：134”，然后绘制一个适合页面大小的矩形，如图 12-62 所示。双击该图层弹出图层样式对话框，按照图 12-63 所示进行参数设定。

图 12-62 绘制矩形

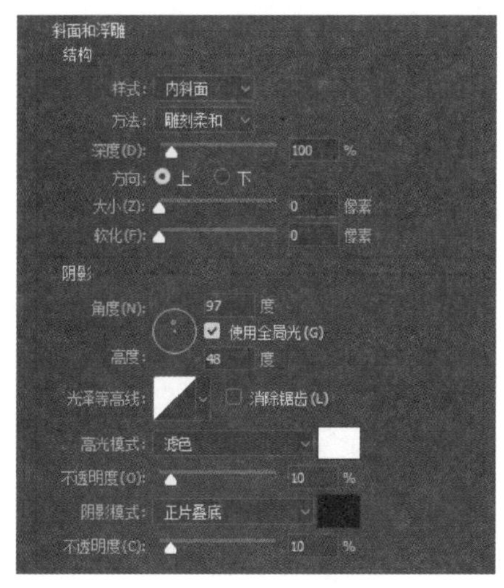

(a)

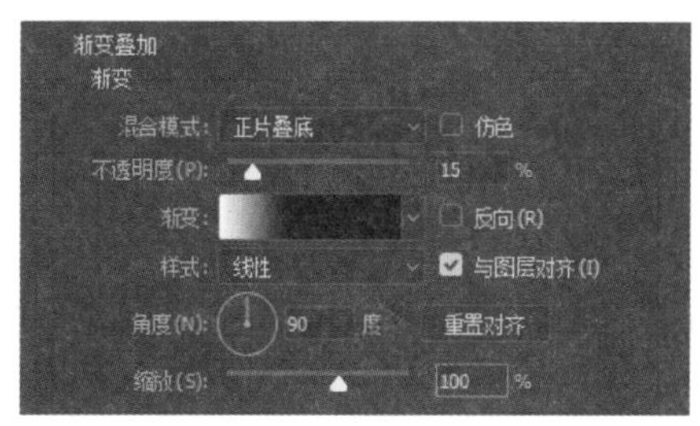

(b)

图 12-63 “图层样式”对话框

（17）刚刚创建的矩形并没有圆角，为了纠正这个小的细节，应用剪辑蒙版这个概念。右击图层 5，选择创建剪切蒙版，如图 12-64 所示。

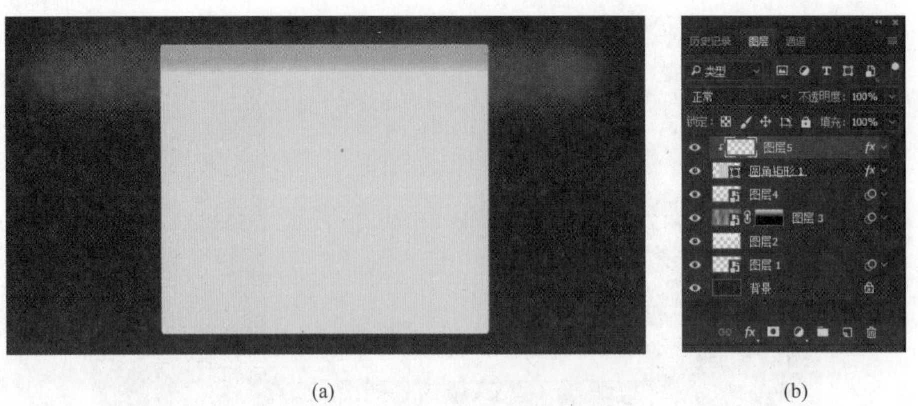

(a)　(b)

图 12-64　创建剪切蒙版后的效果和图层面板

（18）接下来绘制当前页的按钮。选择“矩形工具”，设置前景色“R：155，G：153，B：53”，创建一个适合按钮大小的矩形。设置透明度为 30%，然后向下设置剪辑蒙版，效果如图 12-65 所示。

图 12-65　创建按钮

（19）按住 Ctrl 键分别单击图层 4、圆角矩形 1、图层 5 和矩形 1 这四个图层，按住 Ctrl 键然后分别在图层面板中单击这四个图层，全部选中后使用快捷方式 Ctrl+G 将其进行群组，或者单击右键在弹出的快捷菜单中选择“从图层创建组”，默认的群组名为组 1，当然为了便于区分也可以自定义群组和图层的名称。这里选择默认。

（20）选择“文字工具”输入文字，设置颜色为“R：58，G：36，B：25”，字体是 Myriad Pro，如果没有这个字体，可以用别的字体代替，如图 12-66 所示。

图 12-66　添加文字

（21）新建一个文档，尺寸为 5 像素 ×5 像素的透明背景。前景色为“R：43，G：32，B：9”。然后在工具栏中选择“铅笔工具”，在画布中绘制一个 1 像素大小的方框，如图 12-67 所示。执行“编辑”→“定义图案”菜单命令，命名这个图案，然后单击“确定”按钮后就可以关闭这个文件了。

（22）选择“矩形工具”，按照辅助线划分的区域创建一个任何颜色的矩形，如图 12-68 所示。在图层面板上，双击该图层打开图层属性面板。按照图 12-69 所示的方式进行参数设定，效果如图 12-70 所示。

图 12-67　绘制的小方框

图 12-68　绘制矩形

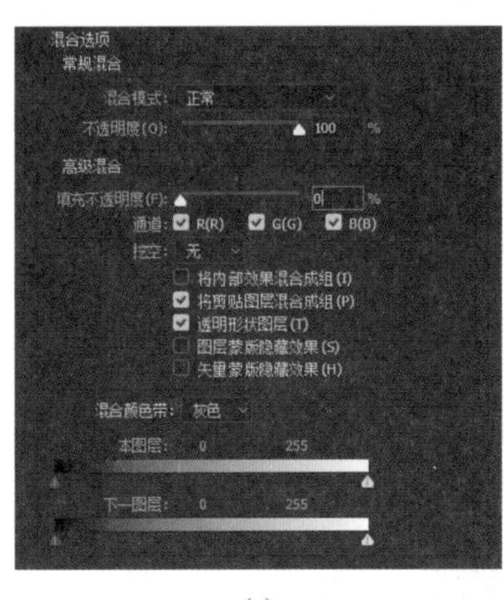

(a)

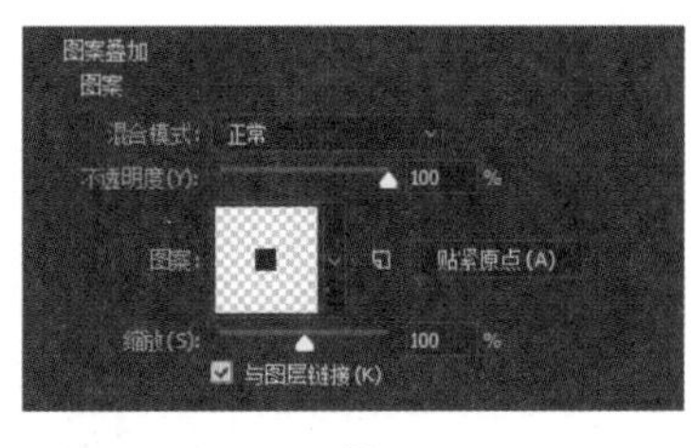

(b)

图 12-69　“图层样式”对话框

图 12-70　效果图

（23）选择“圆角矩形工具”，设置圆角半径为 8 像素，颜色为“R：194，G：169，B：100”，根据辅助线划分的区域创建一个圆角矩形。设置图层透明度为 50%，如图 12-71 所示。

图 12-71　绘制圆角矩形

（24）选择“矩形工具”▭，设置颜色“R：181，G：129，B：77”，根据辅助线划分的区域创建一个矩形。这个将会是展示图片的位置，如图 12-72 所示。然后导入任何图片，把图片放在刚刚创建的矩形的上面，在图层面板上单击创建图层剪切蒙版，效果如图 12-73 所示。

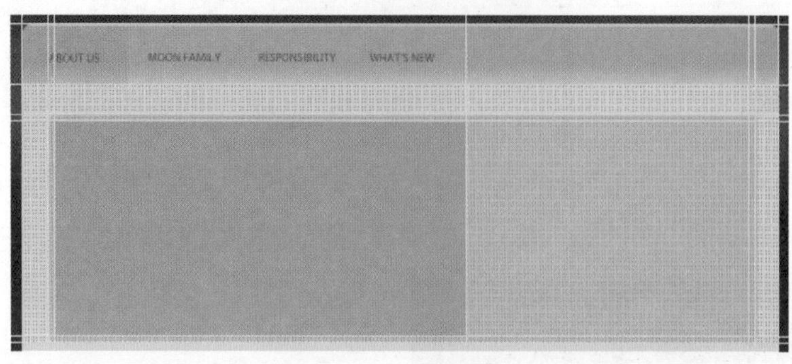

图 12-72　绘制矩形

图 12-73　导入的图片

（25）选择“文字工具”T，在右边添加一些文字，并群组这些文字，命名该群组为“文字”，如图 12-74 所示。

图 12-74　输入文字

（26）在这个特色展示的版面底部创建两个按钮。选择“圆角矩形工具”▢，设置半径为 8 像素，颜色为“R：181，G：153，B：77”，创建一个小圆角矩形，并设置该图层透明度为 80%，然后双击该图层在弹出的图层样式对话框中按照如图 12-75 所示的详细参数进行设置。

（27）使用“文字工具”T输入一些文字，再在文字的前面加入一个小图标，最终效果如图 12-76 所示。然后把按钮、文字和图标这三个图层创建组，并把组命名为“按钮”。

（28）按照上述相同的方法制作另一个方案，也可以简单地对上述图层组进行复制，只需要改掉按钮上的文字和图标即可，如图 12-77 所示。然后按照图层分类对其进行编组。

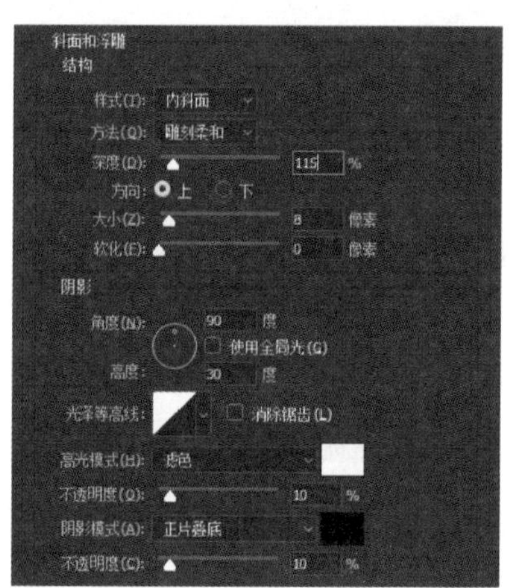

(a)

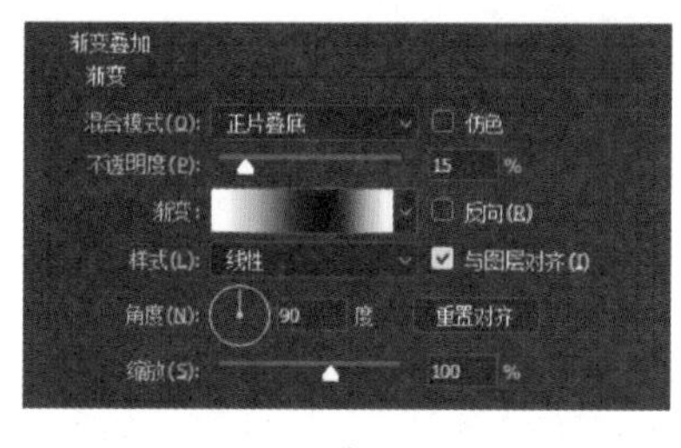

(b)

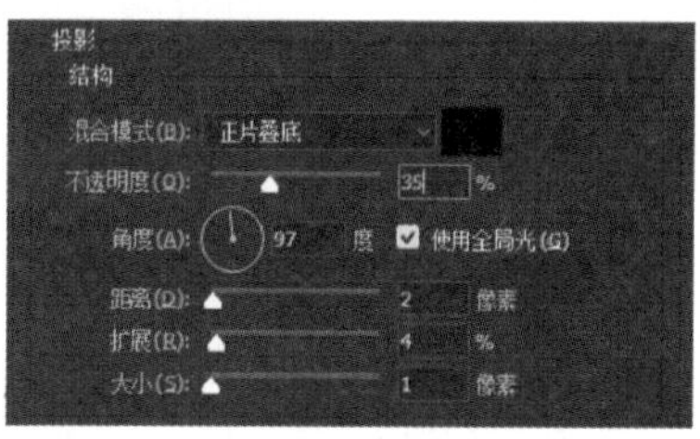

(c)

图 12-75 “图层样式”对话框

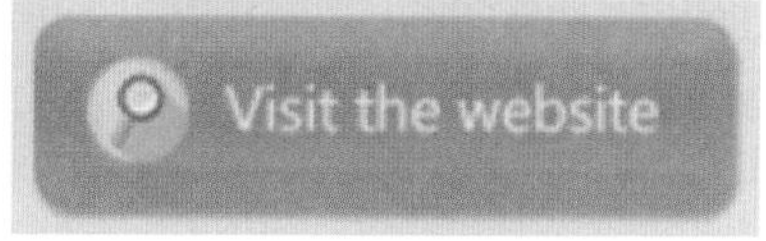

图 12-76 按钮效果图

图 12-77 创建另一个按钮

（29）选择“矩形工具”按照辅助线所创建的区域创建一个矩形，并设置颜色为“R:181,G:153,B:77”，如图 12-78 所示。

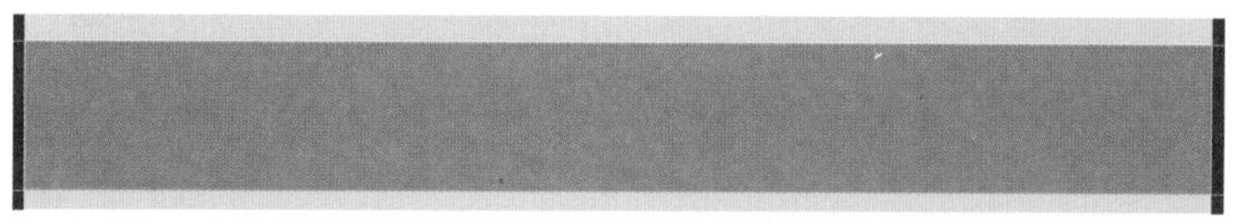

图 12-78 创建矩形

（30）选择“圆角矩形工具”，设置半径为 10 像素，在刚刚创建的矩形的左边的位置，拖曳一个圆角矩形。在这一步可以拖曳一些标尺线作为辅助，如图 12-79 所示。

（31）单击选择创建的圆角矩形的矢量蒙版，然后选择“圆角矩形工具”，在属性栏中的路径操作下拉列表中选择“减去顶层形状”，并创建一个较小一点的圆角矩形，这时发现两个圆角矩形重叠部分和较小的圆角矩形全部被剪切掉了，如图 12-80 所示。

（32）创建一个新的图层，右击该图层，在弹出的快捷菜单中选择“创建剪贴蒙版”。选择“渐变工具”，拖曳一个白色到透明的渐变，如图 12-81 所示。

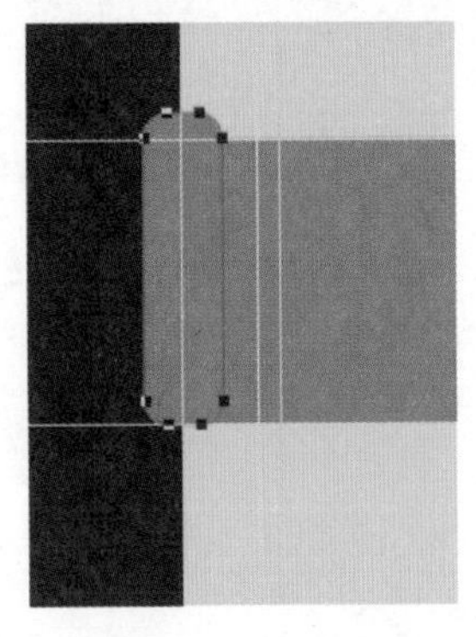
图 12-79　创建圆角矩形

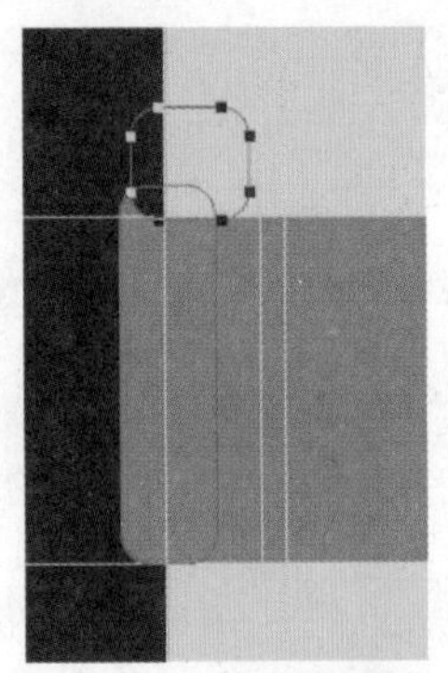
图 12-80　减去顶层形状

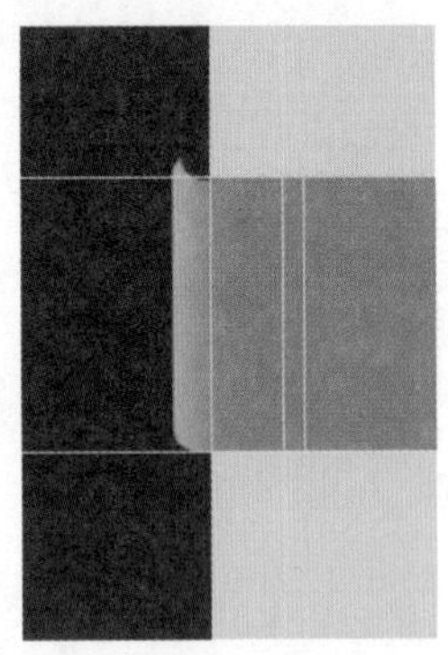
图 12-81　添加渐变

（33）设置该图层渲染模式为叠加，然后选择“圆角矩形工具”，设置半径为 10 像素，颜色为：“R：169，G：143，B：66”，创建一个圆角矩形，如图 12-82 所示。再创建一个矩形，在属性栏中选择“减去顶层形状”剪切掉不要的那部分，如图 12-83 所示。双击图层打开图层属性面板，按照如图 12-84 所示进行参数设置，效果如图 12-85 所示。

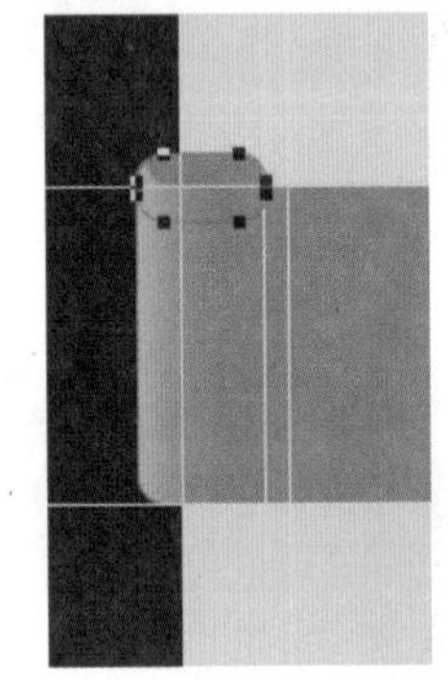
图 12-82　创建圆角矩形

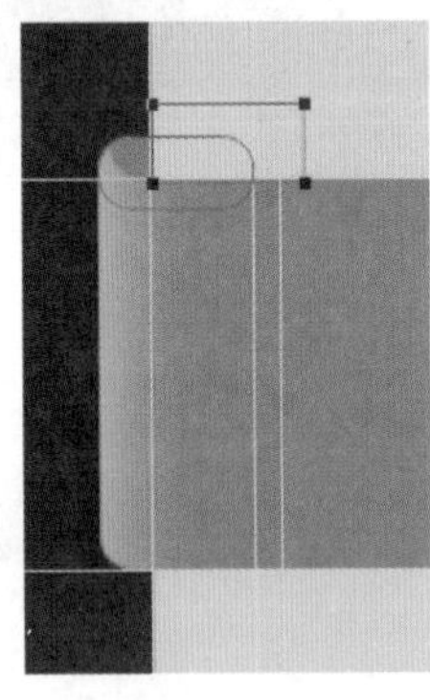
图 12-83　创建矩形

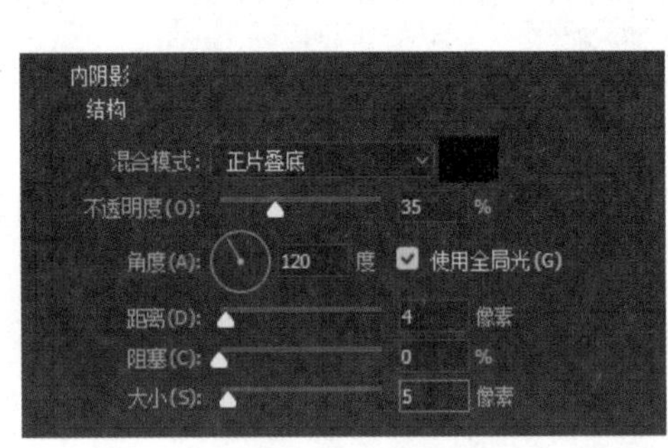

图 12-84　减去顶层形状

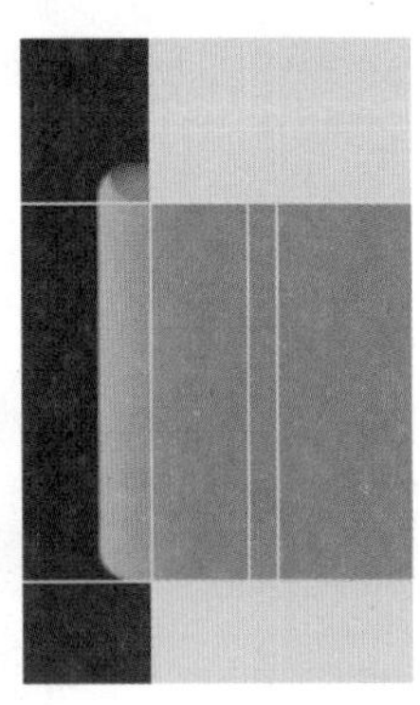
图 12-85　效果图

（34）重复以上步骤，制作右边的形状。也可以将体现这个形状的三个图层创建组，复制图层组并进行水平翻转，然后移动到合适的位置，最终效果如图 12-86 所示。

图 12-86　最终效果图

（35）选择“圆角矩形工具”，设置半径为 8 像素，颜色为“R：225，G：224，B：193”，创建四个合适大小的圆角矩形，并设置透明度为 50%，如图 12-87 所示。为了让效果图更完整，可以选择四个图片，导入到圆角矩形当中，并创建剪切蒙版，然后把这几个图层创建组，效果如图 12-88 所示。

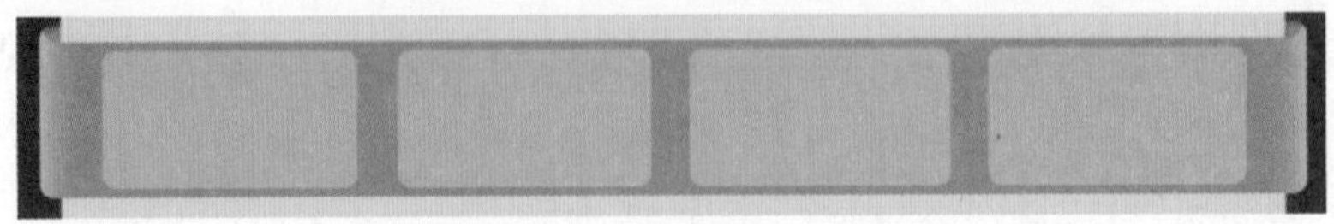
图 12-87　创建圆角矩形

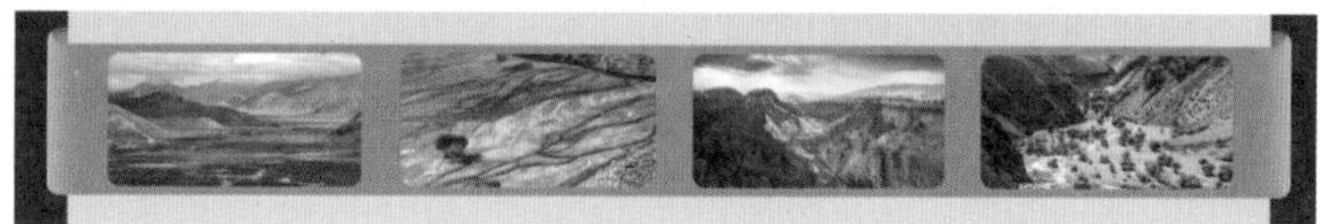

图 12-88　导入图片

（36）使用“文字工具” T 在页面的下半部分输入文字，为了更美观，加入一些图标来展示，然后进行文字的排版，最终效果如图 12-89 所示。

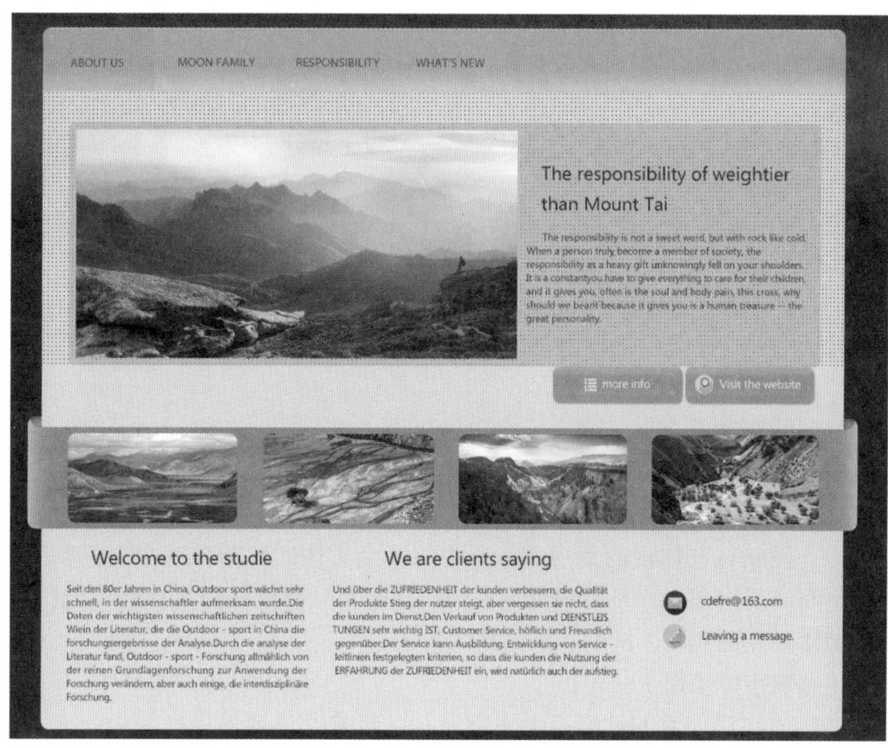

图 12-89　最终效果图

12.3 答疑解惑

1. 如何正确地使用“切片工具”？

答：在创建切片时，可以使用“切片工具”或构建使用层。可以使用选择工具来选中切片。可以移动它，设置它的大小，还可以让切片与其他切片对齐。此外，还可以给切片指定一个名称、类型和 URL。

每个切片都可以通过保存时的网页对话框进行优化设置。按下键盘上的 C 键，选中裁剪工具，右键选择“切片工具”。

当创建切片时，可以进行如下三个样式设置：正常、固定长宽比和固定大小。

- 正常：随意切片，切片的大小和位置取决于用户在图像中所画的框开始和结束的位置；
- 固定长宽比：给高度和宽度设置数字后，得到的切片框就会是这个长宽比；
- 固定大小：固定设置长和宽的大小。

当分割图像时，会碰到一些选项。如果精确度不那么重要时，可以手工切片图像，必要的时候，可以使用“切片选择工具”对已完成的切片图像进行调整。如果精确度很重要，可以使用参考线在图像上标出重要的位置。

2. Photoshop 网页设计需要注意哪些事项?

答：

页面宽度和高度

网页宽度尺寸：现在用户计算机分辨率以 1024 像素 ×768 像素分辨率较为普遍，页面宽度一般控制在 960～1003 像素，如果超过 1003 像素，浏览器将会出现左右滚动条，不够美观。那这时就有疑问了，分辨率分明是 1024 像素怎么超过 1003 像素就出现滚动条了呢？以 IE 浏览器为准，IE 浏览器显示的范围只有 1003 像素，剩下的 21 像素刚刚好是 IE 上、下滚动条的宽度。

网页高度尺寸：一般设计首页效果图高度有限制（高度具体根据首页内容而定），对于网站内页，高度不做限制，注意设计高度要随着页面内容拉伸，保证页面的左右是一个整体。

页面布局

网站首页页面布局，可以分为左、中、下结构。注意:每个部位的距离，要根据一定的规律去做排版，注意利用版心线、网格等控制网页部位的比例。

栏目布局明确

一个网站有很多的页面和主题、链接，这就需要注意其流畅的导向性。要做到使页面合理流畅、环环相扣、可信安全，这几点是一个优秀网站的精神所在，也是吸引力的来源。强调要注意网站内容的层次性和空间性突出显示出来，使人一眼就能看出网站重点突出，结构分明。

网页留白

注意控制留白之间的距离，如上、中、下之间的距离，左、中、右之间的距离，甚至网页上每个模块与模块之间的距离、模块内容距离、边界的距离、文字与文字之间的行高等。

页面内容翔实

网络是虚拟的，而网站往往体现的是现实世界中的一个实体，如学校或个人，如何把这些实体的元素通过虚拟的网络空间展现出来，并且引起浏览者的注意呢？只有那些极富特色、内容翔实、浏览顺畅、效果独特的网页才能使人驻足观看，从而达到网站的特定目的。

网页中的文字（特殊字体慎用）

要避免所选择的字体在访问者的计算机上不能显示，特殊字体要慎用！一般中文网正文文字大小多为 12 像素，门户网站的正文多为 14 像素。英文文字大小多为 9 像素，标题文字多为 14～16 像素加粗（注意 Photoshop 设计中的正文文字，样式效果要设置为无，切不可出现锐利、浑厚等样式）。

分辨率的设置

网页效果图分辨率，统一为 72 像素 / 英寸，不按照这个设置的话，输入到图层上的文字不显示正常尺寸，或大或小。

颜色的使用

一般网页上出现的颜色不超过三种，具体根据客户的建站类型和阅读群体，选择正确的色相型。

视觉效果新颖

网页形象要不落俗套，要重点突出一个“新”字，这个原则要求我们要结合自身的实际情况创作出一个独特的网站。在设计网页时，要尽量做到“少”而“精”，又必须突出“新”。通过内容的独特元素的合理应用，如名称、标志、标准字体、标准色等，来实现网站形象与个性的塑造，提高视觉效果。

12.4 学习效果自测

1. 按下列哪个键可显示 / 隐藏右边控制面板？（　　）

A. Shift　　B. Ctrl　　C. Alt　　D. Shift+Tab

2. CMYK 模式的图像有多少个颜色通道？（　　）

A. 2　　B. 3　　C. 4　　D. 5

3. 在 Photoshop CC 2018 中，当进行误操作时，可进行撤销，最多撤销的步数为（　　）。

A. 10　　B. 20　　C. 50　　D. 1000

4. Photoshop CC 2018 中提供了几种渐变样式？（　　）

A. 2　　B. 3　　C. 4　　D. 5

5. 在 Photoshop CC 2018 中，图层的链接发生了变化，对多个不连续的图层进行选择应按（　　）键。

A. Shift　　B. Ctrl　　C. Alt　　D. Space

6. 在 Photoshop CC 2018 中，按什么键单击图层缩略图可载入图层的选区？（　　）

A. Shift　　B. Ctrl　　C. Alt　　D. Space

7. 如果删除一条参考线，（　　）。

A. 应选择移动工具拖拉到标尺外面

B. 无论当前使用何种工具，应按住 Alt 键的同时单击

C. 在工具箱中选择任何工具进行拖拉

D. 无论当前使用何种工具，应按住 Shift 键的同时单击

8. Alpha 通道中有多少种颜色？（　　）

A. 200　　B. 256　　C. 255　　D. 1677

9. 如果要模拟汽车运动的速度感效果，可用下列哪种滤镜？（　　）

A. 高斯模糊　　B. 风格化　　C. 锐化　　D. 动感模糊

10. 下列哪个命令可在不改变颜色模式前提下将当前层变成灰度成分？（　　）

A. 调整 / 色调均化　　B. 调整 / 阈值　　C. 调整 / 去色　　D. 模式 / 灰度

11. Alpha 通道最主要的用途是什么？（　　）

A. 保存图像色彩信息　　B. 保存图像未修改前的状态

C. 用来存储和建立选择范围　　D. 是为路径提供的通道

12. 下面哪个工具可以减少图像的饱和度？（　　）

A. 加深工具　　B. 减淡工具　　C. 海绵工具　　D. 模糊工具

13. 如果在图层上增加一个蒙版，当要单独移动蒙版时，下面哪种操作是正确的？（　　）

A. 首先单击图层上面的蒙版，然后选择移动工具就可移动了

B. 首先单击图层上面的蒙版，然后执行“选择”→“全选”命令，用选择工具拖拉

C. 首先解掉图层与蒙版之间的锁，然后选择移动工具就可移动了

D. 首先解掉图层与蒙版之间的锁，再选择蒙版，然后选择移动工具就可移动了

14. 下列哪些选框工具形成的选区可以定义图案？（　　）

A. 椭圆选框工具　　B. 套锁工具　　C. 魔棒工具　　D. 矩形选框工具

15. 使用钢笔工具创建好路径后，按什么键可将路径转换为选区？（　　）

A. Shift+Enter　　B. Ctrl+Enter　　C. Alt+Enter　　D. Enter

16. 下列操作中不能删除当前图层的是（　　）。

A. 将此图层用鼠标拖至垃圾桶图标上

B. 在图层调板右边的弹出式菜单中选删除图层命令

C. 直接单击 Delete 键

D. 直接单击 Esc 键

17. 对于图层蒙版，下列哪些说法是正确的？（　　）

A. 用黑色的毛笔在图层蒙版上涂抹，图层上的像素就会被遮住

B. 用白色的毛笔在图层蒙版上涂沫，图层上的像素就不会显示出来

C. 用灰色的毛笔在图层蒙版上涂沫，图层上的部分像素就会被遮住（或者说部分显示）

D. 图层蒙版一旦建立，就不能被修改

18. RGB 模式的图像中每个像素的颜色值都由 R、G、B 三个数值来决定，每个数值的范围是 0～255。当 R、G、B 数值相等，均为 255，或均为 0 时，最终的颜色分别是（　　）。

A. 中性灰色、纯白色、纯黑色　　B. 偏色的灰色、纯白色、纯黑色
C. 中性灰色、纯黑色、纯白色　　D. 偏色的灰色、纯黑色、纯白色

19. 下面哪个工具可以增加图像的亮度？（　　）

A. 加深工具　　B. 减淡工具　　C. 海绵工具　　D. 模糊工具

20. 有一颜色值的 RGB 值是“R:100，G:200，B:55”，当执行“图像”→“调整→“反相”命令后，标出的颜色取样点的 RGB 值应该变为（　　）。

A. R：235，G：170，B：190　　B. R：155，G：55，B：200
C. R：228，G：96，B：52　　D. R：27，G：96，B：203